역사천문학 시리즈 2

시헌력의 발전

역상고성에 기술된 태양의 운동

강민정 · 김슬기 · 이면우 · 최승언 공저

교육과학사

이 책은《역상고성(曆象考成)》(1722)에서 태양의 운동을 기술한 상편 제4권〈일전역리(日躔曆理)〉, 하편 제1권〈일전역법(日躔曆法)〉, 표 제1권〈일전표(日躔表)〉를 정리한 것이다.《역상고성》은 서양 천문학의 체계를 따른 시헌력(時憲曆)의 원리와 방법을 중국인 학자들이 완전히 소화하여 중국화하고 역원을 강희 갑자년(1684)으로 바꾼 두 번째 시헌력법서이다.

첫 번째 시헌력법서인《숭정역서(崇禎曆書)》(1631~1635)가 16~17세기에 발달한 서유럽 천문학의 이론과 방법을 한문으로 기록하여 중국에 처음으로 소개했다면,《역상고성》은 역원을 비롯한 몇몇 천문 상수의 개정 및 일부 계산법과 표의 수정을 빼고는 그 이론 체계를 거의 그대로 유지하면서 내적 정합성과 논리성을 강화하였다. 명나라 말기에 역법(曆法) 개정을 위하여 예부 상서(禮部尙書) 서광계(徐光啓 1562~1633)가 역국(曆局)에서 자코모 로(Giacomo Rho, 나아곡(羅雅谷), 1593~1638), 아담 샬(J. Adam Schall von Bell, 탕약망(湯若望), 1591~1666) 등 예수회 선교사들을 조직하여 서양의 천문학 자료를 편역(編譯)한 것이《숭정역서》라면, 청나라의 건국과 함께 시헌력(時憲曆)이 시행되고《숭정역서》가《서양신법역서(西洋新法曆書)》(1646)로 개편된 이후 근 80년 만에 강희제(康熙帝)의 제3황자인 성친왕(誠親王) 윤지(胤祉 1677~1732) 등이 내정(內廷)의 몽양재(蒙養齋) 산학관(算學館)에서 매각성(梅瑴成 1681~1764), 하국종(何國宗 ?~1766), 명안도(明安圖, 약 1692~약 1764) 등 중국인 학자들을 지휘하여《서양신법역서》를 일신한 책이《역상고성》이다.

《역상고성》에 붙는 접두어 '어제(御制)'가 말해주듯이 이 책의 편찬에는 천문학과 수학에 큰 관심과 소양을 지녔던 청 성조(淸聖祖) 강희제(康熙帝 재위 1661~1722)가 깊숙이 관여하였다.

강희제는 8세(1661)에 즉위하여 16세(1669)에 이르기까지 이른바 강희역옥(康熙曆獄)으로 시헌력이 반대파의 공격을 받아 폐지되었다가 복구되는 과정을 목도하였다. 벨기에 선교사 페르비스트(Ferdnand Verbest, 남회인(南懷仁), 1623~1688)에 의한 윤달과 일월오성의 정확한 계산이 옥사의 결과를 뒤집은 이 과정은 강희제에게 서양 천문학과 수학의 중요성을 각인시켰다.

강희제는《삼각형추산법론(三角形推算法論)》에서 "역법은 원래 중국에서 나와서 유럽으로 전해졌다. 서양에서는 그것을 지켜 부단히 측량하며 해마다 증수(增修)했기 때문에 정밀해진 것이지 다른 방법이 있는 것이 아니다."라는 서학중원설(西學中源說)을 제기하였다. 그 주요한 저의가 서학(西學) 학습의 정당성을 알리려던 것인지, 아니면 학술 문화의 패권을 주장하려던 것인지 논란이 있지만 당대 서양 천문학과 수학의 우수성을 인정한 것은 사실이다. 이러한 인식이 1713년 몽양재의 설치와 1722년 《역상고성》의 편찬으로 이어졌다.

강희제는 경학(經學) 외에 역산에도 밝은 이광지(李光地 1642~1718) 등을 특별히 신임하였다. 이광지는 《명사》 역지(曆志)의 수정 작업으로 명성을 얻고 역산제일명가(曆算第一名家)로 일컬어지던 재야의 학자 매문정(梅文鼎 1633~1721)을 초빙하여 천문 역산(天文曆算) 인재를 양성하였는데, 이들이 나중에 《율력연원(律曆淵源)》 편찬의 주역이 되었다. 《율력연원》은 《역상고성》 42권, 《율려정의(律呂正義)》 5권, 《수리정온(數理精蘊)》 53권으로 구성된, 역산(曆算), 악률(樂律), 산법(算法)의 일대 정리서이다.

강희역옥의 판결이 뒤집힌 후인 1670년대부터 선교사들의 지위가 점차 회복되자 페르비스트가 유럽에 선교사의 증파를 요청하였고, 거의 동시에 파리 천문대 대장이자 프랑스 왕실 과학원(Academie Royale des Sciences)의 창립자 중 하나인 카시니(Jean Dominique Cassini, 카서니(卡西尼), 1625~1712) 등이 동방 각 지역의 경·위도와 자편각(磁偏角) 등을 측정하는 계획을 세웠다. 양쪽의 요구가 맞아떨어져서 1684년 말에 퐁타니(Jean de Fontaney, 홍약한(洪若翰), 1643~1710), 부베(J. Bouvet, 백진(白晉), 1656~1730), 제르비옹(J.-F. Gerbillon, 장성(張誠), 1654~1707) 등이 중국에 파견되었다. 퐁타니는 왕실 과학원에 "그대들이 동일한 과제를 어떻게 연구했는지 시범 사례를 보내 달라. 왕실 과학원에서 우리들 한 사람마다 한 명의 통신원을 붙여주어, 그대들을 대표하여 우리의 작업을 지도해 주고 곤란점이나 의문점을 만났을 때 의견을 제시해 달라. 이런 조건이 충족된다면 '중국 과학원'이 완전하게 정비되어 그대들이 매우 만족하게 되리라 기대한다."라고 요청하였다. 프랑스 과학원은 학자들을 지정하여 중국에 있는 선교사들과 통신하게 하면서 관측 기구, 서적, 정기 간행물 등을 제공하였고, 중국에 있는 선교사들은 실측 결과를 프랑스에 보고하였다. 이러한 긴밀한 교류는 중국에 있는 프랑스 선교사들이 중국 왕실에서 요구하는 역법 사업을 원활히 수행하고 또 프랑스 과학의 새로운 발전을 그때그때 파악할 수 있게 하였다.

1711년에 강희제는 흠천감(欽天監)에서 시헌력으로 계산한 하지 시각이 실측 결과와 맞지 않음을 발견하여 선교사에게 자문을 구하면서 리치올리(G.B. Riccioli, 이작리(利酌理), 1598~1671)의 표가 사용됨을 보고 제3황자 윤지 등에게 명하여 선교사한테 배우도록 하였다. 이듬해(1712)에 프랑스 선교사 푸케(J.-F. Foucquet, 부성택(傅聖澤), 1665~1741) 등은 프랑스 왕실 과학원의 서책을 중심으로 수학과 천문학 저작을 번역하여 케플러(J. Kepler, 개보륵(開普勒), 1571~1630), 카시니, 네이피어(J. Napier, 납피이(納皮爾), 1550~1617), 핼리(E. Halley, 합뢰(哈雷), 1659~1742) 등의 학설을 강희제에게 소개하였다. 또한 프랑스 왕실 과학원의 존재와 그 사업에 대하여 상세히 소개하였다.

강희제는 1713년에 윤지 등에게 황실 별장으로서 강희제가 애용하던 북경 창춘원(暢春園) 안에 한시적 기구인 몽양재를 개국(開局)하여 하국종, 매각성, 왕란생(王蘭生) 등을 거느리고 역법, 악률, 산법 책을 편찬하도록 명하였다. 이들은 대지(大地) 측량의 업무 등으로 창춘원을 출입하는 선교사들의 지도를 받으며 학습과 관측을 수행하였다. 창춘원의 북극고도를 39도 59분 30초로, 황적거도(黃赤距度 황도 경사각)를 23도 29분 30초로 측정하고 1722년에 마침내 역원(曆元)을 강희 갑자년(1684)으로 정한 《역상고성》을 완성하여 1726년부터 《서양신법역서》를 대체하였다.(陳美東, 《中國科學技術史 天文學卷》, 北京, 科學出版社, 2003, 660~670쪽)

《역상고성》의 주편을 담당한 매각성은 매문정의 손자로서 가학(家學)으로 천문 역산의 소양을 탄탄히 다졌으며, 이광지가 매문정을 초빙하여 배양한 천문 역산 인재 중 하나이다. 1713년 몽양재를 설치할 때 하국종과 함께 휘편(彙編)을 맡아 10년에 걸친 학습과 연구 끝에 《역상고성》과 산법서 《수리정온》을 완성하였다. 몽양재에 들어간 후인 1715년에 진사(進士)가 되어 한림원 편수(翰林院編修)가 되었다. 옹정제(雍正帝 재위 1722~1735) 때 《역상고성》의 방법에 따른 일·월식 예보에 오차가 발생함으로 인하여, 건륭(乾隆) 2년(1737)부터 1742년까지 《역상고성후편(曆象考成後編)》을 편찬할 때 다시 휘편을 맡았다. 순천부 승(順天府丞), 홍려시 경(鴻臚寺卿) 등을 지내고 도찰원 좌도어사(都察院左都御史)까지 올랐다. 시호는 문목(文穆)이다. 《명사》 〈역지〉의 감수 및 《청사(淸史)》 〈천문지〉와 〈역지〉의 주필을 맡았을 때의 원고와 서신 등을 모은 《조만치언(操縵卮言)》, 산법의 몇 가지 주제를 다룬 《적수유진(赤水遺珍)》 등의 저서가 있다.

하국종도 흠천감 오관정(五官正)을 지낸 하군석(何君錫)의 아들로서 가학으로 천문역산의 소양을 다졌으며, 이광지와 매문정이 양성한 인재 중 하나이다. 1712년에 진사가 되고, 형 하국주(何國柱)와 함께 강희제를 수행하여 피서 행궁으로 가서 산법을 배웠으며, 이듬해부터 몽양재에 들어가 매각성과 함께 《역상고성》과 《수리정온》의 휘편을 담당하였다. 옹정제 때 시독학사(侍讀學士), 내각학사(內閣學士), 대리시 경(大理寺卿), 공부 시랑(工部侍郎) 등을 지냈는데, 홍수에 대처할 때 과다한 비용을 지출한 일과 둑 공사의 감독을 제대로 못한 일로 인하여 좌천되거나 파면당하기도 하였다. 건륭제 때 산학관과 율려관(律呂館)의 총재, 좌부도어사, 흠천감 감정, 공부 시랑, 좌도어사, 예부 상서, 상서방 편수(上書房編修), 내각학사 등을 지냈다. 강희제 때 대지 측량과 〈황여전람도(皇輿全覽圖)〉의 제작에 참여하였고, 건륭제 때 이때 수행하지 못한 신강(新疆) 지역의 측량에 참여하였으며, 《역상고성후편》, 《의상고성(儀象考成)》, 《황조문헌통고(皇朝文獻通考) 상위고(象緯考)》의 편찬에 참여하였다.

명안도는 청소년기에 몽고 팔기관학(八旗官學)에서 교육을 받았고, 1710년경 흠천감에 들어가 전문적으로 천문역법과 산법을 배웠다. 1712년에 피서 행궁으로 가는 강희제를 생도의 신분으로 수행하여 산법을 배웠으며, 《역상고성》을 편찬할 때 흠천감 오관정의 직책으로 창춘원에서 관측을 수행하였다. 1730년 이후 일·월식 예보의 오차를 해결하기 위해 흠천감 감정 쾨글러(I. Kögler, 대진현(戴進賢), 1680~1746)가 〈일전표(日躔表)〉와 〈월리표(月離表)〉를 새로 제작했을 때 그 의미를 아는 사람은 쾨글러와 부감(監副) 페레이라(A. Pereira, 서무덕(徐懋德), 1690~1743)를 빼고는 오직 명안도뿐이었다고 한다. 그리하여 1737년 《역상고성후편》을 편찬할 때 매각성, 하국종, 쾨글러와 페레이라 등 7명과 함께 휘편을 담당하였다. 1744년부터 1752년까지 흠천감에서 《의상고성(儀象考成)》을 편찬할 때는 옛 항성표의 경·위도에 세차(歲差)를 반영하는 방대한 양의 계산을 수행하였다. 1756년과 1759년에 신강 지역의 측량 사업에 참여하였으며, 이 즈음에 흠천감 감정이 되었다. 멱급수(冪級數) 전개식을 연구한 미완의 유고를 제자와 자식이 보완하여 완성한 《할원밀률첩법(割圓密率捷法)》이 전한다.(吳文俊主編, 《中國數學史大系》 第7卷, 北京師範大學出版社, 2000, 318~319쪽, 357~368쪽, 456~466쪽)

《역상고성》의 원래 명칭은 《흠약역서(欽若曆書)》이며 상편, 하편, 표를 합하여 총

42권이다. 상편 16권은 총론, 구면삼각법, 일월・오성 운행의 계산 원리를 다루었는데, 주로 티코 브라헤(Tycho Brahe, 第谷, 1546~1601)의 천문 이론을 채용하였다. 하편 10권은 일월・오성 운행의 계산법을 간결하게 요약하였고, 표 16권은 계산용 천문표들이다. 《역상고성》이 《서양신법역서》와 달라진 주요한 점은 다음과 같다.

첫째, 천문상수가 개정되었다.

황적교각(黃赤交角)이 티코 브라헤의 값 23도 31분 30초에서 23도 29분 30초로 2분 줄었다. 하짓날 정오 때 태양의 고도를 누차 측정하여 계산한 값이다.

양심차(兩心差)가 0.0358416에서 0.0358977로 바뀌었다. 《서양신법역서》는 춘분, 추분, 입하의 시간 간격을 가지고 양심차를 구했는데, 《역상고성》은 1717년 동지, 하지 전후에 관측한 태양의 위치를 이용하여 계산하였다.

역원이 숭정 무진년(1628)에서 강희 갑자년(1684)으로 바뀌고, 역원 때 태양의 근지점 경도가 동지 후 5도 59분 59초에서 동지 후 7도 10분 11초 10미로 바뀌었다.

둘째, 균시차(均時差) 표를 둘로 분리하였다. 균시차의 원인은 태양의 실제운행으로 인한 시각의 진퇴(進退) 및 태양의 적위 변화로 인한 시간의 소장(消長)이다. 전자는 원지점과 근지점이 가감(加減)의 경계가 되고, 후자는 춘・추분과 동・하지가 가감의 경계가 된다. 《서양신법역서》는 이 두 가지를 합한 하나의 표를 사용하였다. 그러나 원지점과 근지점이 매년 운행하여 적위가 달라지므로 《역상고성》은 세월이 오래 흐른 뒤에도 사용할 수 있도록 분리한 것이다.

셋째, 일식 3차(日食三差) 계산의 기준점을 황평상한(黃平象限)에서 백평상한(白平象限)으로 바꾸었다. 일식 3차는 고하차(高下差), 남북차(南北差), 동서차(東西差)이다. 동서차는 없고 남북차가 최대가 되어 고하차와 같게 되는 지점이 가감의 분계점이 되는데, 달의 경・위도는 백도의 경・위도이므로 백평상한을 기준으로 해야 한다는 것이다. 이에 따라 황평상한과 백평상한의 사이는 가감(加減)의 부호가 바뀌었다.

넷째, 월식의 초휴(初虧)와 복원(復圓) 방위를 황도 기준의 동서남북에서 월면(月面)의 상하좌우로 바꾸어 직관성을 높였다.

다섯째, 오성의 운행 중심을 태양에서 지구로 바꾸었다. 티코 브라헤의 운행 모델에서 금성과 수성의 궤도 중심이 태양인 것은 두 행성의 본륜(本輪)이 그러한 것이지 본천(本天)이 아니며, 토성, 목성, 화성의 궤도 중심이 태양처럼 보이는 것은 차륜(次輪)

을 따른 행성의 궤적이 태양으로부터 일정한 거리에 있는 것일 뿐이지 본천의 중심이 태양이 아니라는 것이다.

여섯째, 구면삼각법을 훨씬 체계적으로 정리하고 황·적좌표의 각 요소 간 상호 계산법을 낱낱이 제시하였다.

이 밖에 《서양신법역서》에서 일월오성의 계산과 직접적으로 관련되지 않은 부분들을 생략하여 내용이 간명해졌으며, 계산법을 요약한 하편의 〈○○역법〉들은 《서양신법역서》의 편제에 없던 것이다. 이는 전통역법서의 형식을 따라 신설한 것인데, 개념과 수치를 분명히 제시하는 진전된 방식을 취하였다. 또한 서양 천문학 용어의 대역어(對譯語)가 변화하면서 안정화되었다. 근지점을 가리키는 용어로 '최고충(最高衝)'과 '최비(最卑)'를 섞어 쓰던 것을 바꾸어, 원지점을 지칭하는 '최고(最高)'와 맞대응되는 '최비'만 사용하고, 균시차를 지칭하는 '일차(日差)'를 '시차(時差)'로 바꾼 것 등이다.

《역상고성》은 또 청나라 초기 민간 천문학자의 서양 천문학 연구 성과를 흡수하였다. 《역상고성》이 《서양신법역서》와 달라진 점들 중에 균시차, 일식 3차, 월식 방위, 오성의 본천 중심, 구면삼각법은 모두 매문정의 논의와 닿아 있고, 방이지(方以智 1611~1671), 왕석천(王錫闡 1628~1682), 게훤(揭暄 1613~1695) 등의 논의가 반영된 부분들도 있다.

《역상고성》의 현존본은 옹정 2년(1724)에 무영전(武英殿)에서 판각한 《율력연원》본, 건륭 43년(1778)의 《이조당사고전서회요(摛藻堂四庫全書薈要)》 초본(抄本), 건륭 49년(1784)의 《사고전서》본, 광서(光緒) 28년(1903) 호북관서국(湖北官書局)에서 간행한 본 등 4종이 알려져 있다.(石云里, 曆象考成提要, 《中國科學技術典籍通彙 天文卷》 第7册, 下南教育出版社, 1994, 459~462쪽) 조선 후기 황윤석(黃胤錫 1729~1791)의 《이재난고(頤齋亂藁)》 1796년 8월 26일 조에는 "관상감에 《역상고성》 책판[版本]이 보관되어 있고 또 중국본과 조선본 각 1질이 함[櫃] 속에 잘 보관되어 있음"을 관상감의 서원(書員)을 지낸 사람의 전언으로 기록하고 있다. 조선에서도 이 책이 간행되었던 것이다. 조선본 8권8책 목판본 《어제역상고성후편(御制曆象考成後編)》이 서울대학교 규장각한국학연구원(奎5205-v.1-8)에 소장되어 있는데, 그중에 오행성의 표가 《역상고성》의 내용이다.

2020년에 《시헌력의 시작, 숭정역서에 기술된 태양의 운동》을 펴내고 2년 만에 《시헌력의 발전, 역상고성에 기술된 태양의 운동》을 펴내게 되었다. 《숭정역서》, 《역상고성》,

《역상고성후편》을 주제별로 읽어나가며 연구 성과를 정리해 두자는 것이 우리 연구 모임의 일차적인 계획이다. 앞의 책을 출간한 후에 범례와 원문이 누락된 아쉬움이 있었기에 이번에는 이 점을 보완하였으며, 문장 형식이 아니라 내용의 갈래와 층차를 구분하고 항목을 잡아 조진(條陳)하는 방식으로 정리한 것은 앞의 책과 같다. 강독에 사용한《사고전서》본의 많은 오류를 옹정 2년 간본에 근거하여 교감할 수 있었다. 향후에는 옹정 2년 간본을 강독의 저본으로 삼으려 한다. 우리가 계획한 이 정리본이 아쉬운 대로 방대한 3대 시헌력법서의 구체적인 내용에 접근하는 한 가지 방편이 되고, 궁극적으로는 조선의 시헌력 자료를 이해하는 바탕이 되기를 바란다. 끝으로 이 책이 세상의 빛을 볼 수 있도록 이번에도 출간을 결정해 주시고 편집과 교정에 애써 주신 교육과학사의 모든 분들께 진심으로 감사드린다.

2022년 임인년 12월에 저자들이 함께 쓰다.

차례

청나라의 『역상고성曆象考成』 제작 배경과 조선에 끼친 영향

강희 3년(1664), 중국의 전통주의자 양광선(楊光先, 1597-1669)이 아담 샬(Johann Adam Schall von Bell 湯若望, 1591-1666)과 페르비스트(Ferdinand Verbiest 南懷仁, 1623-1688) 등이 제작하는 시헌력이 중국의 전통을 무너뜨리고 있음을 고발했다. 그 결과 예수회 선교사들이 투옥되고 양광선이 흠천감정(欽天監正)이 되어 역법 운용 업무를 맡게 되었다. 이때 청나라의 역법은 시헌력에서 대통력으로 바뀌었다. 그러나 그로부터 5년 뒤(1669), 양광선이 흠천감에서 실각하고 페르비스트가 흠천감에 복귀하면서 청나라의 역법은 다시 시헌력으로 회귀하였다. 소위 강희역옥(康熙曆獄) 또는 역국대옥(曆局大獄)이라고 불리는 사건이다.[1)]

강희 8년(1669), 페르비스트는 강희제의 명령에 따라 흠천감에 복귀할 수 있었지만 아담 샬처럼 흠천감정에 임명되지는 않았다. 그는 새로운 직책인 치리역법(治理曆法)에 임용되었고, 흠천감정은 만주인이 담당하게 되었다. 치리역법으로 흠천감에 복귀한 페르비스트는 점성술적 현상을 예측 및 분석하고, 흠천감의 천문생(天文生)에게 시헌력을 가르쳤으며, 관상대의 천문의기를 제조하고 나아가 그 원리를 담은 책 『신제영대의상지新製靈臺儀象志』(1674)를 편찬했다. 또한 강희제에게 서양 과학을 가르치는 개인 교사로 활동했다. 그는 강희제에게 시헌력을 가르쳤고, 황제를 위해 『기하원본幾何原本』을 만주어로 번역하기도 했다.[2)]

---

1) Huang Yi-Long, "Court Divination and Christianity in the K'ang-hsi Era," *Chinese Science* 10 (1991), pp. 1-20; Chu Pingyi, "Scientific Dispute in the Imperial Court: the 1664 Calendar Case," *Chinese Science* 14 (1997), pp. 7-34; Catherine Jami, "Revisiting the Calendar Case (1664-1669): Science, Religion, and Politics in Early Qing Beijing," *The Korean Journal for the History of Science* 37:2 (2015), pp. 459-477.

2) Catherine Jami, *The Emperor's New Mathematics: Western Learning and Imperial Authority During the Kangxi Reign(1662-1722)*, (New York: Oxford University Press, 2012), pp. 62-72.

중국 황제가 서양 선교사를 통해 과학 공부를 한 것은 이때가 처음이었다. 강희제는 이후 1690년대와 1710년대 초, 적어도 두 차례 더 예수회 선교사로부터 서양 과학을 교습받았던 것으로 보인다. 먼저 1690년대, 강희제는 토마스 페레이라(Thomas Pereira 徐日升, 1645-1708), 안토이네 토마스(Antoine Thomas 安多, 1644-1709), 조아킴 부베(Joachim Bouvet 白晉, 1656-1730), 장 프랑수아 제르비용(Jean-François Gerbillon 張誠, 1654-1707) 등 예수회 선교사들을 기용하여 그들에게 음악, 수학, 철학, 의학 등을 배웠다. 이들은 유럽에서 배운 내용을 강희제에게 가르쳤고, 궁극적으로 그 내용을 강희제의 과학으로 만들었다. 강희제의 개인 교사였던 선교사들은 강의 내용을 만주어로 된 책으로 만들어 황제에게 제출해야 했는데, 이 원고들은 추후『어제율력연원御製律曆淵源』(1724)(이후『율력연원』으로 약칭)의 편찬의 기반이 되었다.[3]

강희제가 예수회 선교사들로부터 서양 과학을 직접 배우고 그 내용을 거의 이해했을 즈음인 1700년 경, 그는 청나라 학자-관료들도 수학 공부를 해야 할 필요가 있음을 역설했다. 서양 수학 지식이 고대 중국의 지식을 회복하고, 나아가 고대 경전에 대한 이해를 도울 수 있다는 입장이었던 것이다. 강희제는 당시 예수회 선교사들이 측정에 활용한 삼각법을 칭송하고 이 방법이 중국의 구고법(勾股法)과 연관되어 있음을 논의하면서 이런 주장을 펼쳤는데, 이런 그에게 이광지(李光地, 1642-1718)가 매문정(梅文鼎, 1633-1721)의『역학의문曆學疑問』을 소개해 주었다.[4] 매문정은 이 책에서 지원설(地圓說)을 비롯한 서양 천문학·수학적 내용이 고대 중국에서 기원한 것이라고 주장했다. 이른바 서학중원설(西學中源說)이었다. 요임금이 희씨와 화씨를 사방에 파견하여 천문을 담당하도록 했다는『상서尚書』의 기록과 주나라 말 혼란한 틈에 천문학자들[疇人]이 의기와 책을 가지고 사방으로 흩어졌다는『사기史記』의 기록이 그러한 주장의 근거로 활용되었다. 강희제는 이 책에 대해 계산이 빠져있다는 이유로 썩 좋은 평가를 내리지 않았지만 아마도 이 책을 접한 이후로 서학중원설을 수용하게 되었던 것으로 보인다. 강희제는『어

---

3) 안대옥, "만문『산법본원』과 유클리드 초등정수론의 동전",『중국사연구』69 (2010), 363쪽. Jami, *ibid.*, pp. 139-159.

4) Jami, *op. cit.*, pp. 245-253.

제삼각형추산법론御製三角形推算法論』(1704)에서 처음으로 서학중원설을 주장했다고 알려져 있는데, 이 책은 매문정의 『역학의문』을 읽고 영감을 받아 작성되었을 가능성이 크다.[5)]

강희제가 매문정의 서학중원설을 접하고 그 논의를 받아들였을 무렵인 강희 43년(1704), 유럽 교황청이 재중 선교사들의 중국 의례 행위를 금지한다는 칙령을 특사를 파견하여 중국에 전달했다. 강희 44년(1705), 45년(1706)에 각각 교황의 특사와 만난 강희제는 중국의 전통에 간섭하는 교황청의 판단에 불편한 감정을 드러냈고, 이후로 예수회 선교사들에 대한 신뢰를 점차 잃어갔다.[6)] 강희제는 제국의 과학 사업에서 예수회 선교사를 조금씩 배제해 나가기 시작했다. 일례로 예수회 선교사의 재능이 가장 빛을 발했던 지도 제작 사업 부문에서—『황여전람도皇輿全覽圖』(1718)— 강희제는 선교사의 역할을 제한했다. 국경 근처의 지역을 탐색하는 일 등에서 선교사를 제외했고, 강희 52년(1713) 조선의 북극고도를 측정하기 위해 한양에 파견된 인사들 가운데에도 선교사를 포함하지 않았다.[7)]

예수회 선교사들에 대한 실망감을 가장 극적으로 드러낸 사건은 강희 50년(1711) 하지 시각에 관한 스캔들이었다. 강희제는 열하의 피서산장에서 직접 계산하고 관측하여 그해 하지가 정오 전에 있을 것으로 예측하였는데, 흠천감에서 제작한 역서에는 정오로부터 56분이 지난 때로 되어 있음을 발견하고 문제 삼은 것이었다. 강희제는 이에 대해 흠천감 소속의 예수회 선교사들을 힐책하는 한편, 이듬해 봄 그들에게 천문학 원리를 이해하기 쉽도록 설명하는 강의 노트를 작성해 올 것을 명령했다. 사실 하지 시각을 잘못 예측한 사건은 당시 흠천감에서 운용하고 있었던 역법 체제를 개정할 필요가 있다는 신호였다. 강희제는 이 점을 인식하고 있었다. 그는 아마도 이 사건을 계기로 역법 개정을 추진하고자 했던 것으로 보인다.[8)]

강희제는 제국의 과학 사업에서 예수회 선교사의 입지를 점차 줄여나가는 한편

---

5) 안대옥, "『주비산경』과 서학중원설-명말 서학수용 이후 『주비산경』 독법의 변화를 중심으로-", 『한국실학연구』 18 (2009), 713-721쪽; Benjamin A. Elman, *On Their Own Terms: Science in China 1550-1900* (Cambridge: Harvard University Press, 2005), pp. 150-160.

6) Ping-ying Chang, "Chinese Hereditary Mathematician Families of the Astronomical Bureau, 1620-1850," (Ph. D. diss., City University of New York, 2015), p. 110.

7) Jami, *op. cit.*, pp. 277-280.

8) Jami, *ibid.*, pp. 260-261.

청나라 학자 또는 관료들 가운데 수학에 재능이 있는 사람들을 물색하고 나섰다. 강희 48년(1709), 3년 전 성시(省試)를 통과하였으며 수학에 능력이 있다고 추천받은 진후요(陳厚耀, 1648-1722)를 북경으로 소환하여 수학적 주제로 대화를 나누었던 것을 시작으로,[9] 강희 50년부터 2년 동안 특별 시험을 통해 전국의 수학 인재들을 발굴하는 사업을 추진했다. 이때 실제 시험을 치렀는지는 불분명하다. 나중에 『율력연원』 편찬자에 이름을 올린 사람들 가운데 실제로 과거 시험을 통과한 사람은 진후요 한 명이었다. 이때 발굴된 사람들은 대부분 수학 또는 천문학으로 이름을 날린 사람들의 자제 또는 후손이거나 만주 팔기 출신의 기인(旗人)들이었다. 강희제에게 서학의 중국기원론을 일깨워준 매문정의 손자 매각성(梅瑴成, 1681-1764)이나 1710년대 오관사력을 지낸 하군석의 아들 하국종(何國宗, ?-1766) 등을 비롯한 다수의 인재들이 모였다.[10]

이렇게 모인 학인들은 강희제가 설립하고 제3황자 윤지(胤祉)가 운영한 산학관(算學館)에 소속되었고, 강희제의 학생으로서 강희제가 직접 내린 수학책을 공부했다. 황제가 이들에게 공부하라고 내려준 책에는 강희 29년(1690)과 강희 51년(1712), 예수회 선교사들로부터 제공받은 강의 노트들과, 매문정의 수많은 연구 논문들이 포함되었다. 강희제는 이들을 중심으로 청나라의 학자-관료들이 수학과 천문학 등 과학적 지식을 잘 알고 있어야 한다는 신념을 실현해 나갔다. 황실의 후원 아래 과학 공부를 열심히 해 나간 이들은 17세기 말까지 예수회 선교사들이 수행했던 업무들, 즉 수학책 연구, 천문학 문제 논의, 지도 제작 등의 프로젝트에서 주요 역할을 담당하기 시작했다. 강희 52년(1713)부터는 이들 산학관의 학인들이 중심이 되어 그간 누적된 서양 과학 지식들을 한문으로 된 책으로 편찬하여 집대성하는 제국 과학 프로젝트가 추진되었다.[11]

이 프로젝트는 그로부터 10년 뒤 강희 61년(1722)에 결과물들을 내놓았다. 이

---

9) Jami, *ibid.*, pp. 257-259.

10) 『역상고성』 편찬에 참여한 사람들의 목록 참고. 다음의 책에서도 확인할 수 있다. Jami, *ibid.*, pp. 373-375.

11) Shi Yunli, "Reforming Astronomy and Compiling Imperial Science in the Post-Kangxi Era: The Social Dimension of the *Yuzhi lixiang kaocheng houbian* 御製曆象考成後編," *EASTM* 28 (2008), pp. 39-46.

결과 만들어진 책이 바로 『율력연원』이다. 총 100권으로 이루어진 이 거질의 책은 세 부문으로 구성되어 있는데, 첫 번째 부문에 『어제역상고성御製曆象考成』 42권, 두 번째 부문에 『어제율려정의御製律呂正義』 5권, 마지막 부문에 『어제수리정온御製數理精蘊』 53권이다.(각 책은 이후 『역상고성』, 『율려정의』, 『수리정온』으로 약칭) 또 각 부문의 내용은 크게 세 부분으로 구분되었다. 제1부분은 원리를 설명하고, 제2부분은 방법을 기술하며, 제3부분은 관련 수치(표)를 제공한다. 우리 책이 다루는 『역상고성』(사고전서본)을 중심으로 살펴보면 아래 표와 같다.

	편	권	명
어제역상고성	상편	권1	曆理總論
		권2	弧三角形上
		권3	弧三角形下
		권4	日躔曆理
		권5	月離曆理
		권6	交食曆理一 日食月食合論
		권7	交食曆理二 專論月食
		권8	交食曆理三
		권9	五星曆理一 五星合論
		권10	五星曆理二 專論土星
		권11	五星曆理三 專論木星
		권12	五星曆理四 專論火星
		권13	五星曆理五 專論金星
		권14	五星曆理六 專論水星
		권15	五星曆理七 五星合論
		권16	恒星曆理
	하편	권1	日躔曆法
		권2	月離曆法
		권3	月食曆法
		권4	日食曆法
		권5	土星曆法

	편	권	명
		권6	木星曆法
		권7	火星曆法
		권8	金星曆法
		권9	水星曆法
		권10	恒星曆法
	표	권1	日躔表
		권2	月離表一
		권3	月離表二
		권4	月離表三
		권5	交食表一
		권6	交食表二
		권7	交食表三
		권8	交食表四
		권9	土星表
		권10	木星表
		권11	火星表
		권12	金星表
		권13	水星表
		권14	恒星表
		권15	黃赤經緯互推表上
		권16	黃赤經緯互推表下

『역상고성』은 『율력연원』의 세 부문 가운데 가장 나중에 완성되었다. 전술했듯, 『역상고성』은 상편에서 천문학의 기본 원리와 구면천문학, 태양 · 달 · 식현상 · 오행성 · 항성 등의 천문학적 원리를 설명한 뒤, 하편에서 이에 상응하는 각각의 계산법을 논의하고, 계산에 활용될 각종 수치를 정리한 표들은 그 다음 편에 수록했다. 『역상고성』은 명말 예수회 선교사를 중심으로 편찬 · 기획된 『숭정역서』 또는 『서양신법역서』를 대체할 역법으로서 제작된 것이었다. 가장 주요하게 변화된 것은

다음과 같다. 첫째, 황도경사각. 기존의 티코가 측정한 23도 31분 30초에서 23도 29분 30초로 바뀌었다. 이는 산학관의 학인들이 직접 관측을 통해 계산한 값이었다. 둘째, 균시차표의 양분. 지구의 부등속 운동에 의한 시간차와 적도와 황도의 거리가 달라지면서 생기는 시간차에 대한 것으로 구분하였다. 셋째, 일식 계산 방법. 일식 계산에서 고하차, 동서차, 남북차를 계산할 때 황도뿐만 아니라 백도를 함께 고려하였다. 넷째, 식 방위의 기준. 황도를 기준으로 동서남북으로 표기하던 것을 지평선과 자오선을 기준으로 상하좌우로 표시하였다. 다섯째, 오성 운동의 중심. 오성 운동의 중심을 태양에서 지구로 변환하였다.[12)]

강희제는 『율력연원』의 마무리를 앞두고 사망했다. 이에 따라 옹정제가 그의 임기 첫 해(1723) 10월에 서문을 작성했고, 책의 완전한 간행은 옹정 2년(1724) 이루어졌다. 청나라 흠천감에서 『역상고성』 체제를 역서 계산 및 일월식 예측에 적용하기 시작한 것은 옹정 3년(1725)부터였던 것 같다. 청나라가 옹정 3년부터 『역상고성』 체제를 일월식 예측에 적용하기 시작했다는 사실은 청나라 정부가 조선에 보낸 일월식 자문(咨文)을 통해서 알 수 있다.[13)] 청나라 정부는 조선에 월식을 알리는 자문에 "역상고성에 따라 계산하여 보니 옹정 4년(1726) 3월 15일 월식이 있는데"라며 문서를 작성했는데, 이는 청나라가 『역상고성』 체제를 옹정 3년부터 활용했음을 보여준다.[14)]

청나라가 『역상고성』 체제로 간행한 옹정 4년(1726)의 역서가 곧바로 조선의

---

12) 전용훈, 『한국 천문학사』 (들녘, 2017), 406쪽, 각주 107.

13) 청나라와 조선은 강희 60년(1721)부터 19세기 말에 이를 때까지 일월식 자문을 주고받았다. 청나라 정부가 흠천감에서 예측한 일식 또는 월식의 예보를 자문의 형태로 작성하여 조선에 보내면, 조선은 식이 끝난 후 그 결과를 청나라에 회자하는 방식으로 운영되었다. 청나라가 작성한 일월식 자문에는 어떤 역법으로 예측한 결과 어떤 식이 어디(조선 포함)에서 보이는지, 식분은 얼마인지, 초휴·식심·복원의 시각은 언제인지 등의 정보와 구식례를 거행하라는 명령이 함께 작성되었다. 조선에서 청나라에 돌려보내는 자문에는 조선에서 보인 식의 식분과 각 단계별 시각이 어떠했는가가 상세히 적혔다. 김슬기, "18세기 중반 조선 일월식 계산의 새로운 기준으로서 청나라 일월식 자문", 『한국과학사학회지』 42:1 (2020), 65-95쪽.

14) 『동문휘고』 권43, 「일월식1」, 한편 『청사고』에 따르면 강희 갑자년의 역원을 갖는 『역상고성』 체제는 옹정 4년(1726)에 시헌력을 사용하기 시작했다고 기록하고 있다. 이는 『역상고성』 체제의 역서를 사용했다는 것으로, 이때부터 『역상고성』 체제의 역서를 만들기 시작한 것이 아님을 주의해야 한다. 『清史稿』 「志」 凡一百三十五卷, 卷四十五 志二十, 〈時憲一〉, 1669쪽. "雍正元年, 頒曆象考成於欽天監, 是爲康熙甲子元法. 自雍正四年爲始, 造時憲書一遵曆象考成之法."

역서와 큰 차이를 보이지는 않았던 것 같다. 하지만 청나라가 새로운 역법 체제로 만든 청나라의 역서는 그때까지 『서양신법역서』 체제로 역서를 제작하고 있었던 조선의 역서와 곧이어 차이를 보일 수밖에 없었다. 영조 3년(1727) 5월, 조선 관상감 관원들은 청나라의 역서와 조선의 역서가 "절기시각, 합삭 · 현망 · 일출입 시각" 등에서 차이를 보이고 또한 칠정력도 오차를 보인다고 하면서 관상감 관원을 북경에 파견하여 역법을 학습해야 한다고 건의했다.[15] 그해 9월에는 관상감 관원 안중태(安重泰, 1643-?)를 북경에 파견할 관원으로 선발했음을 전달하면서, 그가 북경에서 관련 책자를 구입하고 계산법을 배울 때 사용할 경비를 마련해 주자는 의견도 제기했다. 이에 조선 정부는 은자(銀子)를 챙겨주었다.[16]

정부의 후원을 받아 북경에 파견된 안중태는 역관(譯官) 고시언(高時彦, 1671-1734)과 동행하면서 역서 계산에 필요한 책들을 구입했고, 이듬해(1728) 초 조선에 돌아왔다. 이때 이들이 구해 온 책 가운데 『역상고성』이 포함되어 있었다. 청나라에서 2-3년 전 역서를 계산하는 데 도입한 새로운 역법서였다. 하지만 역서를 계산할 때 부가적으로 필요한 『팔선표八線表』 등의 수표와 칠정력 계산법과 화성의 위치 계산법은 아직 구해오지 못했다. 추가적으로 천문학자의 북경 파견이 더 필요한 상황이었다.[17]

이에 영조 4년(1728) 10월, 관상감 관원을 북경에 파견하여 어정역법(즉, 역상고성)을 배워오게 하자는 건의가 있었다.[18] 하지만 당시 천문관원이 파견되었다는 기록이 남아있지는 않다. 아마도 영조 4년에는 관상감 관원의 북경 파견이 이루어지지 않았던 것이 아닐까 한다. 관상감 관원의 북경 파견은 영조 5년(1729)에 있었다. 이때 파견된 관상감 관원은 이세징(李世澄, ?-?)이었다. 그는 역관 김유문(金裕門, ?-?)과 함께 북경의 천주당을 방문하여 2년 전 안중태가 미처 구해오지 못했던 역법서들을 구해오는 데 성공했다. 이세징과 김유문은 『팔선표』, 『일월식누자日月食漏[褸]子』, 『칠정누자七政漏[褸]子』, 영조 6년(1730)에 일어날 일월식 계산 과정을 수록한 『일식초고日食草稿』, 『월식초고月食草稿』, 『어정삼원갑자만년력御定

15) 『승정원일기』 638책, 영조 3년 5월 12일.
16) 『비변사등록』 82책, 영조 3년 9월 1일.
17) 『승정원일기』 685책, 영조 5년 5월 20일.
18) 『영조실록』 권28, 6년 10월 4일.

三元甲子萬年曆』, 『신법칠정사여만년력新法七政四餘萬年曆』 등을 구해왔다.[19)]

청나라가 새 역법을 도입하면서, 조선과 청나라의 역서 사이에 차이가 나는 것은 비단 절기시각 등의 역일에 관한 것만은 아니었다. 역주 또한 차이를 보이고 있었다. 영조 6년(1730) 10월, 조선에서 제작한 역서의 역주가 청나라의 역주와 많게는 60-70개가 어긋난다는 지적이 있었고, 이를 타개할 방법으로 이전에 만년력을 구해와 역주 차이를 바로 잡았던 것처럼 이번에도 관상감 관원을 북경에 보내자는 건의가 있었다.[20)] 이러한 건의에 따라 북경에 파견된 관상감 관원 이세징이 역관 정태현(鄭泰賢, ?-?)과 함께 『만년력』을 구해왔다.[21)]

영조 3년(1727)부터 관상감 관원의 북경 파견이 적어도 세 차례 있었지만 『역상고성』을 완벽히 파악하여 오차가 없는 역서를 계산하는 일은 영조 8년(1732)까지도 아직 어려웠던 것 같다. 영조 8년 9월, 관상감은 조선의 역서가 청나라의 역서와 절기 시각과 합삭·현망의 시각이 몇 각 차이 나는 곳이 5-6군데 있음을 지적하면서 이 문제를 바로잡아야 할 것을 건의했다.[22)] 이 건의에 따라 관상감 관원 안중태가 북경에 파견되었다. 북경에서 그는 흠천감 관원 하국훈(何國勳, ?-?)을 만나 역법을 추산하는 방법을 배웠고, 사비를 들여 『칠정사여만년력七政四餘萬年曆』 3책, 『시헌신법오경중성기時憲新法五更中星紀』 1책, 『이십사기혼효중성기二十四氣昏曉中星紀』 1책, 『일월교식고본日月交食稿本』 각 1책, 일월규(日月圭) 1좌를 구입했다.[23)] 안중태는 이 성과로 절충(折衝)에서 가선(嘉善)으로 가자(加資)되었다.[24)]

안중태와 이세징 등 관상감 관원들이 역관들과 협업하여 북경에서 『역상고성』 체제를 학습하는 데 많은 애를 썼음에도 불구하고 조선의 역서와 청나라의 역서는 계속해서 차이가 났다. 가장 심각한 문제는 영조 10년(1734)에 발견된, 이듬해

19) 『동문휘고』 「보편」 권4, 사신별단4, 42a-46a 중 45b-46a.

20) 『승정원일기』 712책, 영조 6년 10월 4일.

21) 『승정원일기』 739책, 영조 8년 2월 10일; 『영조실록』 권31, 8년 2월 10일.

22) 『영조실록』 권32, 8년 9월 6일. 이때 관상감이 지적한 문제는 크게 두 가지였다. 하나는 관상감 관원들이 아직 『역상고성』 체제에 따른 역서 계산이 서툴다는 것이었다. 다른 하나는 조선에서 계산한 『대통력』이 청나라의 그것과 절기 시각, 윤달의 위치 등에서 차이를 보인다는 것이었다.

23) 『승정원일기』 759책 영조 9년 4월 17일; 『승정원일기』 762책, 영조 9년 7월 20일; 『영조실록』 권35, 9년 7월 20일.

24) 『승정원일기』 763책, 영조 9년 8월 2일.

(1735) 조선 역서와 청나라 역서의 윤달의 위치 차이였다. 먼저 영조 10년 2월, 관상감정(觀象監正) 김진위(金振渭, ?-?)가 올해(1734)의 역서를 틀리게 계산한 것에 대해 벌을 받아야 마땅하다는 사헌부의 주장이 있었는데, 이는 관상감 관원들이 아직까지 절기 시각을 청나라의 역서와 다르게 계산했다는 사실을 드러낸다.[25] 그로부터 2개월 뒤, 영조 10년 4월, 영의정 심수현(沈壽賢, 1663-1736)이 관상감 관원을 북경에 파견하여 역법을 배워오게 하자고 건의했다. 절기 시각의 차이도 문제이지만 내년(1735) 역서의 윤달의 위치가 청나라와 달라질 것에 대한 우려에서 제기된 건의였다.[26]

이에 따라 관상감 관원 안중태가 영조 10년 7월 진주사(陳奏使)를 따라 북경에 가게 되었다. 한편, 같은 해 11월, 청나라에서 반포한 1735년의 역서가 조선에 도착했다. 심수현이 4월에 예고했던 대로, 과연 1735년 두 나라의 역서에서 윤달의 위치가 서로 달랐다. 영조는 조정 대신들을 불러 모아 이 문제를 논의했다. 조선 역서의 윤달을 어디에 두어야 하는지에 대한 것이 쟁점이었다. 윤달을 규정하는 원칙은 중기가 없는 달을 윤달로 두는 무중치윤법(無中置閏法)을 따르고 있었는데, 이에 따르면 청나라 역서는 윤4월이고 조선 역서는 윤3월이었다. 소만 중기 시각이 청나라는 4월 29일 자정 전(23시 41분)에 있어 그 다음 달이 무중월이 되어 윤4월이 된 것이고, 조선은 4월 29일 자정 후(00시 23분)에 있어 윤3월이 된 것이었다. 영조와 대신들은 논의 끝에 청나라의 역서를 따라 조선의 역서도 윤4월을 두자고 결정했다. 외교 문서를 주고받을 때 월의 위치가 달라서 생길 문제를 우려한 까닭이었다.[27]

영조 11년(1735) 1월, 조선 정부의 후원을 받아 역법 문제를 해결할 임무를 띠고 북경으로 떠났던 안중태가 조선에 돌아왔다.[28] 당시 안중태는 북경에서 역관 조인벽(趙仁壁, ?-?)과 협업하여 두 나라의 역서가 차이를 보이게 된 결정적인 이유를

25) 『영조실록』 권37, 10년 2월 15일. 당시 관상감이 계산한 조선의 역서는 청나라의 역서와 비교하여 입춘의 절기일자를 비롯한 몇 개의 절기시각에 오차를 보이고 있었다.

26) 『영조실록』 권38, 10년 4월 10일.

27) 『영조실록』 권39, 10년 11월 19일. 이에 관련한 사건을 다룬 논의는 다음을 참고. 김영식 "1735년 역서의 윤달 결정과 간행에 관한 조선 조정의 논의", 『한국과학사학회지』 36:1 (2014), 1-29쪽.

28) 『승정원일기』 781책, 영조 10년 6월 11일.

알아내었다. 청나라가 『역상고성』의 역원을 강희 갑자년(1684)에서 옹정 계묘년(1723)으로 바꾸면서 태양과 달의 위치 계산에 차이가 생겼고, 이에 따라 두 나라의 역서가 윤달의 위치에서 차이를 보이게 되었다는 것이었다. 안중태는 이러한 사실을 알아온 것 외에도 『일전표日躔表』 1권, 『월리표月離表』 1권, 『문자책文字冊』, 『일전월리고본칠요역법日躔月離稿本七曜曆法』 10권을 함께 구득해왔다. 이는 관상감 관원들이 『역상고성』 체제를 운용하는 데 필요한 서책들이었다.[29] 영조는 관상감에 이듬해(1736) 역서부터 역원이 바뀐 새 『역상고성』 체제를 적용하여 계산할 것을 명령했다.[30]

청나라가 『역상고성』 체제를 도입한 이래, 관상감 관원들은 조선 정부의 후원을 받으며 영조 3년부터 영조 11년까지 약 8년간 북경에 파견되어 청나라의 달라진 역법 체제를 배워오고 그에 관계된 서책들을 구입해 왔다. 영조 11년, 이듬해 역서부터 옹정 계묘년 역원을 쓰는 『역상고성』 체제에 따라 조선의 역서를 편찬하라는 영조의 명령이 내려진 이후로 관상감 관원들의 북경 파견 사례는 한동안 없었던 것 같다. 적어도 연대기 사료에서 찾아지지 않는다. 이는 안중태와 이세징 등이 역관과 협업하여 구득해 온 천문학 서책들과 청나라 사람에게 직접 전수받은 방법을 관상감 관원들이 이해하고 운용하여 청나라의 역서와 적어도 역일에 관련해서 큰 오차를 내지 않는 수준에 도달했을 가능성을 시사한다. 영조 17년(1741) 절기 시각 및 일월식 예측이 청나라와 오차를 보이므로 북경에 가서 다시 역법을 배워올 필요가 있다는 관상감의 건의가 있기 전까지 관상감이 편찬한 역서의 오류를 지적하는 사건 역시 찾아지지 않는다.

그런데 청나라는 왜 『역상고성』의 역원을 바꿨을까? 이는 옹정 8년(1730) 6월의 일식과 관련되어 있다. 흠천감에서 예수회의 역할을 제한했던 강희제와 달리 옹정

---

29) 안중태가 역법서를 구해온 때로부터 4개월 후인 영조 11년 5월, 안중태가 영조 10년 진주사행을 통해 북경에서 학습한 방법과 구해온 서책들은 관상감에서 역서를 계산할 때 매우 긴요하므로 일단 당장 사용해야 할 것들을 인출할 수 있게 물력을 제공해 달라는 관상감의 건의가 있었다. 이와 같은 관상감의 요구는 안중태가 일전에 구해온 책들이 『역상고성』 체제를 활용하는 데 꼭 필요했다는 사실을 다시 한 번 보여준다. 『승정원일기』 801책, 영조 11년 5월 19일.

30) 『승정원일기』 793책, 영조 11년 1월 29일; 『영조실록』 권40, 11년 1월 30일; 『승정원일기』 794책, 영조 11년 2월 12일.

제는 예수회 선교사를 흠천감정에 다시 임명했다. 이로써 이그나티우스 쾨글러(Ignatius Kögler 戴進賢, 1680-1746)가 감정이 되었고 안드레아스 페레이라(Andreas Pereira 徐懋德, 1690-1743)가 부감이 되었다. 아버지와 달리 수학 · 천문학 등에 큰 관심이 없었던 옹정제는 산학관의 학인들을 기용하지 않았는데, 이에 따라 이들의 입지는 점차 좁아졌던 반면 예수회 선교사의 권위는 점차 회복되었다.

그런 가운데 1730년 6월 일식과 관련한 사건이 벌어졌다. 이때 일식은 당연히 『역상고성』 체제로 계산되었고, 중국 전역과 조선에서 보일 것으로 예측되었다. 그러나 기약된 당일 중국 대부분 지역에서 이 일식을 볼 수 없었다. 이에 각 지방에서는 황제의 통치력을 예찬하는 글을 올리며 이 일을 축하했다. 그런데 쾨글러와 페레이라는 이 사건을 그들의 천문역산학에서의 입지를 더 굳건하게 할 수 있는 기회로 활용했다. 이들은 옹정제에게 이때 일식이 보이지 않은 까닭은 『역상고성』의 일월식 계산법이 정확하지 않았기 때문이라고 지적하면서, 정확한 역법을 운용하기 위해서는 역법 교정이 반드시 필요함을 주장했다. 옹정제는 이들의 의견을 수락했고, 쾨글러와 페레이라는 『역상고성』 체제 가운데 특히 일월식 계산과 관련한 계산법을 교정하는 작업에 착수했다. 이들이 주력한 프로젝트 중 하나는 일월식 계산에 필요한 천문표를 교정하는 것이었다. 이 사업은 옹정 12년(1734)에 한 차례 일단락되어 "신법"을 구축했다. 즉, 옹정 계묘년을 역원으로 삼고 일월식 관련 계산법을 수정한 것이었다. 이후 이들의 사업은 계속되어 건륭 7년(1742) 『역상고성후편』을 완성하며 마무리되었다.[31] 그러나 청나라에서 일어난 이와 같은 일련의 변화들은 곧 조선 관상감 관원들이 새로운 역법을 학습해야 한다는 일종의 "예고장"이었다.

31) Shi Yunli, "Reforming Astronomy and Compiling Imperial Science in the Post-Kangxi Era: The Social Dimension of the *Yuzhi lixiang kaocheng houbian* 御製曆象考成後編," *EASTM* 28 (2008), 36-81.

참고문헌

1차

조선왕조실록 (http://sillok.history.go.kr)

승정원일기 (http://sjw.history.go.kr)

동문휘고 (http://contents.nahf.or.kr)

2차

Benjamin A. Elman, *On Their Own Terms: Science in China 1550-1900* (Cambridge: Harvard University Press, 2005).

Catherine Jami, "Western Learning and Imperial Scholarship: The Kangxi Emperor's

Study," EASTM 27 (2007), 146-172.

Catherine Jami, *The Emperor's New Mathematics: Western Learning and Imperial Authority During the Kangxi Reign(1662-1722)*, (New York: Oxford University Press, 2012).

Catherine Jami, "Revisiting the Calendar Case (1664-1669): Science, Religion, and Politics in Early Qing Beijing," The Korean Journal for the History of Science 37-2 (2015), pp. 459-477.

Chang Ping-ying, "Chinese Hereditary Mathematician Families of the Astronomical Bureau, 1620-1850," (Ph.D. diss., City University of New York, 2015).

Chu Pingyi, "Scientific Dispute in the Imperial Court: the 1664 Calendar Case," Chinese Science 14 (1997), pp. 7-34.

Shi Yunli, "Reforming Astronomy and Compiling Imperial Science in the Post-Kangxi Era: The Social Dimension of the *Yuzhi lixiang kaocheng houbian* 御製曆象考成後編," *EASTM* 28 (2008), 36-81.

Huang Yi-Long, "Court Divination and Christianity in the K'ang-hsi Era," Chinese Science 10 (1991), pp. 1-20;

김슬기, "숙종 대 관상감의 시헌력 학습: 을유년(1705) 역서 사건과 그에 대한 관상감의 대응을 중심으로", 『한국과학사학회지』 39:3 (2017), 435-464.

김슬기, "18세기 중반 조선 일월식 계산의 새로운 기준으로서 청나라 일월식 자문", 『한국과학사학회지』 42:1 (2020), 65-95.

김영식 "1735년 역서의 윤달 결정과 간행에 관한 조선 조정의 논의", 『한국과학사학회지』

36:1 (2014), 1-29.
이면우·강민정·최승언, 『시헌력의 조선 도입 역사』 (춘천교육대학교 출판부, 2022).
안대옥, “『주비산경』과 서학중원설-명말 서학수용 이후 『주비산경』 독법의 변화를 중심으로-”, 『한국실학연구』 18 (2009), 691-727.
안대옥, “만문 『산법본원』과 유클리드 초등정수론의 동전”, 『중국사연구』 69 (2010), 359-392.
전용훈, 『한국 천문학사』 (들녘, 2017).

범 례

1. 이 책은 청나라 강희제(康熙帝)의 《어제역상고성(御製曆象考成)》(이후에는 《역상고성》으로 칭함)에서 태양편을 모아 내용을 정리한 것이다.(아래에서는 이를 내용정리편으로 지칭한다.) 다음의 세 부분이다.
   1) 태양 이론편인 상편 제4권 〈일전역지(日躔曆指)〉
   2) 태양 계산법편인 하편 제1권 〈일전역법(日躔曆法)〉
   3) 태양 수치표편인 표 제1권 〈일전표(日躔表)〉
2. 원문을 활자화하고 교감과 표점을 가하여 권말에 부록하였다.(아래에서는 이를 원문편으로 지칭한다.)
3. 이 책에 사용한 저본은 《문연각사고전서(文淵閣四庫全書)》 제790책(臺灣商務印書館, 1983)이다.
4. 원문 교감에는 《중국과학기술전적통휘(中國科學技術典籍通彙)》 천문권(天文卷) 제7책((河南敎育出版社, 1994)에 영인된 청나라 옹정(雍正) 2년(1724) 내부간본(內府刊本)을 대교본(對校本)으로 삼았다.
5. 수치 표는 내용정리편에 특징을 간추리고 원문편에는 각 표의 서설들만 실었다.
6. 그림은 내용정리편과 원문편에 중복하여 실었다. 정리문과 원문을 읽는 데에 모두 필요하기 때문이다. 또한 그림의 부호가 또렷하지 않으므로 한글을 추가하여 판독이 용이하도록 하였다.
7. 내용정리편의 정리 방법은 내용의 갈래와 층차를 구분하여 크고 작은 제목을 뽑고 번호를 붙여 조진(條陳)하는 방식을 택하였으며, 수식을 뜻하는 내용은 수식으로 간결히 정리하였다.
8. 원문의 내용을 가능한 한 빠짐없이 정리하였다.
9. 원문에 작은 글자로 쓰여진 원주도 모두 큰 글자로 정리하고, 앞에 '▾' 표시를 하였다.

10. 이해를 돕기 위해 정리자가 추가한 내용은 다음의 세 가지이다.
   1) 작은 글자로 기입한 간주: 간단한 용어 풀이, 간단한 부연 해설 등.
   2) 각주: 내용 이해를 위한 일반적인 주석, 원문 교감과 관련한 주석 등.
   3) 보충자료: 내용의 심화 이해를 위한 전문적인 해설과 도해 등.
11. 용어의 의미가 드러나도록 풀이한 경우에도 수시로 한자의 독음과 글자를 부기하여 원문의 용어를 숙지할 수 있도록 하였다.
   예) 근지점[최비(最卑)], 중간거리점[중거(中距)], 실제시각[용시(用時)]
12. 간결한 표현을 위하여 시간과 도수 단위의 하위 단위들에 띄어쓰기를 하지 않았다.
   예) 365일5시간3각3분45초, 신초(申初)3각02분55초48미, 23도29분30초
13. 이 책에 특별히 사용한 부호는 다음과 같다.
   1) ↦ : 출발점부터 도착점까지 방향이 정해진 구간.
      예) 추분↦동지: 시간의 진행에 따라 추분에서 출발하여 동지까지.
      병↦정↦무: 운행 방향에 따라 '병'에서 출발하여 '정'을 경유하고 '무'까지.
      원지점↦근지점: 운행 방향에 따라 원지점에서 출발하여 근지점까지.
   2) ▾ : 원문에 작은 글자로 쓰여진 주석.
   3) MOD(a, b) : 주어진 값 a에서 일정한 수 b를 거듭 덜어내고 남은 값, 즉 나눗셈 $a \div b$의 나머지를 구하는 연산부호.
      예) MOD(89, 60)=29
   4) COUNT(a, b) : 주어진 순번 a부터 b만큼 헤아려 나간 순번이 무엇인지를 구하는 연산부호
      예) COUNT(갑자, 11)=을해

제 1 부

《역상고성(曆象考成)》 상편 제4권 〈일전역리(日躔曆理)〉

제1장

정확한 남북 자오선 그리기 [남북진선(南北眞線)]

1) 정확한 남북선 정하기의 중요성

(1) 남북 방위 정하기가 역상(曆象 천문 역산과 관측)[1]의 첫걸음: 남북선이 정해져야 중성(中星 관측지에서 어떤 시각에 남중하는 별)을 관측하고, 태양의 운행도수를 측정할 수 있음.

(2) 정확한 남북선: 남북의 대체적인 방향은 알기 쉽지만, 정확한 남북선은 약간의 오차도 없어야 함.

(3) 나침반[지남침(指南針)]을 이용한 남북선의 한계: 그 자체가 편향(偏向 천구의 북극이 아닌 지구의 자극(磁極)을 가리키므로)될 뿐만 아니라, 그 편향의 정도가 관측지마다 다름.

2) 정확한 남북선을 정하는 방법: 태양을 이용한 방법 4가지, 별을 이용한 방법 2가지.

(1) 춘 · 추분날 태양을 이용하여 정확한 남북선 정하기

① 춘분날 또는 추분날 수평을 정확히 맞춘 책상 위에 표(表 해그림자를 관측하기 위해 세우는 막대. gnomon)를 세우고 오전부터 오후까지 그림자를 관측함

② 표(表)의 그림자 끝마다 점을 찍어 표시함.

---

1) 《역상고성》 본문의 내용은 이 정리본(整理本)에서 모두 큰 글자로 정리하였다. 작은 글자로 기재한 것은 모두 이해를 돕기 위하여 필자가 부가한 내용이다.

③ 점들을 연결하면 [그림 1－1]과 같이 하나의 직선이 만들어짐

→ 이 선이 곧 동서선(東西線)임.

④ 동서선의 정중앙에서 수선을 그리면 남북선이 됨.

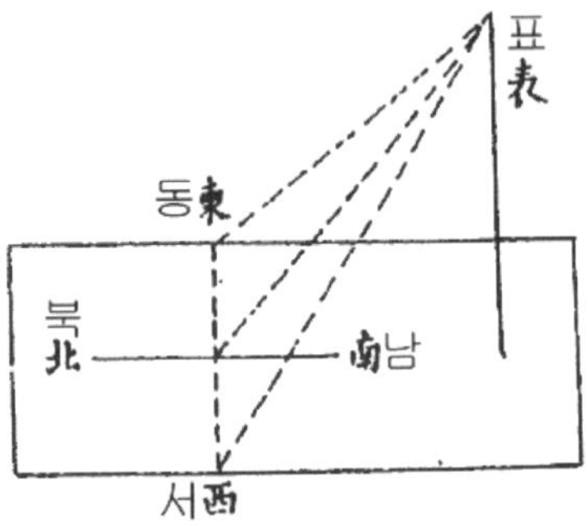

[그림 1-1] 춘 · 추분날 태양을 이용하여 정확한 남북선 그리기

(2) 임의의 날 태양을 이용하여 정확한 남북선 정하기 1

① 임의의 날 수평을 정확히 맞춘 책상 위에 표(表)를 세우고 오전부터 오후까지 그림자를 관측함.

② 표(表)의 그림자 끝마다 점을 찍어 표시함.

③ 점들을 연결하면 [그림 1－2]와 같이 곡선이 만들어짐.

④ 곡선 상에서 표(表)의 중심(발)과 가장 가까운 점을 택함.

→ 이 점이 오정(午正 정오) 때 그림자 끝임.

(▼오정 때 태양의 고도가 가장 높아서 그림자가 가장 짧기 때문)

⑤ 이 점에서 표(表)의 중심(발)을 향하여 직선을 그으면 곧 남북선이 됨.

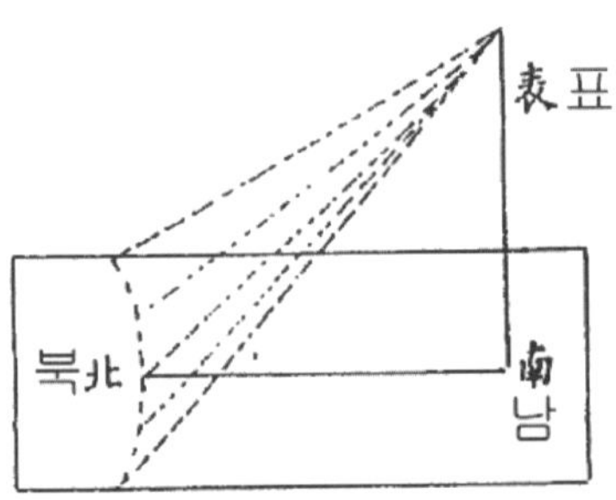

[그림 1-2] 임의의 날 태양을 이용하여 정확한 남북선 그리기 1

(3) 임의의 날 태양을 이용하여 정확한 남북선 정하기 2

① 수평을 정확히 맞춘 정사각형 책상 위에 [그림 1-3]과 같이 여러 겹의 동심원을 그리고 중심에 표(表)를 세워 그림자를 관측함.

② 표(表)의 그림자 끝이 원에 닿는 곳마다 점을 찍어 표시함.

③ 오전과 오후에 찍은 점들 중에 같은 원에 있는 두 점을 택하여 직선으로 연결함. → 이 선이 곧 동서선(東西線)임.

④ 동서선의 정중앙에서 원의 중심을 향하여 수선을 그으면 곧 남북선이 됨.

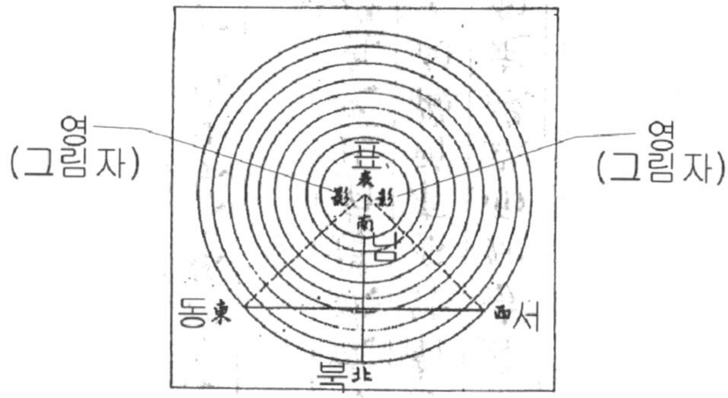

[그림 1-3] 임의의 날 태양을 이용하여 정확한 남북선 그리기 2

(4) 임의의 날 태양을 이용하여 정확한 남북선 정하기 3

① 표(表)를 세워 그림자를 관측함.

② 별도의 관측기구[의기(儀器) astronomical instrument]를 사용하여 오전의 어느 순간 '태양의 지평고도'[일궤고도(日軌高度 altitude)]를 측정하고 그 순간 표(表)의 그림자 끝에 점을 찍음.

③ 오후에 태양의 지평고도를 측정하여 [그림 1-4]와 같이 오전에 측정한 고도와 같아지는 순간의 그림자 끝에 점을 찍음.

④ 두 점을 직선으로 연결하면 동서선이 됨

⑤ 동서선의 정중앙에서 표를 향하여 수선을 그으면 곧 남북선이 됨.

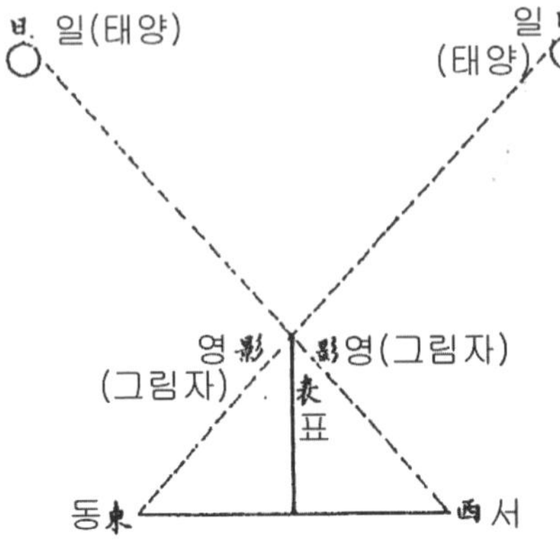

[그림 1-4] 임의의 날 태양을 이용하여 정확한 남북선 그리기 3

(5) 동짓날 즈음에 항성을 이용하여 정확한 남북선 정하기

① 동짓날 관측기구를 이용하여 구진(勾陳) 제5성(작은곰 ϵ. ϵUMi)[2)]을 관측함.

② 초혼(初昏) 때 이 별이 북극의 서쪽에 있게 되면, 점차 서쪽으로 이동하는 이 별을 따라 관측기구를 움직이다가 더 이상 서쪽으로 이동하지 않을 때 멈춤.

③ 5경(更) 이후에 이 별이 북극의 동쪽에 있게 되면, 점차 동쪽으로 이동하는

2) 구진(勾陳) 제5성은 [그림 1－5]와 같이 작은곰자리 ϵ별이다. 지구상의 관측자가 바라볼 때 그림과 같이 북극(*P*)을 중심으로 반시계 방향으로 일주운동을 하므로 가장 동쪽으로 치우치는 순간과 가장 서쪽으로 치우치는 순간이 있게 된다. 이 두 방향의 중간 방향이 정확한 북극(*P*)의 방향이 된다. 작은곰자리 α 별이 곧 북극으로부터 현재 약 1° 가량 떨어져 있는 북극성이다. 북극성의 한문 명칭은 구진대성(勾陳大星, α UMi)으로, 구진 별자리 가운데 가장 큰 별을 뜻하며 구진 제3성에 해당한다. 《숭정역서》〈일전역지(日躔曆指)〉에는 구진대성을 이용하여 동서선과 남북선을 그리는 방법도 제시되어 있다. 하짓날 자시(子時, 23시~1시)에 가장 동쪽으로 치우치고, 동짓날 자시에 가장 서쪽으로 치우침을 이용한다는 것이다.

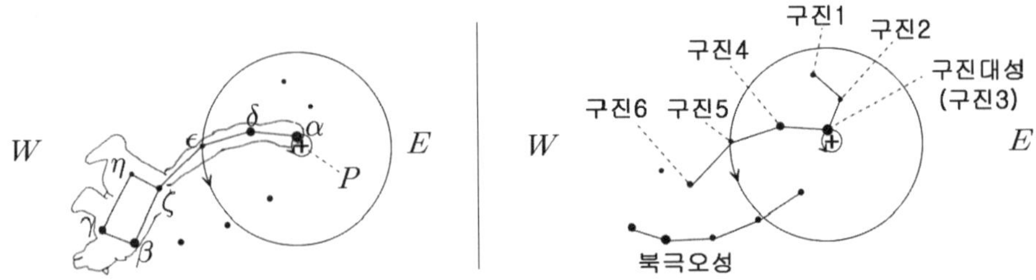

[그림 1-5] 구진(勾陳) 제5성(왼쪽은 서양 별자리, 오른쪽은 동양 별자리)

이 별과 같은 방향에 놓이도록 또 하나의 관측기구를 움직이다가 더 이상 동쪽으로 이동하지 않을 때 멈춤.

④ [그림 1－6]과 같이 두 관측기구를 향하는 시선(視線)의 정중앙 선이 곧 남북선이 됨.

- 구진 제5성을 택한 이유: 이 별은 동짓날 유시(酉時 17시~19시)에 가장 서쪽에 있고 동짓날 묘시(卯時 5시~7시)에 가장 동쪽에 있음.
- 다른 별들은 북극에서 더 멀리 떨어져 있을 뿐이므로(일주운동의 방향과 각도는 동일하므로) 이 별만 관측해도 동서의 기준선을 얻을 수 있음.
- 동짓날 전후에 관측하는 이유: 다른 때도 관측을 할 수 없는 것은 아니나, 낮이 길고 밤이 짧을 때는 유시와 묘시에 별을 못 볼 수도 있기 때문.

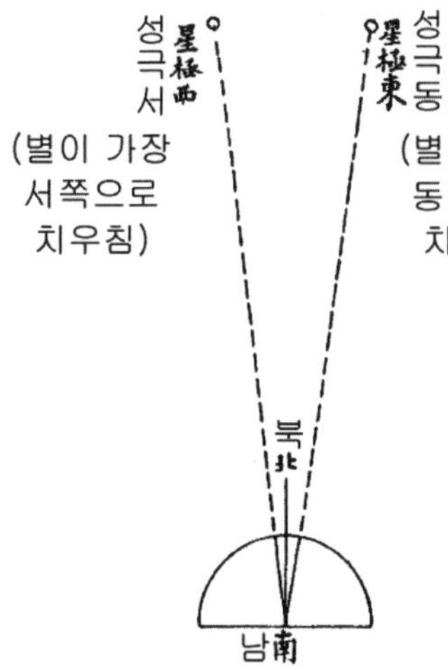

[그림 1-6] 동짓날 즈음에 항성을 이용하여 정확한 남북선 그리기

(6) 임의의 날에 항성을 이용하여 정확한 남북선 정하기

① 밝은 항성을 택하여 관측기구 2개로 지평고도와 방위각[지평경도(地平經度 azimuth)]를 관측함.

② 이 별이 북극의 동쪽에 있을 때를 살펴서 지평고도를 측정하고 이어서 방위각을 측정함.

③ 이 별이 이동하여 북극의 서쪽에 있게 되면 고도를 재기 시작함.

④ 고도가 북극의 동쪽에서와 같아지는 순간에 방위각을 다시 측정함.

⑤ [그림 1－7]과 같이 이 두 방위각 방향의 정중앙이 곧 남북선임.

- 앞의 '5)'번과 방법은 같지만 동짓날이 아닌 어떤 날에도 모두 사용할 수 있으므로 앞의 방법보다 비교적 간편함.

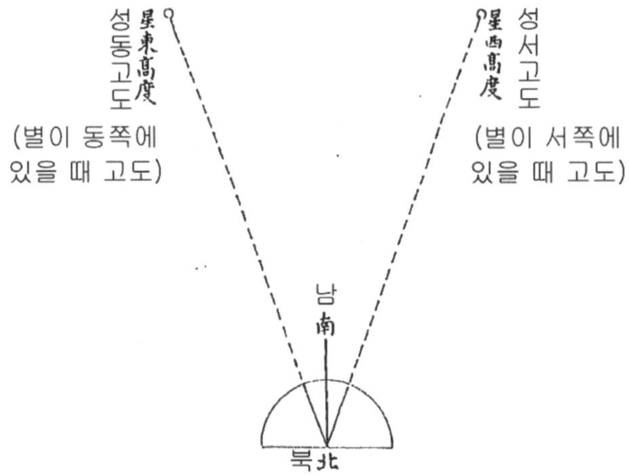

[그림 1-7] 임의의 날에 항성을 이용하여 정확한 남북선 그리기

보충자료 1 수직막대 해시계의 막대그림자 끝의 자취

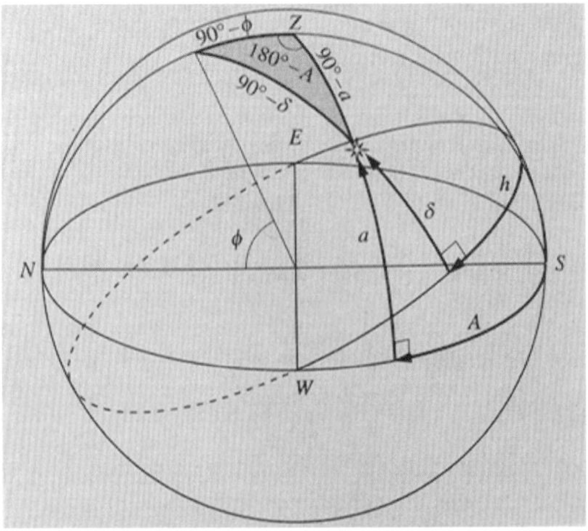

[보충그림 1-1] 지평좌표와 적도좌표와의 관계

위도 ϕ인 지점에서 지평 좌표(A, a)와 적도 좌표(α, δ)와의 관계로부터 시간각이 h인 경우, 천체의 고도 a는

$$\sin a = \cos h \cos\delta \cos\phi + \sin\delta \sin\phi \tag{1}$$

이다. 방위각 A는

$$\sin A \cos a = \sin h \cos\delta \tag{2-1}$$

$$\cos A \cos a = \cos h \cos\delta \sin\phi - \sin\delta \cos\phi \tag{2-2}$$

이다. "규표"와 같은 막대를 수직으로 세워보자. 막대의 길이를 ℓ, 태양의 고도를 a라 할 때에 그림자의 길이는 $-\ell \cot a$가 된다. 만약 태양이 춘분이나 추분에 위치하면, $\delta = 0$이기에

$$\sin a = \cos h \cos\phi \tag{3-1}$$

$$\sin A \cos a = \sin h \tag{3-2}$$

$$\cos A \cos a = \cos h \sin\phi \tag{3-3}$$

이 된다. 그런데 막대기의 그림자 끝의 좌표를 (x, y)라고 하면,

$$x = -\ell \cot a \cos A = -\ell \frac{\cos a \cos A}{\sin a} = -\ell \frac{\cosh \sin\phi}{\cosh \cos\phi} = -\ell \tan\phi \tag{4-1}$$

$$y = -\ell \cot a \sin A = -\ell \frac{\cos a \sin A}{\sin a} = -\ell \frac{\sinh}{\cosh \cos\phi} = -\ell \tan h \sec\phi \tag{4-2}$$

가 된다. 이제 위도 ϕ의 값이 정해지면 막대 그림자 끝의 x값은 일정하고, y값은 시간각 h에 따라 변하여 남북을 수직으로 잇는 직선을 이룬다. [보충그림 1-2]는 막대의 길이 $\ell = 1$, 위도 $\phi = 37.5°$일 때 그림자 끝의 자취를 그린 것이다. 그림에서 $-x$방향이 북쪽이고, $-y$방향이 서쪽이다. $\tan(37.5°) = 0.767$이기에 그림자 끝의 자취는 $x = -0.767$인 직선을 이룬다.

그러나 동지일 때에는 $\delta = -23.5°$이고, 남중 할 때에 $\cot a = 1.8$정도 되기에 가장 그림자가 짧을 때는 $x = -1.8$정도가 된다. 그러나 하지일 때에는 $\delta = 23.5°$이기에 남중 할 때에 $\cot a = 0.249$정도이고, 그림자가 가장 짧을 때 $x = -0.249$에 위치한다.

임의의 δ와 ϕ에 대해 h에 따른 그림자의 자취는

$$\frac{x}{\ell}=-\frac{\cos h\cos\delta\sin\phi-\sin\delta\cos\phi}{\cos h\cos\delta\cos\phi+\sin\delta\sin\phi} \tag{5-1}$$

$$\frac{y}{\ell}=-\frac{\sin h\cos\delta}{\cos h\cos\delta\cos\phi+\sin\delta\sin\phi} \tag{5-2}$$

이 두 식을 이용하여 하지와 동지 때에 그림자의 자취는 [보충그림 1－2]에 그려져 있다. (5-1)과 (5-2) 식을 이용하여 h를 소거하면

$$\left(\frac{x}{\ell}+\frac{\cos\phi\sin\phi}{\cos^2\phi-\sin^2\delta}\right)^2-\frac{\sin^2\delta}{\cos^2\phi-\sin^2\delta}\left(\frac{y}{\ell}\right)^2=\left(\frac{\cos\delta\sin\delta}{\cos^2\phi-\sin^2\delta}\right)^2 \tag{6}$$

을 얻는데 이는 쌍곡선을 그린다. 하지와 동지 때의 궤적은

$$\frac{x}{\ell}=-\frac{\cos\phi\sin\phi}{\cos^2\phi-\sin^2\delta}+\sin\delta\sqrt{\left(\frac{\cos\delta}{\cos^2\phi-\sin^2\delta}\right)^2+\frac{1}{\cos^2\phi-\sin^2\delta}\left(\frac{y}{\ell}\right)^2} \tag{7}$$

이다. 이 식을 이용하여 그린 쌍곡선 궤적은 (5-1)식과 (5-2)식을 이용하여 그린 점들과 같은 궤적을 그린다([보충그림 1－2] 참조). $y=0$일 때 그림자의 길이가 가장 짧다. 이 때 그림자의 길이는

$$\left(\frac{x}{\ell}\right)_{\min}=\frac{-\cos\phi\sin\phi+\sin\delta\cos\delta}{\cos^2\phi-\sin^2\delta} \tag{8}$$

이다. $\ell=1$이라면 하지와 동지때는 $x=-0.249$, -1.8이 된다.

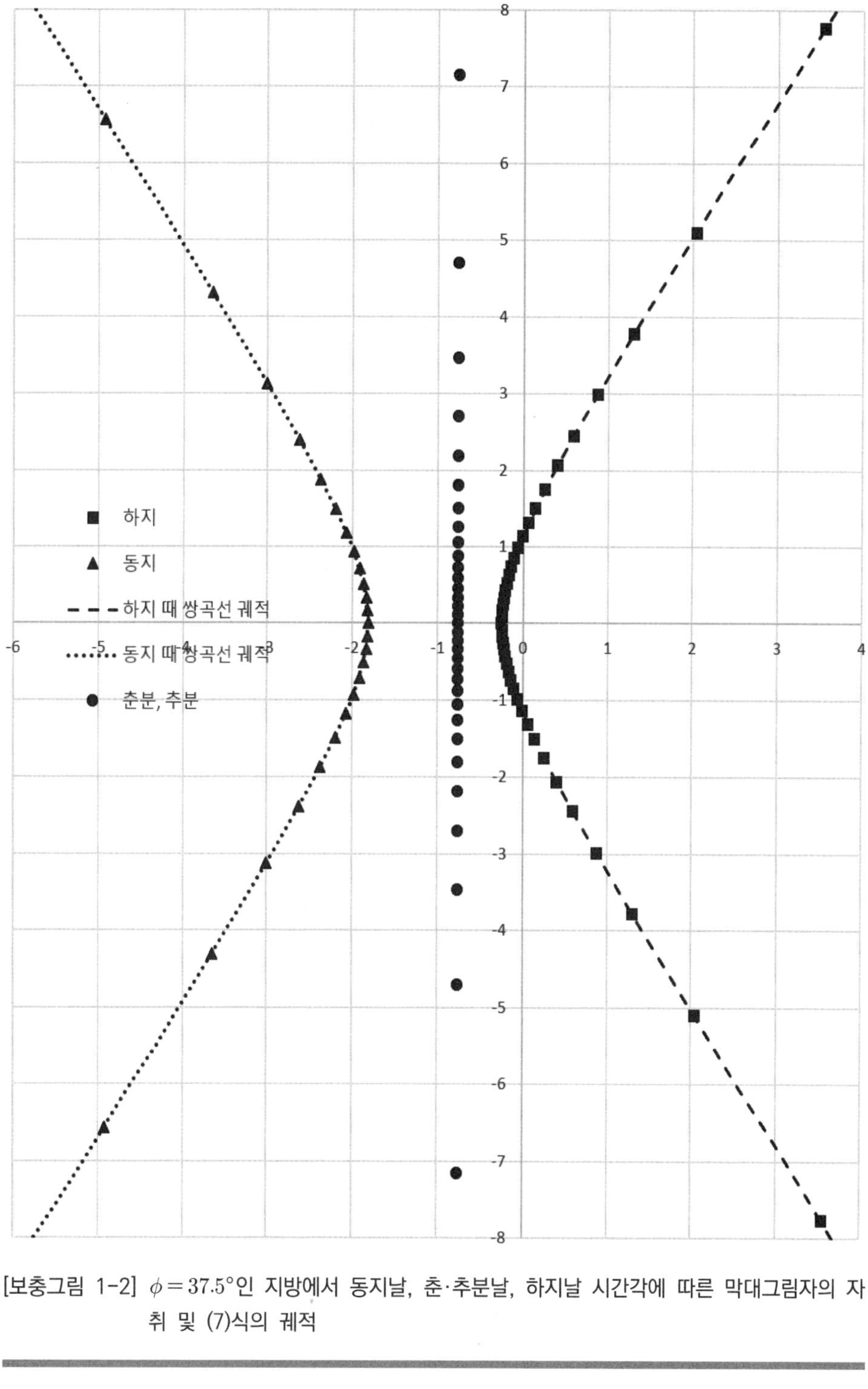

[보충그림 1-2] $\phi = 37.5°$인 지방에서 동지날, 춘·추분날, 하지날 시간각에 따른 막대그림자의 자취 및 (7)식의 궤적

제2장

북극의 고도 측정하기 [북극고도(北極高度)]

1) 정확한 북극고도(=관측지의 위도) 정하기의 중요성

(1) 북극은 천체 운동의 중심으로, 위치가 고정되어 변치 않음.

(2) 북극고도가 다른 것은 관측지의 남북 위도(지리적 위도)가 다르기 때문임.

(3) 관측지의 남북 위도에 따라 계절의 변화와 밤낮의 길이가 달라짐.
역법(曆法)에서는 '태양이 적도로부터 남북으로 떨어진 도수(태양의 적위)'를 가지고 24절기를 정함.

(4) '북극이 지평선 위로 나온 도수(북극고도)'는 곧 '적도가 천정으로부터 떨어진 도수(적도의 천정거리)'임.

(5) 북극고도의 측정이 정밀하지 못하여 1분의 오차가 생기면, 춘·추분 시각에 반드시 1시간의 오차가 발생하고 하·동지 시각에 반드시 1일 내지 2일의 오차가 발생함.

(6) '태양의 궤도상 위치'[일전(日躔)]에 오차가 있으면 달과 오성(행성)의 경도와 위도가 모두 잘못 계산됨.

보충자료 2 북극고도의 오차가 1분일 때 춘·추분 시각과 하·동지 시각의 오차

위도가 ϕ인 지역에서 적위가 δ인 천체가 남중할 때의 고도 $a = 90° - \phi + \delta$ 이다. 춘·추분날 정오에 관측한 '태양의 고도'에 생긴 1분의 오차를 Δa라 하자. 그 지방의 위도는 일정하기에 태양 고도의 오차 $\Delta a = \Delta\delta$ 즉 적위의 오차가 된다. 황적교각이 ε인 경우, 태양의 황경λ와 적위 δ의 관계는 $\sin\delta = \sin\lambda \sin\varepsilon$이다. 이 식을 미분하면 $\cos\delta\Delta\delta=\cos\lambda\,\Delta\lambda\sin\varepsilon$가 되고, 정리하면 $\Delta\lambda=\dfrac{\cos\delta}{\cos\lambda\sin\varepsilon}\Delta\delta$가 된다.

• 춘 · 추분날

춘분날 태양의 황경과 적위는 각각 0°, 0°이고, $\varepsilon\simeq 23.5°$ 정도이기에 $\dfrac{1}{\sin\varepsilon}\simeq 2.5$이다. 추분날도 마찬가지이다. 따라서 이날 태양 고도 1분의 오차 $\Delta a=1$분$=\Delta\delta$는 엄밀하게는 $\Delta\lambda=2.5$분의 오차를 만든다. 태양은 하루에 0.985647°를 가기에 이 오차는 시간으로는 1.018시간 정도에 해당한다.

• 하 · 동짓날

하짓날 태양의 황경과 적위는 각각 90°, 23.5°이다. 이 근처에서는 $\sin(\delta-\Delta\delta)=\sin(90°-\Delta\lambda)\sin\varepsilon$ 이기에 이 식을 정리하면, $\cos(\Delta\lambda)=\dfrac{\sin(\delta-\Delta\delta)}{\sin\varepsilon}=\dfrac{\sin\delta\cos\Delta\delta-\sin\Delta\delta\cos\delta}{\sin\varepsilon}=\dfrac{\sin\delta-\Delta\delta\cos\delta}{\sin\varepsilon}$가 된다. 따라서 이날 태양 고도 1분의 오차 $\Delta a=\Delta\delta=1$분은 $\Delta\lambda\simeq 2.096°$의 오차를 만든다. 이를 시간으로 계산하면 거의 2.126일에 해당한다. 동짓날도 마찬가지이다.

2) 북경(北京)의 북극고도 측정치

(1) 《수시력(授時曆 1281년)》 : 40도75분[3](원의 중심각 365.2575도, 1도=100분'의 도분초 단위로.) '원의 중심각 360도, 1도=60분'의 도분초 단위로 바꾸면, 40도 09분51초.[4]

(2) 《신법산서(新法算書 1628년)》 : 39도55분[5]

3) 《원사(元史)》 역지(曆志) 제7 〈수시력경 하(授時曆經 下)〉 제5장 '중성의 계산[보중성(步中星)]'에 "대도(大都 북경)의 북극고도는 40도75분[사십도태강(四十度太強)]"이라고 기록되어 있다. 이는 원의 중심각=365.2575도=365도25분75초, 1도=100분, 1분=100초의 단위의 값이다.

4) '40.75도×$\dfrac{360\text{도}}{365.2575\text{도}}$=40.16344634도=40도09분48초'가 되지만, 수시력에서 사용한 '원의 중심각[주천도周天度]'을 '365.25도'로 간략히 잡고 계산하면 40도09분51초가 된다.

5) 《숭정역서》 〈일전역지〉에서 구진대성(勾陳大星 북극성)을 이용한 관측 결과는 '40도 남짓[사십도강(四十度强)]'이지만 〈치력연기(治曆緣起)〉, 〈월리역지〉 등에 사용된 북경의 북극고도는

(3) 지금(역상고성 편찬 당시. 1722년) 측정치: 창춘원(暢春園)의 북극고도 39도59분30초

3) 정확한 북극고도 측정 방법: 동짓날 북극성을 이용하는 방법 1가지와 임의의 날 밝은 항성을 이용하는 방법 1가지.

(1) 동짓날 구진대성(勾陳大星 북극성)을 이용하여 정확한 북극고도 측정하기

① 동짓날 전후에 관측기구를 이용하여 구진대성(북극성)의 고도를 관측함.

② 유시(酉時 17시~19시)에 이 별이 북극의 위쪽에 있게 되면, 점차 높이 올라가는 이 별의 고도를 재어 나가다가 더 이상 높이 올라가지 않을 때 멈추어 최고(最高) 고도로 기록함.

③ 묘시(卯時 5시~7시)에 이 별이 북극의 아래쪽에 있게 되면, 점차 낮게 내려가는 이 별의 고도를 재어 나가다가 더 이상 낮게 내려가지 않을 때 멈추어 최저(最低) 고도로 기록함.

④ 관측된 최고 고도와 최저 고도의 평균을 취하면 [그림 2－1]과 같이 이 값이 곧 북극 고도가 됨.

▾ 구진대성을 사용하여 북극고도를 측정하는 이유: 북극에는 별이 없어 얼마나 높이 떠 있는지 눈으로 볼 수 없으므로 북극을 중심으로 원운동을 하며 오르내리는 별을 택하여 측정함. 구진대성은 동짓날 유시에 가장 높게 올라가고 묘시에 가장 낮게 내려가기 때문에 북극고도 계산의 기준값을 얻을 수 있음.

모두 39도55분이다. 《신법산서》는 《숭정역서》와 같다.

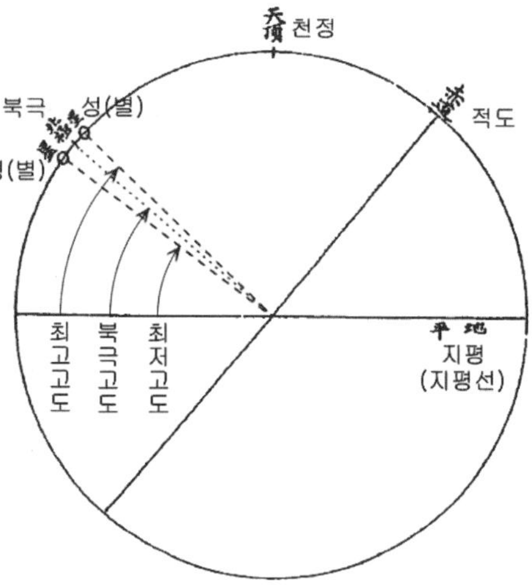

[그림 2-1] 동짓날 전후에 구진대성(勾陳大星: 북극성)을 이용하여 북극고도 측정하기

(2) 임의의 날에 큰(밝은) 항성의 적위를 이용하여 정확한 북극고도 측정하기

① 항성 중에 큰 것을 택하여 최고 고도를 측정함.

② 이 별이 만약 [그림 2-2]의 A별과 같이 적도의 남쪽에 있는 별이라면, 적위(赤緯)와 지심고도를 합한 값이 곧 적도의 고도가 됨.

이 별이 만약 [그림 2-2]의 B별과 같이 적도의 북쪽에 있는 별이라면, 적위와 지심고도의 차가 곧 적도의 고도가 됨.

③ 적도의 고도와 1상한(象限) 90도의 차가 곧 북극의 고도가 됨.

▾ 이 방법은 앞의 (1)번 방법에 비해 다소 번거로움. 적도 남북에 있는 별의 적위 자체가 북극고도를 측정한 뒤에 알 수 있는 값이고, 또 항성의 위도가 세차(歲差)의 영향으로 바뀌기 때문임. 그럼에도 여기에 기록한 이유는 (1)번 방법으로 얻은 값과 비교하여 상호 검증할 수 있기 때문임.

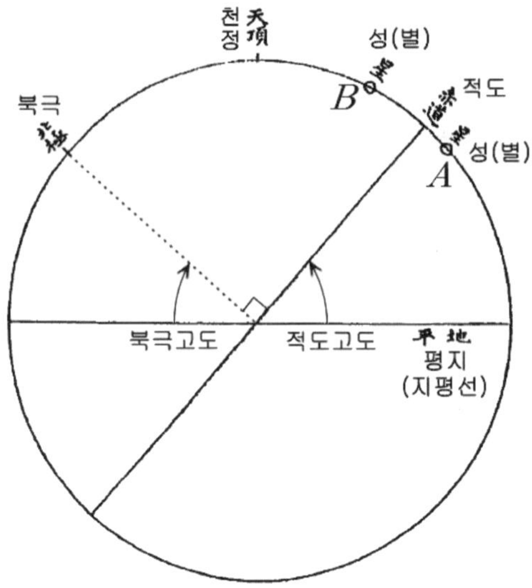

[그림 2-2] 임의의 날에 밝은 항성의 적위를 이용하여 정확한 북극고도 측정하기

제3장

지구반경으로 인한 시차(視差) [지반경차(地半徑差)]

1) 지반경차(지구반경으로 인한 시차(視差 parallax))

: 칠요(七曜 일 · 월 · 오성)의 지심고도[진고(眞高)]와 지평고도[시고(視高)]의 차

(1) 지심고도[진고]: 지구중심에서 계산[추보(推步)]한 고도

(2) 지평고도[시고]: 지표면에서 실측한 고도

(3) 지심고도=지평고도+지반경차

▾ 지평고도가 지심고도보다 크게 관측되는 경우는 청몽기(淸蒙氣)의 영향 때문임.

2) 지반경차가 일 · 월 · 오성에만 나타나는 까닭

(1) 항성천(恒星天)은 아주 높아 지구반경을 무시할 만함.

(2) '일 · 월 · 오성~지구'의 거리는 지구반경을 무시할 수 없을 만큼 가까움.

3) 태양의 지심고도를 구하기 위해 필요한 것

(1) 태양의 지심고도를 구하려면 먼저 지반경차를 알아야 함.

(2) 지반경차를 구하려면 먼저 '지구반경'과 '일천(日天)반경'의 비(比)를 알아야 함.

4) 원지점과 근지점에서 지구반경과 '지구~태양' 거리의 비

(1) 태양이 원지점[최고最高]에 있을 때,

지구반경 : ('지구~태양' 거리)=1 : 1162.

태양이 근지점[최비最卑]에 있을 때,

지구반경 : ('지구~태양' 거리)=1 : 1121.

(2) 원지점과 근지점에서 다른 까닭은 양심차(兩心差 '황도중심~태양궤도원중심'의 거리) 때문.

원지점에서 '지구~태양'의 거리=일천반경+(양심차의 절반)

근지점에서 '지구~태양'의 거리=일천반경−(양심차의 절반)

▾ 제9장 〈원지점의 운행도수 및 본륜과 균륜의 반경[최고행급본륜균륜반경(最古行及本輪 均輪半徑)]〉에 상세한 설명이 있음.

(3) 예전[舊]에 정한 값은 태양이 원지점에 있을 때,

지구반경 : ('지구~태양' 거리)=1 : 1184

태양이 근지점에 있을 때,

지구반경 : ('지구~태양' 거리)=1 : 1100.

▾ 예전[舊]의 표(表)는 일천반경에 '양심차 전체'를 더하고 뺐기 때문에 원지점에서는 22(?)만큼 크고 근지점에서는 21만큼 작음.[6]

보충자료 3 모델에 따른 태양~지구 사이의 거리 변화

이심(Eccentric) 모델, 평행심(Equant) 모델, 균륜 모델을 이용한다. 원지점으로부터 해당하는 평균운행도수를 M, 본원의 반경을 1, 양심차 E는 $E=2e=0.03584$이다. 각 모델에 따라 지구와 태양 사이의 거리 r은 각각

6) 여기서 언급한 '예전[舊]'의 표는 평균거리 100000에 양심차 전체를 더하고 빼어 원지점과 근지점에서 지심거리를 구한 코페르니쿠스의 표(원지점 103584=100000+3584, 근지점 096416=100000−3584)로 생각된다. 이를 지구반경의 값으로 환산하면 원지점은 1183, 근지점은 1101이 된다. 본문의 숫자는 '예전'의 표에서 양심차를 지구반경의 42배로 보고 계산한 값으로 보인다. 자세한 계산은 [보충자료 3]을 참고하시오.

$$r_{이심} = \sqrt{1 + 2E\cos M + E^2} \quad (3\text{-}1)$$

$$r_{평행심} = \sqrt{1 + 2e\cos M\sqrt{1 - e^2\sin^2 M} + e^2 + 2e^2\sin^2 M} \quad (3\text{-}2)$$

$$r_{균륜} = \sqrt{1 + 2e\cos M + e^2 + 3e^2\sin^2 M} \quad (3\text{-}3)$$

이 된다.[7] 각 모델에서 원지점, 중간거리, 근지점은 각각 $M=0°$, $90°$, $180°$에 해당한다. 이 식들을 이용해 계산한 결과를 [표 1]에 정리하였다. 여기서 중간거리는 코페르니쿠스가 유도한 지구반경의 1142배를 이용하였다. 《역상고성》 본문에서 제시한 값은 표의 균륜모델과 동일하다. 그러나 예전의 표가 코페르니쿠스의 표가 맞다면 본문의 계산에 사용된 것으로 생각되는 1184는 1182가 되어야 한다. 본문에서는 1184－1162＝22(원지점에서의 거리 차이), 1121－1100＝21(근지점에서의 거리 차이)로 제시하였다. 그러나 원지점에서 거리 차이는 1182－1162＝20이 맞다.

[표 1] 모델에 따른 원지점 거리, 중간거리, 근지점

$M(°)$	이심 모델			평행심 모델			균륜 모델		
$M(°)$	r	$r/R_\oplus$	1142와 차	r	$r/R_\oplus$	1142와 차	r	$r/R_\oplus$	1142와 차
0(원지점)	1.03584	1182.17	40.17027	1.01792	1161.905	19.9051	1.01792	1161.719	19.71876
90(중간거리)	1.000642	1142	0	1.000482	1142	0	1.000642	1142	0
180(근지점)	0.96416	1100.364	－41.6358	0.98208	1120.996	－21.0045	0.98208	1120.816	－21.1843

7) 강민정 외 4인, 《숭정역서에 기술된 태양의 운동》, 교육과학사, 2020, 152~162쪽 참조

5) 지반경차의 도해

(1) 지반경차가 발생하는 원리

① [그림 3－1]에서,

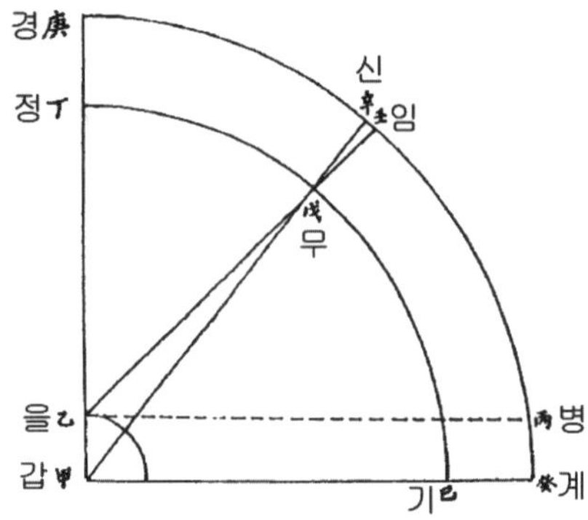

[그림 3-1] 지반경차의 원리

갑: 지구중심

을: 지표면

$\overline{\text{갑을}}$: 지구반경($=R_{\oplus}$)

$\overline{\text{을병}}$: 지평선

$\overset{\frown}{\text{정무기}}$: 태양천(太陽天 일천日天)

경$\overset{\frown}{\text{신임}}$계: 항성천(恒星天)

무: 태양

② 지평고도[시고(視高)]: ∠임을병

지표면 '을'에서 태양을 관측하면

태양이 항성천의 '임'에 투영되어 보임.

③ 지심고도[진고(眞高)]: ∠신갑계

지구중심 '갑'에서 계산하면 태양이 항성천의 '신'에 투영됨.

④ 지반경차: ∠을무갑 → 지심고도와 지평고도의 차.

(2) 지반경차의 크기

⊙ 태양이 지평선에 가까울수록 지반경차가 큼.

⊙ 태양이 태양천의 근지점에 가까울수록 지구중심과의 거리가 가까워 지반경차가 큼.

[그림 3－2]에서,

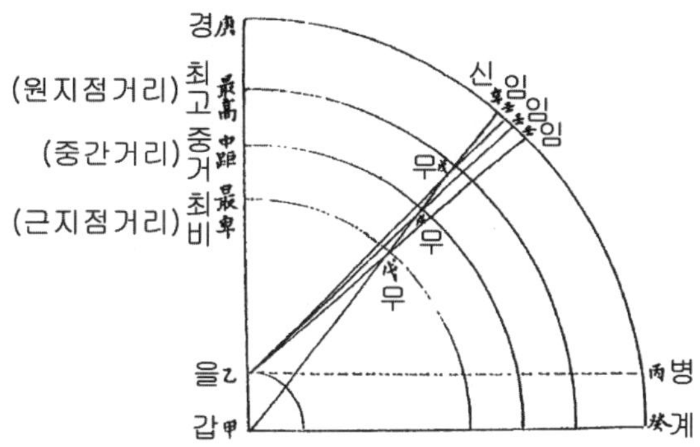

[그림 3-2] 태양의 위치에 따른 지반경차의 크기

① $\overline{\text{무갑}}$의 길이가 때마다 다름.

▾ 달라지는 까닭은 뒤에 상세히 언급함.

② 지금 여기서는 대략 원지점거리[최고(最高)], 중간거리[중거(中距)], 근지점거리[최비(最卑)]의 세 가지 거리[한(限)]로 대별함.

▾ 태양천의 높이를 세밀하게 계산하면 매일매일 다르지만, 매일의 거리 차로 인한 지반경차의 차는 미미하므로 세 가지 거리로만 구분함.

③ 하지, 춘 · 추분, 동지 때 각기 지표에서 측정한 태양의 고도를 가지고 '태양~지구중심'의 선분 $\overline{\text{무갑}}$의 길이를 구함.

▾ 태양이 하지 전후에는 원지점거리[최고한(最高限)]에서 운행하고, 춘분과 추분 전후에는 중간거리[중거한(中距限)]에서 운행하고, 동지 전후에는 근지점거리[최비한(最卑限)]에서 운행하므로, 이 세 시기에 측정함.

(3) 하지 전후의 정오 때 측정한 태양의 지평고도를 이용하여 태양궤도의 원지점거리[최고(最高)]와 지반경차 구하기

⊙ 강희(康熙)[8] 54년(1715) 을미년 5월 29일 갑자일 정오 때 태양의 지평고도 측정치

▾ 이날은 하지 후 8일로, 태양이 태양천의 원지점에 있어서 지심거리가 가장 멂.

① 북경의 창춘원(暢春園)에서 정오 때 태양의 지평고도: 73도16분00초23미

② 광동(廣東)의 광주부(廣州府)에서 정오 때 태양의 지평고도: 90도06분21초48미[9]

⊙ 도해

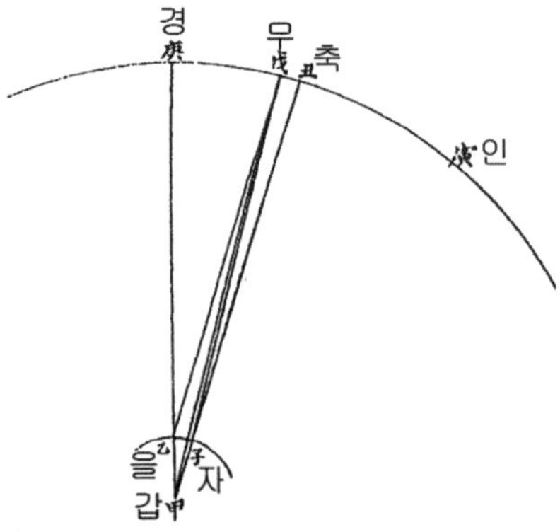

[그림 3-3] 하지 전후 정오 때 태양의 지평고도를 실측하여 원지점거리[최고(最高)]와 지반경차 구하기

[그림 3－3]에서,

① 갑: 지구중심

을: 창춘원의 지표면

경: 창춘원의 천정

자: 광주부의 지표면

8) 청 성조(淸聖祖 1654~1722, 재위 1662~1722)의 연호.

9) 남쪽 지평선으로부터 잰 고도이다. 북쪽 지평선으로부터 재면 89도53분38초12미이다.

축: 광주부의 천정

무: 태양

인: 적도(赤道)[10]

$\overset{\frown}{\text{인경}}$: 창춘원에서 적도의 천정거리 39도59분30초.

$\overset{\frown}{\text{인축}}$: 광주부에서 적도의 천정거리 23도10분.

▾ 적도의 천정거리는 모두 실측값임.[11]

② $\overset{\frown}{\text{경축}}$: 두 곳에서 적도의 천정거리 차 16도49분30초.

$\angle$ 경갑축 $=$ $\overset{\frown}{\text{경축}}$

$\angle$ 경을무=90도−(창춘원에서 실측고도)=16도43분59초37미.

$\angle$ 무자축=(광주부에서 실측고도)−90도=6분21초48미.

▾ 광주부에서 태양 ‘무’는 천정 ‘축’의 북쪽에 있으므로 90도를 뺌.

③ △을갑자에서,

$\angle$ 갑=16도49분30초

$\overline{\text{을갑}} = \overline{\text{자갑}} =$ 지구반경=10,000,000

$\overline{\text{을자}} = 2\times\sin\left(\frac{\angle \text{갑}}{2}\right) = 2{,}925{,}977$

$\angle$ 을= $\angle$ 자= $\frac{1}{2}\times$(180도− $\angle$ 갑)=81도35분15초

④ △을무자에서,

$\overline{\text{을자}} = 2{,}925{,}977$

$\angle$ 무을자=180도− $\angle$ 갑을자− $\angle$ 경을무=81도40분45초23미

$\angle$ 무자을=180도− $\angle$ 갑자을− $\angle$ 무자축=98도18분23초12미

$\angle$ 을무자=51초25미[12]

$\overline{\text{무자}} = 11{,}613{,}223{,}839$[13]

---

10) 엄밀히 말하면 ‘인’은 적도원과 두 지방의 공통 자오선이 만나는 점이다. 뒤에서도 마찬가지이다.

11) 적도의 천정거리는 북극고도와 크기가 같으므로, 북극고도를 실측한 것이다.

12) $\angle$ 을무자=180도−($\angle$ 무을자+ $\angle$ 무자을)=51초25미

13) $\overline{\text{무자}} = \frac{\overline{\text{을자}}}{\sin\angle\text{을무자}}\times\sin(\angle\text{무을자}) = 11{,}613{,}223{,}839$

⑤ △무자갑에서,

$\overline{\text{무자}}$ = 11,613,223,839

$\overline{\text{자갑}}$ = 지구반경 = 10,000,000

∠무자갑 = 180도 − ∠무자축 = 179도53분38초12미

$\overline{\text{무갑}}$ = 11,622,642,512[14] ⇒ 태양이 태양천의 원지점에 있을 때 지심거리

다음의 비례식이 성립함.

지구반경 : (태양이 원지점에 있을 때 지심거리) = 1 : 1162남짓

⑥ △을무갑에서 다음의 비례식이 성립함.

$\overline{\text{을갑}}$: $\overline{\text{무갑}}$ = 1 : 1162

∠무을갑 = 180도 − ∠경을무 = 163도16분00초23미

$\angle\text{을무갑} = \sin^{-1}\{\frac{\overline{\text{을갑}}}{\overline{\text{무갑}}} \times \sin(\angle\text{무을갑})\}$ = 51초05미

⇒ 원지점거리에서 태양의 지평고도[시고]가 73도16분00초23미일 때 지반경차.

이때 창춘원에서 태양의 지심고도 = 지평고도 + 지반경차 = 73도16분51초28미.

∠갑무자 = ∠을무자 − ∠을무갑 = 51초25미 − 51초05미 = 20미

⇒ 원지점거리에서 태양의 지평고도가 90도06분21초48미일 때 지반경차.

▾ 이는 곧 원지점거리에서 지평고도 89도53분38초12미에 대한 지반경차임.

이때 광주부에서 태양의 지심고도 = 지평고도 − 지반경차 = 90도06분21초28미.

▾ 지평고도가 90도보다 크므로 지반경차를 뺌.

---

14) $\overline{\text{무갑}} = \sqrt{\overline{\text{무자}}^2 + \overline{\text{자갑}}^2 - 2 \times \overline{\text{무자}} \times \overline{\text{자갑}} \times \cos(\angle\text{무자갑})}$ = 11,622,642,512

보충자료 4 원지점 근처 태양의 지반경차

위의 계산을 정확하게 다시 해보면 [표 2]와 같이 정리할 수 있다.

[표 2] 원지점 근처 태양의 지반경차

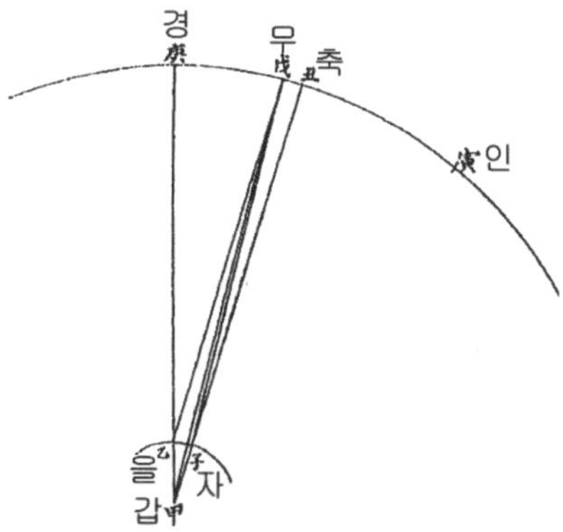

[보충그림 4-1] 하지 전후 정오 때 태양의 지평고도를 실측하여 원지점거리[최고(最高)]와 지반경차 구하기

	도	분	초	미	도 혹은 길이(지구반경)
창춘원 태양 관측 고도	73	16	0	23	73.26677315
창춘원 태양 관측 천정거리=각 '경을무'	16	43	59	37	16.73322685
광주부 태양 관측 고도	90	6	21	48	90.10605556
광주부 태양 관측 천정거리					−0.106055556
각 '무자축'	0	6	21	48	0.106055556
창춘원 위도(천정 적도 거리)=호 '인경'	39	59	30		39.99166667
광주부 위도(천정 적도 거리)=호 '인축'	23	10			23.16666667
천정 적도 거리 차이=각 '경갑무'	16	49	30	0	16.825
지구 반경					1.0
'을자'=2sin(각'경갑무'/2)					0.292597702
각 '자을갑'=각 '갑자을'=(180°−각'경갑무')/2	81	35	15	0	81.5875
각 '무을자'=180°−각'경을무'−각'갑을자'	81	40	45	23	81.67927315
각 '무자을'=180°−각'갑자을'−각'무자축'	98	18	23	12	98.30644444
각 '을무자'=180°−각'무자을'−각'무을자'	0	0	51	25	0.0142824074
'자무' ='을자'×sin(각'무을자')/sin(각'을무자')					1161.438716

각 '무자갑' = 180° − 각 '무자축'	179	53	38	12	179.8939444
'무갑' = $\sqrt{1+\text{'자무'}^2 - 2\times\text{'자무'}\cos(\text{각 '무자갑'})}$					1162.438714
각 '무을갑' = 180° − 각 '경을무'	163	16	0	23	163.2667731
$\frac{\sin(\text{각 '을무갑'})}{1} = \frac{\sin(\text{각 '무을갑'})}{\text{'무갑'}}$ 각 '을무갑: 73도16분 0초23미에 대한 지반경차	0	0	51	5.3	0.0141911721
각 '갑무자' = 각 '을무자' − 각 '을무갑' 89도53분38초12미에 대한 지반경차	0	0	0	19.7	9.12353E−5

1. 창춘원과 광주부의 태양 관측고도 차이는 16도50분21초25미이다.
2. 창춘원과 광주부의 위도 차이는 16도49분30초이다.
3. 실제 고도는 $a = 90° - \phi + \delta$이기에 창춘원과 광주부의 실제 고도 차이는 $\Delta a = -\Delta\phi$이므로 창춘원과 광주부의 위도 차이와 같다. 왜냐하면 같은 날 태양의 적위는 같기 때문이다.
4. 지반경차를 p라 하면 관측고도 a'는 $a' = a - p$가 된다. 따라서 $\Delta a' = \Delta a - \Delta p = -\Delta\phi - \Delta p$가 된다. 아래 첨자 1을 창춘원, 아래 첨자 2를 광주부라 하면 $a_2' - a_1' = \phi_1 - \phi_2 + p_1 - p_2$인데 $a_2' - a_1' = 16$도50분21초25미, $\phi_1 - \phi_2 = 16$도49분30초, 따라서 $p_1 - p_2 = 51$초25미가 된다. 그런데 $p_2 < 0$이기에 $p_1 + (-p_2) = 51$초25미가 된다.
5. 위 표에서 $p_1 = 51$초5.3미, $-p_2 = 19.7$미이다. 이를 이용하면 $a_1 = 73$도16분51초28.3미, $a_2 = 90$도6분21초28.3미이다.
6. 이 날 태양의 적위는 $\delta = 23$도16분21초28.3미이다.
7. $\varepsilon = 23$도29분30초이면 이 날 태양의 황경은 $\lambda = 97$도36분28초38.8미이며, 이 날은 하지 후 7.72일(대략 8일) 경과한 날이다.
8. 태양까지의 거리를 지구반경의 d배라 할 때, 지반경차는 p, 태양의 관측고도는 a', 태양의 천정거리는 $z = 90° - a'$라 하면

$$\frac{\sin p}{1} = \frac{\sin(90° + a')}{d} = \frac{\cos a'}{d} = \frac{\sin(180° - z')}{d} = \frac{\sin(180° - (90° - a'))}{d} \quad (1)$$

이기에

$$p = \sin^{-1}\left(\frac{\cos a'}{d}\right) \text{ 혹은 } p = \sin^{-1}\left(\frac{\sin z'}{d}\right) \tag{2}$$

이고,

$$a = a' + p = a' + \sin^{-1}\left(\frac{\cos a'}{d}\right) \text{ 혹은}$$

$$a = a' + p = 90° - z' + \sin^{-1}\left(\frac{\sin z'}{d}\right) \tag{3}$$

가 된다.

9. 태양의 원지점 거리, 중간거리, 근지점거리는 $d = 1162, 1142, 1121$이다. 태양의 관측 고도 a'에 대한 태양 지반경차 $p(')$는 [보충그림 4-2]와 같다. 관측 고도가 0도일 때의 지반경차는 3′ 근처이다.

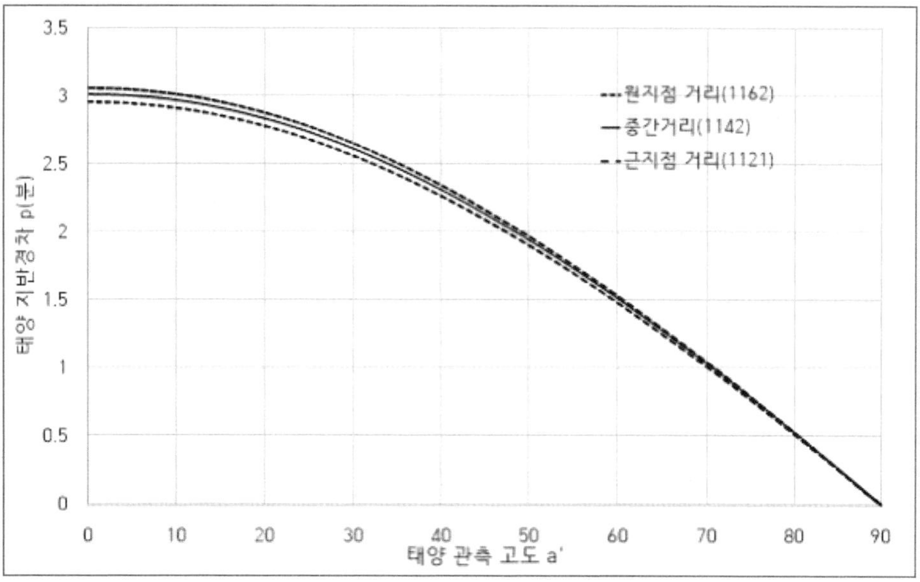

[보충그림 4-2] 지구-태양 간 거리에 따른 지반경차

(4) 춘분 전후의 정오 때 측정한 지평고도를 이용하여 태양궤도의 중간거리 [중거(中距)]와 지반경차 구하기

⊙ 강희(康熙) 55년(1716) 병신년 3월 5일 병신일 정오의 태양고도 측정치

▾ 이날은 춘분 후 8일로, 태양이 태양천의 중간거리[중거]에 있어서 지심거리가 평균임.

① 북경의 창춘원에서 정오 때 태양 지평고도: 53도03분38초10미

② 광동의 광주부에서 정오 때 태양 지평고도: 69도54분08초38미

③ 북경의 정오 때 광주부의 태양 지평고도

=(광주부의 정오 때 태양의 지평고도)−위차(緯差)

=69도54분08초38미−14초=69도53분54초38미

▾ 광주부의 자오선은 북경의 자오선보다 서쪽으로 3도33분만큼 치우쳐 있음

⇒(광주부의 정오 시각 12시00분)=(북경의 오정(午正)초각14분 12시14분)

▾ 태양의 적위[거위도(距緯度)] 변화량

하지 때는 '40여초/일'⇒1각(15분)당 25미[15]⇒(3)번 계산에서는 무시함

춘분 때는 '24분/일'⇒14분에 14초[16]⇒(4)번 계산에서는 무시할 수 없음

▾ 춘분 즈음은 태양의 적위가 커져가는 때임

⇒(북경의 정오 때 태양의 적위)=(광주부의 정오 때 태양의 적위)−14초(북경의 정오 때 광주부의 태양 지평고도)

=(광주부의 정오 때 광주부의 태양 지평고도)−14초

▾ 이것이 곧 동서이차(東西里差)인데, 뒤의 제14장 〈24절기에 접하는 시각[절기시각(節氣時刻)]〉에 상세함.

---

15) [보충자료 2]에 따라 하지 근처에서는 $\Delta\delta = 1'$ 에 대해 2.1일 정도 남중 시간차가 생긴다. 따라서 15분 정도의 시간차는 18미 정도의 적위차가 생긴다.
($\because$ $15\text{분}/2.1\text{일} \times 1' = \dfrac{15 \times 60 \times 60}{2.1 \times 24 \times 60} \simeq 18\text{미}$)

16) [보충자료 2]에 따라 춘분 근처에서는 $\Delta\delta = 1'$ 에 대해 1시간 정도 남중 시간차가 생긴다. 따라서 14분의 시간차는 14초 정도의 적위차가 생긴다.
($\because$ $14\text{분}/1h \times 1' = \dfrac{14\text{분} \times 60''}{60\text{분}} \simeq 14''$)

⊙ 도해

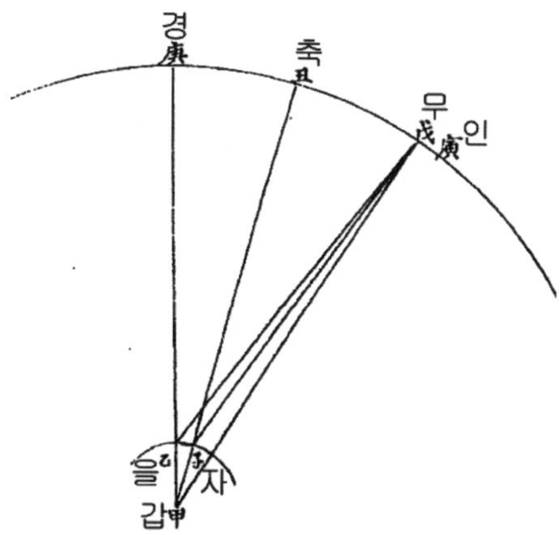

[그림 3-4] 춘분날 정오의 태양 지평고도를 실측하여 중간거리[중거(中距)]와 지반경차 구하기

[그림 3-4]에서,

① 경: 창춘원의 천정
   축: 광주부의 천정
   무: 태양
   인: 적도(赤道)

② △을갑자의 세 변과 세 각이 모두 (3)번 계산의 [그림 3-3]과 같고,
   ∠경을무=90도-(창춘원에서 실측 지평고도)=36도56분21초50미.
   ∠무자축=90도-(광주부에서 실측 지평고도)=20도06분05초22미.

③ △을무자에서,
   $\overline{\text{을자}}$=2,925,977
   ∠무을자=180도-∠갑을자-∠경을무=61도28분23초10미
   ∠무자을=180도-∠갑자을+∠무자축=118도30분50초22미
   ∠을무자=46초28미[17)]
   $\overline{\text{무자}}$=11,410,310,299[18)]

17) ∠을무자=180도-(∠무을자+∠무자을)=46초28미

18) $\overline{\text{무자}} = \dfrac{\overline{\text{을자}}}{\sin\angle\text{을무자}} \times \sin(\angle\text{무을자}) = 11{,}410{,}310{,}299$

④ △무자갑에서,

$\overline{무자}=11,410,310,299$

$\overline{자갑}$ = 지구반경=10,000,000

∠무자갑=180도−∠무자축=180도−20도06분05초22미=159도53분54초38미

$\overline{무갑}$=11,421,867,730[19] ⇒ 태양이 태양천의 중간거리[중거]에 있을 때 지심거리

지구반경 : (태양의 평균 지심거리)=1 : 1142

⑤ △을무갑에서,

$\overline{을갑}$: $\overline{무갑}$=1 : 1142

∠무을갑=180도−∠경을무==180도−36도56분21초50미=143도03분38초10미

$∠을무갑=\sin^{-1}\{\frac{\overline{을갑}}{\overline{무갑}}\times\sin(∠무을갑)\}$=1분48초32미

⇒ 중간거리[중거]에서 태양의 지평고도가 53도03분38초10미일 때 지반경차.

이때 창춘원에서 태양의 지심고도=지평고도+지반경차=53도05분26초42미.

∠자무갑=∠을무갑−∠을무자=1분48초32미−46초28미=1분02초04미.

⇒ 중간거리[중거]에서 태양의 지평고도가 69도53분54초38미[20]일 때 지반경차.

이때 광주부에서 태양의 지심고도=지평고도+지반경차=69도54분56초42미.[21]

---

19) $\overline{무갑}=\sqrt{\overline{무자}^2+\overline{자갑}^2-2\times\overline{무자}\times\overline{자갑}\times\cos(∠무자갑)}$ =11,613,223,839

20) 저본에는 광주부의 정오 때 실측 지평고도인 '69도54분08초38미'로 되어 있으나, 이 계산은 북경의 정오 순간에 대해 진행하였으므로 이 값에서 위차(緯差) 14초를 뺀 '69도53분54초38미'로 바로잡아 옮겼다.

21) 저본에는 (69도54분08초38미+1분02초04미=) 69도55분10초42미로 되어 있으나 위 각주 20)과 같이 광주부의 지평고도를 북경의 정오 때 지평고도로 바로잡음에 따라 그 지심고도 역시 위차(緯差) 14초를 뺀 '69도54분56초42미'로 바로잡아 옮겼다.

보충자료 5 중간거리 근처 태양의 지반경차

위의 계산을 정확하게 다시 해보면 [표 3]과 같이 정리할 수 있다.

[표 3] 중간거리 근처 태양의 지반경차

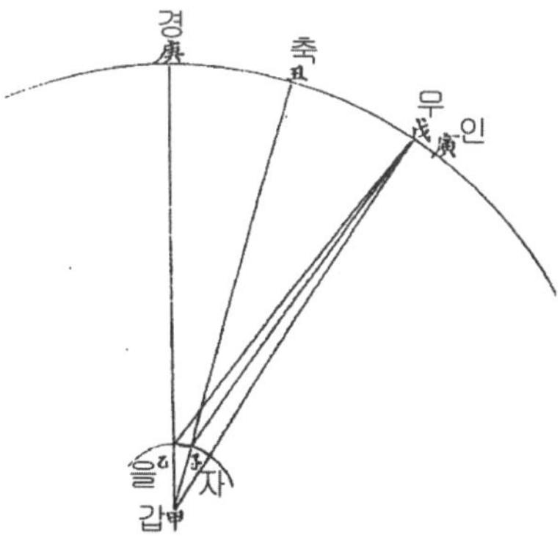

[보충그림 5-1] 춘분날 정오의 태양 지평고도를 실측하여 중간거리[중거(中距)]와 지반경차 구하기

	도	도	분	초	미
창춘원 위도	39.99166667	39	59	30	
광주부 위도	23.16666667	23	10		
창춘원 a	53.06060185	53	3	38	10
광주부 a	69.90239815	69	54	8	38
위차	0.003888889			14	
광주부 a(위차 고려)	69.89850926	69	53	54	38
창춘원 z=각 '경을무'	36.93939815	36	56	21	50
광주부 z=각 '무자축'	20.10149074	20	6	5	22
삼각형 '을무자' 에서					
각 '경갑축'=각 '을갑자'	16.825	16	49	30	
'을자'	0.292597702				
각 '갑을자'=각 '갑자을'	81.5875	81	35	15	
각 '무을자'=180−각 '갑을자'−각 '경을무'	61.47310185	61	28	23	10
각 '무자을'=180−각 '갑자을'+각 '무자축'	118.5139907	118	30	50	22
각 '을무자'=180−각 '무을자'−각 '무자을'	0.012907407	0	0	46	28
'무자'	1141.148782				
'자갑'	1				

각 '무자갑' = 180 − 각 '무자축'	159.8985093	159	53	54	38
'무갑'	1142.087919				
삼각형 '을무갑'에서					
각 '무을갑' = 180 − 각 '경을무'	143.0606019	143	3	38	10
각 '을무갑'	0.030149206	0	1	48	32.23
창춘원의 지심고도	53.09075106	53	5	26	42.23
각 '자무갑' = 각 '을무갑' − 각 '을무자'	0.017241799	0	1	2	4.23
광주부 지심고도	69.91575106	69	54	56	42.23

1. 창춘원과 광주부의 위도 차이는 16도49분30초이다.
2. 광주부의 자오선은 북경의 자오선보다 서쪽으로 3도33분만큼 치우쳐 있기에 이에 해당하는 시간차는 14.2분이다. 이제 $\varepsilon = 23\text{도}29\text{분}30\text{초}$이기에 춘분점 근처에서 $\Delta\delta \simeq \Delta\lambda \sin\varepsilon$이기에 14.2분의 차이는 $\Delta\lambda = \frac{360°}{365.2422\text{일}} \cdot \frac{14.2\text{분}}{24h \times 60\text{분}} = 0.0972° \simeq 35''$이다. 황경차에 의한 위도차는 $\Delta\delta = 35'' \sin\varepsilon \simeq 14''$가 된다. 이 값이 위차이다. 이 위차를 고려한 창춘원의 고도는 69도53분54초38미이다.
3. 따라서 창춘원과 광주부의 태양 관측고도 차이는 16도50분16초28미이다.
4. 실제 고도는 $a = 90° - \phi + \delta$이기에 창춘원과 광주부의 실제 고도 차이는 $\Delta a = -\Delta\phi$이므로 창춘원과 광주부의 위도 차이와 같아야 한다. 왜냐하면 같은 날 태양의 적위는 같기 때문이다.
5. 지반경차를 p라 하면 관측고도 a'는 $a' = a - p$이다. 따라서 $\Delta a' = \Delta a - \Delta p = -\Delta\phi - \Delta p$가 된다. 아래 첨자 1을 창춘원, 아래 첨자 2를 광주부라 하면, $a_2' - a_1' = \phi_1 - \phi_2 + p_1 - p_2$인데 $a_2' - a_1' = 16\text{도}50\text{분}16\text{초}28\text{미}$, $\phi_1 - \phi_2 = 16\text{도}49\text{분}30\text{초}$를 대입하면 $p_1 - p_2 = 46\text{초}28\text{미}$가 된다. [표 3]에서 $p_1 = 1\text{분}48\text{초}32.23\text{미}$, $p_2 = 1\text{분}2\text{초}4.23\text{미}$이기에 이 차이를 확인할 수 있다.
6. p_1, p_2를 알기에 실제고도는 각각 $a_1 = 53\text{도}05\text{분}26\text{초}42.23\text{미}$, $a_2 = 69\text{도}54\text{분}56\text{초}42.23\text{미}$이다.
7. 이 날 태양의 적위는 $\delta = 3\text{도}04\text{분}56\text{초}42.23\text{미}$이다.
8. $\varepsilon = 23\text{도}29\text{분}30\text{초}$이면 이 날 태양의 황경은 $\lambda = 7\text{도}45\text{분}09\text{초}45.78\text{미}$이며, 이 날은 춘분 후 7.87일(대략 8일) 경과한 날이다.
9. 중간거리 1142에 해당하는 지반경차 그래프는 [보충그림 4−2]에 그려져 있다.

(5) 태양궤도의 근지점거리[최비最卑] 구하기

① '원지점거리와 중간거리의 차'와 '근지점거리와 중간거리의 차'

ㄱ. 원지점거리에서 태양의 지심거리＝1162[22)]

중간거리에서 태양의 지심거리＝1142

ㄴ. (원지점거리와 중간거리에서 지심거리 차)＝20

≠(근지점거리와 중간거리에서 지심거리 차)

ㄷ. 근지점거리에서 태양의 지심거리≠1122

② 중간거리를 기준으로 원지점거리와 근지점거리에서 지심거리가 대칭이 되지 않는 이유

ㄱ. 중간거리에 있는 태양의 지심거리≈현(弦 직각삼각형의 빗변)

ㄴ. 본천(本天)[23)]의 반경≈고(股 직각삼각형의 높이)

▼ 그림은 제10장 '구영축차(求盈縮差)'에 보임.[24)]

ㄷ. {(원지점에서 지심거리)－(중간거리에서 지심거리)}가

{(중간거리에서 지심거리)－(근지점에서 지심거리)}보다 작음.

ㄹ. 근지점에서 태양의 지심거리〈1122

③ 동지 전후에는 정확한 태양고도 측정이 어려움.

태양의 고도가 겨우 26도 남짓이어서 청몽기차(清蒙氣差)가 매우 큼.

→ 청몽기차를 배제한 고도를 측정하기 어려움.

④ '지구반경에 대한 근지점거리의 비율' 구하기

ㄱ. 모든 위치에서 태양의 지심거리는 '본천반경에 대한 비율'과 '지구반경에 대한 비율'의 비(比)가 일정함.

ㄴ. (원지점에서 태양의 지심거리) : 본천반경＝10,179,208 : 10,000,000

▼ 제6권 〈교식역리(交食曆理)〉의 제4장 〈해와 달의 지심거리와 지구반

---

22) 지구반경의 1162배임을 뜻한다. 이하도 마찬가지이다.

23) 본천(本天)이 이심 모델에서는 태양이 등속운행하는 이심원[부동심천(不同心天)]을 가리키고, 주전원 모델에서는 주전원의 중심이 등속운행하는 황도원을 가리킨다. 전자는 중심이 지구에서 양심차만큼 원지점 쪽으로 비켜나 있고 후자는 중심이 지구와 일치한다는 차이가 있으나, 그 반경은 동일하다. 태양천(太陽天), 일천(日天), 태양본천(太陽本天)이라고 한다.

24) 뒤의 [보충자료 6] 참조.

경의 비 구하기[구일월거지여지반경지비례(求日月距地與地半徑之比例)]〉에 보임.[25)]

ㄷ. (원지점에서 태양의 지심거리) : 지구반경=1162 : 1

ㄹ. (근지점에서 태양의 지심거리) : 본천반경=9,820,792 : 10,000,000

ㅁ. (근지점에서 태양의 지심거리)$=\frac{9820792}{10179208}\times 1162=1121$

보충자료 6 '구영축차(求盈縮差)' 해설의 태양운행 모델

《역상고성》〈일전역리〉 제10장 〈구영축차(求盈縮差)〉에는 태양의 운행이 2개의 주전원을 사용한 모델로 그려져 있다. 이에 따라 원지점거리, 중간거리, 근지점거리에서 태양의 위치를 그리면 [보충그림 6-1]과 같다.

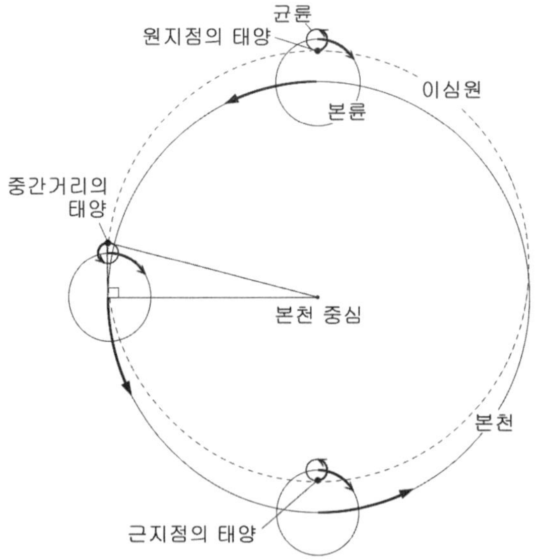

[보충그림 6-1] '구영축차' 해설의 태양 운행 모델

25) 《숭정역서》〈일전표(日躔表)〉의 〈태양의 지심거리 표[태양거지심표(太陽距地心表)]〉에서는 태양천(太陽天)의 반경을 10만으로 잡을 때 최대거리(원지점에서 지심거리)가 101792(=100000+1792), 최소거리(근지점에서 지심거리)가 098208(=100000−1792)이다. 《역상고성》〈교식역리(交食曆理)〉에는 이보다 유효숫자 2자리가 많은 더 정밀한 수치를 제시하고 있다. 참고로 중간거리에서 태양의 지심거리는 10006421로 제시되었다. 왜냐하면 계산에 사용한 양심차가 $E=2e=0.0358416$이기에 $\sqrt{1+E^2}=1.0006421$, $1+e=1.0179208$, $1-e=0.9820792$가 된다.

그림에서 본천(本天)은 지구를 중심으로 한 원궤도이고, 본천의 원주를 따라 본륜(本輪 first epicycle)의 중심이 반시계방향[동행(東行)]으로 1일에 59분08초20미씩 움직이고, 본륜의 원주를 따라 균륜(均輪 secondary epicycle)의 중심이 시계방향[서행(西行)]으로 1일에 59분08초09미에 약간 못 미치는 속도로 움직인다. 태양은 균륜의 원주를 따라 반시계방향으로[동행(東行)] 균륜 중심 속도의 2배로 움직인다. 태양의 궤적을 이으면 결국 점선과 같은 이심원이 된다. 양심차가 $E=2e$일 때, 지심거리와 세 원의 반경 사이에는 다음과 같은 관계가 있다.

원지점에서 지심거리 = 본천반경 + (본륜반경 − 균륜반경)

$$= 1+\left(\frac{3}{4}E-\frac{1}{4}E\right)=1+e \quad (1)$$

근지점에서 지심거리 = 본천반경 − (본륜반경 − 균륜반경)

$$= 1-\left(\frac{3}{4}E-\frac{1}{4}E\right)=1-e \quad (2)$$

중간거리에서 지심거리 = $\sqrt{1+E^2}$ 〉 1(본천의 반경) (3)

(6) 《역상고성(曆象考成表)》 표 제1권 〈일전표(日躔表)〉의 〈태양지반경차표(太陽地半徑差表)〉

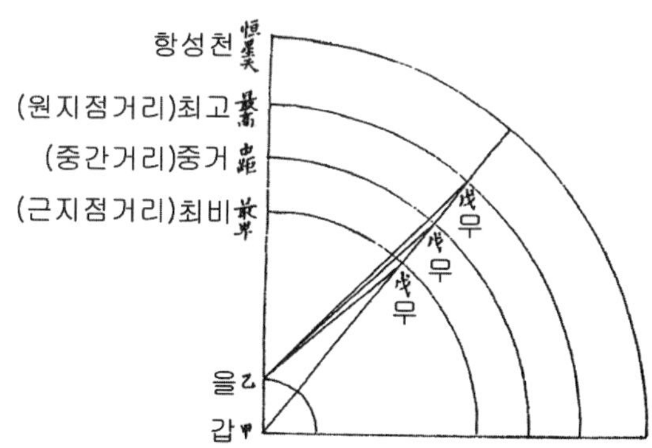

[그림 3-5] 세 가지 지심거리와 지반경차

① [그림 3－5]의 △무을갑에서,

$\overline{\text{무갑}}$＝앞에서 구한 세 가지 지심거리

$\overline{\text{을갑}}$＝지구반경

∠갑을무=(1도 간격의 태양 지평고도)+90도

$$\angle \text{을무갑} = \sin^{-1}\left\{\frac{\overline{\text{을갑}}}{\overline{\text{무갑}}} \times \sin(\angle \text{갑을무})\right\} \Rightarrow \text{지반경차}$$

② 〈태양지반경차표(太陽地半徑差表)〉[26]:

세 가지 거리에서,

지평선(0도)부터 천정(90도)까지 1도 간격의 지심고도[실고實高]에 대한,

지반경차가 주어짐.[27]

보충자료 7 태양과 달의 현재의 지반경차

지반경차를 ξ 라 하고, 지평고도를 a라 하면 지심고도는 $a_{\text{지심}} = a + \xi$이다. [보충그림 7－1]에서

$$\sin\xi = \frac{R_\oplus}{r_\odot}\sin(90° + a) = \frac{R_\oplus}{r_\odot}\cos a \tag{1}$$

가 된다. $a = 0°$일 때에 지반경차 최대값 ξ_{max}을 갖는다. 즉

---

26) 《역상고성》의 〈태양지반경차표〉는 《숭정역서》의 〈지반경차표〉에서 행과 열을 서로 바꾸어 구성한 것이다. 대체로 《역상고성》의 값이 1, 2초 크거나 같지만, 근지점거리에서 고도 23도~24도, 고도 49도~56도, 중간거리에서 고도 22도~26도, 원지점거리에서 고도 66도~73도에 대한 지반경차는 《숭정역서》의 값이 대체로 1, 2초 크다. 또 표의 독립변수 항목명이 《숭정역서》는 지평고도[지평고(地平高)]였는데, 《역상고성》은 지심고도[실고(實高)]로 바꾸었으며, 근지점을 뜻하는 용어가 《숭정역서》는 '최고충(最高衝)'이었는데, 《역상고성》은 '최비(最卑)'로 바꾸었다.

27) 〈태양지반경차표〉 해설에 따르면, 원지점거리[최고]는 태양이 근지점으로부터 '135도~225도'에 있을 때, 중간거리[중거]는 '45도~135도'와 '225도~315도'에 있을 때, 근지점거리[최비]는 '315도~45도'에 있을 때에 해당하며, 표의 독립변수 항목명이 '지심고도[실고]'이기는 하나 1도 미만의 고도차에 대한 지반경차는 미미하므로 '지평고도[시고(視高)]'를 가지고 표를 읽어도 무방하다고 하였다.

$$\sin \xi_{\max} = \frac{R_{\oplus}}{r_{\odot}} \qquad (2)$$

이다.

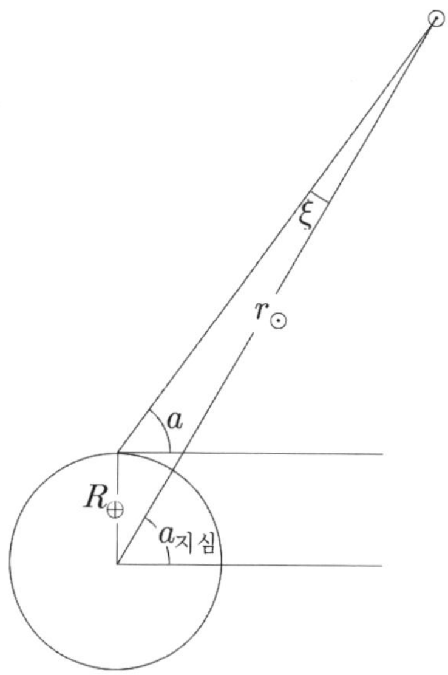

[보충그림 7-1] 지반경차

《역상고성》에 의하면 근지점에서 지심거리가 지구반경의 1121배이기에 최대 지반경차는 3분4초가 된다. 그러나 현재는 $R_{\oplus} \simeq 6{,}400\,km$, $r_{\odot} \simeq 1.5 \times 10^{8}\,km$이기에 태양의 최대 지반경차는 8초48미2섬로 작다. 《역상고성후편》에서는 카시니가 충의 위치에 있는 화성의 시차를 측정하여 태양의 거리를 거의 현대 값과 근사한 값을 얻고 최대 지반경차는 대략 10초를 얻었다. 이 값들은 태양의 대략의 시직경인 32분보다 아주 작다. 그러나 달의 경우는 $r_{달} \simeq 3.8 \times 10^{5}\,km$이기에 달의 최대 지반경차는 57.9분 정도로 달의 대략의 시직경 31분보다 크다.

만약 지반경차 ξ를 $a_{지심}$의 함수로 나타내려면 [보충그림 7-1]에서

$$\frac{\sin\xi}{R_{\oplus}} = \frac{\sin(90° - a_{지심})}{\sqrt{r_{\odot}^{2} + R_{\oplus}^{2} - 2r_{\odot}R_{\oplus}\cos(90° - a_{지심})}} \qquad (3)$$

이 된다. 이를 정리하면

$$\sin\xi = \frac{R_{\oplus}}{r_{\odot}} cos(a_{지심}) \times \frac{1}{\sqrt{1+\left(\frac{R_{\oplus}}{r_{\odot}}\right)^2 - 2\left(\frac{R_{\oplus}}{r_{\odot}}\right)\sin(a_{지심})}} \tag{4}$$

가 되고, 이를 어림하면

$$\sin\xi \simeq \frac{R_{\oplus}}{r_{\odot}} cos(a_{지심}) + \frac{1}{2}\left(\frac{R_{\oplus}}{r_{\odot}}\right)^2 \sin(2a_{지심}) \tag{5}$$

혹은

$$\xi \simeq \frac{R_{\oplus}}{r_{\odot}} cos(a_{지심}) + \frac{1}{2}\left(\frac{R_{\oplus}}{r_{\odot}}\right)^2 \sin(2a_{지심}) \tag{6}$$

이 된다.

다시 (1)식을 이용하면

$$\sin\xi = \frac{R_{\oplus}}{r_{\odot}} cos(a_{지심} - \xi) = \frac{R_{\oplus}}{r_{\odot}} \{\cos(a_{지심})\cos\xi + \sin(a_{지심})\sin\xi\} \tag{7}$$

이 된다. 여기서 $\cos\xi \simeq 1$이기에

$$\sin\xi \simeq \frac{\frac{R_{\oplus}}{r_{\odot}}\cos(a_{지심})}{1 - \frac{R_{\oplus}}{r_{\odot}}\sin(a_{지심})} \simeq \frac{R_{\oplus}}{r_{\odot}}\cos(a_{지심}) + \frac{1}{2}\left(\frac{R_{\oplus}}{r_{\odot}}\right)^2 \sin(2a_{지심}) \tag{8}$$

이 된다. (8)식은 (5)식과 동일하다. 그런데 $\left(\frac{R_{\oplus}}{r_{\odot}}\right)^2 \ll 1$이기에

$$\sin\xi = \frac{R_{\oplus}}{r_{\odot}}\cos a \simeq \frac{R_{\oplus}}{r_{\odot}}\cos(a_{지심}) \tag{9}$$

로 계산하여도 크게 틀리지 않는다. 《숭정역서》는 (1)식을 사용하고, 《역상고성》은 (9)식을 사용하였다.

제4장

황도상의 각 지점이 적도로부터 떨어져 있는 도수 [황적거위(黃赤距緯)]

1) **황적거위의 정의:** 적도와 비스듬히 교차하는 황도상의 각 지점이 적도로부터 남북으로 떨어진 도수, 곧 황도상 각 지점의 적위.

2) **황도가 적도에서 가장 멀리 떨어진 도수[28], 곧 동·하지 때 태양 적위의 측정값**

(1) 《수시력(授時曆 (1281년))》: 23도90분30초.
주천도(周天度) 360도, 1도=60분의 도분초 단위로는 23도33분32초.

(2) 《신법역서(新法曆書 신법산서(新法算書), 1628년)》: 제곡(第谷 Tycho Brahe, 1546~1601)의 측정값 23도31분30초.

(3) 강희 53년(1714) 이후로 계속하여 창춘원에서 하짓날 정오 때 태양의 고도 측정
(지평고도 73도29분10여초)+(지반경차 50초)=(지심고도 73도30분)
(지심고도 73도30분)−(적도고도 50도00분30초)=(황적거위 23도29분30초)

28) 황적대거(黃赤大距)라고 한다. 적도에 대한 황도경사각(obliquity)과 같다.

보충자료 8 황도경사각의 변화에 대한 현대 천문학적 설명

《수시력》부터 강희 53년(1714)까지 황도경사각은 점차 줄어드는 추세를 보인다. 황도경사각은 지구의 자전축이 공전궤도면과 기울어져 있기 때문에 나타난다. 태양계 내에는 태양과 지구 뿐 아니라 다른 행성들도 존재하고, 지구 주위에는 달이 공전한다. 따라서 지구의 자전축과 공전 궤도면은 다른 행성들과 달의 중력 섭동에 의하여 영향을 받아 변한다. 밀란코비치(Milankovitch, M. 1879~1958)가 이를 처음 계산하였는데 과거 5백만 년 동안 대략 22.0° 에서 24.5° 사이를 주기적으로 변하였다. 앞으로도 비슷한 모습을 보일 것이다([보충그림 8－1][29] 참조).

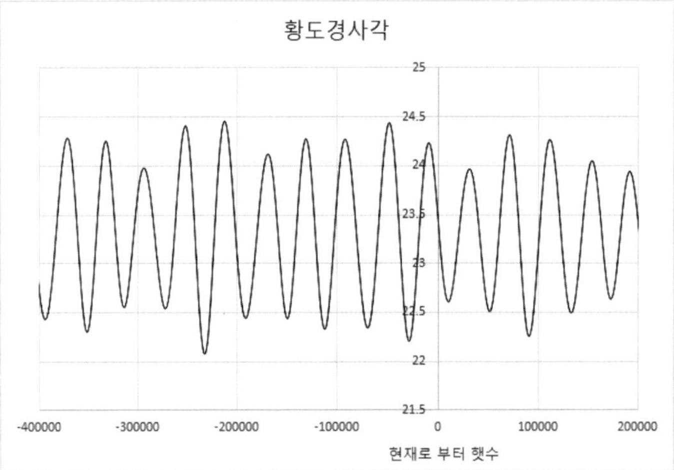

[보충그림 8-1] 황도경사각의 밀란코비치(Milankovitch) 변동

래스카(Laskar, J. 1986)는 상대론적인 접근과 달의 중력섭동을 포함하여 아래와 같은 계산식을 얻었다.[30] 이 식에서 t는 AD 2000년을 기준으로 하여 경과 햇수를 10,000으로 나눈 값이다. AD 3000년은 1000년이 지났기에 $t = 0.1$이 된다. $t = -1$은 AD 2000년으로부터 10,000년 전이기에 BC 8000년이 될 것이다.

29) https://biocycle.atmos.colostate.edu/shiny/Milankovitch/ 에서 주어진 자료를 이용하여 재구성하였다.

30) Laskar, J. (1986). "Secular terms of classical planetary theories using the results of general theory". Astronomy and Astrophysics. 157 (1): 59-70 논문의 table 8과 eq. 35를 참조

$$\varepsilon = 23°26'21.448'' - 4680.93''t - 1.55''t^2 + 1999.25''t^3 - 51.38''t^4 \\ - 249.67''t^5 - 39.05''t^6 + 7.12''t^7 + 27.87''t^8 + 5.79''t^9 + 2.45''t^{10} \quad (1)$$

이를 계산하여 그리면 [보충그림 8－2]와 같다. [보충그림 8－1]과 비교해 보면 동일한 경향을 보인다.

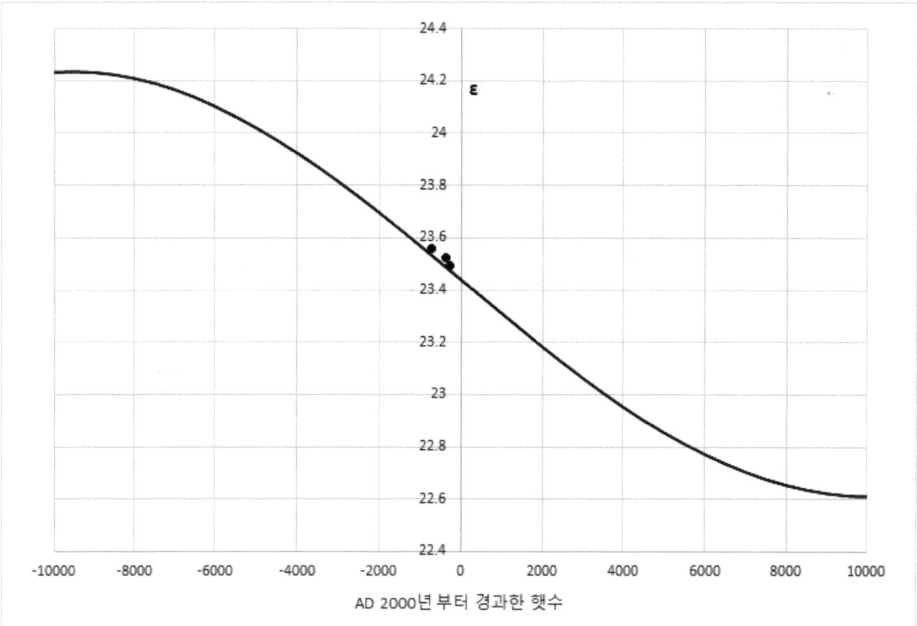

[보충그림 8-2] 황도경사각의 변화. 세 점은 왼쪽부터 《수시력(1281년)》, 《숭정역서(1628년)》, 강희 53년(1714) 때의 황도경사각 값이다.

3) 《역상고성》 표 제1권 〈일전표〉의 〈황적거도표(黃赤距度表)〉

: 정호삼각형법(正弧三角形法 구면직각삼각형 계산법)을 사용하여 1분 간격으로 황도상 각 점의 적위를 계산해 놓음.

4) 황적거도 구하기 도해

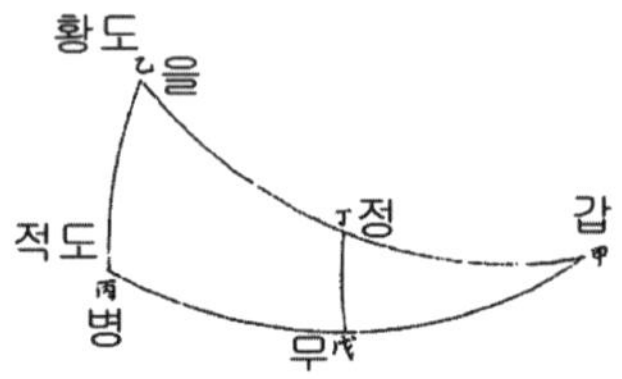

[그림 4-1] 황적거도 구하기

[그림 4-1]에서,

① 갑을: 황도의 1상한(象限 90도 범위)

갑병: 적도의 1상한

갑: 춘분

을: 하지

을병: 황적대거(黃赤大距) 23도29분30초

∠갑=을병

정: 입하

갑정=45도

② 정호삼각형 갑정무에서,

∠갑=을병=23도29분30초 → 황적대거

갑정=황도상의 45도

∠무=90도

다음의 비례식이 성립함.

sin(∠무 90도) : sin(∠갑 23도29분30초)=sin(갑정 45도) : sin(정무)

1천만 : 39861572=7071068 : sin(정무)

sin(정무)=2818639

∴ 정무=16도22분17초[31] ⇒ 입하점 '정'의 거위도(距緯度 적위)

입춘, 입추, 입동의 거위도도 입하의 거위도와 같음.

---

31) 첫 비례식을 풀면 이 값이 나오지만, 중간 계산 값들을 가지고는 이 값이 나오지 않는다. 중간 계산 값들은 편의상 반올림하여 나타낸 것에 불과함을 알 수 있다.

③ 1분 간격으로 $\widehat{\text{갑을}}$ 안의 각 점에 대해 거위도를 구하면,
나머지 3상한(270도 범위)의 거위도도 자연히 알게 됨.

보충자료 9 **태양의 황경(λ)에 대한 황적거위(δ)**

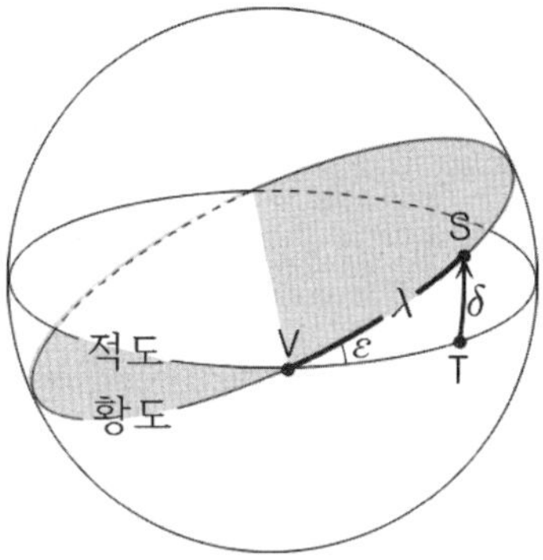

[보충그림 9-1] 황적거위

[그림 4-1]과 [보충그림 9-1]에서 $\widehat{\text{갑정}}=\lambda$, $\widehat{\text{정무}}=\delta$이고 구면삼각형 '갑정무'= $\triangle SVT$이므로, [그림 4-1]에서 $\dfrac{\sin 90°}{\sin \widehat{\text{갑정}}}=\dfrac{\sin\varepsilon}{\sin\widehat{\text{정무}}}$의 관계가 [보충그림 9-1]에서 $\sin\delta=\sin\lambda\sin\varepsilon$가 된다.

입하점의 $\lambda=45°$와 $\varepsilon=23°29'30''$를 대입하면 입하점의 적위 δ=16도22분17초19미가 나온다. 《역상고성》에서 제시한 계산 방법과 결과값이 이와 정확히 일치한다.

제5장

대기굴절로 인한 시차(視差) [청몽기차(淸蒙氣差)]

1) **유래:** 명나라 만력(萬曆 신종(神宗)의 연호, 1573년~1619년) 연간에
제곡(第谷 티코 브라헤(Tycho Brahe))이 처음 주창함.

(1) 청몽기: 땅속의 유기(游氣 부동浮動하는 수증기 또는 먼지)가 지표면과 공기 중으로 피어 올라온 것.

(2) 청몽기의 성질: 가볍고 미세하여 물체가 안 보이게 가릴 수는 없으나, 작은 물체를 크게 보이도록 굴절시키거나, 낮은 곳에 있는 물체를 높은 곳에 있는 것처럼 보이도록 굴절시킴.

(3) 청몽기의 작용 예시

① 작은 물체를 크게 보이도록 굴절시키는 경우[32] :

a. 해와 달이 지평선 근처에 있으면 중천에 떠 있을 때보다 커 보임

b. 별자리가 지평선 근처에 있으면 중천에 있을 때보다 넓어 보임

② 낮은 곳에 있는 것을 높은 곳에 있는 것처럼 보이도록 하는 경우 :

a. 보름날에는 해와 달의 정 중간에 있는 지구상의 관측자가 해와 달을 동시에 볼 수 없어야 하는데, 항상 동시에 볼 수 있음.

b. 해가 서쪽으로 지기 전에 동쪽 지평선 위에서 월식이 보이기도 함.

c. 해가 동쪽 지평선 위로 떠 올랐는데 서쪽 지평선 위에서 여전히 월식이 보이기도 함.

---

32) 실은 여기에 예시된 두 가지 모두 달과 별자리가 주변의 건물과 지형에 대비됨으로 인한 착시 효과에 불과하다. [보충자료 10] 참조.

보충자료 10 대기 굴절 효과와 '작은 물체가 크게 보이는 것'은 무관함

《역상고성》의 청몽기차는 티코 브라헤가 주창한 대기 굴절 이론이 《숭정역서》를 거쳐 그대로 계승된 것이다. 청몽기의 효과 중에 작은 물체를 크게 보이도록 굴절시킨다는 것은 프톨레마이오스(Ptolemaeos, K. 85? ~ 165?)의 《천문학 집대성[Almagest]》 제1권 제3장에서부터 보인다. 그러나 현대에는 다음과 같은 두 가지 착시 효과일 뿐이고 대기 굴절과는 무관한 것으로 보고 있다. 해와 달이 중천에 떠 있을 때보다 지평선이나 수평선 근처에서 뜨거나 질 때 훨씬 크게 보이는 것이 사실이긴 하지만, 관측기구를 사용하여 시직경을 측정해 보면 동일하다는 것이다.[33]

첫째, 에빙하우스 착시(Ebbinghaus Illusion)이다. [보충그림 10-1]에서 보듯이 주변에 상대적으로 큰 물체가 있으면 작아 보인다.

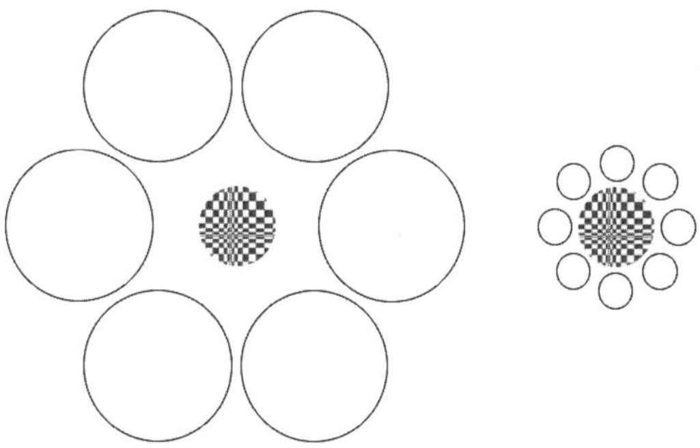

[보충그림 10-1] 주변의 물체나 공간의 크기에 따른 착시 효과

둘째, 폰조 착시(Ponzo Illusion)이다. [보충그림 10-2]에서 보듯이, 멀수록 작게 보이는 원근감 있는 배경에서, 먼 배경 앞의 물체는 가까운 배경 앞의 물체와 시각(視角)이 같더라도 더 커 보인다.

33) 두 가지 착시에 대한 내용은 《과학 연계 잡지(Science Connected Magazine)》의 홈페이지(https://magazine.scienceconnected.org/2015/09/sunsets-are-illusions/)에 올라온 설명과 이미지 자료를 요약한 것이다.

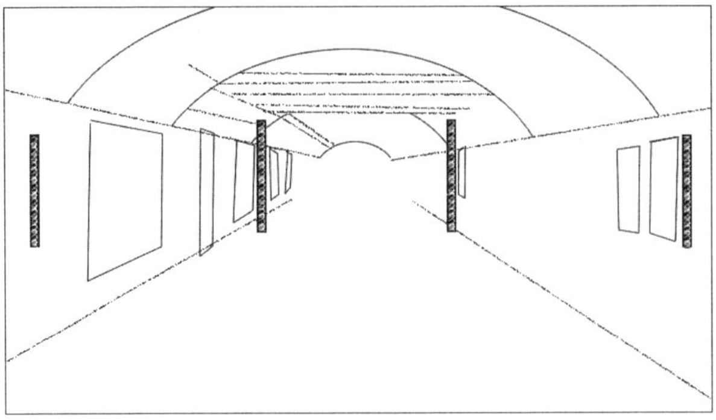

[보충그림 10-2] 지평선에 가까우면 커 보이는 착시 효과

(4) 청몽기의 후박(厚薄), 고하(高下)와 청몽기차의 크기

① 땅속의 유기가 성함 → **청몽기가 짙고[厚] 높음[高] → 더 높게 굴절시킴이**

② 땅속의 유기가 약함 → 청몽기가 엷고[薄] 낮음[下] → 덜 높게 굴절시킴

(5) 청몽기의 후박, 고하를 결정하는 요인은 '지표면의 상태'[지세(地勢)]

바다, 강, 호수 : 대기 중에 수증기[수기(水氣)]가 많음 → **청몽기가 짙고[厚] 높음[高]**

(6) 일월오성의 고도[위(緯)]를 정하려면 우선 관측지의 청몽차(청몽기차)를 정해야 함

① 제곡(第谷 티코 브라헤(Tycho Brahe))이 북극고도 55도 남짓인 덴마크에서 정한 청몽기차

ㄱ. 지평선 근처: 최대 청몽기차 34분

ㄴ. 지평선 ↦ 고도 45도: 점차 줄어들다가 45도에서 5초

ㄷ. 고도 45도 초과: 청몽기차 없음.

② 《신법역서》의 〈청몽기차표〉: 제곡의 값을 사용함.

③ 근래(《역상고성》 편찬 당시)에 서양인이 북극고도 48도의 지방에서 측정한 값

ㄱ. 태양의 지평고도가 45도일 때: 청몽기차가 1분 남짓

ㄴ. 지평선부터 천정까지 모두 몽기차(청몽기차)가 있음.

④ 제곡과 근래 서양인의 측정값이 다른 이유: 지방에 따라 청몽기차가 다름.

2) 《역상고성》 표 제1권 〈일전표〉의 〈청몽기차표(淸蒙氣差表)〉 계산법 도해

① 태양의 위치가 다음과 같을 때

관측된 겉보기고도＝10도34분42초

‘자오선으로부터 거리’[거정오(距正午) 지평경도(地平經度)]＝83도

황경＝강루궁(降婁宮) 3도36분

적위＝북위 1도26분

② [그림 5－1]에서,

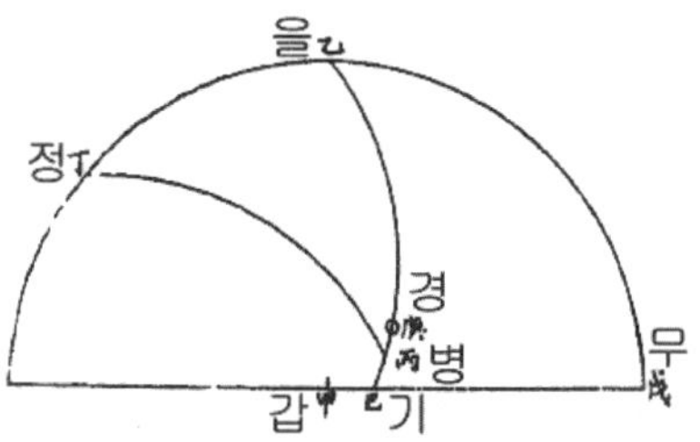

[그림 5-1] 청몽기차 1

갑: 지구중심

을: 천정

병: 태양

정: 북극

을무: 자오선[자오규(子午規)]

을병기: 수직권[고호(高弧)]

병기: 태양의 ‘지심고도 호’[실고호(實高弧)]

경기: 태양의 ‘겉보기고도 호’[시고호(視高弧)]

③ 사호삼각형(斜弧三角形 구면일반삼각형) 정을병에서,

$\overset{\frown}{\text{정을}}$ = 50도00분30초 ⇒ 북극의 천정거리

$\overset{\frown}{\text{정병}}$ = 90도 − 태양의 적위 = 88도34분 ⇒ '태양~북극' 거리

∠정을병 = 180도 − ('태양~자오선' 거리) = 97도

④ [그림 5−2]와 같이 $\overset{\frown}{\text{을병}}$을 연장하고 '정'에서 수선을 그음

→ $\overset{\frown}{\text{병신}}$과 $\overset{\frown}{\text{정신}}$이 '신'에서 수직으로 만남

→ 정호삼각형(正弧三角形 구면직각삼각형) 정신을과 정신병이 만들어짐

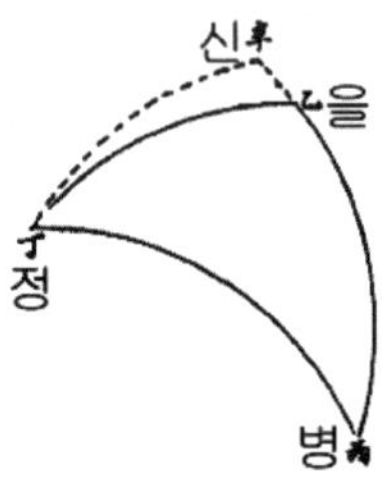

[그림 5-2] 청몽기차 2

⑤ 정호삼각형 정신을에서 다음의 비례식이 성립함.

sin(∠신 90도) : sin(∠을 83도) = sin($\overset{\frown}{\text{을정}}$ 50도00분30초) : sin($\overset{\frown}{\text{정신}}$)

1천만 : 9925462 = 7661379 : sin($\overset{\frown}{\text{정신}}$)

sin($\overset{\frown}{\text{정신}}$) = 7604273

∴ $\overset{\frown}{\text{정신}}$ = 49도30분07초

또 다음의 비례식이 성립함.

반경 1천만 : cos(∠을 83도) = tan($\overset{\frown}{\text{을정}}$ 50도00분30초) : tan($\overset{\frown}{\text{을신}}$)[34)]

1천만 : 1218693 = 11921056 : tan($\overset{\frown}{\text{을신}}$)

tan($\overset{\frown}{\text{을신}}$) = 1452811

∴ $\overset{\frown}{\text{을신}}$ = 8도15분58초

34) 구면직각삼각형에서 성립하는 네이피어의 공식 중 $\tan a = \cos B \cdot \tan c$를 비례식으로 쓴 것이다.

⑥ 정호삼각형 정신병에서 다음의 비례식이 성립함.

sin(정병 88도34분) : sin(정신 49도30분07초)=sin(∠신 90도) : sin(∠병)

1천만 : 9996871=1천만 : sin(∠병)

sin(∠병)=7606653

∴ ∠병=49도31분22초

또 다음의 비례식이 성립함.

tan(∠병 49도31분22초) : 반경 1천만=tan(정신 49도30분07초) : sin(신병)[35]

11717927 : 1천만=11709302 : sin(신병)

sin(신병)=9992639

∴ 신병=87도48분05초

⑦ [그림 5-2]에서,

을병=(신병 87도48분05초)-(을신 8도15분58초)=79도32분07초

⇒ 태양의 실제 천정거리

병기=(을기 90도)-(을병 79도32분07초)=10도27분53초

⇒ 태양의 지심고도

몽기차=(겉보기고도 10도34분42초)-(지심고도 10도27분53초)+(지반경차 2분57초)=9분46초

⇒ 〈청몽기차표〉에서 태양의 고도가 10도35분일 때 청몽기차

⑧ 위와 같은 계산법에 따라 고도 1도 간격으로 청몽기차를 계산하여 표를 만듦[36]

---

35) 구면직각삼각형에서 성립하는 네이피어의 공식 중 $\tan b=\tan B \cdot \sin a$를 비례식으로 쓴 것이다.

36) 《역상고성》 하편 〈일전표〉의 〈청몽기차표〉는 《숭정역서》의 〈청몽기차표〉에서 행과 열을 서로 바꾸고 읽기 편한 2단 구성으로 바꾼 것이다. 내용상 변화는 오자를 수정한 것 외에는 전혀 없다. 따라서 《역상고성표》도 티코 브라헤의 청몽기차 값을 그대로 사용한 것이다.

보충자료 11 청몽기차의 계산 흐름

관측자의 위도가 ϕ인 곳에서 어떤 날 어떤 시에 태양의 겉보기 고도(a')와 방위각(A)를 관측한다. 그리고 그날 태양의 황경 λ를 계산하여 $\sin\delta = \sin\lambda\sin\varepsilon$식을 이용하여 태양의 적위 δ를 알 수 있다. 이 값들을 이용하여 태양의 실제 고도 a를 알고, 다음 식을 이용하여

$$\text{청몽기차} = a' - a + \Delta a(\text{지반경차}) \quad (1)$$

관측 고도가 10도34분42초일 때에 청몽기차를 구하는 계산 흐름은 [표 4]와 같다.

[표 4] 관측으로 청몽기차 구하기

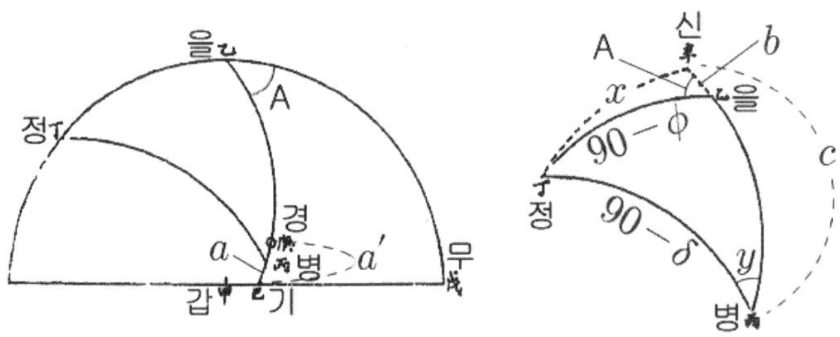

'적위' $=\delta$	1.48888883	1도26분
$90° - \delta$	88.5666667	88도34분
각 '정을신' $= A$	83	83도
'정을' $= 90° - \phi$	50.0083333	50도00분30초
$\sin x = \sin(90-\phi)\sin A$	0.76042725	
'정신' $= x$	49.5018777	49도30분6.76초
$\tan b = \tan(90-\phi)\cos A$	0.14528114	
'신을' $= b$	8.26616276	8도15분58.19초
$\sin y = \sin x / \sin(90-\delta)$	0.76066526	
각 '정병을' $= y$	49.5228805	49도31분22.37초
$\sin c = \tan x / \tan y$	0.99925795	
'신병' $= c$	87.7925972	87도47분33.35초
'을병' $= 90° - a = c - b$	79.5264344	79도31분35.16초
'병기' $= a = 90° - (c - b)$	10.4735656	10도28분24.84초
'경기' $= a'$	10.5783333	10도34분42초

$a' - a$	0.10476776	6분17.16초
지반경차= Δa		2분57초
청몽기차		9분14.16초

1. 지반경차 값을 2분57초로 사용하여 보정하였기에 청몽기차 값이 9분14초로 얻어졌다. 만약 현재의 지반경차 값인 8.64초를 사용하여 보정하면 청몽기차는 6분26.2초가 나온다. 오히려 이 값이 현대의 대기굴절각 5분27초와 1분 정도 밖에 차이가 나지 않는다. 아마도 이만큼의 차이는 관측 고도를 측정할 때 오류가 포함된 것으로 보인다.
2. 《숭정역서》와 《역상고성》의 〈청몽기차 표〉는 동일한데 그 값이 현재의 값보다 큰 이유는 관측 고도값의 오류도 있지만 아마도 큰 지반경차의 값을 이용하였기 때문으로 생각된다.

보충자료 12 《역상고성》의 청몽기차와 현대 천문학의 대기에 의한 굴절 비교

청몽기차는 천체로부터 오는 빛이 대기의 굴절에 의하여 겉보기고도 a가 실제 지평고도보다 더 크게 관측되는 현상을 의미한다. 일반적으로 겉보기고도와 실제 지평고도의 차이를 R, 대기의 굴절률을 n이라 할 때, $R = (n-1)\cot a$의 관계가 있다. 콤스톡(Comstock, G. C. 1890)은 대기의 굴절이 대기의 압력과 온도에 의하여 영향을 받기에 $R('') = \dfrac{21.5\,b}{273+t}\cot a$라는 간단한 실험식을 고안하였다.[37] 여기서 R은 초 단위이고, t는 섭씨 온도, b는 대기의 압력을 mm 단위로 나타낸 수은주의 높이이다. 그러나 베네트(Bennett, G. G. 1982)는 $R(') = \dfrac{P}{101}\dfrac{283}{273+T}\cot\left(a + \dfrac{7.31}{a+4.4}\right)$인 실험식을 고안하였다.[38] 여기서 R은 분 단위이고, T는 섭씨 온도, P는 대기의 압력으로 kPa 단위로 나타낸다. 《역상고성후편》에서는 카시니가 처음으로 빛이 대기에서 굴절되는 스넬의 법칙을 이용하여 굴절각을 계산하는 방법을 소개하였다. [보충그림 12-1]은 $t = T = 10℃$, $b = 760\,mmHg$, $P = 101\,kPa$ 일 때에 계산한 값과

37) Comstock, George C. (1890), "A Simple Approximate Formula for Refraction", Sidereal Messenger, 9: 186

38) Bennett, G.G. (1982). "The Calculation of Astronomical Refraction in Marine Navigation". Journal of Navigation. 35 (2): 255-259.

《역상고성》과 《역상고성후편》의 청몽기차값을 비교한 것이다.

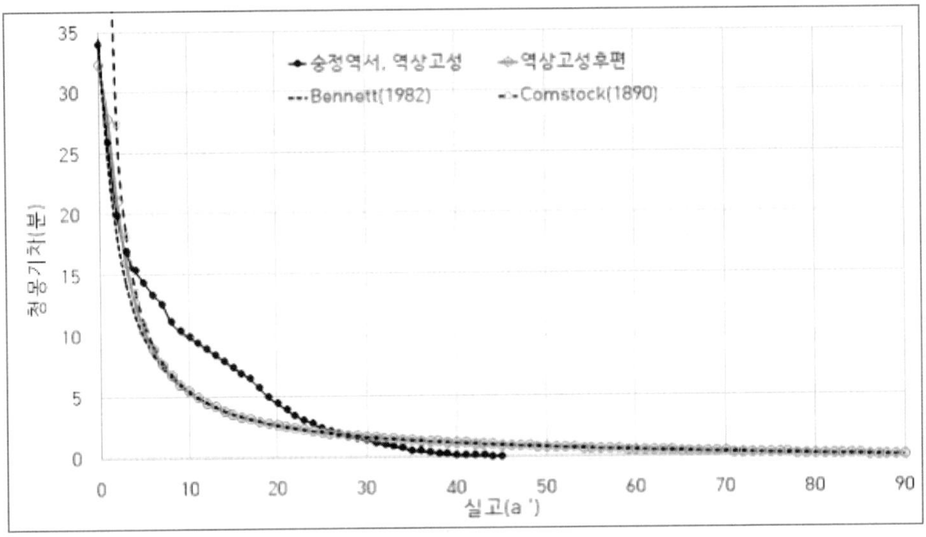

[보충그림 12-1] 지구 대기에 의한 굴절

제6장

회귀년의 길이를 측정하여 태양의 평균운행도수 정하기 [측세실이정평행(測歲實以定平行)]

1) 세실(歲實 회귀년의 길이)

(1) 의미: 태양이 황도상에서 서에서 동으로 한 바퀴 돌아 원래 자리로 돌아오기까지 날짜와 시간.

(2) 측정: 금년 동지부터 이듬해 동지까지, 또는 금년 춘분부터 이듬해 춘분까지.

2) 세실을 정해야 하는 이유

(1) 태양의 실제운행도수[실행(實行)]는 매일 다름

(2) 태양의 위치는 반드시 평균운행도수[평행(平行)]를 기본값[근(根)]으로 하여 계산함.

(3) 태양의 평균운행도수[평행]를 구하려면 세실을 정해야 함

(4) 세실에 따라 태양의 매일 평균운행도수[평행]가 정해짐.

3) 고금의 역법에 사용한 세실

(1) 고대의 역법은 태양의 매일 운행도수를 1도로, 주천(周天 천구의 둘레)을 365 $\frac{1}{4}$ 도로 규정함.[39)]

39) 고대의 역법은 세실(회귀년의 길이)과 주천(하늘의 둘레, 항성년의 길이와 동일한 수치의 도수)을 동일하게 잡았으므로 세실도 365 $\frac{1}{4}$ 일이었음을 뜻한다.

(2) 그 후로 점차 날짜가 천체의 운행보다 뒤처짐을 깨닫고 세실이 너무 길다고 여김.

(3) 한(漢)나라 이후로 새로운 역법을 편찬할 때마다 반드시 세실을 줄여서 당시의 실측값과 일치시킴.

⇒ 매일의 평균운행도수[평행]는 1도로 고정되었지만, 주천과 세실은 아직도 불변의 수치로 정해지지 않음.

(4) 지금의 역법(시헌력)에서 세실

① 수년 전부터 각 성(省)에 사람을 보내어 측정한 세실

: 356일5시간3각3분45초=365.2421875일

② 태양의 매일 평균운행도수[평행]

=(주천 360도)÷(세실 356일5시간3각3분45초)

=59분08초19미49섬51홀39망[40]=0.9856473658도

4) 《역상고성》 표 제1권 〈일전표〉의 〈태양주세평행표(太陽周歲平行表 태양의 연중 평균운행도수 표)〉와 〈태양주일평행표(太陽周日平行表 태양의 일중 평균운행도수 표)〉

(1) **〈태양주세평행표〉**: 태양의 매일 평균운행도수 59분08초19미49섬51홀39망에, 1일부터 366일까지 날짜수를 차례로 곱하여 연중 평균운행도수를 구함.

(2) **〈태양주일평행표〉**: 태양의 매일 평균운행도수 59분08초19미49섬51홀39망을, 24, 1440, 86400으로 나누어 1시간, 1분, 1초 간격의 평균운행도수를 구함.

---

40) 저본에는 '59분08초19미49섬59홀39망'으로 되어 있으나 계산결과 및 《역상고성》 표 제1권 〈일전표〉의 〈태양주세평행표(太陽周歲平行表)〉와 《역상고성 후편》 제1권 〈일전역법(日躔曆法)〉 제1장 '태양의 위치 계산에 사용하는 천문상수[추일전용수(推日躔用數)]'등 본서의 다른 부분이 기록에 근거하여 '59홀'을 '51홀'로 바로잡아 옮겼다.

보충자료 13 **1일, 1시간, 1분, 1초 간격의 태양 평균운행도수 계산**

현대 천문학에서도 1회귀년의 길이는 365.2421875일이다. 이에 따라 d일, h시간, m분, s초 동안 태양의 평균운행도수를 다음과 같이 구할 수 있다.

1일 동안 평균운행도수 $= \frac{360}{365.2421875}$ 도 = 59분08초19미49섬51홀39망

d일 동안 평균운행도수 = d일×59분08초19미49섬51홀39망/일

1시간 동안 평균운행도수 $= \frac{360}{365.2421875 \times 24}$ 도 = 2분27초50미49섬34홀39망

h시간 동안 평균운행도수 = h시간×2분27초50미49섬34홀39망/시

1분 동안 평균운행도수 $= \frac{360}{365.2421875 \times 24 \times 60}$ 도 = 2초27미50섬49홀34망

m분 동안 평균운행도수 = m분×2초27미50섬49홀34망/분

1초 동안 평균운행도수 $= \frac{360}{365.2421875 \times 24 \times 60 \times 60}$ 도 = 2미27섬50홀49망

s초 동안 평균운행도수 = s초×2미27섬50홀49망/초

〈태양주세평행표〉와 〈태양주일평행표〉는 이렇게 계산된 값을 각 표마다 소정의 단위에서 반올림한 수들로 채워져 있다.

5) 세실 계산을 위한 춘분 시각 측정

(1) 옛 사람들은 모두 동지 시각을 측정함 → 회귀년의 길이를 정확히 정하지 못한 원인

(2) 동지 시각보다 춘분 시각을 정확히 측정하기가 쉬움.

① 동지 때는 황도와 적도가 나란함 → 태양의 1일 동안 적위 변화가 수십초에 불과함.

→ 동짓날 하루 중에 동지의 순간을 관측기구로 분별할 수 없음.

② 춘·추분 때는 황도와 적도가 비스듬히 교차함.

→ 태양의 1일 동안 적위 변화가 24분

$(\Delta\delta = \Delta\lambda \sin\varepsilon \simeq 0.4\Delta\lambda \simeq 0.4 \times 1^\circ = 24')$

→ 춘 · 추분 하루 중에 춘 · 추분의 순간을 쉽게 찾을 수 있음.

(3) 춘 · 추분 때는 태양의 1일 동안 실제운행도수와 평균운행도수가 거의 일치함.

① 하 · 동지 때는 태양의 1일 동안 실제운행도수와 평균운행도수의 차가 최대가 됨.

② 춘 · 추분 때는 실측한 태양의 1일 동안 실제운행도수 값을 그대로 사용해도 됨.

(4) 동지 때는 태양의 고도가 낮아서 청몽기차의 영향이 큼.

→ 정확한 고도 측정이 어려움.

6) 세실의 계산

(1) 강희 54년(1715) 을미년 2월 16일(춘분날) 계미일 정오 창춘원에서 측정한 태양의 고도: 50도00분32초35미

◎ 지심고도[실고(實高)]=(측정된 지평고도 50도00분32초35미)+(지반경차 1분56초05미)=50도02분28초40미

◎ 태양의 적위=(태양의 지심고도 50도02분28초40미)−(적도고도 50도00분30초)=북위 1분58초40미 ⇒ 춘분이 오전에 있었음.

① [그림 6−1]에서,

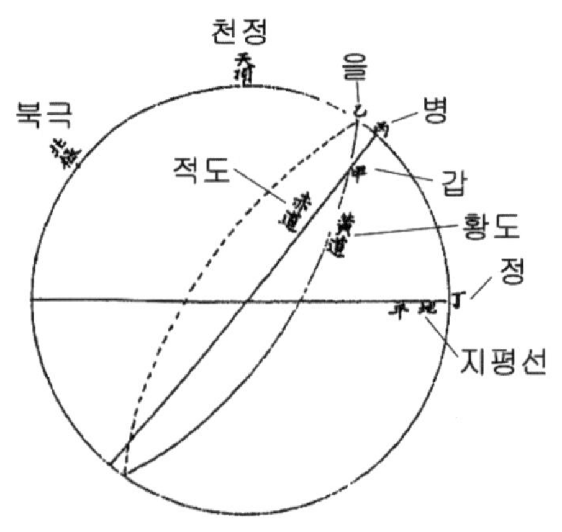

[그림 6-1] 회귀년의 길이 1

갑: 춘분

을: 태양

병: 적도

을정: 정오 때 태양의 지심고도[실고]

병정: 적도고도

을병: 태양의 적위(북위)

② [그림 6－2]의 정호삼각형 갑을병에서,

∠갑＝황적대거＝23도29분30초

∠병＝90도

을병＝태양의 적위＝1분58초40미

다음의 비례식이 성립함.

sin(∠갑) : sin(∠병)＝sin(을병) : sin(갑을)

3986157 : 1천만＝5753 : sin(갑을)

sin(갑을)＝14433

∴ 갑을＝4분57초43미

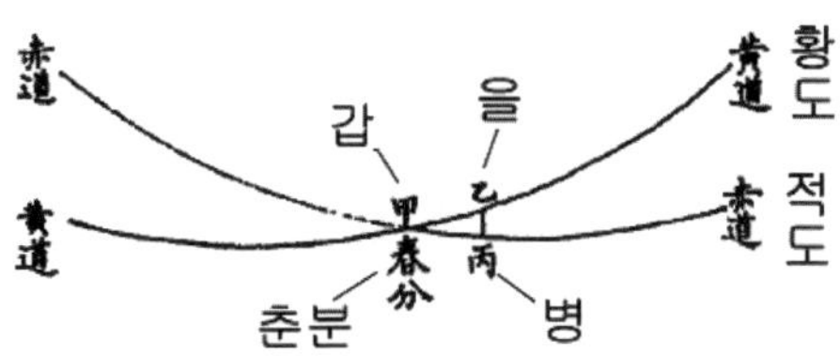

[그림 6-2] 회귀년의 길이 2

다음의 비례식을 통하여 도수를 시간으로 변환함.

(1일 평균운행도수 59분08초20미) : (24시간×60분/시)

＝(갑을 4분57초43미) : (갑을 운행 시간)

∴ 갑을 운행 시간＝120분49초12미＝2시간00분49초12미 ⇒'춘분~정오' 사이의 시간

∴ 춘분시각＝오정－2시간00분49초12미＝사초(巳初)3각14분10초48미

(2) 강희 55년(1716) 병신년 2월 27일(춘분날) 무자일 정오 창춘원에서 측정한 태양의 고도: 49도54분49초51미

◎ 지심고도[실고]=(측정된 지평고도 49도54분49초51미)+(지반경차 1분56초 17미)=49도56분46초08미

◎ 태양의 적위=(적도고도 50도00분30초)-(태양의 지심고도 49도56분46초08미)=남위 3분43초52미 ([그림 6-3] 참조)

⇒춘분이 오후에 있음.

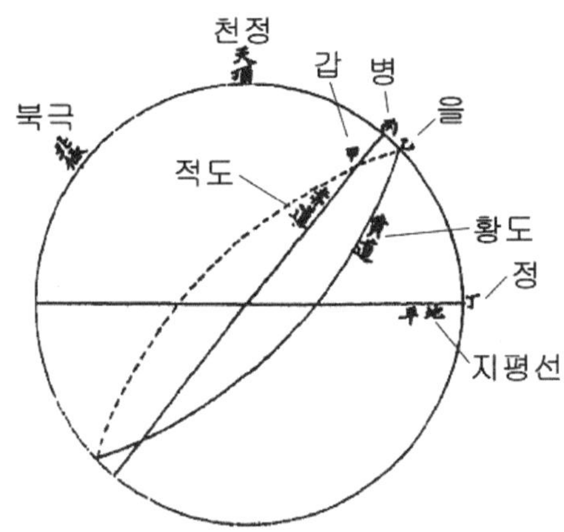

[그림 6-3] 회귀년의 길이 3

① [그림 6-4]의 정호삼각형 갑을병에서,

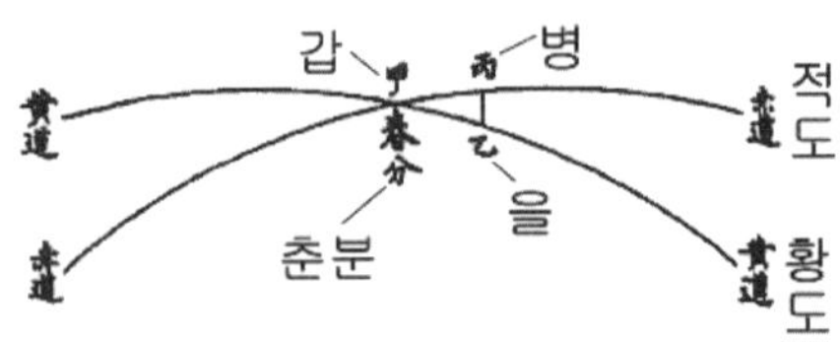

[그림 6-4] 회귀년의 길이 4

∠갑=황적대거=23도29분30초

∠병=90도

$\overset{\frown}{\text{을병}}$ = 태양의 적위=3분43초52미

다음의 비례식이 성립함.

sin(∠갑) : sin(∠병)=sin($\overset{\frown}{\text{을병}}$) : sin($\overset{\frown}{\text{갑을}}$)

∴ $\overset{\frown}{\text{갑을}}$ =9분21초39미

⇒정오 때 태양이 춘분에 못 미친 경도

다음의 비례식을 통하여 도수를 시간으로 변환함.

(1일 평균운행도수 59분08초20미) : (24시간×60분/시)

=($\overset{\frown}{\text{갑을}}$ 9분21초39미) : ($\overset{\frown}{\text{갑을}}$ 운행 시간)

∴ $\overset{\frown}{\text{갑을}}$ 운행 시간=3시간47분55초48미

⇒'정오~춘분' 사이의 시간

∴ 춘분시각=오정+3시간47분55초48미

=신초(申初)3각02분55초48미

(3) 회귀년의 길이=(1716년의 춘분시각)−(1715년의 춘분시각)

=신초3각02분55초48미−사초3각14분10초48미

=365일5시간3각3분45초[41)]

41) 강희 54년과 55년에 관측으로 얻어낸 춘분시각과 오정 사이의 시간차를 더하면, 즉 2시간00분49초12미+3시47분55초48미=5시3각3분45초을 얻는다.

제7장

본천의 높낮이가 영축의 근원 [본천고비위영축지원(本天高卑爲盈縮之原)]

1) 태양 운행의 영축(盈縮 1회귀년 주기의 부등속 운행**)을 알 수 있는 현상**

: 1회귀년 중에 '춘분 ↦ 추분'의 날짜수가 '추분 ↦ 춘분'의 날짜수보다 많음.

2) 영축의 원인: 본천(本天 태양천(太陽天))의 높낮이(지구로부터 거리)가 일정하지 않기 때문

(1) 부동심천(不同心天 eccentric circle, 이심원) 모델로 설명

(2) 본륜(本輪 epicycle, 주전원) 모델로 설명

⇒ 두 가지 모델에서 태양의 높낮이와 영축의 도수(度數)가 똑같음.

3) 부동심천(不同心天 eccentric circle, 이심원) 모델

(1) 구조

① 하늘의 중심에 지구가 있음.

② 태양이 운행하는 본천(本天)의 중심은 지구중심과 다름.

⇒ 양심차(兩心差 두 중심 사이의 거리) 발생.

⇒ 높낮이(지구로부터 태양까지 거리)가 일정하지 않음.

(2) [그림 7－1]에서,

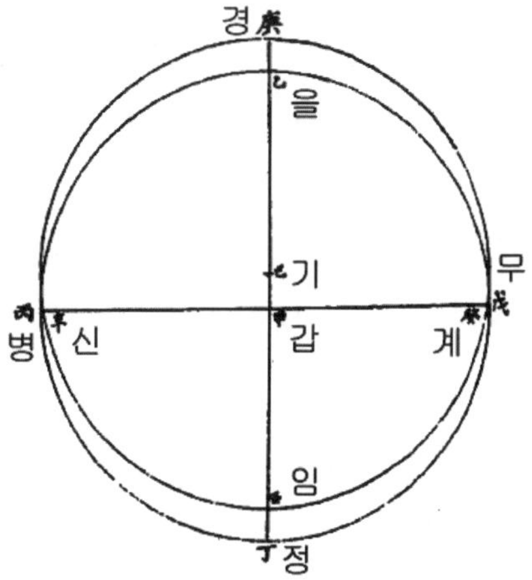

[그림 7-1] 부동심천 모델

① 갑: 지구중심

원 을병정무: 황도

기: 본천의 중심

원 경신임계: 본천

큰 반원 계경신은 지구에서 멀므로 높음[고(高)].

작은 반원 신임계는 지구에 가까우므로 낮음[비(卑)].

무: 춘분

병: 추분

을: 하지

정: 동지

② '춘분 ↦ 하지 ↦ 추분'의 구간에서,

ㄱ. 태양이 본천의 큰 반원 '계 ↦ 경 ↦ 신'을 운행함 → 역일(曆日 경과 일수)이 많음.[42)]

42) 본천(本天)에서 태양의 운행은 등속원운동이므로 운행거리와 운행시간이 정확히 비례한다.

ㄴ. 지구중심(갑)에서 보면 태양이 황도의 정확한 반원 '무 ↦ 을 ↦ 병'을 운행함.

ㄷ. 지구중심(갑)에서 볼 때 180도 구간을 지나는 데 많은 시일이 걸리므로, →'운행속도가 느리게 보임[축(縮)]'.[43)]

③ '추분 ↦ 동지 ↦ 춘분'의 구간에서,

ㄱ. 태양이 본천의 작은 반원 '신 ↦ 임 ↦ 계'를 운행함 → 역일이 적음.

ㄴ. 지구중심(갑)에서 보면 태양이 황도의 정확한 반원 '병 ↦ 정 ↦ 무'를 운행함.

ㄷ. 지구중심(갑)에서 볼 때 180도 구간을 지나는 데 적은 시일이 걸리므로, →'운행속도가 빠르게 보임[영(盈)]'.

(3) 본천에서 태양의 운행은 원래 등속원운동이지만, 본천의 중심(기)이 아닌 지구중심(갑)에서 계산하기 때문에 지구로부터 높고[고] 낮은[비] 거리의 불균과 빠르고[영] 느린[축] 속도의 불균이 있음.

① 높고[고] 낮음[비]: 빠르고[영] 느린[축] 불균의 발생 원인

② 양심차: 높고[고] 낮은[비] 불균의 발생 원인

3) 본륜(本輪 epicycle, 주전원) 모델

(1) 구조

① 본천(本天)의 중심과 지구의 중심이 일치하며, 본천의 원주상에 본륜이 있음.

② 본륜의 중심이 본천의 원주상에서 동쪽으로 운행함.

③ 태양이 본륜의 원주상에서 서쪽으로 운행함.

④ 본륜중심과 태양의 운행속도는 일치함.

▾ 본륜중심의 동행(東行)과 태양의 서행(西行) 속도에 미세한 차이가 있지만 1주년[주세(周歲)] 동안 운행도수의 차를 누적한 것이 1분[44)]에 불과하므로

---

43) 여기서는 태양 운행의 시운동속도가 평균속도보다 느린 것을 축(縮), 빠른 것을 영(盈)이라 하고 있다.

44) 지구의 자전축이 기울어진 방향이 약 25,800년을 주기로 황도극(黃道極)을 중심으로 회전함

서로 같다고 해도 무방함.

(2) 태양의 '높고 낮음'[고비(高卑)]과 '빠르고 느림'[영축(盈縮)].

① 태양이 본륜의 아래쪽 반원에 있으면,

▾ 본륜 중에서 지구와 가까운 쪽을 아래쪽, 먼 쪽을 위쪽이라고 함.

ㄱ. 지구에서 태양까지 거리가 가까우므로 낮음[비].

ㄴ. 태양이 본륜중심과 같은 방향으로 움직이므로 평균속도보다 빨라 보임 [영(盈)].

② 태양이 본륜의 위쪽 반원에 있으면,

ㄱ. 태양이 지구에서 거리가 멀므로 높음[고].

ㄴ. 태양이 본륜중심과 반대 방향으로 움직이므로 평균속도보다 느려 보임[축].

③ 태양이 본륜의 좌·우측에 있으면,

▾ 지구에서 본륜을 바라본 방향을 기준으로 좌측, 우측이라고 함.

ㄱ. 태양이 지구에서 거리가 멀지도 가깝지도 않으므로 중간거리[중거(中距)]임.

ㄴ. 태양의 운행속도가 평균속도와 같음.

(3) [그림 7－2]에서,

① 갑: 지구중심, 곧 본천의 중심

을병정무: 본천

ㄱ. 본천을 따른 본륜의 동행(東行): 정 ↦ 무 ↦ 을 ↦ 병 ↦ 정

⇒ 평균운행도수[평행도(平行度)], 곧 경도(經度)가 증가함.

ㄴ. 본륜을 따른 태양의 서행(西行): 하 ↦ 좌 ↦ 상 ↦ 우 ↦ 하

⇒ 자행도(自行度), 곧 인수(引數)가 증가함.

으로 인하여 춘분점이 서행(西行)하는 세차운동 및 지구공전 궤도 자체의 근일점 이동과 관련이 있다.

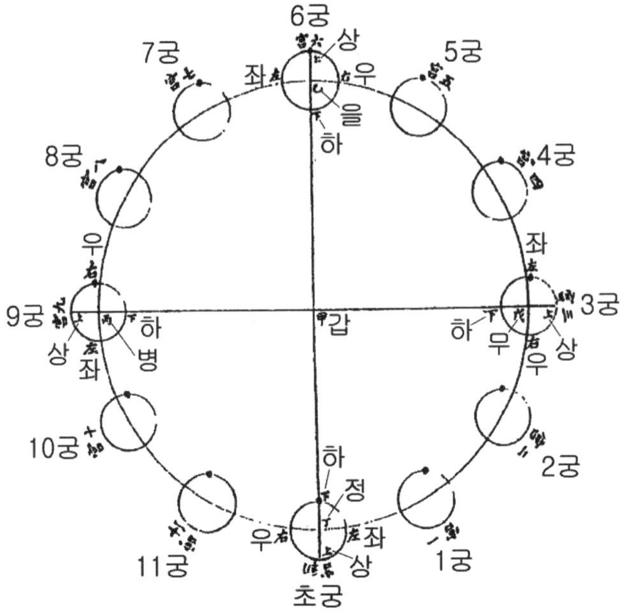

[그림 7-2] 본륜 모델

② [그림 7-3]에서,

ㄱ. 본륜중심이 '정(丁)'에 있으면, 태양은 본륜의 아래쪽 '신(辛)'에 있음.

⇒ 지구중심('갑')과 가장 가까우므로 근지점[최비(最卑)]임.

ㄴ. 본륜중심이 '을(乙)'에 있으면, 태양은 본륜의 위쪽 '기(己)'에 있음.

⇒ 지구중심과 가장 멀므로 원지점[최고(最高)]임.

③ 근지점과 원지점은 모두 본륜중심과 지구중심을 이은 직선상에 있음.

⇒ 평균운행[평행(平行)]과 실제운행[실행(實行)]의 도수(위치)가 같음.

⇒ 원지점과 근지점이 영축(盈縮)의 기산점이 됨.[45)]

④ 1회귀년의 운행 과정 중 '근지점[최비] ↦ 원지점[최고]' 반원의 영력(盈曆)에 대하여.

45) 태양의 실제운행 위치가 평균운행 위치보다 앞서는 '근지점 ↦ 원지점'의 구간이 영력(盈曆)이고, 태양의 실제운행 위치가 평균운행 위치보다 뒤지는 '원지점 ↦ 근지점'의 구간이 축력(縮曆)이다. 이때 영(盈)과 축(縮)은 앞의 각주 43)과 달리 실제운행과 평균운행의 속도가 아닌 위치를 가지고 구분한 것임에 유의해야 한다.

[그림 7－3]에서,

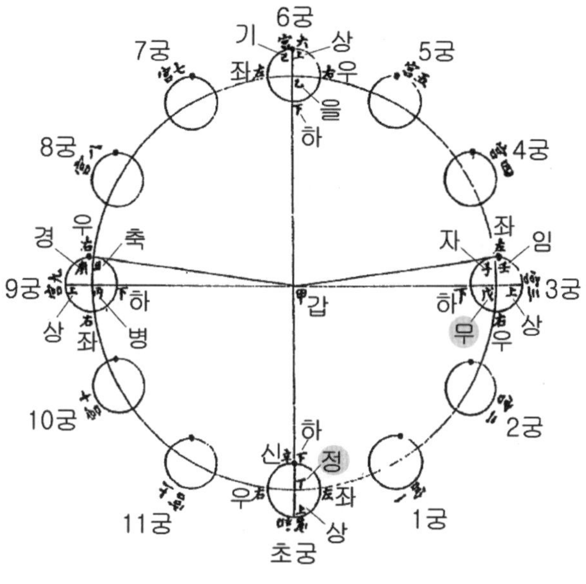

[그림 7-3] 본륜 모델에서 영축(盈縮)

ㄱ. 본륜중심이 동행(東行)하여 '정 ↦ 무'로 움직일 때,

태양은 '아래쪽(하) ↦ 왼쪽(좌)'으로 본륜중심과 같은 방향으로 움직임.

⇒ 동행(東行) 도수에 더해져서 평균운행 도수보다 커짐[영(盈)].

ㄴ. 본륜중심이 반상한(半象限 45도)을 넘어가면 더해지는 도수가 점차 줄어듦.

ㄷ. 본륜중심이 1상한(象限 90도)을 운행하여 '무'에 이르면,

태양도 1상한을 운행하여 '임'에 이름.

⇒ '임'에 도달하면 더해지는 도수가 없어 평균운행 속도로 회복됨.

이곳이 중간거리[중거(中距)]임.

▾ 평균보다 빠른 속도로 앞서나간 도수가 누적되어 태양의 실제운행 위치가 평균운행 위치에 비해 중간거리[중거]에서 가장 앞서 있음.

평균운행 위치는 '무', 태양이 위치는 '임'

지구중심 '갑'에서 봤을 때 태양의 위치는 본천의 '자'

$\tan(\widehat{\text{자무}})$ = 본륜의 반경[46]

$\overset{\frown}{자무}$ = 영차(盈差)의 극대치[47]

ㄹ. 본륜중심이 중간거리[중거]를 지나고 나면,

태양은 본륜의 위쪽 반원을 운행함.

⇒ 본륜중심과 반대방향으로 운행하여 평균운행 속도보다 점차 느려짐[축(縮)].

▾ 이미 앞서나간 도수가 점차 줄어들지만 아직은 실제운행[실행] 위치가 평균운행[평행] 위치를 앞섬.

ㅁ. 본륜중심이 1상한(象限 90도)을 더 운행하여 원지점[최고]에 이르면,

⇒ 평균속도에 비해 가장 느려짐[극축(極縮)].

▾ 앞서나갔던 도수가 모두 소진되어, 실제운행[실행] 위치와 평균운행[평행] 위치가 일직선상에 놓임.

⑤ 1회귀년의 운행 과정 중 '원지점[최고] ↦ 근지점[최비]' 반원의 축력(縮曆)에 대하여.

ㄱ. 본륜중심이 동행(東行)하여 '을 ↦ 병'으로 움직일 때, 태양은 '위쪽(상) ↦ 오른쪽(우)'으로 본륜중심과 반대 방향으로 움직임.

⇒ 동행(東行) 도수를 감소시켜 평균운행 속도보다 느려짐[축(縮)].

ㄴ. 본륜중심이 반상한(半象限 45도)을 넘어가면 감손되는 도수가 점차 줄어듦.

ㄷ. 본륜중심이 1상한(象限 90도)를 운행하여 '병'에 이르면, 태양은 1상한을 운행하여 '경'에 이름.

⇒ '경'에 도달하면 감손되는 도수가 없어 평균운행 속도로 회복됨. 이곳이 중간거리[중거(中距)]임.

▾ 평균보다 느린 속도로 뒤처지던 도수가 누적되어 태양의 실제운행 위치가 평균운행 위치에 비해 중간거리[중거]에서 가장 뒤처짐.

▾ 평균운행 위치는 '병', 태양의 위치는 '경'

---

46) 직각삼각형 '갑무임'에서 ∠갑 = $\overset{\frown}{자무}$ 이고, $\overline{갑무}$ = 1(全數), $\overline{무임}$ = 본륜반경 이기 때문이다.

47) 근지점 이후 평균운행도수가 $M=90$도일 때 최대 영차(盈差)가 나타난다는 말이다. 그러나 이는 운행 모델을 설명하기 위해 대략적으로 언급한 것에 불과하고 엄밀하게는 양심차 $E=0.03584$일 때 $M=87.946$도에서 최대 영차가 나타난다. 원지점 이후의 최대 축차(縮差)도 마찬가지이다. [보충자료 14] 참조.

지구중심 '갑'에서 봤을 때 태양의 위치는 본천의 '축'

tan$\widehat{\text{축병}}$ = 본륜의 반경

$\widehat{\text{축병}}$ = 축차(縮差)의 극대치

ㄹ. 본륜중심이 중간거리[중거]를 지나고 나면, 태양은 본륜의 아래쪽 반원을 운행함.

⇒ 본륜중심과 같은 방향으로 운행하여 평균운행 속도보다 점차 빨라짐[영(盈)]

▼ 뒤처졌던 도수가 점차 메꿔지지만 아직은 실제운행[실행] 위치가 평균운행[평행] 위치 뒤에 있음.

ㅁ. 본륜중심이 1상한(象限 90도)을 더 운행하여 근지점[최비]에 이르면,

⇒ 평균속도에 비해 가장 빨라짐[극영(極盈)].

▼ 뒤처졌던 도수가 모조리 메꿔져서, 실제운행[실행] 위치와 평균운행[평행] 위치가 일직선상에 놓임.

(4) 본륜 모델로 영축의 원리를 매우 분명히 나타낼 수 있음.

4) 본륜 모델과 부동심천 모델의 공통점과 상호보완 관계

[그림 7－4]에서,

(1) 본륜상의 '기', '경', '신', '임'을 연결하여 하나의 원을 그리면, 새로 그려진 원의 중심이 '갑'이 아니라 '계'가 됨 ⇒ 부동심천

(2) 부동심천 모델의 두 중심 '계'와 '갑'의 차가 곧 본륜의 반경

⇒ 양심차를 구하면 본륜의 직경이 저절로 드러나고, 본륜의 운행 궤적을 잘 알면 영축의 이치를 더욱 분명히 알게 됨.

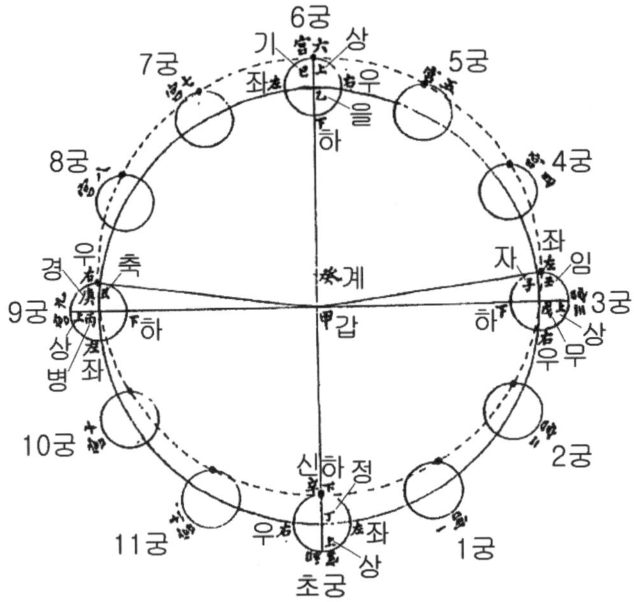

[그림 7-4] 본륜 모델과 부동심천 모델의 동일성

보충자료 14 **태양 운행의 본륜 모델과 부동심천 모델의 동일성에 대한 해석학적 설명**

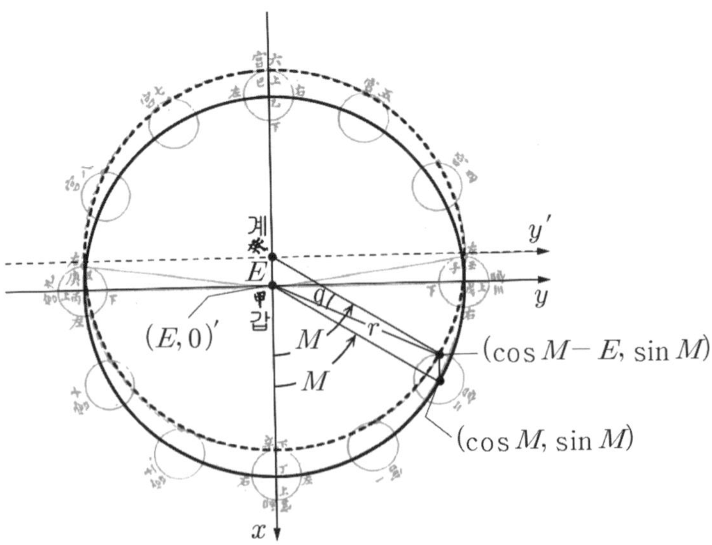

[보충그림 14-1] 태양 운행의 본륜 모델과 이심 모델의 동일성

[보충그림 14−1]의 본륜 모델에서 본천의 반경을 1이라 하고, 본륜의 반경을 양심차 $\overline{\text{계갑}} = E$와 같다고 하자. '계'를 중심으로 근지점에서 반시계방향으로 잰 각을 M이라 하고, '갑'에서 근지점으로 향한 축을 x축이라 하면, '계 $\mapsto$ 태양'의 방향과 '갑 $\mapsto$ 본륜 중심'의 방향이 항상 평행하므로 실선으로 그려진 원의 방정식은 xy좌표계에서 $(\cos M, \sin M)$이 된다.

그런데 지구중심 '갑'의 위치는 '계'를 원점으로 한 xy'좌표계에서 $(E, 0)'$이다. 따라서 지구중심 '갑'을 중심으로 한 xy좌표계에서 점선으로 그려진 원의 방정식은 $(\cos M, \sin M) - (E, 0) = (\cos M - E, \sin M)$이 된다.

여기서 $(\cos M, \sin M)$은 본천의 방정식에 해당하고, $(E, 0)$은 본륜의 방정식에 해당한다. '갑'에서 태양까지의 거리는

$$r = \sqrt{(\cos M - E)^2 + \sin^2 M} = \sqrt{1 + E^2 - 2E\cos M} \tag{1}$$

이다. 따라서 가감차 q는

$$\sin q = \frac{E\sin M}{r} = \frac{E\sin M}{\sqrt{1 + E^2 - 2E\cos M}} \tag{2}$$

혹은

$$\tan q = \frac{E\sin M}{1 - E\cos M} \tag{3}$$ [48]

이 된다. 본륜 모델에서 도출한 위의 가감차 공식은 아래의 부동심천 모델(이심 모델)과 동일하다.

부동심천 모델(이심 모델)은 다음과 같다.

---

48) $\frac{1}{\sin^2 q} - 1 = \frac{1}{\tan^2 q}$이기에 $\frac{1-2E\cos M + E^2}{E^2\sin^2 M} - 1 = \frac{1 - 2E\cos M + E^2 - E^2\sin^2 M}{E^2\sin^2 M}$이 됨을 이용한다.

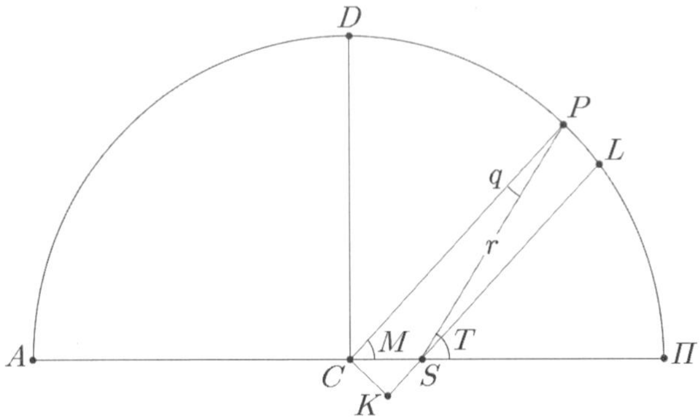

[보충그림 14-2] 태양 운행의 부동심천(이심원) 모델

[보충그림 14－2]에서 C는 이심원 $AD\Pi$의 중심, S는 지구, P는 태양, Π는 근지점, M은 C를 중심으로 Π로부터 잰 평균 근점 이각(mean anomaly), T는 S를 중심으로 Π로부터 잰 진근점 이각(true anomaly), $\overline{PS}$는 지구~태양 사이의 거리, q는 가감차이고, $\overline{PC}$와 $\overline{LK}$는 평행하며, $\overline{CK}$는 $\overline{PC}$ 및 $\overline{LK}$와 수직이다. $\overline{PC}=1$, $\overline{CS}=E$, $\overline{PS}=r$이라 놓으면, 코사인 법칙을 이용하여

$$r^2 = 1 + E^2 - 2E\cos M \tag{4-1}$$

혹은

$$r = \sqrt{1 + E^2 - 2E\cos M} \tag{4-2}$$

이고,

$$r\cos T = \cos M - E \tag{5-1}$$
$$r\sin T = \sin M \tag{5-2}$$

이다. $q = T - M$이기에 $\sin q = \sin(T - M) = \sin T\cos M - \cos T\sin M$이다. 따라서

$$r\sin q = \sin M\cos M - (\cos M - E)\sin M = E\sin M \tag{5-3}$$

이 된다. 혹은 $\triangle PCS$에서 sin 법칙을 사용하면, $\frac{\sin M}{r} = \frac{\sin q}{E}$을 얻는다. 위에서 유도한 결과인 (5-3)식과 같다. 따라서 가감차 q는

$$\sin q = \frac{E\sin M}{r} = \frac{E\sin M}{\sqrt{1-2E\cos M+E^2}} \tag{6-1}$$

혹은

$$\tan q = \frac{E\sin M}{1-E\cos M} \tag{6-2}$$

이 된다. 부동심천 모델의 가감차 공식이 위에서 구한 본륜 모델의 가감차 공식과 완전히 동일하다. 앞의 [보충그림 14－1]에서 점선으로 그려진 원이 부동심천(이심원)과 동일하다.

(6-2)식을 미분하면

$$\sec^2 q\frac{dq}{dt} = \frac{E(\cos M - E)}{(1-E\cos M)^2}\frac{dM}{dt} \tag{7-1}$$

혹은

$$\frac{dq}{dt} = \frac{E(\cos M - E)}{1-2E\cos M+E^2}\frac{dM}{dt} \tag{7-2}$$

가 된다. 여기서 $\frac{dM}{dt}=59$분08초20미/일 인 1일 평행도수이다.

그런데 $\frac{dq}{dt} = \frac{dT}{dt} - \frac{dM}{dt} = 0$은 실제운행각속도와 평균운행각속도가 같아지는 때이다. 다시 말해 태양의 1일동안 실제운행도수와 평균운행도수가 같아지는 때이다. (7-2)에 의하면 $\cos M = E$일 때이다. $E = 0.03584$일 때, $M = 87.946°$가 된다. 근지점 이후 평균운행보다 빠른 실제운행의 도수가 이때까지 축적되어 이곳에서 최대 영차(盈差)가 나타난다. 본문에서 [그림 7－3]을 가지고 근지점과 원지점 이후 $M = 90°$일 때 최대 영축차가 나타난다고 한 것은 대략적인 언급에 불과하다.

(7-2)식을 M에 따라 그려보면 [보충그림 14－3]과 같다. [보충그림 14－4]는 이에 해당하는 $\frac{dT}{dt}$(분/일)을 그린 것이다. 근지점 부근에서 [보충그림 14－3]을 보면 $\frac{dq}{dt} > 0$이고 최대가 되며, [보충그림 14－4]를 보면 실행의 각속도가 가장 빨라서 태양이 하루에 약 61.3분씩 운행한다. 그러나 원지점 부근에서는 [보충그림 14－3]을

보면 $\frac{dq}{dt} < 0$이고 최대가 되며, [보충그림 14－4]를 보면 실행의 각속도가 가장 느려서 태양이 하루에 약 57.1분씩 운행한다. 춘분과 추분에는 90° 부근이기에 [보충그림 14－3]을 보면 $\frac{dq}{dt} \simeq 0$이어서 $\frac{dT}{dt} \simeq \frac{dM}{dt}$ 즉 실행의 각속도가 평행의 각속도와 거의 같고 [보충그림 14－4]를 보면 태양이 매일 약 59분씩 운행하는데, 이값이 곧 태양의 매일 평균운행도수이다.

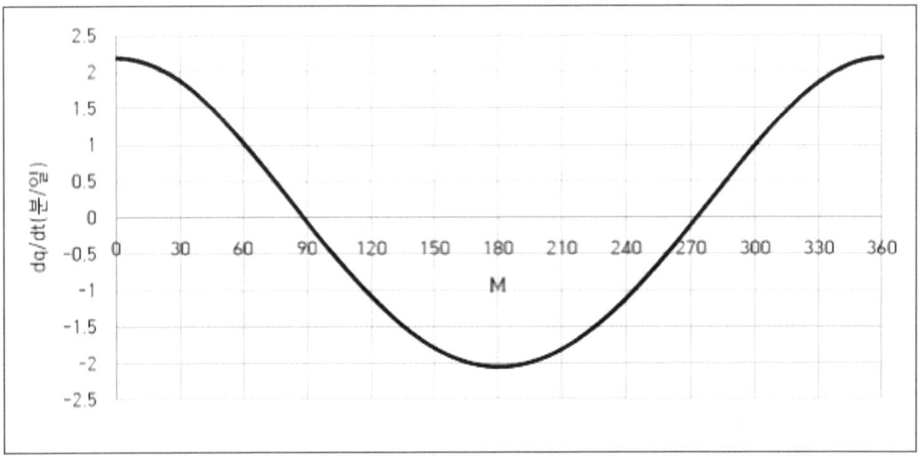

[보충그림 14-3] M에 따른 $\frac{dq}{dt}$(분/초)

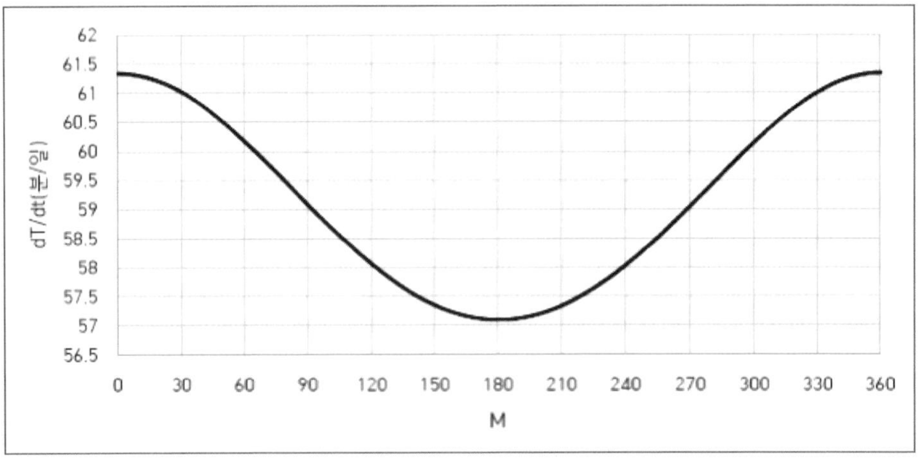

[보충그림 14-4] M에 따른 $\frac{dT}{dt}$(분/초)

제8장

양심차와 원지점 구하기 [구양심차급최고(求兩心差及最高)]

1) 문제의 발견 1[49]

(1) 《신법역서(新法曆書 신법산서(新法算書))》는 춘분, 추분, 입하 세 절기 사이의 시간 간격을 이용하여 **양심차**(황도중심과 이심원중심 사이의 거리)를 **358416**으로, **원지점[최고(最高)]**을 **하지 후 5도30분**에 있는 것으로 계산함.[50] 그러나 이것이 어느 해 몇 월 며칠의 값인지 상세하지 않음.

(2) 〈영년표(永年表 태양연근표(太陽年根表))〉에는 강희(康熙) 정유년(1717)에 **근지점[최비(最卑)]**이 **동지 후 7도43분49초**에 있다고 제시됨.

(3) 정유년(1717)의 실측 절기 시각을 가지고 지금 계산해 보면 그때 양심차는 358977이고, 근지점[최비]은 동지 후 8도38분25초55미에 있었음 ⇒ 모두 원래의 수치에 맞지 않음.

(4) 지금(《역상고성》 편찬 당시)의 춘분, 추분, 입하는 모두 원지점[최고], 근지점[최비], 중간거리점[중거(中距)]에 정확히 있지 않으며, 양심차를 이용하여 절기 시각을 계산하면 실측 시각과 맞지 않음.

⇒ 실측 시각을 사용하여 양심차를 구해도 원래의 수치와 절대로 맞지 않고, 원지점과 근지점의 위치도 절대로 맞을 수 없음.

---

49) 《역상고성》의 저자들이 기술한 내용을 그대로 정리한 것이다. 이 정리본에서 '보충자료', 각주, 작은 글자로 기재한 간주 이외의 내용은 모두 마찬가지이다.

50) 강민정 외 4인, 《숭정역서에 기술된 태양의 운동》, 교육과학사, 2020, 107~109쪽 참조.

2) 문제의 발견 2

(1) 태양이 원지점[최고]과 근지점[최비]에 있으면, 평균운행[평행(平行)] 위치와 실제운행[실행(實行)] 위치가 일직선 상에 놓임.

⇒ 본천(本天)과 황도가 모두 양쪽의 반원으로 균분됨.

⇒ 원지점과 근지점에서 출발했을 때
태양이 반년[반주세(半周歲)]을 지나면서
정확히 '천구의 절반'[반주천(半周天)]을 운행함.

(2) 중간거리점[중거(中距)]에서 나타나는 '평균운행 위치보다 앞서나간 누적'[적영(積盈)] 도수 또는 '평균운행 위치보다 뒤처진 누적'[적축(積縮)] 도수의 정절(正切 tan값)이 곧 양심차의 값임.[51)]

① 근지점[최비]에서 출발하여 1년[주세(周歲)]의 1/4을 지나 중간거리점[중거]에 이르면 90도를 운행해야 하겠으나, 실제 운행은 90도를 넘음.

⇒ 90도를 넘어간 도수가 곧 '평균운행 위치보다 앞서나간 누적'[적영] 도수임.

② 원지점[최고]에서 출발하여 1년[주세]의 1/4을 지나 중간거리점[중거]에 이르면 90도를 운행해야 하겠으나, 실제 운행은 90도에 못 미침.

⇒ 90도에 못 미친 도수가 곧 '평균운행 위치보다 뒤처진 누적'[적축] 도수임.

(3) 정유년(1717)에 매일 실측한 태양의 도분(度分 황경)을 가지고 계산한 값

① 원지점[최고]의 위치: 하지 후 7도44분36초48미
근지점[최비]의 위치: 동지 후 7도44분36초48미

② {(태양의 원지점 통과 시각)+(1년[주세]의 1/4)} 때의 위치: 중간거리점[중거] 전 **2도03분09초40미**
tan(2도03분09초40미)=**358416** ⇒ 모두 역서(曆書)의 기록과 일치함

51) 이 역시 대략적인 서술이다. 앞의 각주 47)과 [보충자료 14] 참조.

(4) 양심차 전체를 사용한 영축(盈縮) 계산 결과는 실제에 맞지 않음.

① 중간거리점[중거]에서: 실측값과 일치.

② 원지점[최고]의 전후 각각 90도[상한(象限)]에서: 실측값보다 작음.

③ 근지점[최비]의 전후 각각 90도[상한]에서: 실측값보다 큼.

⇒ 균륜(均輪 secondary epicycle, 제2주전원)을 사용하여 수치를 '줄이거나 늘리면'[소식(消息)] 실측값에 부합함.

3) 태양 운행 모델의 정립

(1) (중간거리점에서) 영축 계산값이 실측값과 일치함으로부터 원지점과 양심차를 신뢰함.

(2) (원지점과 근지점에서) 영축 계산값이 실측값과 불일치함으로부터 본륜과 균륜를 설정함.

4) 태양 운행 모델의 도해

(1) 원지점, 근지점, 중간거리점의 실측값을 사용하여 양심차와 원지점 위치 구하기

① 강희 56년(1717) 정유년 동지와 하지 후에 창춘원에서 매일 정오 태양의 지평고도를 측정하여 태양의 경도(황경)를 계산함.

'실제운행 도수'[실행]를 사용한 계산값이 다음과 같음.

ㄱ. 5월 21일 갑술일 진정(辰正)1각00분40초45미: 미궁(未宮)7도

ㄴ. 5월 22일 을해일 사초(巳初)1각14분57초27미: 미궁8도

ㄷ. 11월 27일 정축일 새벽 자정(子正)1각12분57초41미: 축궁(丑宮)7도

ㄹ. 11월 27일 정축일 밤 자초(子初)3각12분27초47미: 축궁8도

② 황도의 반원을 통과할 때 걸린 시간

ㄱ. '미궁7도 ↦ 축궁7도' 통과 시간

: 182일16시간12분16초56미 = 반년[반주세(半周歲)182일14시54분22초30미] + 1시간17분54초26미 ········ ⓐ

ㄴ. '미궁8도 ↦ 축궁8도' 통과 시간

: 182일14시간27분30초20미 = 반년[반주세] − 26분52초10미 ········ ⓑ

③ 위의 계산값을 가지고 원지점의 위치 구하기

[그림 8－1]에서,

ㄱ. 갑: 지구중심, 곧 종동천(宗動天)의 중심

원 을병정무: 황도. 종동천에 대응됨.[52)]

을: 하지

병: 추분

정: 동지

무: 춘분

'기' 점을 중심으로 그린 원 경신임계: 이심원[부동심천(不同心天)]

경: 원지점[최고]. 황도상의 '자'에 대응됨.

임: 근지점[최비]. 황도상의 '축'에 대응됨.

인, 묘: 중간거리점[중거(中距)]

황도상에서 원지점(자) 및 근지점(축)과 각각 90도 거리임.

---

52) 종동천(宗動天)은 지구에서 바라본 모든 천체가 투영되어 보이는 천구를 말한다. 황도는 태양이 지나는 길이 천구상에 투영되어 보이는 대원이므로 종동천의 중심이 곧 황도의 중심이 된다.

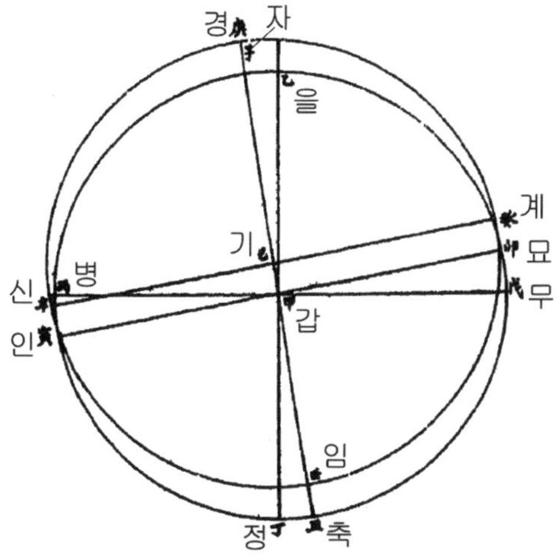

[그림 8-1] 태양 운행의 이심 모델 1

ㄴ. 두 중심 '기'와 '갑'을 통과하는 선 $\overline{\text{경축}}$

: 본천(本天)과 황도를 각기 반원[반주(半周)]으로 이등분[평분(平分)]함.

⇒ 반년[반주세(半周歲)] 182일14시간54분22초30미 동안

정확히 '천구의 절반[반주천(半周天)]' 180도(자 ↦ 축)를 운행함.

ㄷ. 하지 '을': 원지점[최고] 전에 있으므로 가차(加差)가 있어 시각이 이름[조(早)].

동지 '정': 근지점[최비] 전에 있으므로 감차(減差)가 있어 시각이 더딤[지(遲)].

⇒ '하지 ↦ 동지' 시간: 반년[반주세]보다 큼.

ㄹ. 추분 '병': 원지점[최고] 후에 있으므로 감차(減差)가 있어 시각이 더딤[지(遲)].

춘분 '무': 근지점[최비] 후에 있으므로 가차(加差)가 있어 시각이 이름[조(早)].

⇒ '추분 ↦ 춘분' 시간: 반년[반주세]보다 작음.

ㅁ. 지금 실측값을 보면,

'미궁7도 ↦ 축궁7도' 통과 시간: 반년[반주세]보다 큼.

'미궁8도 ↦ 축궁8도' 통과 시간: 반년[반주세]보다 작음.

ㅂ. 따라서 미궁7도는 [그림 8－2]의 '진'과 같이 원지점 전에 있고,
미궁8도는 그림의 '사'와 같이 원지점 후에 있음.
축궁7도는 그림의 '오'와 같이 근지점 전에 있고,
축궁8도는 그림의 '미'와 같이 근지점 후에 있음.

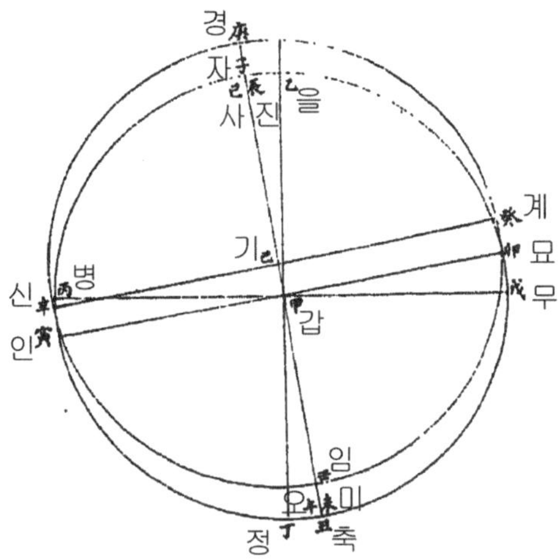

[그림 8-2] 태양 운행의 이심 모델 2

ㅅ. {('미궁7도 ↦ 축궁7도' 통과 시간)－반년[반주세]}
＋{반년[반주세]－'미궁8도 ↦ 축궁8도' 통과 시간}
＝1시간17분54초26미＋26분52초10미＝1시간44분46초36미 ………ⓒ

ㅇ. 다음의 비례식을 통해 '진 ↦ 자' 또는 '오 ↦ 축'의 도수를 구함.
1시간44분46초36미(ⓒ) : ('진 ↦ 사' 또는 '오 ↦ 미' 1도)
＝1시간17분54초26미(ⓐ－반년[반주세]) : ('진 ↦ 자' 또는 '오 ↦ 축'의 도수)
('진 ↦ 자' 또는 '오 ↦ 축'의 도수)＝44분36초48미 ………………………ⓓ

ㅈ. 44분36초48미(ⓓ)＋('을 ↦ 진' 또는 '정 ↦ 오' 7도)
＝('을 ↦ 자' 또는 '정 ↦ 축' 7도44분36초48미) ………………………ⓔ
⇒ 하지점 이후 원지점까지 도수

=동지점 이후 근지점까지 도수

=춘·추분점 이후 중간거리점[중거(中距)]까지 도수

▾ 병인=묘무=을자

④ 위에서 구한 근지점 위치와 〈영년표 태양연근표(太陽年根表)〉의 수치 비교

ㄱ. 〈영년표〉의 정유년(1717) 전 동지 때 근지점 위치와의 차

=7도44분36초48미(ⓔ)−7도43분49초(〈영년표〉 정유년)≈47초

ㄴ. 〈영년표〉의 무술년(1718) 전 동지 때 근지점 위치와의 차

=7도44분50초48미(〈영년표〉 무술년)−7도44분36초48미(ⓔ)≈15초

▾ 원지점의 운행 속도=61초/년

ㄷ. 위에서 구한 추분 이후 중간거리점[중거]까지 도수 7도44분36초48미(ⓔ)

=(정유년 전 동지부터 근지점까지 도수 7도43분49초)

+47초(원지점의 1년 운행 도수의 $\frac{3}{4}$)

=(무술년 전 동지부터 근지점까지 도수 7도44분50초48미)

−15초(원지점의 1년 운행 도수의 $\frac{1}{4}$)

⇒ **관측치와 〈영년표〉의 값이 일치함.**

⑤ 양심차 구하기

ㄱ. 비례식 계산 결과

⇒ 이해(정유년) 5월22일 을해일 인초(寅初)초각1분37초45미[53]에 원지점을 통과함.

ㄴ. 원지점 통과 일시+91일7시간27분11초15미(1년[주세]의 1/4)

=추분 후 병오일 사정(巳正)1각13분49초 ⇒ 중간거리점[중거] 통과 일시

---

53) 원지점에서 태양의 1일 평균 운행도수 57분03초24.79초, '진 ↦ 자'의 도수 44분36초48미, 1일=24시간을 가지고 다음과 같은 비례식을 통해 '진 ↦ 자'의 경과 시간을 구한 후,

57분03초24.79초 : 44분36초48미=24시간 : ('진 ↦ 자' 경과 시간)

'진 ↦ 자' 경과 시간=18시간45분57초=18시간3각00분57초

태양이 '진'에 있을 때의 시각 진정(辰正)1각00분40초45미에 이를 더하면 다음이 나온다.

태양이 '자'에 있을 때의 시각=진정(辰正)1각00분40초45미+18시간3각00분57초

=인초(寅初)초각1분37초45미

ㄷ. [그림 8－3]에서, 황도상의 원지점 '자'로부터 90도를 운행하면, '인'(진궁(辰宮)7도44분36초48미)에 다다름.

ㄹ. 본천상의 원지점 '경'으로부터 90도를 운행하면, '신(辛)'에 다다름 ⇒황도상의 '신(申)'에 대응됨.

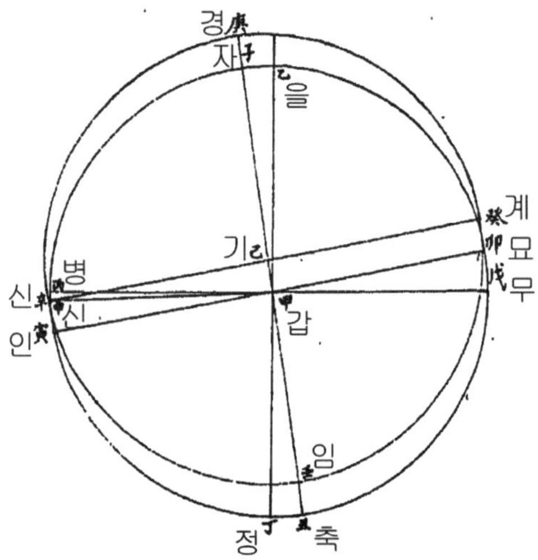

[그림 8-3] 태양 운행의 이심 모델 3

ㅁ. 실측값[54]을 가지고 계산한 경도는 진궁(辰宮)5도41분27초08미 ⇒ 황도상의 '신(申)'

: 중간거리점[중거][55-1]에 2도03분09초40미 만큼 못 미침.

⇒ 신인(申寅)=∠신갑인(辛甲寅)=∠갑신기(甲辛己)

ㅂ. tan(∠갑신기(甲辛己))=358416=기갑

⇒ **양심차(=본륜반경): 역서(曆書)의 기록과 일치함.**

54) 원지점 통과 후 91일7시간27분11초15미(1년[주세]의 1/4)가 지난 추분 후 병오일 사정(巳正)1각13분49초에, 본천상에서는 태양이 등속운행하므로 원지점으로부터 정확히 ∠경기신(庚己辛)=90도만큼 진행한 '신(辛)'의 위치에 있지만, 황도상에서는 원지점으로부터 ∠자갑신(子甲申)만큼만 진행한 '신(申)'의 위치에 있게 된다. 원지점 통과 시각인 5월 22일 을해일 인초(寅初)초각1분37초45미와 추분 후 병오일 사정(巳正)1각13분49초에 태양의 위치차인 ∠자갑신(子甲申)을 실측한 것이다.

55-1) 중간거리점[중거]: 태양본천의 중심에서 볼 때 원지점으로부터 90도인 지점을 뜻하는 것이 일반적이지만, 여기서는 황도 중심에서 볼 때 원지점으로부터 90도인 지점을 말한다.

(2) 춘분, 추분, 입하의 실측값을 사용하여 양심차와 원지점 위치 구하기

① 강희 56년(1717) 정유년 창춘원에서 측정한 절기시각

ㄱ. 춘분시각: 2월 8일 계사일 해초(亥初)2각6분47초

ㄴ. 입하시각: 3월 24일 기묘일 해정(亥正)2각1분36초

ㄷ. 추분시각: 8월 19일 경자일 신초(申初)2각4분03초

② 평균운행[평행] 도수

ㄱ. '춘분 ↦ 입하'의 시간=46일3각9분49초

'춘분 ↦ 입하'의 평균운행 도수

=46일3각9분49초×59분08초20미/일=45도22분38초16미 ⋯⋯⋯⋯ⓐ

ㄴ. '춘분 ↦ 추분'의 시간=186일71각12분16초

'춘분 ↦ 추분'의 평균운행 도수

=186일71각12분16초×59분08초20미/일=184도04분03초58미 ⋯⋯ⓑ

③ 위의 계산 값을 가지고 원지점의 위치 구하기

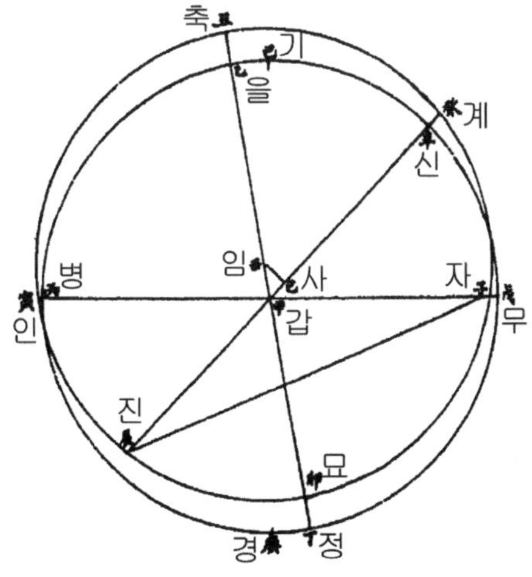

[그림 8-4] 태양 운행의 이심 모델 4

[그림 8－4]에서,

ㄱ. 갑: 지구중심

원 을병정무: 황도

무: 춘분

기: 하지

병: 추분

경: 동지

신(辛): 입하

무신＝45도

'임'을 중심으로 그린 원 자축인묘: 이심원[부동심천(不同心天)]

ㄴ. 춘분 때 태양의 위치: '자' ⇒실제 도수는 '무'의 위치

입하 때 태양의 위치: '계' ⇒실제 도수는 '신(辛)'의 위치

자계＝45도22분38초16미(ⓐ) ⇒'춘분 ↦ 입하'의 평균운행[평행] 도수

ㄷ. 추분 때 태양의 위치: '인' ⇒실제 도수는 '병'의 위치

자계축인＝184도04분03초58미(ⓑ) ⇒'춘분 ↦ 추분'의 평균운행[평행] 도수

ㄹ. 두 중심 '임'와 '갑'을 통과하는 선 축정을 그리면,

축: 원지점[최고(最高)]. 황도의 '을'에 대응됨.

묘: 근지점[최비(最卑)]. 황도의 '정'에 대응됨.

반경 축임＝1천만일 때 임갑은 축임의 몇 분인가? ⇒ 양심차 구하기

∠신갑을은 몇 도인가? ⇒원지점이 입하로부터 떨어진 거리 구하기

ㅁ. '천구의 둘레[전주(全周)]'－184도04분03초58미(ⓑ)

＝175도55분56초02미＝인진묘자

△갑진자에서 ∠자갑진의 외각인 ∠자갑신＝45도＝신무 이므로

∠자갑진＝135도

∠진＝자계÷2＝22도41분19초08미

∠자＝22도18분40초52미

$\overset{\frown}{\text{인진}}$ = ∠자×2=44도37분21초44미

$\overset{\frown}{\text{자묘진}}$ = $\overset{\frown}{\text{인진묘자}}$ − $\overset{\frown}{\text{인진}}$ = 131도18분34초18미

Crd$\overset{\frown}{\text{자묘진}}$[55-2] = 18221562 = $\overline{\text{자진}}$

삼각형의 변과 각을 서로 구하는 계산법에 따라 $\overline{\text{갑진}}$을 구하면[56)]

$\overline{\text{갑진}}$ = 9782998

ㅂ. $\overset{\frown}{\text{계자묘진}}$ = $\overset{\frown}{\text{자계}}$ + $\overset{\frown}{\text{자묘진}}$ = 176도41분12초34미

cos($\overset{\frown}{\text{계자묘진}}$ ÷ 2) = cos(88도20분36초17미) = 289089 = $\overline{\text{임사}}$[57)]

sin($\overset{\frown}{\text{계자묘진}}$ ÷ 2) = sin(88도20분36초17미) = 9995820 = $\overline{\text{진사}}$

$\overline{\text{사갑}}$ = $\overline{\text{진사}}$ − $\overline{\text{갑진}}$ = 212822

ㅅ. △임사갑에서,

현 $\overline{\text{임갑}}$ = 358977[58)] ⇒ 양심차. **역서(曆書)의 값보다 $\frac{561}{10000000}$ 만큼 큼.**

ㅇ. 삼각형의 변과 각을 서로 구하는 계산법에 따라 ∠갑을 구하면,[59)]

∠갑=53도38분25초55미 ⇒ 원지점 '을'이 입하점 '신'에서 떨어진 도수

∠갑−('입하 ↦ 하지' 도수)=53도38분25초55미−45도

=8도38분25초55미

: 〈영년표〉의 값보다 54분36초55미 만큼 큼.

55-2) Crd는 통현(通弦: chord)을 나타내는 기호이다. [보충자료 16] 참조.

56) △갑진자에서 ∠갑=135도, ∠자=22도18분40초52미, $\overline{\text{자진}}$ = 18221562이므로 다음의 비례식을 통통해 $\overline{\text{갑진}}$을 구한다. sin(∠갑=135도) : sin(∠자=22도18분40초52미) = ($\overline{\text{자진}}$ = 18221562) : $\overline{\text{갑진}}$

57) '임'을 중심을 한 이심원[부동심천] 자축인묘에서 $\overset{\frown}{\text{계자묘진}}$은 중심각 ∠계임진에 해당하기 때문이다. 아래의 비례식도 마찬가지이다.

58) $\overline{\text{임갑}} = \sqrt{\overline{\text{임사}}^2 + \overline{\text{사갑}}^2}$ 으로 구한 값이다.

59) △임사갑에서 $\overline{\text{임갑}}$ = 358977, $\overline{\text{임사}}$ = 289089, ∠사=90도이므로 다음의 비례식을 통해 ∠갑을 구한다. ($\overline{\text{임갑}}$ 358977) : ($\overline{\text{임사}}$ 289089) = sin(∠사=90도) : sin(∠갑)

보충자료 15 춘분, 추분, 입하의 실측값을 사용한 양심차, 원지점 위치 계산 흐름 및 2020년의 양심차와 원지점 위치 계산

[표 5] 이심 모델을 이용한 양심차, '동지 ↦ 근지점' 사잇각 구하기

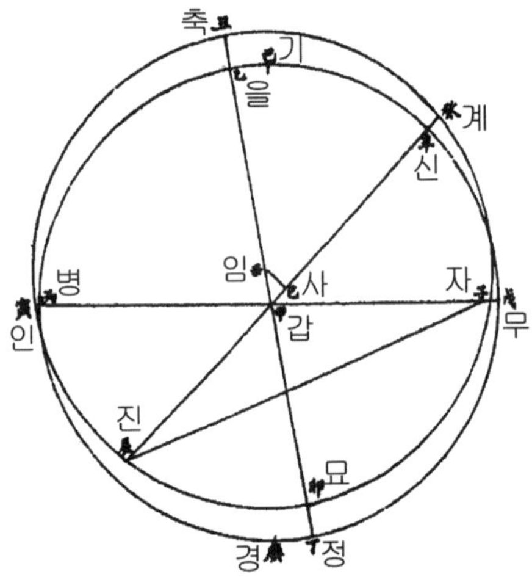

강희56년(1717) 정유년			계산식	2020년
1일 평균운행도수	59분08초20미	0.985648	n	0.985648
'춘분 – 입하' 시간	46일3각9분49초	46.03807	a	45.87569
'춘분 – 추분' 시간	186일71각12분16초	186.7481	b	186.4035
호 '자계'	45도22분38초16미	45.3773	x = an	45.21729
호 '자계축인'	184도4분3초58미	184.0678	y = bn	183.7282
호 '인진묘자'	175도55분56초2미	175.9322	360 – y	176.2718
각 '자갑신'	45도	45		45
각 '자갑진'	135도	135		135
각 '진'	22도41분19초8미	22.68865	x/2	22.60865
각 '자'	22도18분40초52미	22.31135	45 – x/2	22.39135
호 '인진'	44도37분21초44미	44.6227	2(45 – x/2) = 90 – x	44.78271
호 '자묘진'	131도18분34초18미	131.3095	z = 360 – y – 2(45 – x/2) = 270 – y + x	131.4891
선 '자진'	1.822156188		ξ = 2sin(z/2)	1.823446
선 '갑진'	0.978299759		η = ξ sin((45 – x/2))/sin(135)	0.982322

호 '계자묘진'	176도41분12초34미	176.6868	$x+z=270-y+2x$	176.7063
선 '임사'	0.028908886		$\alpha=\cos((x+z)/2)$	0.028739
선 '진사'	0.999582051		$\beta=\sin((x+z)/2)$	0.999587
선 '사갑'	0.021282292		$\gamma=\beta-\eta$	0.017265
선 '임갑'	0.035897906		$E=\mathrm{sqrt}(\alpha^2+\gamma^2)$	0.033526
각 '갑'	53도38분24초11.38미	53.64005	$\tan^{-1}(\alpha/\gamma)$	59.00455
동지↦근지점 사잇각	8도38분24초11.38미	8.640053	$\varphi=\tan^{-1}(\alpha/\gamma)-45$	14.00455

1. 이심 모델을 이용하여 양심차와 '동지↦근지점' 사이의 각을 구하는 방법은 《숭정역서》 '일전역지'에도 기술하고 있다. 이 방법은 '춘분↦입하 시간'과 '춘분↦추분 시간' 자료를 알면 어느 해에나 적용가능하다. 2020년의 자료를 이용하여 양심차는 0.033526, '동지↦근지점' 사잇각은 14도를 얻었다. 양심차는 이심률의 두 배이기에 이심률은 0.016763이 나온다. 현재 지구궤도 이심률 0.0167086과 거의 동일하다. 또한 동지는 2019년 12월 22일 13시 19분인데 1월 5일 16시 48분이 지구가 근일점에 위치한 날이다. 두 시간 간격이 14.15일정도이다. 위의 계산에서 14도를 태양 1일 평균운행도수로 나누면 14.2일이 나오는데 실제 운행은 이보다 조금 빠르기에 우리는 거의 거의 비슷한 값을 얻었다고 생각된다.
2. 양심차를 프톨레마이오스는 4151, 《숭정역서》와 《역상고성》은 3584, 현재의 값은 대략 3352로 계산하여 사용하고 있다. 즉 지구의 이심률이 과거로부터 현재까지 줄고 있다. 이심률의 변화를 밀란코비치(Milankovitch) 변동으로 계산해 본 것이 [보충그림 15-1]이다. 과거 20,000년 전부터 서서히 이심률 값이 줄어들고 있었다.

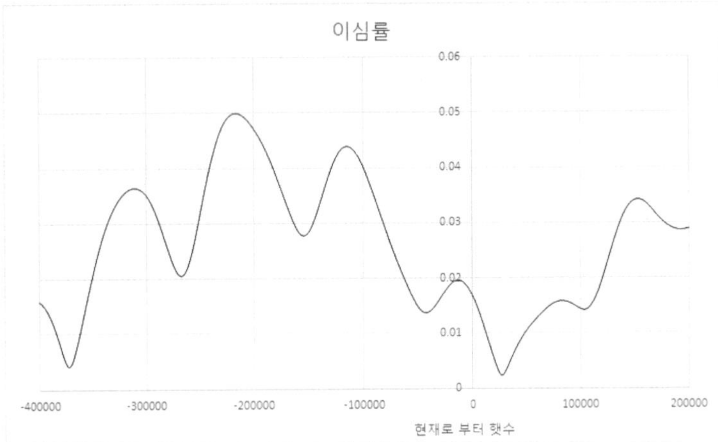

[보충그림 15-1] 지구 궤도 이심률의 밀란코비치(Milankovitch) 변동

④ 태양 운행 모델에 균륜을 추가하게 된 까닭

ㄱ. 지금(《역상고성》 당시)의 춘분, 추분, 입하는 모두 원지점, 근지점, 중간거리점에 있지 않음.

ㄴ. '근지점 ↦ 중간거리점'과 '중간거리점 ↦ 원지점'의 운행 도수가 서로 다름.[60)]

ㄷ. 실측 절기시각을 사용하여 계산한 양심차와 원지점의 위치가 역서의 값과 다름.

ㄹ. 본륜 반경(곧 양심차)의 일부를 균륜(均輪) 반경으로 설정하여 4구간의 상한(象限 90도 구간)에서 '운행하는 분수'[행분(行分)]를 '줄이거나 늘리면'[소식(消息)] 실측값과 맞게 됨.

⇒ 이것이 태양 운행 모델에 균륜을 추가하게 된 까닭임.

60) 황도상의 '근지점 ↦ 중간거리점', '중간거리점 ↦ 원지점' 구간을 운행하는 날짜수가 달라서 평균운행도수가 서로 다름을 말한다. 앞의 (2)항에서 황도상의 45도 구간인 '춘분 ↦ 입하' 구간과 황도상의 180도 구간인 '춘분 ↦ 추분' 구간에 대응하는 평균운행도수가 각각 45도22분38초16미와 184도04분03초58미였던 것을 미루어 생각할 수 있다.

보충자료 16 통현(通弦: chord)과 정현(正弦: sin)과의 관계

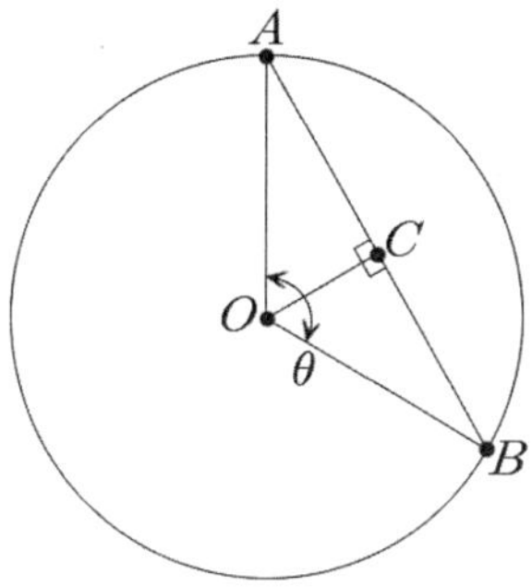

[보충그림 16-1] 통현과 정현

[보충그림 16－1]과 같이 반지름이 1이고 중심각 $\angle AOB=\theta$일 때 통현(通弦: chord)값은

$$\mathrm{Crd}\theta=\overline{AB}$$

로 정의되고, 이에 해당하는 정현(正弦: sin)은 $\sin\frac{\theta}{2}=\overline{AC}=\overline{BC}$이기에

$$\mathrm{Crd}\theta=2\sin\frac{\theta}{2}$$

이다.

보충자료 17 태양 운행 모델에 균륜(제2주전원)을 추가하게 된 까닭

[보충그림 17－1]과 같이 황도상의 '하지점-동지점' 축과 이심원상의 '원지점(A')-근지점(Π')' 축이 어긋나 있으면, 황도상의 '근지점(Π)$\mapsto$중간거리점(B)' 구간과 '중간거리점(B)$\mapsto$원지점(A)' 구간의 평균운행도수가 서로 다르다. 평균운행도수는 태양의 등속운행궤도인 이심원상의 호의 길이로 비교할 수 있는데, 두 구간을 비교하면 다음과 같기 때문이다.

황도상의 '근지점(Π)$\mapsto$중간거리점(B)' 구간 ⇒ 이심원상의 호 $\widehat{\Pi'B'}$

황도상의 '중간거리점(B)$\mapsto$원지점(A)' 구간 ⇒ 이심원상의 호 $\widehat{B'A'}$

$\widehat{\Pi'B'} < \widehat{B'A'}$

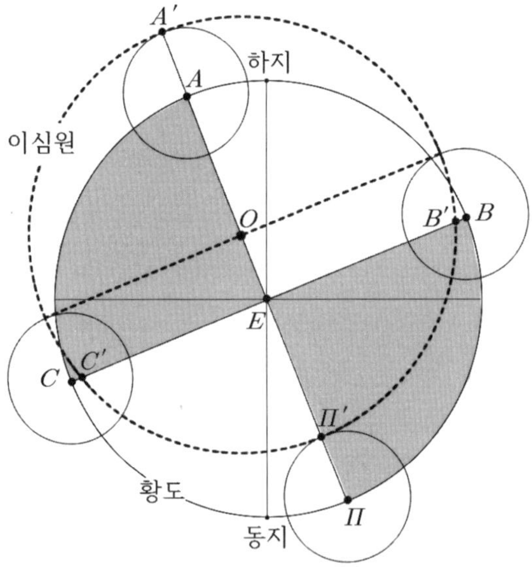

[보충그림 17-1] 태양 운행 모델에 균륜을 추가하게 된 까닭 1

이심원상의 호의 길이, 곧 태양의 평균운행도수를 구하기 위해서는 두 지점을 통과하는 시각을 실측해야 한다. 두 지점의 실측 시간 간격에 태양의 1일 평균운행도수를 곱하면 이심원상의 평균운행도수가 된다. 이렇게 구한 두 지점 사이의 평균운행도수를 가지고 기하학적 계산을 거쳐 양심차와 원지점의 위치를 계산한 것이 이 장 본문의 주요 내용이다.

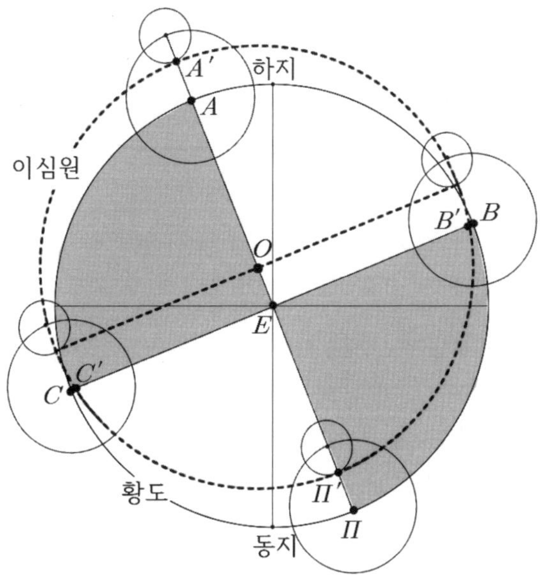

[보충그림 17-2] 태양 운행 모델에 균륜을 추가하게 된 까닭 2

그런데 정확한 실측 절기시각을 사용하여 계산한 양심차와 원지점의 위치가 정확한 역서와 어긋난다면 기하학적 모델을 수정할 필요가 있는데, 《역상고성》에서는 [보충그림 17-2]와 같이 균륜(均輪 제2주전원)을 추가함으로써 이심원상의 '근지점(Π') ↦ 원지점(A')' 구간이 황도상의 중간거리점(B)에 의해 분할되는 비율의 차를 줄였다.

'본륜 반경(곧 양심차)의 일부를 균륜 반경으로 설정했다'는 것은, 황도상의 원지점(A)과 이심원상의 원지점(A') 사이의 간격이 [보충그림 17-1]에서는 본륜 반경 전체였던 것이 [보충그림 17-2]에서는 본륜반경에서 균륜반경만큼 차감한 길이가 되었음을 말한다. 그 결과로 그림에서 음영의 유무로 구분한 황도상의 4구간의 상한(象限 90도 구간)에 해당하는 이심원의 호의 길이가 근지점 전후의 2구간에서는 약간 늘고 원지점 전후의 2구간에서는 약간 줄었다. 결국 황도상의 '근지점(Π) ↦ 중간거리점(B)' 구간을 지나는 날짜수는 늘고 황도상의 '중간거리점(B) ↦ 원지점(A)' 구간을 지나는 날짜수는 줄어드는데 그 변화의 크기는 균륜반경에 달려 있다. 균륜반경을 적절히 정하여 영축 운행을 실측값에 맞춘 것이 본륜에 균륜을 추가한 2개의 주전원 모델인 것이다.

제9장

원지점의 운행도수 및 본륜과 균륜의 반경 [최고행급본륜균륜반경(最高行及本輪均輪半徑)]

1) 태양 운행 모델에 균륜(均輪 Secondary epicycle)을 도입하게 된 배경

(1) 태양의 운행은 지구로부터 멀고[고(高)] 가까운[비(卑)] 거리 차가 있음으로 인해 빠르고[영(盈)] 느린[축(縮)] 속도 차가 발생함.

⇒ 원지점[최고(最高)]이 '가장 느린'[극축(極縮)] 위치임.

근지점[최비(最卑)]이 '가장 빠른'[극영(極盈)] 위치임.

이 두 점이 영축 계산의 기점이 됨.

(2) 원지점과 근지점은 동지점과 하지점에 고정되지 않고 운행분수[행분(行分)]가 있음

(3) '(원지점~지구)－(본천(本天 태양천) 반경)'과 '(본천 반경)－(근지점~지구)'가 양심차(兩心差) 전체가 아니라 그 절반에 해당함.[61]

2) 균륜을 도입한 태양 운행 모델의 구조

(1) 본천의 원주상에 본륜(本輪 epicycle)이 있고, 본륜의 원주상에 균륜이 있음.

(2) 본륜반경＝(양심차 358416)$\times\frac{3}{4}$＝268812

61) 대략적으로 말한 것이다. 제8장에서 다음과 같은 대소관계를 언급하였다.

{(원지점~지구)－(본천 반경)} < {(본천 반경)－(근지점~지구)}

(3) 균륜반경=(양심차 358416)×$\frac{1}{4}$=89604

⇒ 근지점의 위치와 영축 운행이 비로소 실측값과 맞음

3) 원지점과 근지점에 운행분수[행분(行分)]가 있는 까닭

(1) 본륜중심의 운행이 균륜 중심의 운행보다 약간 빠름.

⇒ 본륜중심이 본천을 따라 동쪽로 한 바퀴를 돌아오는 동안 균륜중심은 본륜을 따라 서쪽으로 한 바퀴를 채 다 돌지 못함.

⇒ 본륜중심과 균륜중심의 운행 속도 차가 곧 원지점의 운행분수[행분]가 됨.

(2) 원지점의 운행분수[행분]는 매우 작음.

⇒ 오래 누적되어야 드러남.

(3) 강희 〈영년표〉[62]의 원지점 위치 측정값

① 무오년(1678년): 하지 후 7도04분04초

② 정유년(1717년): 하지 후 7도43분49초

⇒ 매년 동쪽으로 1분1초10미씩 운행함.

⇒ 본륜중심이 균륜중심보다 매년 1분1초10미씩 빨리 운행함.

62) 강희 〈영년표〉는 강희제(康熙帝) 때 편찬된 《역상고성》 표 제1권의 〈태양연근표(太陽年根表)〉를 말한다. 다만, 〈태양연근표〉는 1684년 갑자년의 원지점 위치 7도10분11초10미부터 시작했으므로 1678년 무오년은 기록되지 않았다.

4) 균륜을 도입한 태양 운행 모델의 도해

(1) [그림 9－1][63]에서,

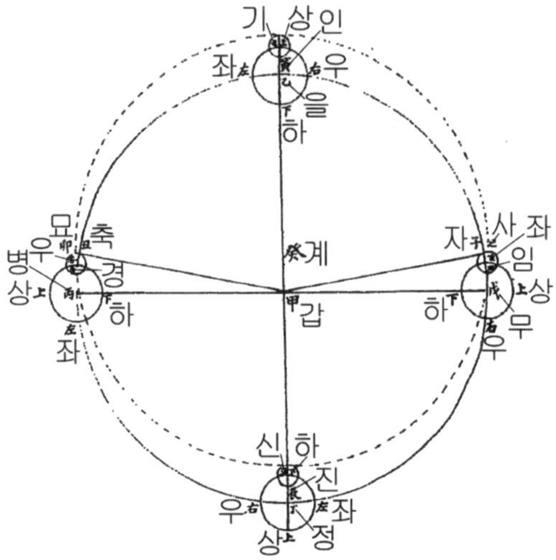

[그림 9-1] 태양 운행의 균륜(제2주전원) 모델 1

① 갑: 지구중심. 곧, 본천의 중심

을병정무: 본천

본천의 원주상에 본륜중심이 있고, 본륜의 원주상에 균륜 중심이 있음.

② 각 요소의 운행방향과 속도

ㄱ. 본륜중심은 본천을 따라 '정→무→을→병→정'으로 동행(東行)함 ⇒ 경도(經度). '59분08초20미/일'의 속도로 평균운행[평행(平行)]함.

ㄴ. 균륜중심은 본륜을 따라 '하→좌→상→우→하'로 서행(西行)함 ⇒ 인수(引數). 운행속도가 본륜중심보다 조금 작은 '59분08초09미 남짓/일'

ㄷ. 태양은 균륜의 원주를 따라 '본륜중심에 가장 가까운 점[최근(最近)] → 가장 먼 점[최원(最遠)]→가장 가까운 점[최근]'으로 동행(東行)함. 운행속도는 균륜중심 속도의 2배.

63) 이 그림은 해설과 다르게 그려져 있다. 앞의 [보충그림 17－2]와 같이 이심원(점선으로 표현된 원)을 균륜(均輪)의 직경만큼 아래로 내려서 맨 윗점이 '인'을 통과하고 맨 아랫점이 '진(辰)'을 통과하도록 해야 해설과 부합한다. 이후의 그림들도 모두 마찬가지이다.

예) 균륜중심이 1도 운행할 때 태양은 균륜의 원주상에서 2도를 운행함.

③ 계갑: 양심차

ㄱ. 본륜반경= $\overline{\text{계갑}} \times \frac{3}{4}$

ㄴ. 균륜반경= $\overline{\text{계갑}} \times \frac{1}{4}$

④ 태양이 근지점[최비]에 있을 때,

ㄱ. 본륜중심은 본천의 '정'에 있고,

ㄴ. 균륜중심은 본륜의 '신'(본륜의 '하'점)에 있고,

ㄷ. 태양은 균륜의 '진'(본륜중심에 가장 가까운 점)에 있음.

ㄹ. 태양이 본륜중심과 균륜 중심 사이에 있어서,
지구중심 '갑'에서 보면 균륜중심, 태양, 본륜중심이 모두 일직선상에 놓임.
⇒ 평균운행[평행] 위치와 실제운행[실행] 위치의 차가 없음.

ㅁ. $\overline{\text{진정}}$ =양심차× $\frac{1}{2}$

ㅂ. $\overline{\text{진갑}}$ ='태양~지구' 거리

ㅅ. (본천의 반경 $\overline{\text{갑정}}$)− $\overline{\text{진갑}}$ = $\overline{\text{진정}}$ =양심차× $\frac{1}{2}$

⑤ 본륜중심이 '정'으로부터 90도를 운행하여 '무'에 이르면 중간거리점[중거]이 됨.

ㄱ. 균륜 중심은 본륜의 '하'점으로부터 90도를 운행하여 '임'(본륜의 '좌'점)에 이름.

ㄴ. 태양은 균륜상의 '가장 가까운' 점으로부터 180도를 운행하여 '사'(본륜중심에서 가장 먼 점)에 이름.

ㄷ. 지구중심에서 보면 태양은 본천의 '자'에 투영되어 보임.

ㄹ. $\widehat{\text{자무}}$ ='평균운행 위치보다 앞서나간 누적'[적영(積盈)] 도수= ∠자갑무

ㅁ. 양심차 $\overline{\text{계갑}}$ =tan(∠자갑무)= $\overline{\text{사무}}$ =(본륜반경)+(균륜반경)

⑥ 태양이 원지점[최고]에 있을 때,

ㄱ. 본륜중심은 본천의 '을'에 있고,

▼ '무'로부터 90도를 운행하여 '을'에 다다름.

ㄴ. 균륜 중심은 본륜의 '기'에 있고,

▼ 본륜의 '좌'점으로부터 90도를 운행하여 '상'점에 다다름.

ㄷ. 태양은 균륜의 '인'에 있음.

▼ 균륜의 '가장 먼' 점으로부터 180도를 운행하여 '가장 가까운' 점에 다다름.

ㄹ. 태양이 본륜중심과 균륜중심 사이에 있어서, 지구중심 '갑'에서 보면 본륜중심, 태양, 균륜중심이 모두 일직선상에 놓임.

⇒ 평균운행[평행] 위치와 실제운행[실행] 위치의 차가 없음.

▼ 중간거리점[중거]에서 누적되었던 '평균운행 위치보다 앞선'[(盈)] 도수가 여기에 이르면 모두 소진되어 평균운행의 위치와 같아짐.

ㅁ. $\overline{\text{인을}} = \text{양심차} \times \frac{1}{2}$

ㅂ. $\overline{\text{인갑}}$ ='태양~지구' 거리

ㅅ. $\overline{\text{인갑}} - (\text{본천의 반경 } \overline{\text{을갑}}) = \overline{\text{인을}} = \text{양심차} \times \frac{1}{2}$

⑦ 본륜중심이 '을'로부터 90도를 운행하여 '병'에 이르면 중간거리점[중거]이 됨.

ㄱ. 균륜중심은 본륜의 '상'점으로부터 90도를 운행하여 '경'(본륜의 '우'점)에 이름.

ㄴ. 태양은 균륜의 '가장 가까운' 점으로부터 180도를 운행하여 '묘'(본륜중심에서 가장 먼 점)에 이름.

ㄷ. 지구중심에서 보면 태양은 본천의 '축'에 투영되어 보임.

ㄹ. $\overset{\frown}{\text{축병}}$ ='평균운행[평행] 위치보다 뒤처진 누적'[적영(積盈)] 도수= ∠축갑병

ㅁ. 양심차 $\overline{\text{계갑}} = \tan(\angle\text{축갑병}) = \overline{\text{묘병}} = (\text{본륜반경}) + (\text{균륜반경})$

⑧ $\overset{\frown}{\text{자무}}$ ='평균운행[평행] 위치보다 앞선 누적'[적영(積盈)] 도수

▼ 근지점[최비]에서 원지점[최고]으로 향하는 반원에 있기 때문.

평균운행[평행] 위치 '무'가 뒤에, 실제운행[실행] 위치 '자'가 앞에 있음.

⇒ 자무는 가차(加差).

실제운행[실행] 위치=(평균운행[평행] 위치)+가차

▾ 근지점[최비]에서 원지점[최고]으로 향하는 반원상의 모든 점에서는 평균운행[평행] 위치가 뒤에, 실제운행[실행] 위치가 앞에 있음. 따라서 모두 가차.

⑨ 축병='평균운행[평행] 위치보다 뒤처진 누적'[적축(積縮)] 도수

▾ 원지점[최고]에서 근지점[최비]으로 향하는 반원에 있기 때문.

평균운행[평행] 위치 '병'이 앞에, 실제운행[실행] 위치 '축'이 뒤에 있음.

⇒ 축병은 감차(減差).

실제운행[실행] 위치=(평균운행[평행] 위치)−감차

▾ 원지점[최고]에서 근지점[최비]으로 향하는 반원상의 모든 점에서는 평균운행[평행] 위치가 앞에, 실제운행[실행] 위치가 뒤에 있음. 따라서 모두 감차.

⑩ 본륜중심이 다시 '병'으로부터 90도를 운행하여 '정'에 이르면,

ㄱ. 균륜중심이 다시 '신(辛)'에 이르고,

ㄴ. 태양이 다시 '진'에 이르러서,

ㄷ. '평균운행[평행] 위치보다 뒤처진 누적'[적축(積縮)] 도수가 모두 메꿔짐.

⇒ 평균운행[평행] 위치와 실제운행[실행] 위치가 다시 일직선상에 놓임.

⑪ 본륜중심과 균륜중심의 매일 운행도수[행도(行度)]가 완전히 같다면, 원지점·근지점이 반드시 항상 하지점·동지점의 위치와 일치할 것.

▾ 지금(《역상고성》 당시)의 원지점 위치에서 위로 거슬러 올라가 계산하면, 원 세조(元世祖) 지원(至元) 1년(1264)에는 원지점·근지점이 하지점·동지점의 위치와 정확히 일치함.

그 이전에는 원지점·근지점이 하지점·동지점에 못 미친 지점에 있었음.

ㄱ. 두 중심의 운행도수가 매년 1분 남짓 차이가 남.

ㄴ. 오래 누적된 결과 지금(《역상고성》 당시)은 7도40분 남짓 차이가 남.

⇒ 원지점이 하지점 뒤 7도40여분에 있음.

⑫ [그림 9−2]와 같이,

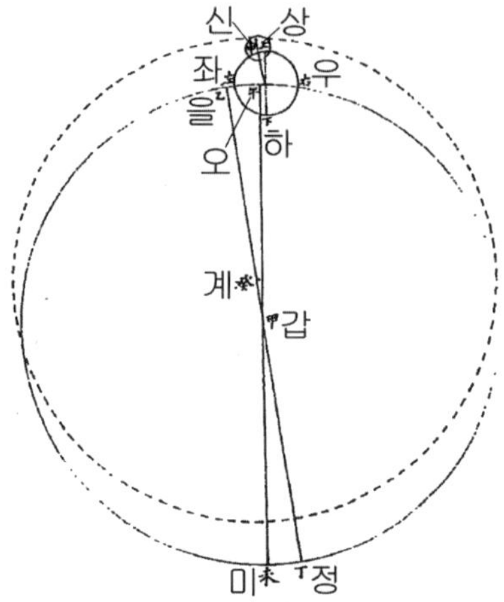

[그림 9-2] 태양 운행의 균륜(제2주전원) 모델 2

미: 동지

오: 하지

본륜중심이 동지(미)로부터 179도 남짓 운행하여 '오'에 다다르려 할 때,

ㄱ. 균륜중심은 겨우 본륜의 '신'까지 가서, '상'점에 7도 남짓 못 미치고,

▾ 균륜중심의 운행이 매년 본륜중심의 운행보다 1분 남짓 모자람.
이 부족분의 누적이 지금(《역상고성》 당시) 7도 남짓에 이름.

ㄴ. 태양도 균륜의 '가장 가까운' 점의 동쪽 14도 남짓에 있음.

ㄷ. 지구중심(갑)에서 보면 태양이 이미 본천의 '오'(하지)에 다다름.

⑬ [그림 9−3]과 같이,

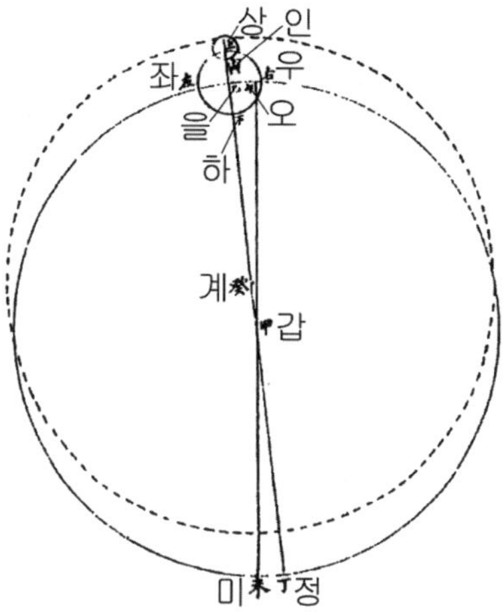

[그림 9-3] 태양 운행의 균륜(제2주전원) 모델 3

균륜중심이 본륜의 '상'점에 다다를 때,

ㄱ. 본륜중심은 다시 7도남짓 운행하여 '을'에 이름.

ㄴ. 두 중심이 비로소 지구중심과 일직선상에 놓이고,

ㄷ. 태양도 '인'점에 이르러 두 중심 사이에 놓여서,

ㄹ. '태양~지구중심' 거리가 가장 멀어짐 ⇒ 원지점[최고]

ㅁ. '태양의 궤도상 위치'[일전(日躔)]로 헤아리면 '을(원지점)'이 하지 후 7도 남짓에 있음.

⑭ 근지점[최비]이 동지 후에 있는 것도 이와 원리가 같음.

⇒ 본륜중심과 균륜중심의 운행도수의 차가 곧 원지점·근지점의 운행분수 [행분].

보충자료 18 균륜 모델

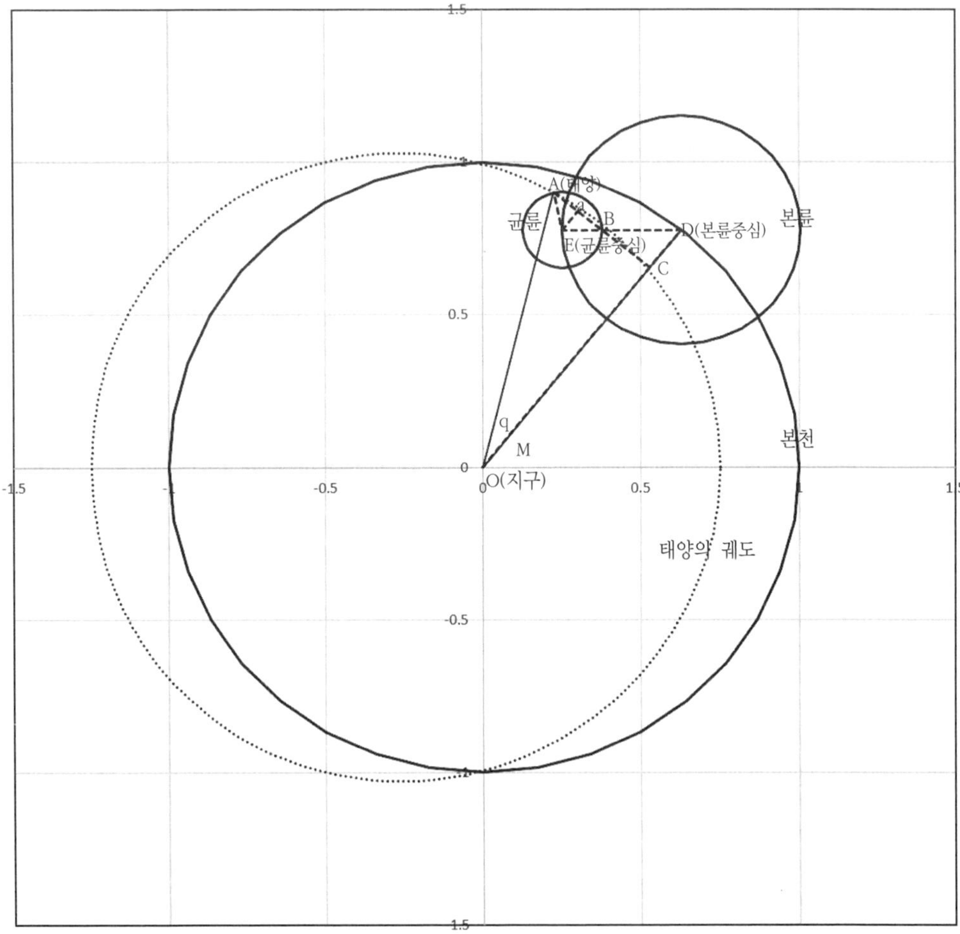

[보충그림 18-1] 균륜 모델

앞의 [그림 9−1]에서 지구가 위치한 '갑'을 중심으로 본륜중심의 궤도 반경을 1이라 할 때에 x축을 '갑'에서 근지점 방향으로 놓으면 [보충그림 18−1]과 같다. 그러면

$$\text{본천상의 본륜 중심 D: } (\cos M, \sin M) \tag{1-1}$$

$$\text{본륜상의 균륜 중심 E: } \left(-\frac{3}{4}E, 0\right) \tag{1-2}$$

$$\text{균륜상의 태양 A: } \left(\frac{1}{4}E\cos 2M, \frac{1}{4}E\sin 2M\right) \tag{1-3}$$

이 된다. 따라서 태양의 위치 A$=(x, y)$는

$$x = \cos M - \frac{3}{4}E + \frac{1}{4}E\cos(2M) \tag{2-1}$$

$$y = \sin M + \frac{1}{4}E\sin(2M) \tag{2-2}$$

가 된다. 따라서 지구-태양 간 거리 r은 $r^2 = x^2 + y^2$에서

$$r = \sqrt{1 - E\cos M + \frac{1}{4}E^2 + \frac{3}{4}E^2\sin^2 M} \tag{3}$$

이 된다. 또한 $\angle BDC = M$, $\overline{BD} = \frac{1}{2}E$, $\overline{AC} = r\sin q = 2\,\overline{BC} = 2\,\overline{BD}\sin M = E\sin M$이기에, 가감차 q는

$$\sin q = \frac{E\sin M}{\sqrt{1 - E\cos M + \frac{1}{4}E^2 + \frac{3}{4}E^2\sin^2 M}} \tag{4}$$

가 된다.

뒤의 〈제10장 영축차 구하기[구영축차(求盈縮差)]〉에서는 $\overline{AB} = \overline{BC}$[64], $\overline{BD} = \frac{1}{2}E$[65], $\overline{CD} = \frac{1}{2}E\cos M$, $\overline{AC} = \overline{OC}\tan q = E\sin M$, $\overline{OC} = \overline{OD} - \overline{CD} = 1 - \frac{1}{2}E\cos M$을 이용하여

---

64) 균륜의 중심을 E라 하고, E에서 $\overline{AC}$에 수선을 내려 만나는 점을 a라 하자. $\triangle BaE$와 $\triangle AaE$는 합동이기에 $\overline{AC}$와 $\overline{ED}$의 교점인 B는 반드시 균륜의 원주상이 있다. $\overline{BD}$는 x축에 평행이기에 $\angle EDO = M$이다. 그런데 $\angle AEB = 2M$이기에 $\angle aEB = M$ 이다. 따라서 $\overline{Ea}$와 $\overline{CD}$는 서로 평행하다. 따라서 $\triangle BaE$는 $\triangle BCD$와 닮았다. 그런데 $\overline{BE} : \overline{BD} = \frac{1}{4}E : \frac{1}{2}E$이다. 왜냐하면 본륜의 반경인 $\overline{DE} = \frac{3}{4}E$이기 때문이다. 따라서 $\angle BDC = M$이기에 $\overline{BC} = \frac{1}{2}E\sin M$이고, $\overline{Aa} = \overline{Ba} = \overline{BE}\,sin M = \frac{1}{4}E\sin M$이다. 따라서 $\overline{AB} = 2\overline{Ba} = \overline{BC}$가 된다.

65) 본륜의 반경은 $\overline{DE} = \frac{3}{4}E$이고, 균륜의 반경은 $\overline{BE} = \frac{1}{4}E$이기에 $\overline{BD} = \frac{1}{2}E$가 된다.

$$\tan q = \frac{E\sin M}{1-\frac{1}{2}E\cos M} \tag{5}$$

의 관계를 구한다.

이 모델은 코페르니쿠스 모델과 동일하다.[66] $E \ll 1$, $q \ll 1$이기에 $\sin q$식과 $\tan q$식을 모두 어림하여도

$$q \simeq E\sin M + \frac{1}{4}E^2\sin 2M \tag{6}$$

가 된다.

평행심(Equant) 모델[67]에서는 거리와 가감차가

$$r = \sqrt{1-E\cos M\sqrt{1-\frac{1}{4}E^2\sin^2 M} + \frac{1}{4}E^2 + \frac{1}{2}E^2\sin^2 M} \tag{7}$$

$$\sin q = \frac{E\sin M}{\sqrt{1-E\cos M\sqrt{1-\frac{1}{4}E^2\sin^2 M} + \frac{1}{4}E^2 + \frac{1}{2}E^2\sin^2 M}} \tag{8}$$

이다. $E \ll 1, q \ll 1$이기에

$$q \simeq E\sin M + \frac{1}{4}E^2\sin 2M \tag{9}$$

이 된다. E값이 매우 작기에 어림한 가감차 값은 두 모델에서 동일하다.

[보충그림 18-2]는 두 모델간의 차이인 $\Delta r = r(\text{균륜}) - r(\text{평행심})$, $\Delta q(\text{도}) = q(\text{균륜}) - q(\text{평행심})$를 그려 본 것이다. 태양과 지구 사이의 거리는 균륜 모델이 평행심(Equant) 모델보다 조금 더 크게 계산된다. 가감차는 근지점에서 원지점으로는 조금 작게, 원지점에서 근지점으로는 조금 크게 계산 된다.

66) 강민정 외 4인, 《숭정역서에 기술된 태양의 운동》, 교육과학사, 2020, 158~159쪽 참조.
67) 강민정 외 4인, 《숭정역서에 기술된 태양의 운동》, 교육과학사, 2020, 156~157쪽 참조.

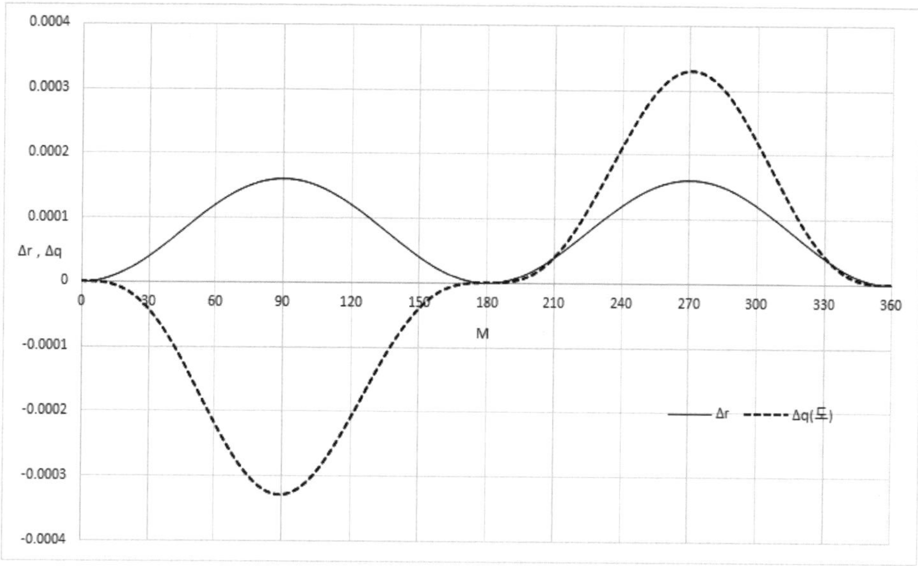

[보충그림 18-2] $\triangle r = r$(균륜) $- r$(평행심),
$\triangle q$(도) $= q$(균륜) $- q$(평행심)를 나타낸다.

제10장

영축차 구하기 [구영축차(求盈縮差)]

1) 영축차(태양이 '지구를 중심으로 등속 원운동'하지 않음으로 인한 가감차)는 곧 지금(《역상고성》 당시) 사용하는 균수(均數)임.

(1) 근지점[최비]부터 원지점[최고]까지 6궁: 영력(盈曆), 가차(加差)
원지점부터 근지점까지 6궁: 축력(縮曆), 감차(減差)

(2) 근지점 이전의 3궁은 근지점 이후의 3궁에 대응되고, 원지점 이전의 3궁은 원지점 이후의 3궁에 대응되어 그 차(差 가감차)의 값이 서로 같음.
⇒ 근지점 이후 6궁의 차(差 가감차)만 구하면, 원지점 이후 6궁의 차(差 가감차)는 여기에서 가차이냐 감차이냐만 다를 뿐임.
▾ 예를 들어 근지점 이전 30도는 근지점 이후 30도와 그 차(差 가감차)가 반드시 같음.
다만, 근지점 이전은 감차가 되고, 근지점 이후는 가차가 됨.

(3) 《수시력(授時曆)》의 최대 영축차는 2도4014.
'원의 중심각 360도, 1도=60분'의 도분초 단위로 바꾸면, 2도22분.[68)]

(4) 지금(《역상고성》 당시) 계산한 최대 영축차는 2도03분11초.
'1도=100분=10000초'의 도분초 단위로 바꾸면, 2도05분31초

68) 《수시력(授時曆)》의 최대 영축차 2도4014는 원의 중심각을 365.2575도로 잡았을 때의 각도이므로 다음과 같이 계산하면 원의 중심각을 360도로 잡을 때의 각도 2도22분이 나온다.
2.4014도×360도÷365.2575도=2도22분

2) 영축차의 도해

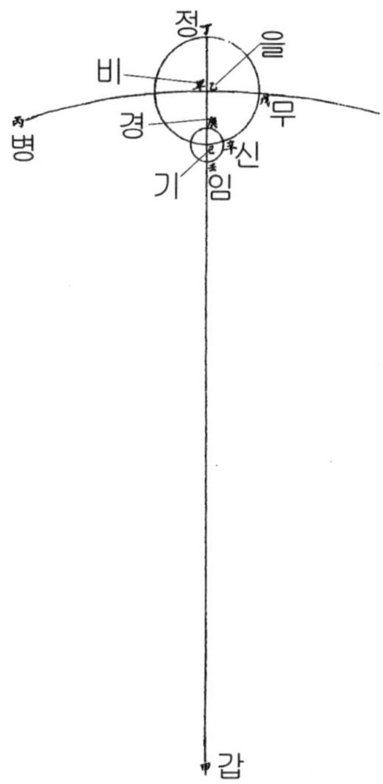

[그림 10-1] 영축차(근지점)

(1) [그림 10−1]에서,

① 갑: 지구중심. 곧, 본천의 중심

을병: 본천의 호

을갑: 본천의 반경=1천만

정무기: 본륜

정을: 본륜의 반경=268,812

정: 본륜의 윗점 (▼위는 지구중심에서 먼 쪽)

기: 본륜의 아랫점(▼아래는 지구중심과 가까운 쪽)

경신임: 균륜

경기: 균륜의 반경=89,604

경: 본륜중심에 가장 가까운 균륜상의 점

임: 본륜중심에서 가장 먼 균륜상의 점

(▼멀고 가까움은 본륜중심과의 거리를 가지고 말함)

② 만약 본륜중심 '을'이 본천의 근지점[최비]에 있다면,

ㄱ. 균륜 중심은 본륜의 아랫점 '기'에 있고,

ㄴ. 태양은 균륜의 가까운 점 '경'에 있음.

ㄷ. 이곳이 초궁초도(0궁0도)임.

ㄹ. 지구중심(갑)에서 보면

태양이 균륜중심과 본륜중심 사이에 있어 일직선을 이룸.

⇒ 평균운행[평행] 위치와 실제운행[실행] 위치의 차가 없으므로 균수(均數)가 0.

③ [그림 10−2]와 같이 만약 본륜중심 '을'이 본천의 원지점[최고]에 있다면,

ㄱ. 균륜중심은 본륜의 윗점 '정'에 있고,

ㄴ. 태양은 균륜의 가까운 점 '경'에 있음.

ㄷ. 이곳이 6궁초도(6궁0도)임.

ㄹ. 지구중심(갑)에서 보면 태양이 본륜중심과 균륜중심 사이에 있어 일직선을 이룸.

⇒ 평균운행[평행] 위치와 실제운행[실행] 위치의 차가 없으므로 균수(均數)가 0.

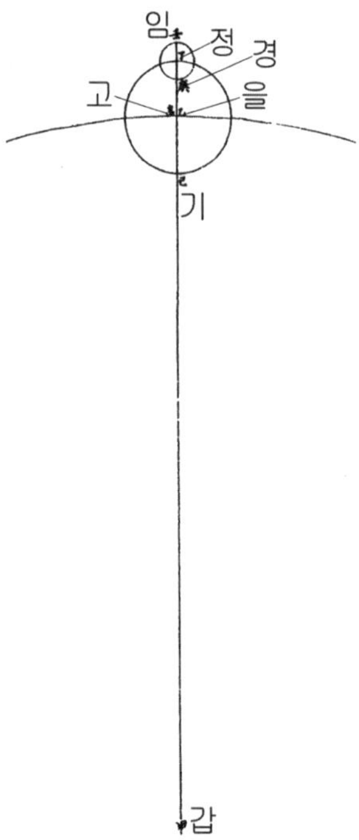

[그림 10-2] 영축차(원지점)

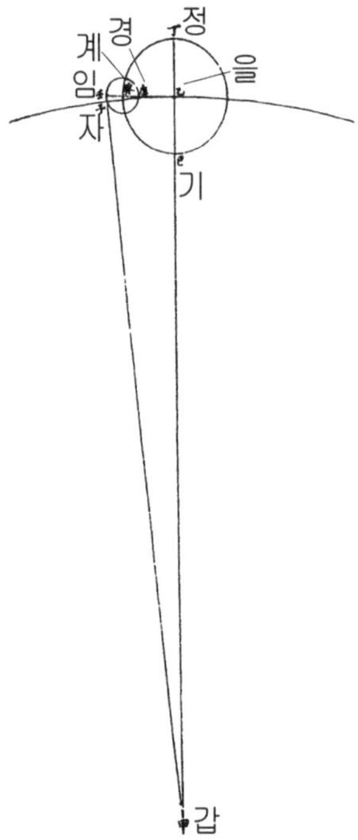

[그림 10-3] 영축차(중간거리점1)

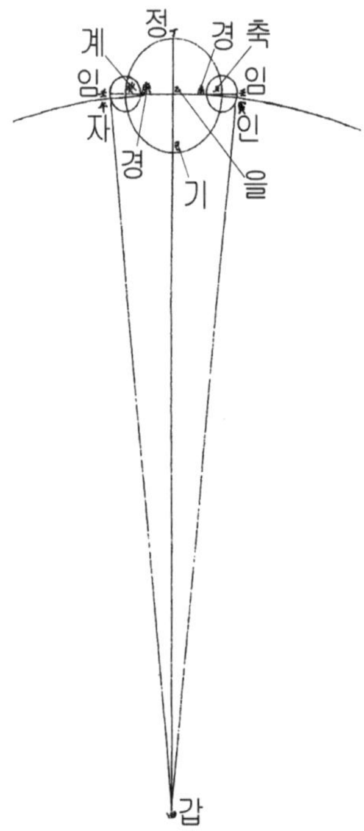

[그림 10-4] 영축차(중간거리점2)

④ [그림 10－3]과 같이

만약 본륜중심 '을'이 근지점[최비] 후 1상한(90도) 지점에 있다면,

ㄱ. 이곳이 3궁초도(3궁0도)임

ㄴ. 균륜중심은 본륜의 아랫점 '기'로부터 1상한(90도)을 운행하여 '계'에 도달하고,

ㄷ. 태양은 균륜의 가까운 점 '경'에서 반 바퀴(180도)를 운행하여 먼 점 '임'에 도달함.

ㄹ. 지구중심(갑)에서 보면 태양은 본천의 '자'에 투영됨.

ㅁ. $\overset{\frown}{\text{을자}}$: 실제운행[실행] 위치가 평균운행[평행] 위치보다 앞선 도수.

ㅂ. 직각삼각형 '을갑임'에서,

∠을=직각

$\overline{\text{을임}}$ =균륜반경+본륜반경=358416

$\overline{\text{을갑}}$ =본천의 반경=1천만

$\overset{\frown}{\text{을자}}$ =∠갑

$\overline{\text{을임}}$ =tan(∠갑)

∴ ∠갑=2도03분09초40미= $\overset{\frown}{\text{을자}}$

⇒ 중간거리점[중거]에서 태양의 균수(均數). 가차(加差)

ㅅ. 실제운행[실행] 위치=평균운행[평행] 위치+가차

▾ 실제운행[실행] 위치는 지구에서 볼 때 태양이 실제로 위치한 곳의 운행도수[행도(行度)]

⑤ [그림 10-4]와 같이

만약 본륜중심 '을'이 근지점[최비] 전 1상한(90도) 지점에 있다면,

ㄱ. 이곳이 9궁초도(9궁0도)임.

ㄴ. 균륜중심은 본륜의 아랫점 '기'로부터 3상한(270도)을 운행하여 '축'에 도달하고,

ㄷ. 태양은 균륜의 가까운 점 '경'으로부터 한 바퀴(360도)를 운행한 후 다시 '경'으로부터 반 바퀴(180도)를 운행하여 먼 점 '임'에 도달함.

ㄹ. 지구중심(갑)에서 보면 태양은 본천의 '인'에 투영됨.

ㅁ. $\overset{\frown}{\text{인을}}$ = $\overset{\frown}{\text{을자}}$ ⇒ 태양이 중간거리점[중거]에 있을 때의 균수(均數), 감차(減差)

ㅂ. 실제운행[실행] 위치=평균운행[평행] 위치-감차

⑥ [그림 10-5]와 같이

만약 본륜중심 '을'이 근지점[최비] 후 30도 지점에 있다면,

ㄱ. 이곳이 1궁초도(1궁0도)임.

ㄴ. 균륜중심은 본륜의 아랫점 '기'로부터 30도를 운행하여 '묘'에 도달하고,

ㄷ. 태양은 균륜의 가까운 점 '경'으로부터 60도를 운행하여 '진'에 도달함.

ㄹ. 지구중심(갑)에서 보면 태양은 본천의 '사'에 투영됨.

ㅁ. $\overset{\frown}{\text{을사}}$: 실제운행[실행]이 평균운행[평행]보다 앞선[영(盈)] 도수

ㅂ. 직각삼각형 '을오경'에서,

∠ 오=직각

∠ 을=30도= $\overset{\frown}{\text{기묘}}$ $(=M)$

∠ 경=60도

$\overline{\text{을경}}$ =179208=(본륜반경 $\overline{\text{을묘}}$) $\times\frac{2}{3}(=\frac{1}{2}E)$

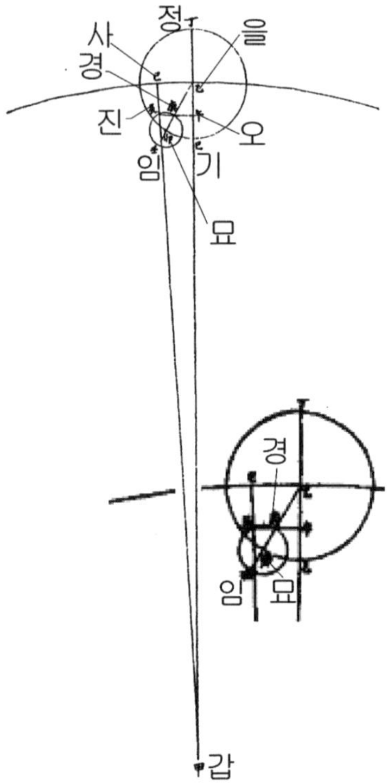

[그림 10-5] 영축차(근지점 후 30도)

$\overline{\text{오경}}$ =89604$(=\frac{1}{2}E\sin M)$

$\overline{\text{을오}}$ =155199$(=\frac{1}{2}E\cos M)$

$\overline{\text{오갑}}$ =(본천의 반경 $\overline{\text{을갑}}$ 1천만)−($\overline{\text{을오}}$ 155199)=9844801 $(=1-\frac{1}{2}E\cos M)$

$\overline{\text{오진}}$ = $\overline{\text{오경}}$ ×2=179208$(=E\sin M)$

▾ △ 경진임≡ △ 을오경[69)]

∠ 경은 맞꼭지각[교각(交角)]

69) [그림 10－5]에서 '임'점의 위치가 아래 [보충그림 19－1]과 같이 $\overline{\text{을경묘}}$ 선분의 연장선과 균륜의 교점임을 주의하여 보아야 한다. [그림 10－5]의 하단에 보인《중국과학기술전적통휘(中國科學技術典籍通彙)》본, 곧 옹정(雍正) 2년(1724)에 판각된 내부간본(內府刊本)의 그림이 조금 더 정확하다.

∠진=90도 ⇐ 직경의 원주각이므로.

∠진=∠오

∠임=∠을

$\overline{\text{경임}}$ =균륜의 직경[전경(全徑)]= $\overline{\text{을경}}$

∴ $\overline{\text{진경}}$ = $\overline{\text{오경}}$

ㅅ. 직각삼각형 오갑진에서,

∠갑=1도02분34초18미= $\overset{\frown}{\text{을사}}$ ⇒ 가차

실제운행[실행] 위치=평균운행[평행] 위치+가차

$$(\angle\text{갑} = q\text{라 하면 } \tan q = \frac{\overline{\text{진오}}}{\overline{\text{갑오}}} = \frac{E\sin M}{1-\frac{1}{2}E\cos M}\text{이 된다.})$$

보충자료 19 **영축차 도해에서 '임'점의 위치**

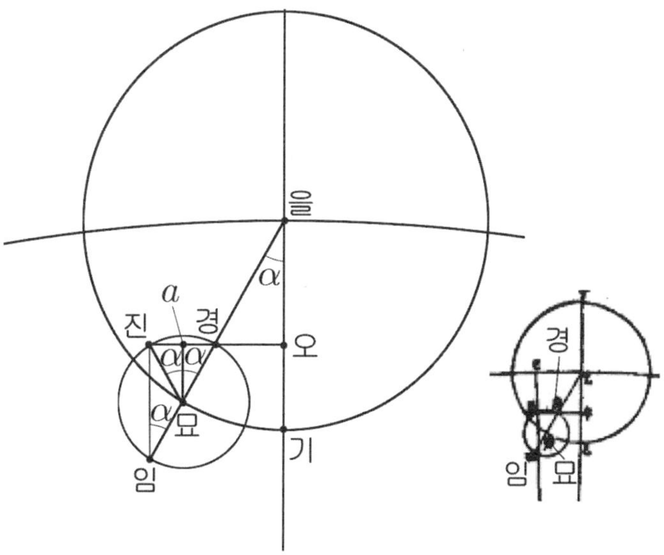

[보충그림 19-1] 영축차 도해에서 '임'점의 위치

앞의 [그림 10-5]에서는 '임'점이 마치 $\overline{\text{사갑}}$ 과 균륜의 교점처럼 보이는데, 이 위치에서는 '△경진임≡△을오경'이 성립하지 않는다. '임'이 [보충그림 19-1]과 같이

$\overline{\text{을묘}}$의 연장선과 균륜의 교점이라야 '$\triangle$경진임$\equiv\triangle$을오경'이 성립하는데, 본문의 해설에 $\overline{\text{경임}}$을 '균륜의 직경'[전경(全徑)]이라고 한 것을 보면 그림의 원래 의도는 [보충그림 19-1]과 같았음을 알 수 있다. 옹정(雍正) 2년(1724) 내부간본(內府刊本)을 영인한 《중국과학기술전적통휘(中國科學技術典籍通彙)》본에는 이 부분이 비교적 더 정확히 그려져 있다.

균륜의 중심(묘)가 '기'로부터 α도만큼 시계방향으로 회전할 때 태양(진)은 '경'으로부터 2α도만큼 반시계방향으로 회전한다. 따라서 $\angle$경을오$=\angle$경묘$a=\angle a$묘진이 되고, $\overline{a\text{묘}}$와 $\overline{\text{을오}}$는 평행하며, $\overline{\text{진오}}$가 $\overline{a\text{묘}}$ 및 $\overline{\text{을오}}$와 수직으로 만난다. 또 $\overline{\text{경임}}$은 균륜의 직경이므로 $\angle$경진임은 원주각으로서 직각이다. 따라서 $\triangle$경진임 $\equiv\triangle$을오경이 된다.

---

⑦ [그림 10-6]과 같이

만약 본륜중심 '을'이 근지점[최비] 전 30도 지점에 있다면,

ㄱ. 이곳이 11궁초도(11궁0도)임.

ㄴ. 균륜중심은 본륜의 아랫점 '기'로부터 330도를 운행하여 '미'에 도달하고,

ㄷ. 태양은 균륜의 가까운 점 '경'으로부터 한 바퀴(360도)를 운행한 후 다시 300도를 운행하여 '신'에 도달함.

ㄹ. 지구중심(갑)에서 보면 태양은 본천의 '유'에 투영됨.

ㅁ. $\overset{\frown}{\text{유을}}=\overset{\frown}{\text{을사}}$ ⇒감차(減差)

ㅂ. 실제운행[실행] 위치=(평균운행[평행] 위치) -감차

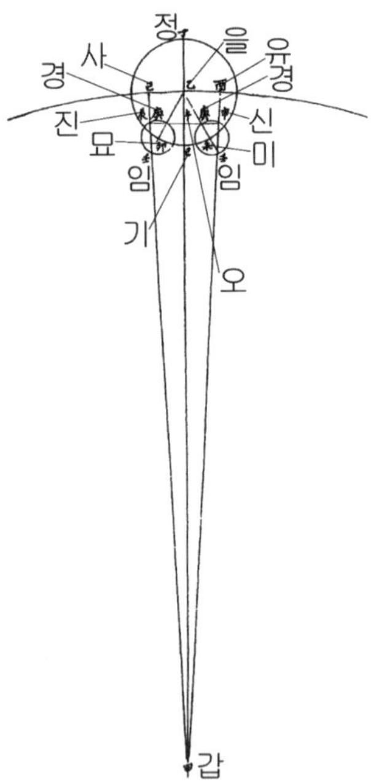

[그림 10-6] 영축차 (근지점 전 30도)

⑧ 위의 방법으로 근지점 이후 1상한(90도 범위)의 가차를 구하면 그것이 곧 근지점 이전 1상한(90도 범위)의 감차도 됨.

⑨ [그림 10－7]과 같이

만약 본륜중심 '을'이 원지점[최고] 전 40도 지점에 있다면,

ㄱ. 이곳이 4궁20도임.

ㄴ. 균륜중심은 본륜의 아랫점 '기'로부터 140도를 운행하여 '술'에 도달하고,

ㄷ. 태양은 균륜의 가까운 점 '경'으로부터 280도를 운행하여 '해'에 도달함.

ㄹ. 지구중심(갑)에서 보면 태양은 본천의 '자'에 투영됨.

ㅁ. $\overset{\frown}{\text{을자}}$: 실제운행[실행]이 평균운행[평행]보다 앞선[영(盈)] 도수

ㅂ. 직각삼각형 을축경에서,

$\angle$ 축＝직각

$\angle$ 을＝40도＝$\overset{\frown}{\text{정술}}$

$\angle$ 경＝50도

$\overline{\text{을경}}$＝179208＝(본륜반경 $\overline{\text{을술}}$)$\times\dfrac{2}{3}$

$\overline{\text{축경}}$＝115193

$\overline{\text{축을}}$＝137281

$\overline{\text{축갑}}$＝(본천의 반경 $\overline{\text{을갑}}$ 1천만)

＋($\overline{\text{축을}}$ 137281)＝10137281

$\overline{\text{축해}}$＝$\overline{\text{축경}}$$\times$2＝230386

ㅅ. 직각삼각형 축갑해에서,

$\angle$ 갑＝1도18분06초53미＝$\overset{\frown}{\text{을자}}$ ⇒ 가차

ㅇ. 실제운행[실행] 위치＝평균운행[평행] 위치＋가차

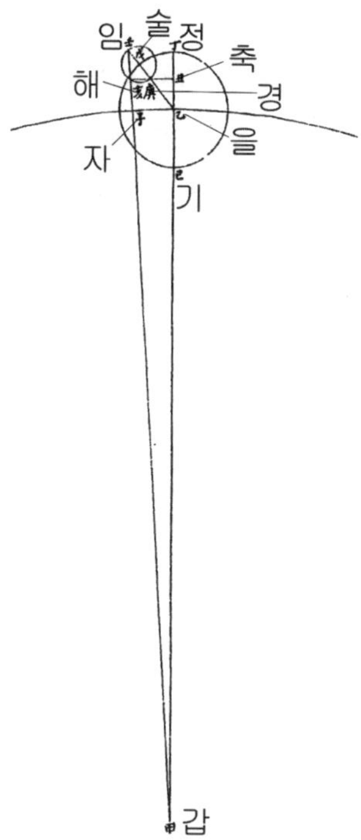

[그림 10-7] 영축차
(원지점 전 40도)

⑩ [그림 10-8]과 같이,

만약 본륜중심 '을'이 원지점[최고] 후 40도 지점에 있다면,

ㄱ. 이곳이 7궁10도임.

ㄴ. 균륜중심은 본륜의 아랫점 '기'로부터 220도를 운행하여 '인'에 도달하고,

ㄷ. 태양은 균륜의 가까운 점 '경'으로부터 한 바퀴(360도)를 운행한 후 다시 80도를 운행하여 '묘'에 도달함.

ㄹ. 지구중심(갑)에서 보면 태양은 본천의 '진'에 투영됨.

ㅁ. $\overset{\frown}{\text{진을}}$ = $\overset{\frown}{\text{을자}}$ ⇒감차(減差)

ㅂ. 실제운행[실행] 위치=평균운행[평행] 위치-감차

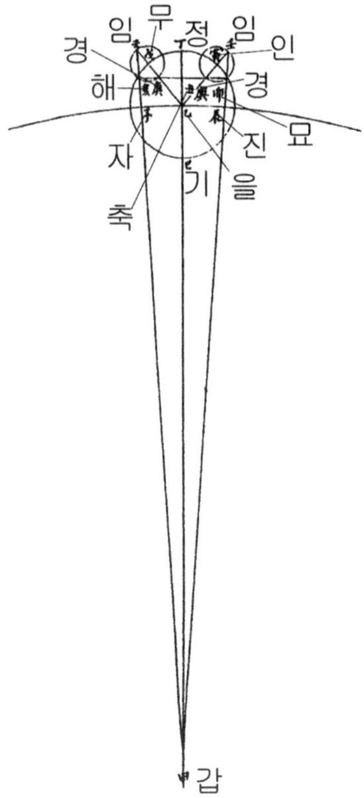

[그림 10-8] 영축차
(원지점 후 40도)

⑪ 위의 방법으로

원지점 이전 1상한(90도 범위)의 가차를 구하면

그것이 곧 원지점 이후 1상한(90도 범위)의 감차가 됨.

보충자료 20 원지점을 기준하는 균륜 모델에서 가감차

각 M은 근지점으로부터 잰 각이다. 그런데 원지점으로부터 잰 각을 M'하면, $M=180+M'$가 된다. $\sin M=\sin(180+M')=-\sin M'$, $\cos M=\cos(180+M')=-\cos M'$ 이기에

$$\tan q=\frac{E\sin M}{1-\frac{1}{2}E\cos M}=\frac{-E\sin M'}{1+\frac{1}{2}E\cos M'} \tag{1}$$

혹은

$$\sin q = \frac{E\sin M}{\sqrt{1 - E\cos M + \frac{1}{4}E^2 + \frac{3}{4}E^2\sin^2 M}}$$
$$= \frac{-E\sin M'}{\sqrt{1 + E\cos M' + \frac{1}{4}E^2 + \frac{3}{4}E^2\sin^2 M'}} \qquad (2)$$

가 된다.

보충자료 21 타원궤도와 균륜 모델 비교

[보충자료 18]에서 제시한 균륜 모델에서는 양심차를 E라 할 때, 본륜 반경이 $\frac{3}{4}E$, 균륜 반경이 $\frac{1}{4}E$이었다. 그리고 $E=2e$라고 놓았다. 일반적으로 평행 M을 근지점으로부터 잰 각도로 정하고, 본륜 반경을 R, 균륜 반경을 r로 놓으면, 태양의 위치 (x, y)는

$$x = \cos M - R + r\cos(2M) \qquad (1\text{-}1)$$
$$y = \sin M + r\sin(2M) \qquad (1\text{-}2)$$

가 된다. 그리고 가감차 q와 지구와 태양 사이의 거리 d는

$$\tan q = \frac{(R+r)\sin M}{1-(R-r)\cos M} \qquad (2)$$
$$d = \sqrt{x^2+y^2} = \sqrt{1+(R-r)^2 - 2(R-r)\cos M + 4Rr\sin^2 M} \qquad (3)$$

이 된다. 물론 $R = \frac{3}{4}E = \frac{3}{2}e$, $r = \frac{1}{4}E = \frac{1}{2}e$이면 (2)와 (3)식은 각각

$$\tan q = \frac{2e\sin M}{1 - e\cos M} \qquad (4)$$
$$d = \sqrt{1 + e^2 - 2e\cos M + 3e^2\sin^2 M} \qquad (5)$$

이 되고, $e \ll 1$, $q \ll 1$이기에 (4)와 (5)식을 어림하면

$$q \simeq 2e\sin M + e^2\sin(2M) \qquad (6)$$

$$d \simeq 1 - e\cos M + 2e^2 \sin^2 M \tag{7}$$

이 된다. 그런데 타원궤도의 경우에는

$$q \simeq 2e\sin M + \frac{5}{4}e^2 \sin(2M) \tag{6}$$

$$d \simeq 1 - e\cos M + e^2 \sin^2 M \tag{7}$$

이다.[70] 따라서 《역상고성》에 기술된 균륜 모델과 타원 모델에서 가감차와 거리는 각각

$$\Delta q = q_{균륜} - q_{타원} = -\frac{1}{4}e^2 \sin(2M) \tag{8}$$

$$\Delta d = d_{균륜} - d_{타원} = e^2 \sin^2 M \tag{9}$$

차이가 있다. 따라서 $e^2 \ll 1$이기에 $\Delta q \simeq 0$, $\Delta d \simeq 0$라 볼 수 있다. 그러나 본륜과 균륜의 반경이 다른 경우를 살펴보자.

(2)와 (3)식을 어림하면

$$q \simeq (R+r)\sin M + \frac{1}{2}(R+r)(R-r)\sin(2M) \tag{10}$$

$$d \simeq 1 - (R-r)\cos M + \frac{1}{2}(R+r)^2 \sin^2 M \qquad (11)^{71)}$$

이 된다. 만약 본륜 반경을 $R = \frac{3+0.25}{4}E = \frac{13}{8}e$, 균륜 반경을 $r = \frac{1-0.25}{4}E = \frac{3}{8}e$라 하면 (10)와 (11)식에서

$$q \simeq 2e\sin M + \frac{5}{4}e^2 \sin(2M) \tag{12}$$

$$d \simeq 1 - \frac{5}{4}e\cos M + 2e^2 \sin^2 M \tag{13}$$

이 되어 가감차는 타원궤도와 거의 같으나, 거리는

70) 강민정 외 4인, 《숭정역서에 기술된 태양의 운동》, 교육과학사, 2020, 161~162쪽 참조
71) 어림식의 2차항까지 사용하고 3차 이상의 항은 버리고 정리한 것이다.

$$\Delta d = -\frac{1}{4}e\cos M + e^2\sin^2 M \simeq -\frac{1}{4}e\cos M \tag{14}$$

만큼이나 차이가 크게 난다. 따라서 균륜 모델은 타원 모델을 대신하기 어렵다.

보충자료 22 평행심(Equant) 모델과 균륜 모델 비교

◉ 평행심 모델

[보충그림 22-1]과 같은 평행심 모델에서 지구가 A에 위치해 있고, 태양이 위치하는 원 FED의 중심은 B가 된다. 원의 반경은 $\overline{EB}=1$이라 하자. F는 원지점이 된다. E에 태양이 위치한다고 하면 $\angle FCE = M$으로 원지점에서 잰 각이다. $M=\omega(t-t_0)$인데 태양은 $\omega=$ 일정의 평균 각속도로 평균 운행을 한다. $\overline{CB}=\overline{BA}=e$이기에 $\triangle CEB$에서 $\angle CEB = q_1$이고 $\frac{\sin(\angle ECB)}{\overline{EB}} = \frac{\sin(\angle CEB)}{\overline{CB}}$가 성립한다. 그러므로

$$\sin q_1 = e\sin M \tag{1}$$

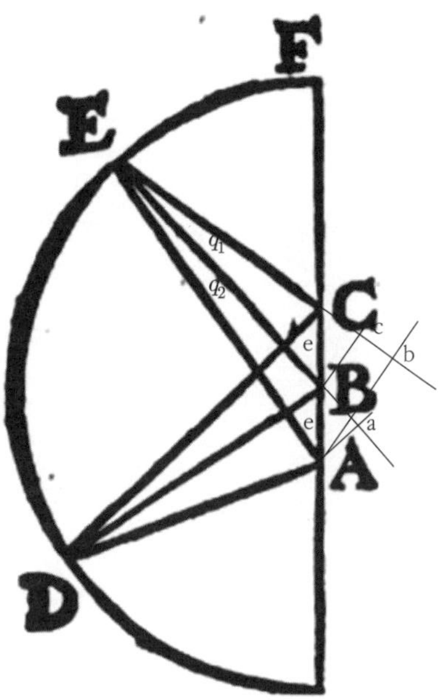

[보충그림 22-1]

이 된다. 또한 $\angle EBC = M - q_1$이기에 $\angle aBA = M - q_1$이다. 따라서 $\overline{Aa}=e\sin(M-q_1)$, $\overline{Ba}=e\cos(M-q_1)$이고, $\angle AEB = q_2$라 하면 $\tan q_2 = \frac{\overline{Aa}}{1+\overline{Ba}}$이기에

$$\tan q_2 = \frac{e\sin(M-q_1)}{1+e\cos(M-q_1)} \tag{2}$$

이 된다. 이제 총 가감차 q는 $q = q_1 + q_2$이기에

$$q = \sin^{-1}(e\sin M) + \tan^{-1}\left(\frac{e\sin(M - \sin^{-1}(e\sin M))}{1 + e\cos(M - \sin^{-1}(e\sin M))}\right) \tag{3}$$

이다.

그런데 $\overline{EC} = \sqrt{1 + e^2 - 2e\cos(M - q_1)} = \sqrt{1 - e^2\sin^2 M} - e\cos M$ [72] 이고, $\overline{Ab} = 2e\sin M$, $\overline{Cb} = 2e\cos M$이기에

$$\tan q = \frac{\overline{Ab}}{\overline{EC} + \overline{Cb}} = \frac{2e\sin M}{\sqrt{1 - e^2\sin^2 M} + e\cos M} \tag{4-1}$$

가 된다. 그런데 태양이 E에 있을 때 실제운행도수가 평균운행도수보다 작으므로 가감차가 음수이다. 따라서 부호를 고려하면 (4-1)식은 다음과 같이 고쳐 써야 한다.

$$\tan q = \frac{-2e\sin M}{\sqrt{1 - e^2\sin^2 M} + e\cos M} \tag{4-2}$$

지구에서 태양까지 거리인 $\overline{EA} = d$는 $\overline{EA}^2 = \overline{EC}^2 + 4e^2 + 4e\overline{EC}\cos M$이다. 따라서

$$d = \sqrt{1 + 2e\cos M\sqrt{1 - e^2\sin^2 M} + e^2 + 2e^2\sin^2 M} \tag{4-3}$$

가 된다.

아래 표는 $M = 45^\circ, 135^\circ$ 일 때, $e = 0.018, 0.01792$ 각각의 경우에 q_1, q_2, q의 값을 계산한 결과이다.

---

72) 직각삼각형 EcB에서 $(\overline{EC} + \overline{Cc})^2 + \overline{Bc}^2 = 1$, $\overline{Cc} = e\cos M$, $\overline{Bc} = e\sin M$이기에 $\overline{EC} = \sqrt{1 - e^2\sin^2 M} - e\cos M$가 된다.

[표 6] 평행심 모델에서 $M = 45°, 135°$인 경우

	$M=45°$인 경우		$M=135°$인 경우	
e	0.018	0.01792	0.018	0.01792
q_1	0도43분45.39327초	0도43분33.72423초	0도43분45.39327초	0도43분33.72423초
$M-q_1$	44.27072	44.27397	134.2707	134.274
q_2	0도42분38.58457초	0도42분27.50789초	0도44분52.20086초	0도44분39.93949초
$q=q_1+q_2$	1도26분23.97784초	1도26분1.232112초	1도28분37.59412초	1도28분13.66372초
$\overline{EC}$ 혹은 $\overline{DC}$	0.987191	0.987248	1.012647	1.012591
q	1도26분23.97784초	1도26분1.232112초	1도28분37.59412초	1도28분13.66372초

균륜 모델에서는 가감차가

$$\tan q = \frac{-2e\sin M}{1 + e\cos M} \tag{5}$$

이다. (4-2)식과 (5)식을 비교해 보면 분모에서 (4-2)식은 1 대신에 $\sqrt{1-e^2\sin^2 M}$이다. $e = 0.01792$일 때 이 두 식을 M에 대하여 그려보면 아래 [보충그림 22-2]와 같다. 최대 차이는 90°, 270°에서 1.186초가 된다.

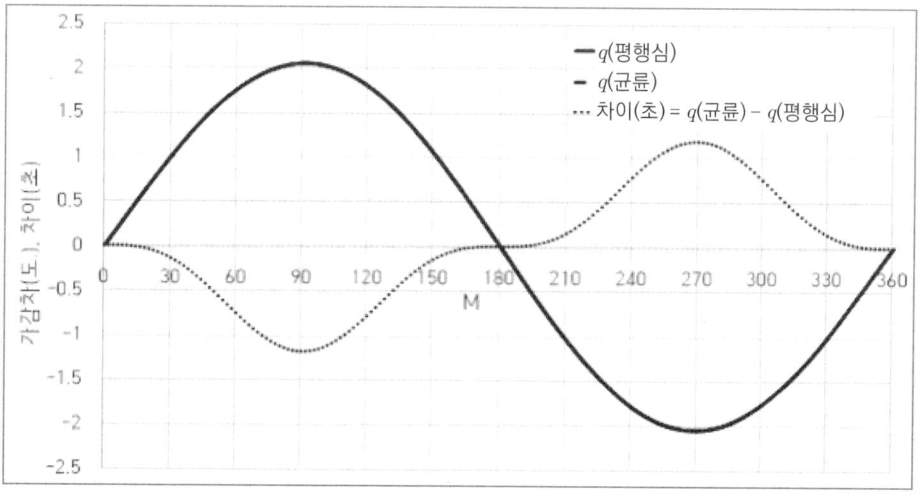

[보충그림 22-2] 평행심 모델과 균륜 모델 비교

이제 (4-2)식과 (5)식을 어림해 보면 각각

$$q \simeq -2e\sin M\left(1+\frac{1}{2}e^2\sin^2 M - e\cos M\right)$$
$$= -2e\sin M + e^2\sin 2M - e^3\sin^3 M \quad (6)$$
$$q \simeq -2e\sin M(1-e\cos M) = -2e\sin M + e^2\sin 2M \quad (7)$$

이 된다. (6)식과 (7)식의 차이는 대략 $\Delta q \simeq e^3\sin^3 M$이 된다. 이 식의 변화가 위 그림의 점선의 변화와 거의 동일하다. 그리고 $e=0.01792$일 때, $e^3 \simeq 1.187''$에 해당한다. 이 정도의 각 차이는 너무 작아 관측으로 알아내기 어렵다.

◉ 이심 모델, 균륜 모델, 평행심 모델에서 최대 가감차 및 그 때의 실제운행도수 비교

앞의 [보충그림 22－1]에서, 지구에서 천체까지의 거리인 $\overline{AE}$는 $\triangle AEC$에서 $\overline{EC}$와 $\overline{AC}=2e$를 알기에 cosine 공식에 의하여

$$\overline{AE} = \sqrt{1+e^2+2e^2\sin^2 M + 2e\cos M\sqrt{1-e^2\sin^2 M}} \quad (8)$$

이 된다. $M=0°$에서는 $\overline{AE}=1+e$가 되어 원지점에 천체가 있고, $M=180°$에서는 $\overline{AE}=1-e$가 되어 근지점에 천체가 있다. 중간거리는 $\sqrt{1+3e^2}$이 된다.

(4-1)식을 M에 대해 미분하여 $\frac{dq}{dM}=0$이 되는 M값에서 가감차는 최대값을 갖는다. 이에 해당하는 M은

$$\frac{dq}{dM} = \frac{2e\left(\cos M + e\sqrt{1-e^2\sin^2 M}\right)}{\left(1+2e\cos M\sqrt{1-e^2\sin^2 M}+e^2-2e^2\sin^2 M\right)\sqrt{1-e^2\sin^2 M}} = 0 \quad (9)$$

에서 $\cos M = \frac{-e}{\sqrt{1+e^2}}$이다. $e=0.01792$일 때에, $M=91.02663°$가 되고, 그 때의 가감차 값은 $q_{max}=2$도3분11.7395초이다. 균륜 모델에서는 $\tan q = \frac{-2e\sin M}{1+e\cos M}$이기에 $\cos M = -e$에서 최대의 가감차를 갖는다. $e=0.01792$일 때에, $M=91.0268°$가 되고, $q_{max}=2$도3분10.55358초가 된다. 이심 모델에서는 $\tan q = \frac{-2e\sin M}{1+2e\cos M}$

이기에 $\cos M = -2e$에서 최대의 가감차를 갖는다. $e = 0.01792$일 때에, $M = 92.05392°$가 되고, $q_{max} = 2$도3분14.1142초가 된다. 어떤 모델을 사용하여도 최대 가감차의 값은 거의 비슷하다. 그러나 평행심 모델, 균륜 모델, 이심 모델의 실행은 각각 88.97337°, 88.97386°, 90°로 평행심 모델과 균륜 모델의 이심 모델과의 실행 차이는 1.02663°, 1.02614°로 1도가 넘는다. 이는 태양이 하루 이상 간 거리이다. 옛 이심 모델을 사용하였을 때에 최대 가감차가 하루 일찍 오기에 모델을 수정할 필요가 생겼을 것이다. 또한 관측으로 얻어 낸 최대 가감차의 값이 달라지면 e값에도 변화가 생긴다.

◉ 세 가지 모델과 타원 모델의 원지점과 근지점에서 속도 비교

어떤 모델에서나 M을 원지점에서 잰 각이라 하면 실행 λ는

$$\lambda = M + q \tag{10}$$

이다. 예를 들어 균륜 모델에서는

$$\lambda = M + \tan^{-1}\left(\frac{-2e\sin M}{1 + e\cos M}\right) \tag{11}$$

이 된다. 따라서 원지점을 지나면 $\lambda < M$이고, 근지점을 지나면 $\lambda > M$인 실제 운행을 한다.

(10)식을 시간에 대해 미분하면 $\frac{d\lambda}{dt} = \frac{dM}{dt} + \frac{dq}{dt}$가 된다. 이를 정리하면

$$\frac{d\lambda}{dt} = \frac{dM}{dt} + \frac{dq}{dt} = \frac{dM}{dt} + \frac{dq}{dM}\frac{dM}{dt} = \omega\left(1 + \frac{dq}{dM}\right) \tag{12}$$

가 된다.

이심 모델에서는 $q \simeq \tan q = \frac{-2e\sin M}{1 + 2e\cos M}$이므로

$$\frac{dq}{dM} = \frac{-E(\cos M + E)}{1 + 2E\cos M + E^2\cos^2 M} = \frac{-2e(\cos M + 2e)}{1 + 4e\cos M + 4e^2\cos^2 M} \tag{13-1}$$

이기에

$$\frac{d\lambda}{dt} = \omega\left\{1 + \frac{-E(\cos M + E)}{1 + 2E\cos M + E^2\cos^2 M}\right\}$$
$$= \omega\left(\frac{1 + E\cos M - E^2\sin^2 M}{1 + 2E\cos M + E^2\cos^2 M}\right) \qquad (13\text{-}2)$$

가 된다. 따라서 원지점과 근지점에서 각각

$$\left(\frac{d\lambda}{dt}\right)_{원} = \frac{\omega}{1+E} = \frac{\omega}{1+2e} \qquad (14\text{-}1)$$
$$\left(\frac{d\lambda}{dt}\right)_{근} = \frac{\omega}{1-E} = \frac{\omega}{1-2e} \qquad (14\text{-}2)$$

이 된다.

균륜 모델에서는 $q \simeq \tan q = \dfrac{-2e\sin M}{1 + e\cos M}$ 이므로

$$\frac{dq}{dM} = \frac{-2e(\cos M + e)}{1 + 2e\cos M + e^2\cos^2 M} \qquad (15\text{-}1)@$$

이기에

$$\frac{d\lambda}{dt} = \omega\left\{1 - \frac{-2e(\cos M + e)}{1 + 2e\cos M + e^2\cos^2 M}\right\}$$
$$= \omega\left(\frac{1 - e^2 - e^2\sin^2 M}{1 + 2e\cos M + e^2\cos^2 M}\right) \qquad (15\text{-}2)$$

가 된다. 따라서 원지점과 근지점에서 각각

$$\left(\frac{d\lambda}{dt}\right)_{원} = \omega\left(\frac{1-e}{1+e}\right) \qquad (15\text{-}3)$$
$$\left(\frac{d\lambda}{dt}\right)_{근} = \omega\left(\frac{1+e}{1-e}\right) \qquad (15\text{-}4)$$

이 된다.

평행심 모델에서는 $q \simeq \tan q = \dfrac{-2e\sin M}{\sqrt{1 - e^2\sin^2 M} + e\cos M}$ 이므로

$$\frac{dq}{dM} = \frac{-2e\left(\dfrac{\cos M}{\sqrt{1-e^2\sin^2 M}} + e\right)}{1 + 2e\cos M\sqrt{1-e^2\sin^2 M} + e^2 - 2e^2\sin^2 M} \tag{16-1}$$

이기에

$$\begin{aligned}\frac{d\lambda}{dt} &= \omega\left\{1 + \frac{-2e\left(\dfrac{\cos M}{\sqrt{1-e^2\sin^2 M}} + e\right)}{1 + 2e\cos M\sqrt{1-e^2\sin^2 M} + e^2 - 2e^2\sin^2 M}\right\} \\ &= \omega\left\{\frac{1 - e^2 - 2e^2\sin^2 M\left(1 + \dfrac{e\cos M}{\sqrt{1-e^2\sin^2 M}}\right)}{1 + 2e\cos M\sqrt{1-e^2\sin^2 M} + e^2 - 2e^2\sin^2 M}\right\}\end{aligned} \tag{16-2}$$

이다. 따라서 원지점과 근지점에서 각각

$$\left(\frac{d\lambda}{dt}\right)_{\text{원}} = \omega\left(\frac{1-e}{1+e}\right) \tag{17-1}$$

$$\left(\frac{d\lambda}{dt}\right)_{\text{근}} = \omega\left(\frac{1+e}{1-e}\right) \tag{17-2}$$

이다.

[보충그림 22-3]에서 AC 원의 반지름은 1이고, AB 타원의 장반경의 길이와 같다. 그리고 단반경이 $\sqrt{1-e^2}$ 이다. F에 지구가 있고, A는 태양의 원지점이다. 면적도수 M에 해당하는 태양의 위치는 타원에서 B에 위치한다. 면적도수는 $M = \omega(t - t_0)$이다. 여기서 t_0는 시작 시점이다. 따라서 $\dfrac{dM}{dt} = \omega$가 된다. 태양은 하루에 ω만큼씩 평균 각운동을 한다. O는 타원의 중심이다. O를 중심으로 원지점으로부

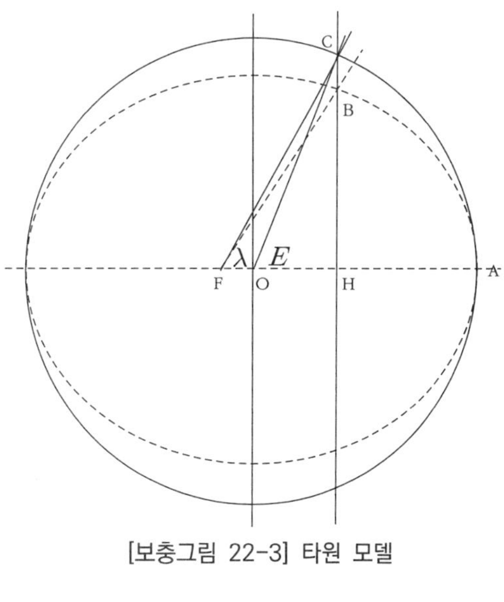

[보충그림 22-3] 타원 모델

터 반시계방향으로 잰 각 $\angle AOC$를 편심이각(eccentric anomaly)이라 부른다. λ는 지구의 위치인 F를 중심으로 원지점으로부터 반시계방향으로 잰 각으로 $\angle AFB$이며, 진심이각(true anomaly)이라 부른다.

타원 모델의 경우 면적속도 일정의 법칙을 이용하여 $\frac{d\lambda}{dt}$를 구한다. 장반경이 1, 단반경이 $\sqrt{1-e^2}$인 AB 타원의 면적은 $\pi\sqrt{1-e^2}$가 된다. 그런데 태양은 하루에 평균 ω만큼 이동하기에 하루에 간 평균 면적은 $\frac{\pi\sqrt{1-e^2}}{2\pi}\omega=\frac{\sqrt{1-e^2}}{2}\omega$가 된다. 그런데 타원에서 태양이 하루에 가는 각속도가 $\frac{d\lambda}{dt}$라 하면 하루에 휩쓴 면적은 $\frac{1}{2}r^2\frac{d\lambda}{dt}$이다. 여기서 r은 지구, 태양간의 거리이다. 이제 면적속도는 어디서나 일정하여 두 값은 같기에 $\frac{1}{2}r^2\frac{d\lambda}{dt}=\frac{\sqrt{1-e^2}}{2}\omega$가 되고,

$$\frac{d\lambda}{dt}=\frac{\sqrt{1-e^2}}{r^2}\omega \tag{18}$$

가 된다.

[보충그림 22-3]에서 면적각 M에 해당하는 FAB로 둘러 쌓인 면적은 $\pi\sqrt{1-e^2}\frac{M}{2\pi}=\frac{M}{2}\sqrt{1-e^2}$이다. 이 면적은 원에서 FAC로 둘러쌓인 면적의 $\sqrt{1-e^2}$배이다. FAC 면적은 OAC 면적과 FOC 면적의 합이다. OAC 면적은 $\frac{E}{2}$이고, FOC의 면적은 $\frac{1}{2}e\sin E$이다. 따라서 $\frac{M}{2}\sqrt{1-e^2}=\sqrt{1-e^2}\left(\frac{1}{2}E+\frac{1}{2}e\sin E\right)$가 된다. 이를 정리하면

$$M=E+e\sin E \tag{19}$$

이 식은 원지점을 기점으로 하는 케플러 방정식이다.

[보충그림 22-3]에서 $\overline{BH}=\overline{CH}\times\sqrt{1-e^2}=\sqrt{1-e^2}\sin E$, $\overline{FH}=\overline{FO}+\overline{OH}=e+\cos E$인데 $\overline{FB}=r$이기에

$$r=1+e\cos E \tag{20}$$

이 된다.

이제 (18)식에 (20)식을 대입하면

$$\frac{d\lambda}{dt} = \frac{\sqrt{1-e^2}}{(1+e\cos E)^2}\omega \tag{21}$$

이 된다. 주어진 M에 대하여 (19)식을 풀어 E를 구하고, 이 값을 (21)식에 대입하면 타원 모델에서 $\frac{d\lambda}{dt}$를 구할 수 있다. (21)식을 이용하여 원지점과 근지점에서의 각속도는 각각

$$\left(\frac{d\lambda}{dt}\right)_{원} = \frac{1}{(1+e)}\sqrt{\frac{1-e}{1+e}}\,\omega \tag{22-1}$$

$$\left(\frac{d\lambda}{dt}\right)_{근} = \frac{1}{(1-e)}\sqrt{\frac{1+e}{1-e}}\,\omega \tag{22-2}$$

가 되고, 원지점과 근지점에서의 속도는 각각

$$r_{원}\left(\frac{d\lambda}{dt}\right)_{원} = (1+e)\left(\frac{d\lambda}{dt}\right)_{원} = \sqrt{\frac{1-e}{1+e}}\,\omega \tag{23-1}$$

$$r_{근}\left(\frac{d\lambda}{dt}\right)_{근} = (1-e)\left(\frac{d\lambda}{dt}\right)_{근} = \sqrt{\frac{1+e}{1-e}}\,\omega \tag{23-2}$$

가 된다. 원지점에서는 근지점보다 천천히 이동한다.

[보충그림 22-4]는 각 모델에서 $\frac{d\lambda}{dt}('/day)$를 M에 따라 그린 그래프이다. e값이 아주 작기에 $\frac{d\lambda}{dt}('/day)$값들이 거의 차이가 없다.

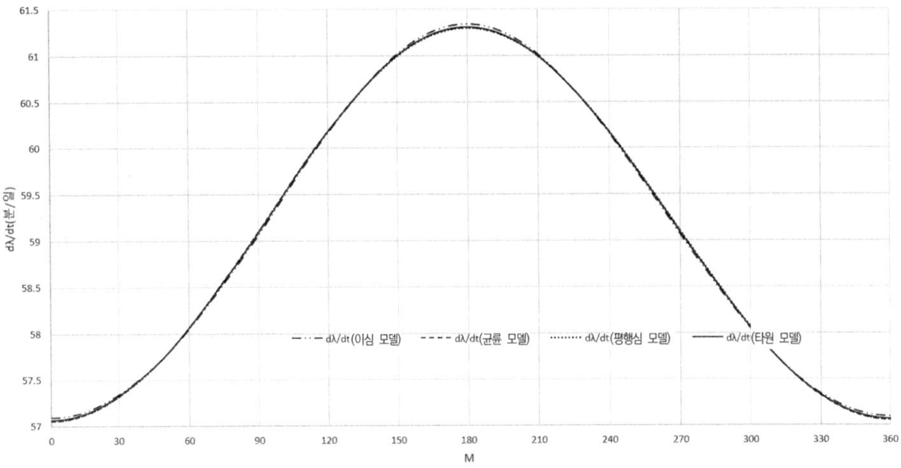

[보충그림 22-4] 각 모델에서 $\frac{d\lambda}{dt}('/day)$

◉ 평행심 모델과 타원 모델의 가감차 및 거리 비교

평행심 모델의 가감차 q (4-2)식과 거리 d (4-3)식을 $e \ll 1$일 때, 어림하면

$$q \simeq -2e\sin M + e^2\sin(2M) \tag{24-1}$$

$$d \simeq 1 + e\cos M + \frac{3}{2}e^2\sin^2 M \tag{24-2}$$

이 된다. 타원궤도에서 가감차와 거리를 어림하면

$$q \simeq -2e\sin M + \frac{5}{4}e^2\sin(2M) \tag{25-1}$$

$$d \simeq 1 + e\cos M + e^2\sin^2 M \tag{25-2}$$

이다.[73] 모두 e^3항 이상의 항들은 무시하였다.

이제 이 두 모델의 가감차와 거리의 차를 구해 보면,

$$\Delta q = q_{평행심} - q_{타원} = -\frac{1}{4}e^2\sin(2M) \tag{26-1}$$

$$\Delta d = d_{평행심} - d_{타원} = -\frac{1}{2}e^2\sin^2 M \tag{26-2}$$

73) 강민정 외 4인, 《숭정역서에 기술된 태양의 운동》, 교육과학사, 2022, 161쪽 참조

이다. (26-1)과 (26-2)의 차이는 모두 원과 타원의 차이 때문으로 보인다.

[보충그림 22－5]에 이심률이 e인 타원에 외접하는 원을 그렸다. 원은 평행심 모델과 동일하다. 따라서 $\overline{FO}=\overline{OF'}=e$가 된다.

$e\ll 1$인 경우, $\angle CFA\simeq\angle COA\simeq\angle CF'A\simeq M$이고, $\overline{CF}\simeq\overline{CO}\simeq\overline{CF'}\simeq 1$이다. 그리고, $\triangle CF'B$에서 $\overline{CB}\simeq\left(1-\sqrt{1-e^2}\right)\sin M\simeq\frac{1}{2}e^2\sin M$이다. 그리고 $\overline{F'H}\simeq\cos M$이기에 $\triangle CF'B$의 넓이는 대략 $\frac{1}{2}\overline{CB}\times\overline{F'H}\simeq\frac{1}{4}e^2\sin M\cos M$이다. 이제 $\angle CF'B\simeq\Delta q$라 하면 $\triangle COB$의 넓이는 대략 $\frac{1}{2}\overline{CF'}^2\times\Delta q\simeq\frac{1}{2}\Delta q$이고, 두 값이 거의 같기에 $\frac{1}{2}\Delta q\simeq\frac{1}{4}e^2\sin M\cos M$이다. $\Delta q\simeq\frac{1}{2}e^2\sin M\cos M=\frac{1}{4}e^2\sin(2M)$가 된다. $\angle CFB$가 $\angle COB$보다 크므로 (26-1)의 차이와 같다.

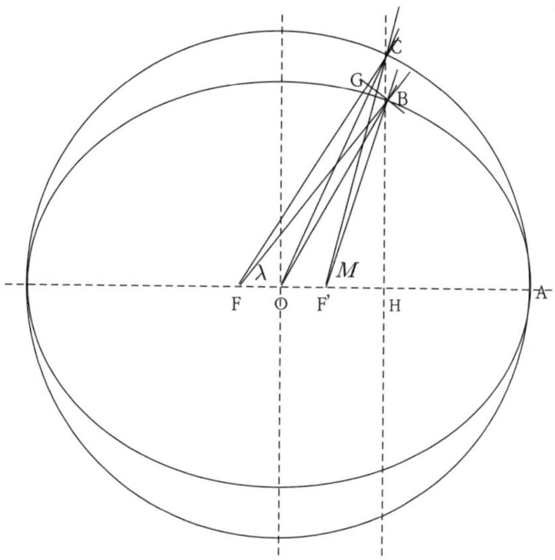

[보충그림 22-5] 평행심 모델과 타원 모델 비교

또한 $\angle CFB\ll 1$이기에 $\angle CFH\simeq\lambda\approx M$, $\angle FCH\approx 90°-M$이고, $e\ll 1$이기에 $\overline{CF}\approx 1$가 된다. 그런데 $\overline{FC}=\overline{FG}+\overline{GC}$이다. $\overline{CG}=\overline{CB}\times\cos(90°-M)=\frac{1}{2}e^2\sin^2 M$가 된다. 그런데 $\angle CFB\ll 1$이기에 $\overline{FG}\approx\overline{FB}$가 된다. 따라서 $\overline{FC}$는 $\overline{FB}$보다 $\overline{CG}=\frac{1}{2}e^2\sin^2 M$만큼 크다. (26-2)의 차이와 같다.

제11장

균시차(均時差)

[시차(時差)] 【원래 명칭은 일차(日差)임】

1) 시차(時差 equation of time)는 평균시각[평시(平時)]과 실제시각[용시(用時)]의 차.

(1) 평균시각[평시]: 계산값

(2) 실제시각[용시]: 실측값. 겉보기시각[시시(視時)]이라고도 함.[74]

⇒ 이 두 시각은 항상 서로 일치하지 않음.

2) 평균시각[평시]과 실제시각[용시]이 일치하지 않는 원인

(1) 태양의 실제운행[실행(實行)]으로 인하여 시각이 '앞서거나 뒤처짐'[진퇴(進退)].

⇒ 원지점과 근지점이 시차(時差)를 더하거나 빼는 경계점.

(2) 황도에 대한 적도의 거리[승도(升度)]로 인하여 시각이 '줄거나 늚'[소장(消長)].

⇒ 춘 · 추분과 동 · 하지가 시차(時差)를 더하거나 빼는 경계점.

3) 《신법역서(新法曆書)》(숭정역서, 신법산서) 〈일차표(日差表)〉의 문제점

(1) 《신법역서》의 〈일차표〉는 위 두 가지 요소를 합하여 하나의 표로 나타냄.

(2) 원지점과 근지점은 매년 운행분수[행분(行分)]가 있음.

⇒ 각 궁도(宮度 동지점을 기점으로 한 황경)의 인수(引數 근점이각)가 결코 일정할 수 없음.

---

74) 《숭정역서》와 《역상고성》의 편찬 당시는 중국에서 기계식 시계가 대중화되기 전이었다. 이 때문에 실제시각을 용시(用時) 곧 상용시각이라고 칭한 것이다.

(3) 두 가지 요소를 합하여 하나의 표로 만들면 세월이 오래되면 사용할 수 없음

4) 《역상고성》의 시차표(時差表)

(1) 두 개의 표(승도시차표(升度時差表)와 균수시차표(均數時差表))로 나누어 작성함.

(2) 각 표를 한 번씩 사용하여 두 번 가감(加減)하도록 함.

(3) 시차 계산법이 엄밀해짐.

5) 시차(時差) 계산법 도해

(1) [그림 11－1]에서,

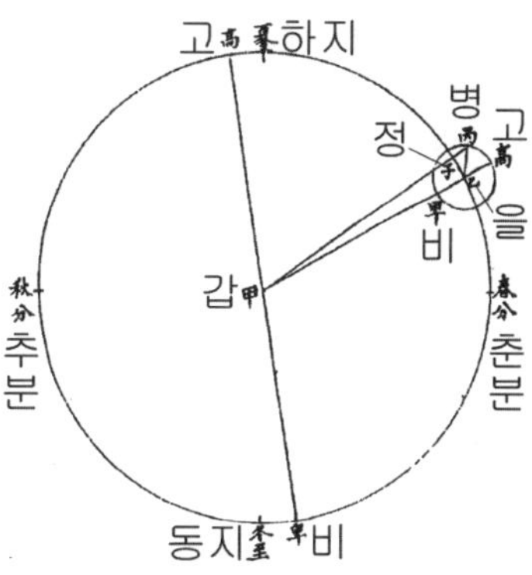

[그림 11-1] 시차(평균시각과 실제시각의 차)

① 갑: 지구중심
을: 본륜중심
동지 후에 본륜중심이 118도 남짓 평균운행하여 '을'에 다다르면,
태양은 본륜의 근지점[최비]으로부터 111도 남짓 '본륜상에서 운행'[자행(自行)]하여 '병'에 다다름.[75]

② 지구중심(갑)으로부터 '병'까지 실제운행위치[실행] 선을 그으면, '정'에서 황

75) 근지점[최비]이 동지 후 7도 정도에 있기 때문이다.

도를 끊음.

$\widehat{정을}$: 평균운행[평행]과 실제운행[실행]의 도수 차

③ 계산 결과, 어느 날 신정(申正)에 태양의 평균운행위치 '을'이 유궁(酉宮 TAU)에 1도 남짓 못 미쳐 영력(盈曆)을 운행한다면, 실제운행[실행] 도수가 평균운행[평행] 도수보다 큼.

④ 평균운행위치[평행] '을'은 유궁에 못 미치나 실제운행위치[실행] '정'은 이미 유궁에 닿음[교(交)].

⑤ 만약 평균운행위치[평행] '을'이 닿는 시각을 각 궁에 닿는 시각으로 삼는다면, '신정(申正)에 태양이 유궁에 들어갔다'라는 말은 평균시각[평시]으로 말한 것이 됨.

⑥ 평균운행위치[평행] '을'은 신정(申正)에 유궁에 닿지만 이때 태양의 위치 '병'은 사실 그 동쪽 1도 남짓($\widehat{정을}$) 위치에 있음.

⑦ 1도 남짓을 시간으로 변환하면 약 5분[76] ⇒ 시차(時差)

태양이 유궁에 들어간 실제시각[용시(用時)]

=신정(申正)−(시차 5분)=신초(申初)3각10분

(2) 만약 [그림 11−2]와 같이,

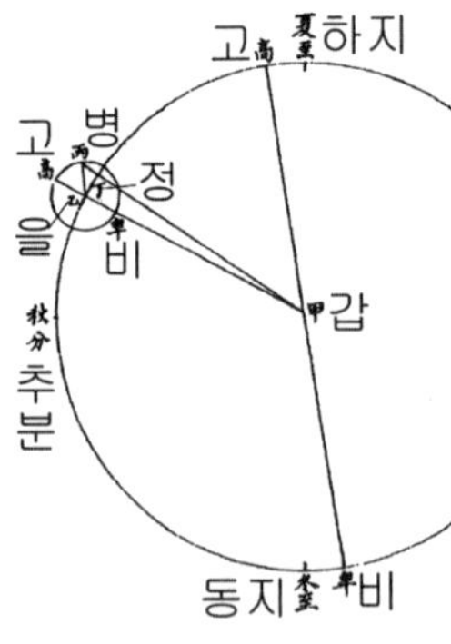

[그림 11-2] 시차(원지점 후)

76) 평균 근점이각이 111도일 때 가감차가 1도 남짓이며, 이를 시간으로 변환하면 약 5분이 된다는 말이다. 그러나《역상고성표》의〈태양균수표(太陽均數表)〉에서 평균 근점이각 111도(3궁21도)에 대한 가감차는 1도54분15초(=1.9도)이고 시간으로 변환하면 약 7.6분이 된다. 반면에 표에서 평균 근점이각 141도(4궁21도)에 대한 가감차는 1도16분28초(=1.27도)이고 시간으로 변환하면 약 5분이 된다.〈태양균수표〉에서 3궁21도와 4궁21도가 나란히 있음으로 인해《역상고성》편찬자들이 표를 잘못 읽은 듯하다.

① 하지 후에 본륜중심이 61도 남짓 평균운행[평행]하여 '을'에 이르면, 태양은 본륜의 원지점[최고]으로부터 54도 남짓을 '본륜상에서 운행'[자행自行]하여 '병'에 다다름.[77]

② 지구중심(갑)에서 '병'까지 실제운행위치[실행] 선을 그으면, '정'에서 황도를 끊음.

정을: 평균운행[평행]과 실제운행[실행]의 위치 차

③ 계산 결과, 어느 날 진정(辰正)에 태양의 평균운행위치 '을'이
사궁(巳宮 VIR) 1도 남짓에 들어가서 축력(縮曆)을 운행하고 있다면,
실제운행[실행] 도수가 평균운행[평행] 도수보다 작음.

④ 평균운행위치[평행] '을'은 이미 사궁(巳宮) 1도 남짓에 들어갔으나
실제운행위치[실행] '정'은 비로소 사궁(巳宮) 초도(0도)에 닿음[교(交)].

⑤ 만약 평균운행위치[평행] '을'이 닿는 시각을 각 궁에 닿는 시각으로 삼는다면, '진정(辰正)에 태양이 사궁에 들어갔다'라는 말은 평균시각[평시]으로 말한 것이 됨.

⑥ 평균운행[평행] 위치 '을'은 진정(辰正)에 사궁에 닿지만
이때 태양의 위치 '병'은 사실 그 서쪽 1도 남짓(정을) 위치에 있음.

⑦ 1도 남짓을 시간으로 변환하면 약 5분[78] ⇒ 시차(時差)
태양이 사궁에 들어간 실제시각[용시(用時)]
=진정(辰正)+(시차 5분)=진정(辰正)초각5분

---

77) 원지점[최고]이 하지 후 7도 정도에 있기 때문이다.

78) 대략적인 수치들이다. 〈태양균수표〉에서 평균 근점이각 234도(7궁24도)에 대한 가감차는 1도38분37초(=1.6도)이고 시간으로 변환하면 약 6.6분이 된다.

(3) 이에 준하여 논하면 [그림 11－3]과 같이,

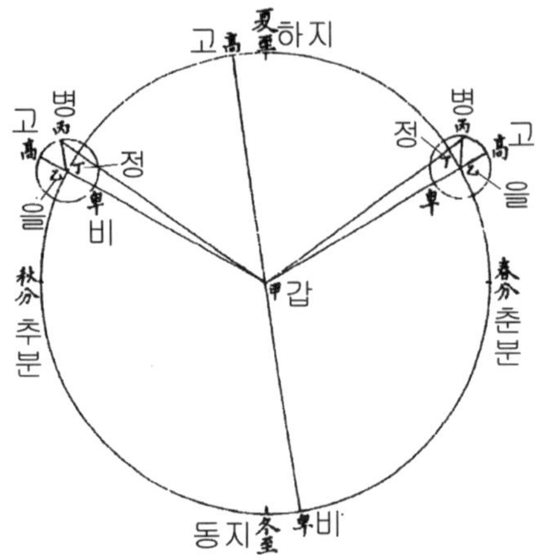

[그림 11-3] 시차(근지점 후)

① 근지점[최비] 이후의 반원: 실제운행위치[실행] > 평균운행위치[평행]

ㄱ. 실제시각위치[용시]가 평균시각위치[평시]의 동쪽에 있음.

ㄴ. 실제시각[용시]＝평균시각[평시]－시차(時差)

② 원지점[최고] 이후의 반원: 실제운행위치[실행] < 평균운행위치[평행]

ㄱ. 실제시각위치[용시]가 평균시각위치[평시]의 서쪽에 있음.

ㄴ. 실제시각[용시]＝평균시각[평시]＋시차(時差)

③ 원지점과 근지점이 시차를 더하거나 빼는 경계점 ⇒ 황도상에서 일어나는 일.

(4) 시각은 적도를 위주로 정해짐 ⇒ 황도상의 실제시각[용시]≠적도상의 실제시각[용시]

① 황도와 적도가 비스듬히 교차함.

ㄱ. 춘·추분 이후: 황도는 현(弦)과 같고, 적도는 고(股)와 같음.

▾ 적도의 남·북극을 잇는 선(적도에 수직인 호)을 그으면 적도에서 직각삼각형[구고형(勾股形)]이 만들어짐.

⇒ 황도의 1도에 해당하는 적도의 도수가 1도에 못 미침.

적도의 도수가 작으므로 시각이 더해짐[증(增)].

▾ 우선(右旋)의 도수가 작으면 좌선(左旋)의 도수가 큼.

그래서 시각이 더해짐.[79]

ㄴ. 동 · 하지 이후: 천구의 중앙[요(腰)]을 두르고 있는 황도 대원[대권(大圈)]의 도수가 등적위(等赤緯) 소원[소권(小圈)]의 도수에 해당됨.[80]

⇒ 황도의 1도에 해당하는 적도의 도수가 1도를 넘음.

적도의 도수가 크므로 시각이 감손됨[감(減)]

▾ 우선(右旋)의 도수가 크면 좌선(左旋)의 도수가 작음.

그래서 시각이 감손됨[81]

(5) [그림 11－4]에서,

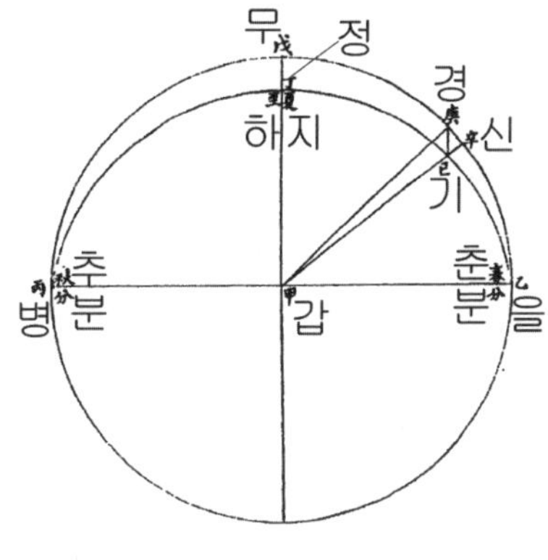

[그림 11-4] 시차(춘분 후)

79) 우선(右旋)은 '서에서 동으로' 도는 것이고, 좌선(左旋)은 '동에서 서로' 도는 것이다. 태양의 연주운동은 우선이고, 일주운동은 좌선이다. 우선의 도수가 작다는 것은 천구상에서 태양의 실제위치가 평균위치보다 서쪽에 있음을 뜻하고, 좌선의 도수가 크다는 것은 그 실제위치를 일주운동의 방향으로 보면 평균위치보다 더 진행한 곳에 있음을 뜻한다. 실제태양이 평균태양보다 서쪽에 있으면 일주운동에서 실제태양이 평균태양보다 자오선을 먼저 통과하게 되므로 실제시각이 평균시각보다 크다(빠르다).

80) 황도 전체는 천구의 중앙에 걸쳐진 대원이지만 적도와 나란한 동 · 하지 근처만 보면 북위 23.5도를 따라 그려진 등적위권의 일부로 간주할 수 있다는 것이다.

81) 실제태양이 평균태양보다 동쪽에 있다. 따라서 일주운동에서 실제태양이 평균태양보다 자오선을 나중에 통과하게 되므로 실제시각이 평균시각보다 작다(늦다).

① 갑: 북극

을무병: 적도

을정병: 황도

을: 춘분

병: 추분

정: 하지

춘분 후에 태양이 45도를 실제운행[실행]하여 '기'에 이르면,

ㄱ. 춘분점부터 '기'까지와 같은 도수의 위치가 적도상에서는 '경'

$\widehat{\text{을기}} = \widehat{\text{을경}} = 45$도

ㄴ. '기'에 대응되는 적도상의 위치는 '신'

ㄷ. $\widehat{\text{신경}}$ =(황도상의 도수)−(적도상의 도수)=2도29분

⇒ 승도차(升度差 지평선 위로 함께 떠오르는 황도 점의 황경과 적도 점의 적경 사이의 차)[82]

② 만약 태양의 그날 실제운행[실행] 위치가 춘분으로부터 45도로 계산되었다면, 적도상에서 45도 지점이 아무 위치에 있음을 가지고 아무 시(時)라고 함.

⇒ 적도상의 '경'점을 가지고 시각을 정함.

▾ 예를 들어 '경'점이 '오(午)'자리에 있으면 오시(午時)라고 함.

③ 실제도수[실도(實度)]의 위치인 '신'은 사실 그 서쪽에 있음.

⇒ 승도차 $\widehat{\text{신경}}$을 시간으로 변환하여 시차(時差)를 계산해야 함.

---

82) [그림 11−5]와 같이 천구의 남북극(P, P′)을 통과하는 적도 지방의 지평선에 의해 적도와 황도가 잘릴 때 춘분점(V) 또는 추분점(A)부터 지평선까지 황도를 따른 $\widehat{VQ}$, $\widehat{AQ}$의 도수(황경 λ)와 적도를 따른 $\widehat{VW}$, $\widehat{AE}$의 도수(적경 α)가 서로 다르며 황도경사각(ε)을 매개로 다음과 같은 관계가 있다.

$$\tan\alpha = \tan\lambda\cos\varepsilon$$

이때 황경 λ와 적경 α 사이의 차가 승도차(升度差)이다. [그림 11−5]를 90도 회전하여 남북극을 수직으로 세워 놓고 보면, 지평선 $\widehat{NS}$가 시간권이 되며, 승도차는 곧 동일한 시간권을 통과하는 황도 점의 황경과 적도 점의 적경 사이의 차가 된다. 이 때문에 승도차가 시차(時差)의 요인이 된다.

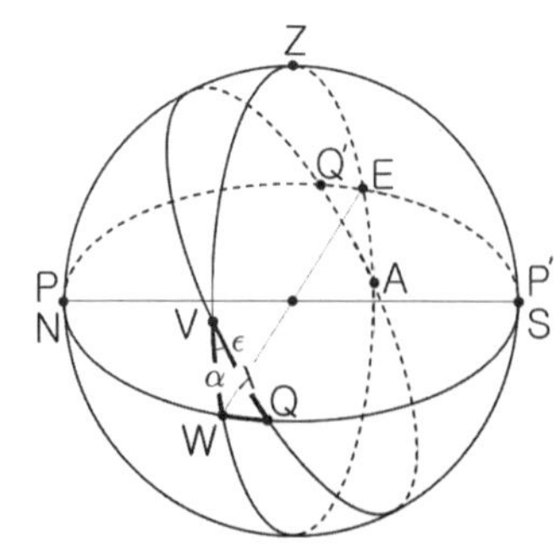

[그림 11-5] 승도차(升度差)

실제시각[용시]=평균시각[평시]+시차

- 예를 들어 '경'점이 오정(午正) 말에 있으면, '오정 말'이 평균시각임. '경'점에 시차를 더한 '신'점이 미초(未初)에 있으면, '미초'가 실제시각이 됨.
- 추분 후도 춘분 후와 같음.

(6) [그림 11-6]과 같이,

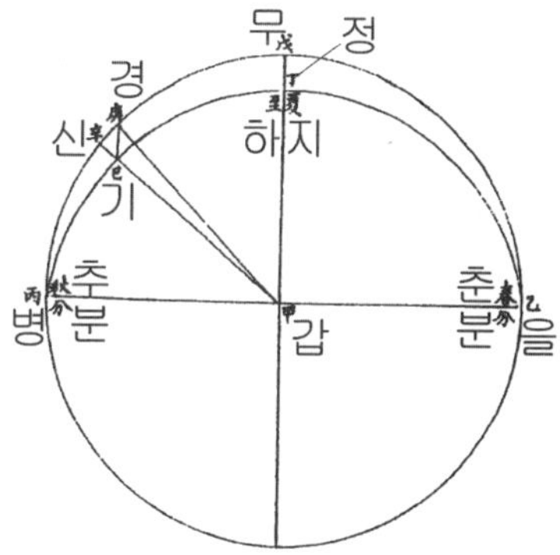

[그림 11-6] 시차(하지 후)

① 하지 후에 태양이 45도를 실제운행[실행]하여 '기'에 이르면,

ㄱ. 춘분점부터 '기'까지와 같은 도수가 적도상에서는 '경'.

ㄴ. $\widehat{경무}=\widehat{기정}=45$도

ㄷ. '기'에 대응되는 적도상의 위치는 '신'

ㄹ. $\widehat{경신}$=(적도상의 도수)−(황도상의 도수)=2도29분[83)]

⇒ 승도차(升度差)

② 만약 태양의 그날 실제운행[실행] 위치가 하지로부터 45도로 계산되었다면, 45도 지점이 적도상의 아무 위치에 있음을 가지고 아무 시(時)라고 함.

83) 주어진 λ에 대해 $\tan\alpha=\tan\lambda\cos\varepsilon$, $\varepsilon=23$도29분30초를 이용하여 α를 계산하고, $\lambda-\alpha$를 구한다음 $\frac{\lambda-\alpha}{360}\times24\times60=4(\lambda-\alpha)$분으로 해당하는 시간을 구할 수 있다. $\lambda=45°$에 해당하는 $\alpha=42.5245°$이고, $\lambda-\alpha=2.4755°$이며, 이 값에 해당하는 시간은 $\lambda-\alpha=$ 2분28.53초이다.

⇒ 적도상의 '경'점을 가지고 시각을 정함.

▾ 예를 들어 '경'점이 '오(午)'자리에 있으면 오시(午時)라고 함.

③ 실제도수[실도(實度)]의 위치인 '신'은 사실 그 동쪽에 있음.

⇒ 반드시 승도차 경신을 시간으로 변환하여 시차(時差)를 계산해야 함.

실제시각[용시]=평균시각[평시]−시차

▾ 예를 들어 '경'점이 오초(午初)에 있으면, '오초'가 평균시각임.

'경'점에서 시차를 뺀 '신'점이 사정(巳正)에 있으면, '사정'이 실제시각이 됨.

▾ 동지 후도 하지 후와 같음.

(7) 이에 준하여 논하면 [그림 11−7]과 같이,

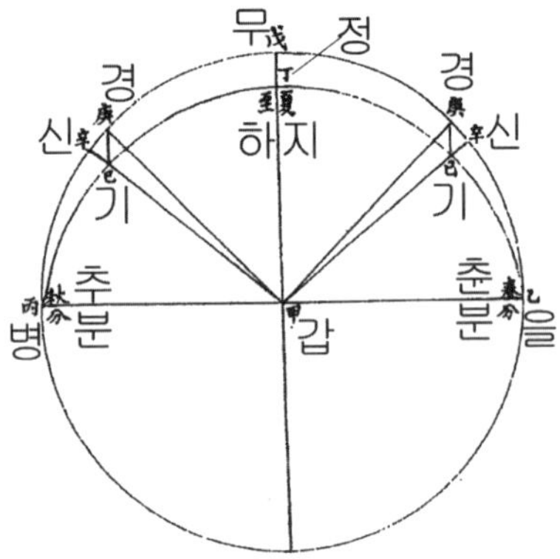

[그림 11-7] 시차(춘분 후와 하지 후)

① 춘 · 추분 후 양 상한(象限 90도 범위): 실제시각[용시] 위치가 모두 평균시각[평시] 위치의 서쪽에 있음.

⇒ 실제시각[용시]=평균시각[평시]+시차

② 동 · 하지 후 양 상한(象限 90도 범위): 실제시각[용시] 위치가 모두 평균시각[평시] 위치의 동쪽에 있음.

⇒ 실제시각[용시]=평균시각[평시]−시차

③ 춘 · 추분과 동 · 하지가 시차를 더하거나 빼는 경계점 ⇒ 적도상에서 일어나는 일.

6) 《신법역서(新法曆書)》(숭정역서)의 일차표(日差表)

(1) 시차(時差) 가감의 두 경계점은 원지점과 근지점, 그리고 춘·추분과 동·하지.

(2) 하나의 시차표를 이용한 실제시각 계산[84)]

① 태양의 실제운행[실행] 궁도에 대한 적도의 동승도(同升度 함께 떠오르는 도수)를 구함.

② '적도의 동승도'와 '평균운행[평행] 궁도'의 차를 구하여 시간으로 변환하면 시차가 됨.

③ 1도 간격으로 계산하여 시차표를 만듦.

④ 실제시각[용시]=평균시각[평시]±시차

⇒ 두 번 가감할 것을 한 번의 가감으로 처리함.

(3) 하나의 시차표를 이용한 계산의 문제점

: 원지점과 근지점은 매년 운행분수[행분(行分)]가 있음.

⇒ 궁도(동지점을 기준한 도수)의 인수(引數 근지점 이각)가 매년 일정하지 않음.

⇒ 하나의 표로 만들면 오랜 세월이 흐른 뒤에 사용할 수 없음.

7) 《역상고성》의 시차표(時差表)

(1) 두 개의 표(승도시차표(升度時差表)와 균수시차표(均數時差表))로 나누어 작성함.

① 균수시차표(均數時差表): 태양의 균수(均數 영축차)를 시간으로 변환함. 인수(引數 근지점 이각)를 사용하여 찾음.

② 승도시차표(升度時差表): 승도차(升度差)를 시간으로 변환함. 실제운행[실행] 도수[85)]를 사용하여 찾음.

---

84) [보충자료 23] 참조.

85) 실제운행[실행] 도수는 황도상에서 동지점으로부터 실제태양까지 헤아린 도수이다.

(2) 규칙에 따라 두 차례 가감하면, 평균시각과 실제시각의 차를 '정확한 값[진수(眞數)]'으로 얻을 수 있음.

보충자료 23 일차(균시차) 계산

태양의 실제 궁도(실행 동지점부터 헤아린 황경)를 $\lambda_{실행}$이라 하면 $\lambda_{실행}-90°$는 $\lambda_{황경}$이 된다. 따라서 적도 동승도 α는 $\tan\alpha=\tan(\lambda_{실행}-90°)\tan\varepsilon$식으로 구할 수 있다. α와 $\lambda_{황경}$의 차이인 $\lambda_{실행}-90°-\alpha$로 승도시차를 구한다. 평균운행 궁도 $\lambda_{평행}$에서 동지와 근지점 사이의 각도인 $\Delta\lambda$를 빼면 즉 $\lambda_{평행}-\Delta\lambda=M$이 진근점이각이 된다. 이 값에 대한 가감차 $q(M)=q(\lambda_{평행}-\Delta\lambda)$를 구한다. 그런데 $\lambda_{평행}-\lambda_{실행}=-q$가 된다. 균수 시차는 $-q$에 대한 시차이다. 따라서 일차(균시차)에 대한 분단위 시간값인 EoT는

$$\begin{aligned} EoT &= 4\left[\lambda_{실행}-90°-\tan^{-1}\{\tan(\lambda_{실행}-90°)\tan\varepsilon\}-q(\lambda_{평행}-\Delta\lambda)\right] \\ &= 4\left[\lambda_{실행}-90°-\tan^{-1}\{\tan(\lambda_{실행}-90°)\tan\varepsilon\}+(\lambda_{평행}-\lambda_{실행})\right] \\ &= 4(\lambda_{평행}-90°-\alpha) \qquad (1) \end{aligned}$$

이다. 1°는 시간값으로 4분에 해당한다.

결론적으로 태양의 관측으로부터 얻은, 혹은 계산으로 얻은 실제 궁도 $\lambda_{실행}$으로부터 적도 동승도 α를 구하고, 동지로부터 시간 t, 태양의 평행 $\lambda_{평행}=\dfrac{360}{365.2422}t$도를 구한다. $\lambda_{평행}-90°$는 춘분점으로부터 태양의 경도이다. 이 값과 α의 차이가 태양의 일차이다. 《신법산서》(숭정역서)에서는 이 방법을 제시하고 있다. 이 방법은 승도시차와 균수시차를 합해서 구하는 일반적인 방법이다.

[표 7] 평기로 춘분날 태양의 균시차 계산

$\Delta\lambda=5°30'$		$E=0.03584$		$\omega=0.985647$		$\varepsilon=23°29'30''$	
t(일)	$\lambda_{평행}=\omega t$	$M=\omega t+\Delta\lambda$	q	$\lambda_{진}$	$\lambda_{실행}$	$\lambda_{황경}$	α
91.31055	90°	84.5°	2.046673°	86.54667°	92.04667°	2.046673°	1.877167°
		$-4q$	$4(\lambda_{황경}-\alpha)$	EoT	$EoT+7.5$	$EoT=4(\lambda_{평행}-90°-\alpha)$	
		−8.18669분	0.678021분	−7.50867분	−0.00867분	−7.50867 분	

다음은 균수시차와 승도시차를 나누어 균시차를 구하는 일반적인 방법이다.

1. 동지에서 근지점 사이의 각도를 $\Delta\lambda$, 태양의 일평균 운행각속도를 $\omega = \dfrac{360}{365.2422}$°/일 $\simeq$ 59분08초20미/일 이라 하자.
2. 동지로부터 t일 후에 태양의 평행은 $\lambda_{평행} = \omega t$이다. 따라서 근지점에서 태양까지 평균 근점 이각은 $M = \omega t - \Delta\lambda = \lambda_{평행} - \Delta\lambda$이다. 따라서 태양의 평행은 $\lambda_{평행} = \omega t = M + \Delta\lambda$이다.
3. 평균 근점 이각 M에 대한 가감차는 $q(M)$이다. 따라서 태양의 진 근점 이각은 $\lambda_{진} = M + q(M)$가 된다.
4. 첫 번째 원인에 의한 일차는 $EoT_1 = 4(M - \lambda_{진}) = -4q(M)$가 된다.
5. 동지점을 기준으로 하는 태양의 실행은 $\lambda_{실행} = \lambda_{진} + \Delta\lambda = M + q(M) + \Delta\lambda = \omega t + q(M)$이다. 평행도수와 실행도수의 차이인 $-q = \lambda_{평행} - \lambda_{실행}$도 EoT_1의 첫 번째 원인과 같다.
6. 춘분점이 기준인 태양의 황경을 λ라 하면 $\lambda = \lambda_{실행} - 90°$가 된다.
7. 이 때의 태양의 적경을 α라 하면 $\tan\alpha = \tan\lambda\cos\varepsilon$의 식에서 $\alpha = \tan^{-1}(\tan\lambda\cos\varepsilon)$를 구한다.
8. 두 번째 원인에 의한 일차는 $EoT_2 = (\lambda - \alpha) \times 4 = [\lambda - \tan^{-1}(\tan\lambda\cos\varepsilon)] \times 4$가 된다. 4를 곱한 것은 도 단위의 각도를 분 단위의 시간으로 바꾸기 위함이다.
9. 시차는 $EoT = EoT_1 + EoT_2 = [-q + (\lambda - \alpha)] \times 4$가 된다.
10. $\Delta\lambda = 7°$인 경우에 EoT를 계산하여 그린 그래프가 [보충그림 23-1]이다.

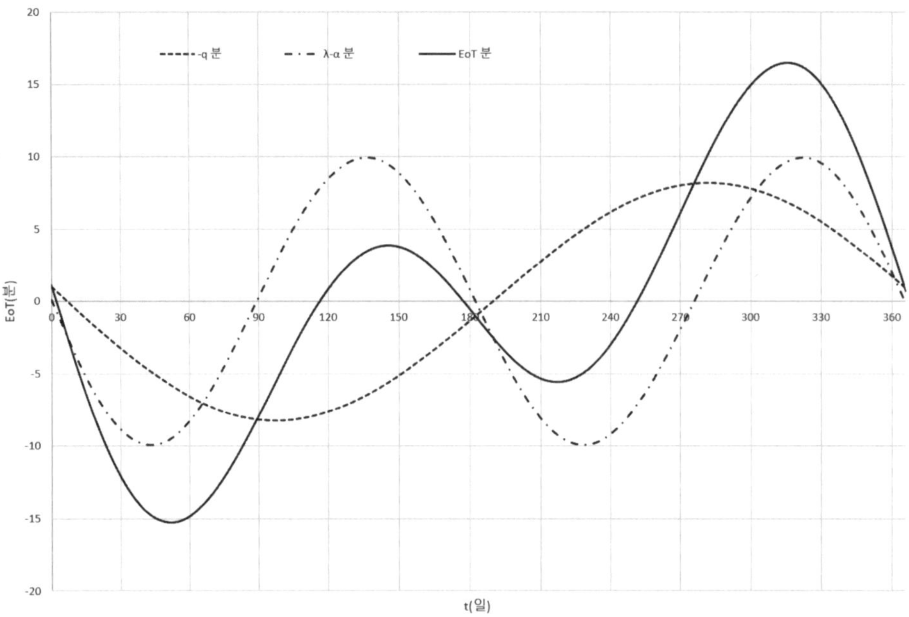

[보충그림 23-1] $\Delta\lambda = 7°$인 경우, 동지부터 경과한 날에 대한 일차(균시차)

12. 《숭정역서》에서는 동지와 춘분 사이가 90°이고, 동지와 근지점 사이가 대략 $\Delta\lambda = 5°30'$ 정도이기에 춘분점에서 가감차는 대략 $q(84°30') = 2.046673°$이다. 이 값에 대한 적도승도차인 $\Delta\alpha$는 $\Delta\alpha = \tan^{-1}(\tan(q(84°30'))\cos\varepsilon) \simeq 1.877167°$이다.([표 7] 참조) 이 값을 시간으로 바꾸면 대략 7.5분이다. $\Delta\lambda = 5°30'$일 때 EoT를 분 단위로 구하고 이 값에 7.5분을 더하여 그린 그래프가 [보충그림 23−2]에 제시되어 있다. $7.5 + EoT$로 계산된 시차의 값과 《숭정역서》 혹은 《신법산서》에 기록되어 있는 값과 거의 같다. 7.5분을 더한 이유는 춘분점에서 균시차를 0으로 하기 위한 것으로 보인다. 동지점에서는 황경이 −90도 부근이기에 황도와 적도의 경사에 따른 균시차는 거의 0이고, 가감차에 의한 균시차도 거의 0이므로 균시차 EoT가 거의 0이다. 따라서 전체적으로 더해준 7.5분이 거의 그대로 드러난다.
13. 균시차 곡선은 $\Delta\lambda$의 값에 영향을 받는다. 동지점과 근지점 사이의 각인 $\Delta\lambda$의 값은 지구의 세차운동에 의하여 춘분점 (혹은 동지점)이 이동하고, 지구 궤도 자체의 근일점이동(혹은 원일점이동)에 의하여 해마다 바뀐다. 이 값의 변화는 1년 사이에 각도로 1분 정도이기에 아주 작아 무시할 수 있다. 그러나 세월이 쌓이면 이 변화를 무시할 수 없다.

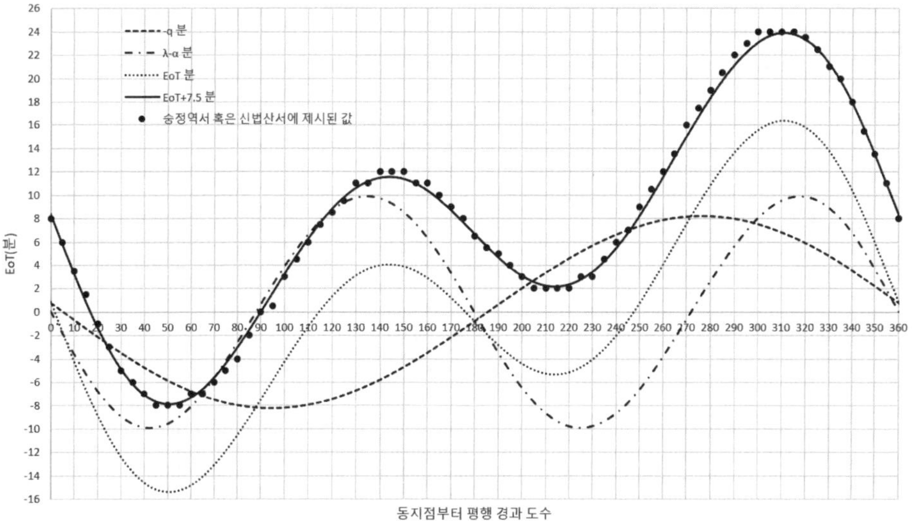

[보충그림 23-2] $\Delta\lambda = 7°$인 경우, 동지부터 경과한 도수에 대한 시차(균시차). 《숭정역서》 혹은 《신법산서》에 기록된 값과 계산 결과가 일치한다.

제12장

일출 전, 일몰 후의 박명 지속 시간 [몽영각분(曚影刻分)]

1) 몽영(曚影 몽영각분): 예전의 신혼분(晨昏分)

몽영한(曚影限) 18도: 태양이 뜨기 전과 진 후에도 태양이 지평선 아래 18도 이내에 있을 때는 모두 빛이 있음.(박명(薄明 twilight)

2) 몽영각분의 크기

북극고도[북극출지(北極出地)]가 지역에 따라 다르고 태양의 적위가 시각에 따라 다르므로 때와 장소에 따라 달라짐.

(1) 때에 따른 변화: 춘 · 추분 때는 몽영각분이 작고, 동 · 하지 때는 큼.

(2) 장소에 따른 변화: 북쪽(고위도 지방)일수록 몽영각분이 크고, 남쪽(저위도 지방)일수록 작음.

① 북극고도가 50도이면 하지 때 야반(夜半)에도 빛이 있음.

② 북극고도가 50도보다 더 높아져가면 점차 밤이 오지 않음.

③ 적도지방에서는 춘 · 추분 때 몽영각분이 극히 작고, 동지와 하지 때 몽영각분이 같음.

④ 적도 남쪽은 이와 반대임.

3) 몽영각분의 도해

(1) 춘 · 추분과 동 · 하지 때 몽영각분

[그림 12－1]에서,

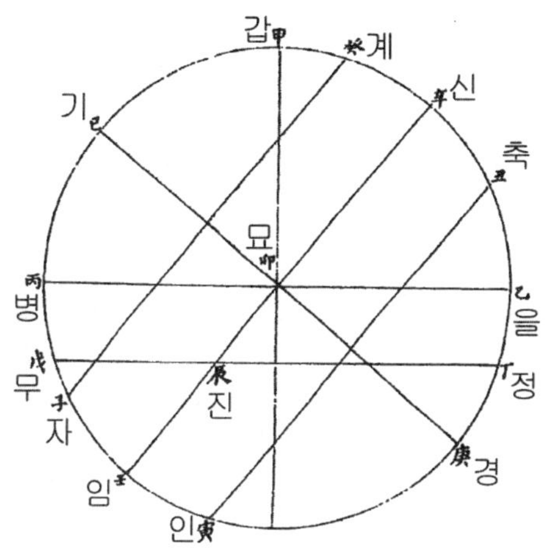

[그림 12-1] 몽영각분(춘·추분)

① 갑: 천정

을병: 지평선

정무: 지평선 아래 18도의 몽영한(矇影限)

▾ 을정＝병무＝18도

기: 북극

경: 남극

신임: 적도

계자: 하지점을 통과하는 등적위권(等赤緯圈 거등권(距等圈))

축인: 동지점을 통과하는 등적위권[거등권]

② 춘 · 추분 때는,

ㄱ. 태양이 신임을 운행함.

ㄴ. 적도 신임이 '묘'에서 지평선 위아래로 떠오르고 들어감.

ㄷ. 적도 신임이 몽영한(曚影限)과 '진'에서 만남.

ㄹ. 태양이 묘진 사이에 있을 때는 지평선 위에 빛이 있음.

ㅁ. 몽영각분(曚影刻分): 묘진에 대응하는 시간

③ 동지 때는 [그림 12－2]와 같이,

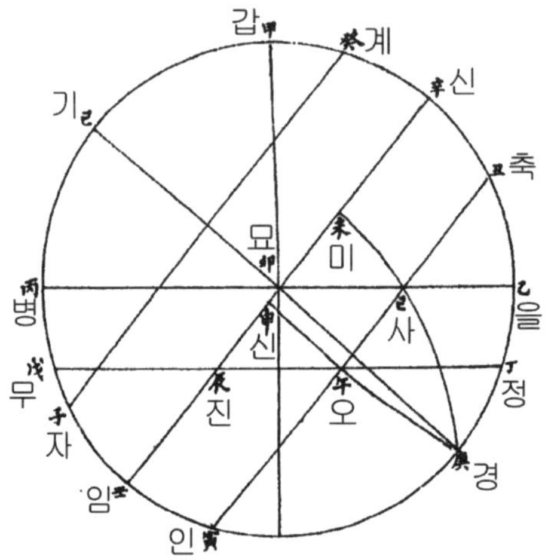

[그림 12-2] 몽영각분(동지)

ㄱ. 태양이 등적위권[거등권] 축인을 운행함.

ㄴ. 등적위권[거등권] 축인이 '사'에서 지평선 위아래로 떠오르고 들어감.

ㄷ. 등적위권[거등권] 축인이 몽영한과 '오'에서 만남.

ㄹ. 태양이 사오 사이에 있을 때는 지평선 위에 빛이 있음.

ㅁ. 몽영각분: 사오에 대응하는 시간

ㅂ. 사오에 대응되는 적도상의 호＝미신(未申)＞묘진

⇒(동지 때 몽영각분)＞(춘 · 추분 때 몽영각분)

④ 하지 때는 [그림 12－3]과 같이,

ㄱ. 태양이 등적위권[거등권] 계자를 운행함.

ㄴ. 등적위권[거등권] 계자가 '유'에서 지평선 위아래로 떠오르고 들어감.

ㄷ. 등적위권[거등권] 계자가 몽영한과 '술'에서 만남.

ㄹ. 태양이 유술 사이에 있을 때는 지평선 위에 빛이 있음.

ㅁ. 몽영각분: 유술에 대응하는 시간

ㅂ. 유술에 대응되는 적도상의 호=해건 > 미신(未申)

⇒(하지 때 몽영각분) > (동지 때 몽영각분) > (춘 · 추분 때 몽영각분)

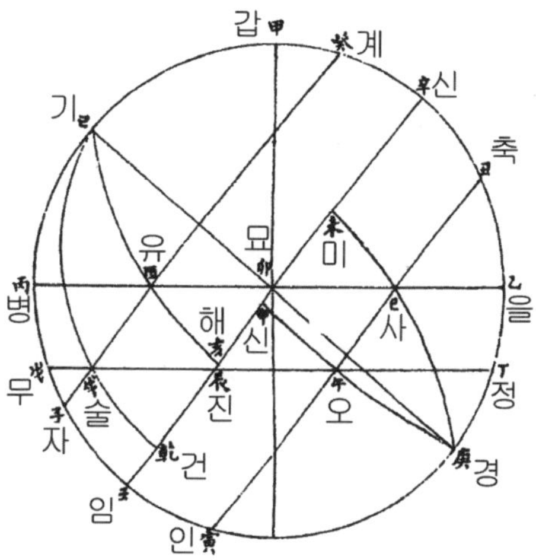

[그림 12-3] 몽영각분(하지)

(2) 춘 · 추분과 동 · 하지 때 몽영각분의 크기 비교

① 동지 때 몽영각분에 대응되는 적도상의 호가 춘 · 추분 때보다 큰 까닭은 자명함.

▾ 미신(未申) > 묘진

② 하지 때 몽영각분에 대응되는 적도상의 호가 동지 때보다 큰 까닭은 알기 어려움.

▾ 해건 > 미신(未申)

ㄱ. 미신(未申)과 해건은 모두 적도상의 호에 대응되는 sin값[정현(正弦)]이지 호(弧)가 아님.

▾ sin값[정현]은 원의 중심에 가까우면 성김[소(疎)].

성기면 해당되는 도수가 작음.

원의 둘레에 가까우면 조밀함[밀(密)].

조밀하면 해당되는 도수가 큼.[86)]

보충자료 24 정현(sin)에 대한 고찰

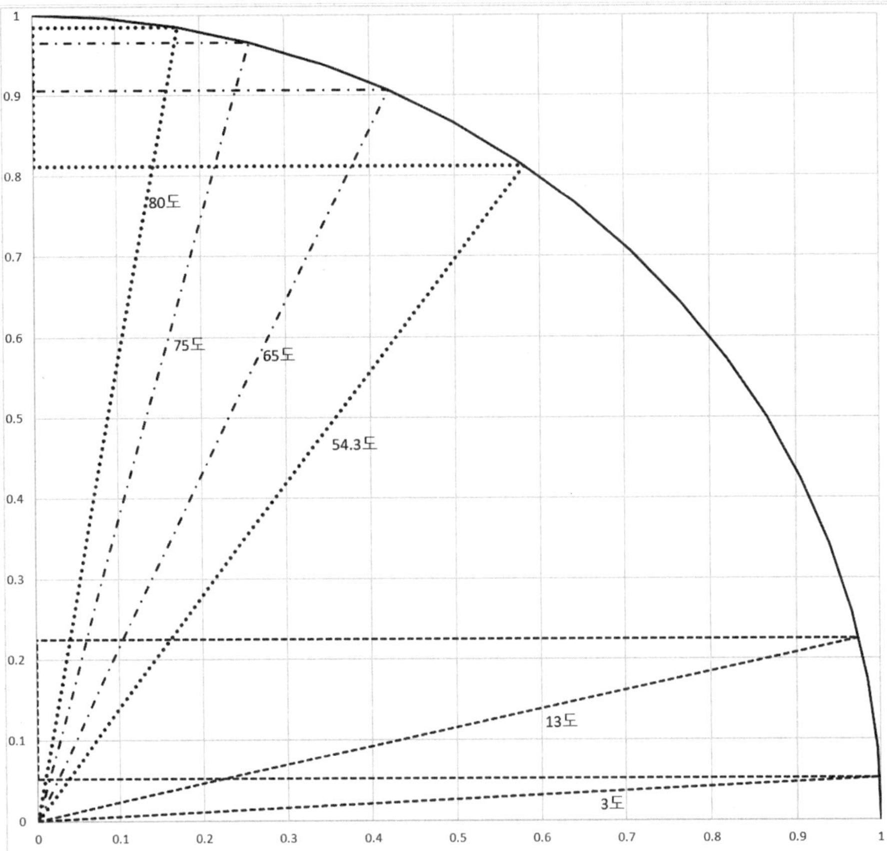

[보충그림 24-1] 정현

반지름이 1인 단위 원의 1사분면에서 x축에서 θ만큼 떨어진 점을 (x, y)라 하면 $x = \cos\theta$, $y = \sin\theta$가 된다. 이 식을 미분하면 $\dot{x} = -\sin\theta\dot{\theta}$, $\dot{y} = \cos\theta\dot{\theta}$이 된다. y값의 변화를 생각해 보자. θ값이 0에 가까울수록 $\dot{\theta}$가 일정할 때 sin값의 증가율($\dot{y}$)은 커지고 $\dot{y}$가 일정할 때 각도가 커지는 증가율($\dot{\theta}$)은 작다. 1에 가까울수록 $\dot{\theta}$가 일정할 때 $\dot{y}$의 증가율은 작고, $\dot{y}$가 일정할 때 각도가 커지는 증가율인 $\dot{\theta}$은 크다. 성긴다 혹

86) [보충자료 24] 참조.

은 조밀하다는 표현은 $\dot{y}$가 크다 혹은 작다라는 의미이다.

원의 바깥에서 보았을 때 정현(sin)으로 나타나는 현의 길이의 값의 차이(Δy)가 원의 중심 방향에 있으면(θ가 작으면, 혹은 y축의 중심 근처) 성기기에 같은 각도차(혹은 호, $\Delta\theta$)로 원의 둘레에 있을 때(θ가 클 때, 혹은 y축의 중심에서 멀리 원의 둘레 쪽으로)보다 현의 길이의 차이가 크다. 즉 [보충그림 24－1]에서 $\theta = 3°$와 $\theta = 13°$의 정현 값의 차이는 $\Delta y = \sin(13°) - \sin(3°) = 0.172615$이고, $\theta = 65°$와 $\theta = 75°$의 정현 값의 차이는 $\Delta y = \sin(75°) - \sin(65°) = 0.059618$이다.

만약 현의 길이 차이가 같다면 그 길이의 차이가 원의 둘레에 있으면 거기는 조밀하기에 $\Delta\theta$가 크다. 예를 들면 $\theta = 3°$와 $\theta = 13°$의 정현 값의 차이에 해당하는 Δy가 원의 둘레에서는 [보충그림 24－1]에서 $\theta = 54.3°$와 $\theta = 80°$의 정현 값의 차이와 같다.

[그림 12－4]에서 $\overline{\text{미신}}$과 $\overline{\text{해건}}$의 길이가 비슷해 보이지만 $\overline{\text{미신}}$은 원의 중심 방향에 있고, $\overline{\text{해건}}$은 원의 둘레 방향에 있기에 $\widehat{\text{진손}}$(震巽) > $\widehat{\text{감간}}$이다.

ㄴ. [그림 12－4]와 같이,

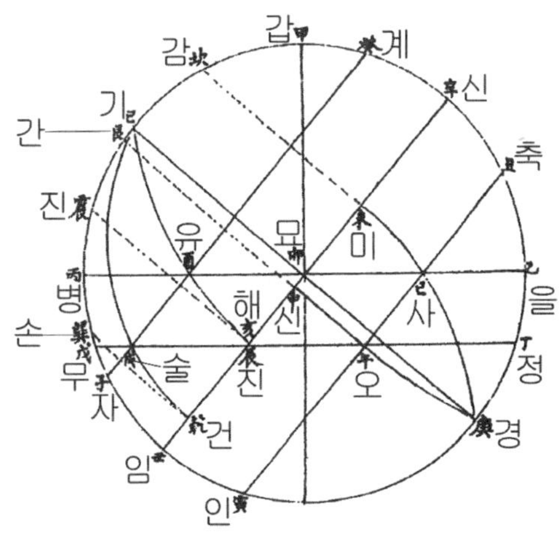

[그림 12-4] 몽영각분의 크기 비교

a. 적도상의 미, 신, 해, 건 네 점에서 각기 수선을 그리고 원의 둘레까지 연장하면, 원 둘레를 감(坎), 간(艮), 진(震), 손(巽)에서 끊음.

b. $\overset{\frown}{\text{감간}}=\overset{\frown}{\text{미신}}$(未申)

▾ $\overline{\text{미묘}}=\sin\overset{\frown}{\text{감기}}$, $\overline{\text{묘신}}$(卯申)$=\sin\overset{\frown}{\text{기간}}$

$\overline{\text{미묘}}+\overline{\text{묘신}}$(卯申)$=\overline{\text{미신}}$(未申)

$\overset{\frown}{\text{감기}}+\overset{\frown}{\text{기간}}=\overset{\frown}{\text{감간}}$

∴ $\overset{\frown}{\text{감간}}$은 $\overline{\text{미신}}$(未申)에 대응하는 도수

c. $\overset{\frown}{\text{진손}}$(震巽)$=\overset{\frown}{\text{해건}}$

▾ $\overline{\text{묘건}}=\sin\overset{\frown}{\text{기손}}$, $\overline{\text{묘해}}=\sin\overset{\frown}{\text{기진}}$(己震)

$\overline{\text{묘건}}-\overline{\text{묘해}}=\overline{\text{해건}}$,

$\overset{\frown}{\text{기손}}-\overset{\frown}{\text{기진}}$(己震)$=\overset{\frown}{\text{진손}}$(震巽)

∴ $\overset{\frown}{\text{진손}}$(震巽)은 $\overline{\text{해건}}$에 대응하는 도수

d. '$\overset{\frown}{\text{진손}}$(震巽) > $\overset{\frown}{\text{감간}}$'이 자명함.

(3) 춘 · 추분 때 몽영각분 구하기

[그림 12－5]의 사호삼각형(斜弧三角形 일반 구면삼각형) 갑기진에서,

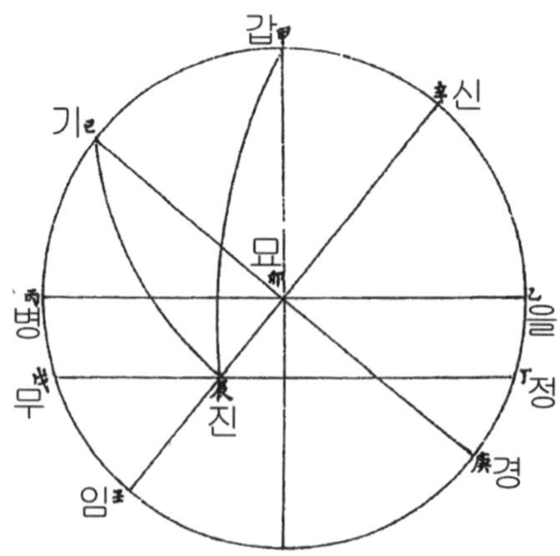

[그림 12-5] 몽영각분 계산(춘·추분)

$\overset{\frown}{\text{갑기}}$＝50도05분 ⇒ 북극의 천정거리(＝90° − ϕ)

▾ 북경의 북극고도(＝ϕ) 39도55분을 기준으로 계산한 천정거리임.

$\overset{\frown}{\text{기진}}$＝90도

$\overset{\frown}{\text{갑진}}$ = 108도(= 90도 + 18도)

∴ ∠ 기[87] = 113도45분36초 = $\overset{\frown}{\text{신묘진}}$ ⇒ 6시간6각5분[88]

▾ 각도 1도 ⇒ 시간 4분

$\overset{\frown}{\text{묘진}}$ = $\overset{\frown}{\text{신묘진}}$ − $\overset{\frown}{\text{신묘}}$ = 6시간6각5분 − 6시간 = 6각5분(1^h35^m) ⇒ 춘 · 추분 때 몽영각분

▾ $\overset{\frown}{\text{신묘}}$는 반주분(半晝分).

곧, 태양이 '묘'에서 떠서 정오에 '신'에 이르는 시간.

또는 태양이 정오에 '신'에 있다가 '묘'로 지기까지 시간.

보충자료 25 춘 · 추분 때 위도에 따른 몽영각분 구하기

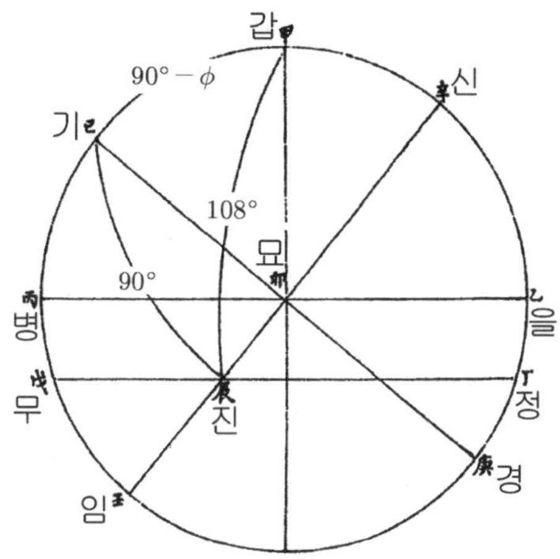

[보충그림 25-1] 몽영각분 계산(춘 · 추분)

구면 삼각형 '갑기진'에서 $\cos 108° = \cos(90° - \phi)\cos 90° + \sin(90° - \phi)\sin 90°$ $\cos(\angle \text{기})$이기에 $\cos(\angle \text{기}) = \dfrac{\cos 108°}{\cos\phi}$가 된다. $\angle \text{기} = 90° + \overset{\frown}{\text{묘진}}$이기에 $\sin \overset{\frown}{\text{묘진}} = \dfrac{\sin 18°}{\cos\phi}$이 된다. 따라서 $\overset{\frown}{\text{묘진}}$은 위도 ϕ가 클수록 커진다.

---

87) 세 호(弧)를 알므로 구면에서의 제1코사인법칙 $\cos A = \dfrac{\cos a - \cos b \cos c}{\sin b \sin c}$에 따라 한 각을 구할 수 있다.

88) 113도45분36초를 시간으로 환산하면 7시간2각05분02초24미가 되는데, 뒤에서 6시간을 뺄 것을 대비하여 6시간6각05분02초24미로 나타내고 초 단위에서 반올림한 것이다.

ϕ = 39도 55분 일 때, ∠기 = 113도45분35초가 나오고, 묘진 = 23도45분35초가 나오며, 이는 $1^h 35^m 2.33^s$에 해당한다.

(4) 동지 때 몽영각분 구하기

[그림 12－6]의 사호삼각형 갑기오에서,

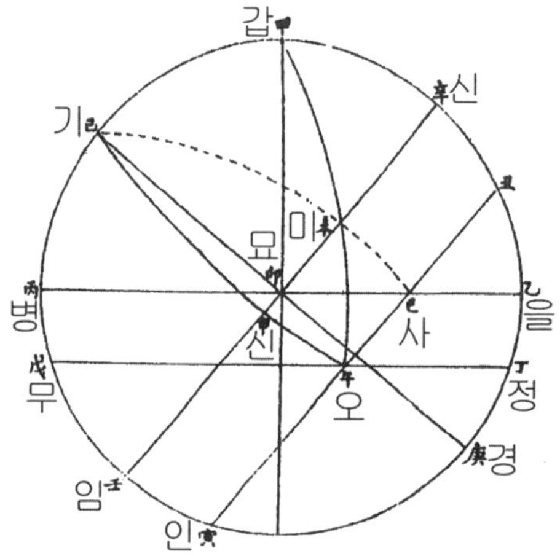

[그림 12-6] 몽영각분 계산(동지 1)

갑기 = 50도05분 ⇒ 북극의 천정거리

기오 = 113도29분30초

▾ 기신(己申) + 신오(申午) = 상한(90도) + (적위 23도29분30초)

갑오 = 108도

∴ ∠기 = 94도20분06초 = 신미신(辛未申) ⇒ 6시간1각2분

미신(未申) = 신미신(辛未申) − 신미(辛未)

= 6시간1각2분 − 4시간2각5분[89] = 6각12분($1^h 42^m$)

89) 4시간2각5분은 위도가 39도55분인 지방에서 동지 때 낮의 길이의 절반, 곧 반주분(半晝分)이다. 그 계산법은 뒤의 제13장 〈낮과 밤의 길이[주야영단(晝夜永短)]〉에서 다루기 때문에 여기서는 생략되었다.

⇒ 동지 때 몽영각분

▾ $\overset{\frown}{\text{신미}}$(辛未)는 반주분(半晝分).

곧, 태양이 '사'에서 떠서 정오에 '축'에 이르기까지 시간.

또는 태양이 정오에 '축'에 있다가 '사'로 지기까지 시간.

보충자료 26 동지 때 위도에 따른 몽영각분 구하기

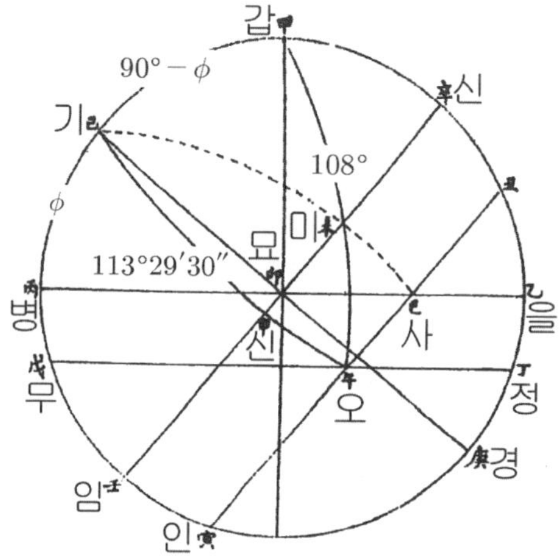

[보충그림 26-1] 몽영각분 계산(동지)

구면 삼각형 '갑기오'에서 $\cos 108° = \cos(90° - \phi)\cos \overset{\frown}{\text{기오}} + \sin(90° - \phi)\sin \overset{\frown}{\text{기오}}$ $\cos(\angle \text{기})$이기에 $\cos(\angle \text{갑기오}) = \dfrac{\cos 108° - \sin\phi\cos\overset{\frown}{\text{기오}}}{\cos\phi\sin\overset{\frown}{\text{기오}}}$가 된다. 또한 동지날 낮의 길이의 반은 구면삼각형 '갑기사'에서 $\angle$갑기사 $= \overset{\frown}{\text{신미}}$에 해당한다. $\overset{\frown}{\text{갑기}} = 90° - \phi$이기에 $\cos(\angle \text{갑기사}) = -\cot\overset{\frown}{\text{기사}}\tan\phi$가 된다.(다음 장에 설명된 계산법과 같다).

$\overset{\frown}{\text{기사}} = \overset{\frown}{\text{기오}} =$ 113도29분30초이고 $\phi =$ 39도 55분이므로 $\angle$갑기오 $=$ 94도20분26초(동지날 낮의 길이 반과 몽영각분)이고 $\angle$갑기사 $=$ 68도40분36초(동지날 낮의 길이의 반)이다. 따라서 $\overset{\frown}{\text{미신}} =$ 25도39분50초이기에 이 위도에서 동짓날 몽역각분은 $1^h 42^m 39.82^s$이다.

(5) 하지 때 몽영각분 구하기

[그림 12－7]의 사호삼각형 갑기술에서,

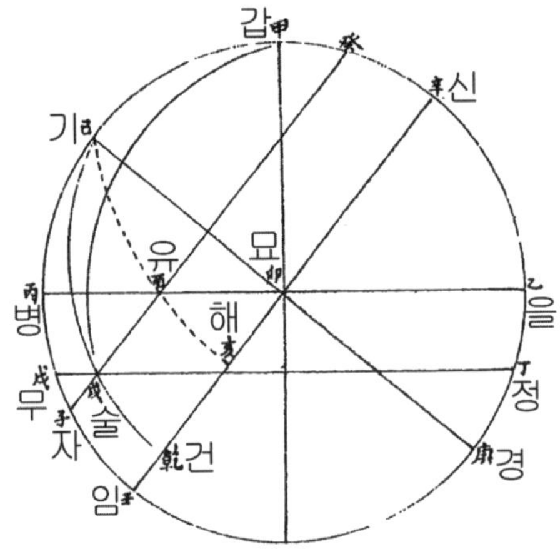

[그림 12-7] 몽영각분 계산(하지)

갑기＝50도05분 ⇒ 북극의 천정거리

기술＝66도30분30초

▾ 기술＝기건－술건＝상한(象限 90도)－(적위 23도29분30초)

갑술＝108도

∴ ∠기=143도23분05초=신해건 ⇒ 9시간2각5분

해건(亥乾)＝신해건(辛亥乾)－신해(辛亥)

＝9시간2각5분－7시간1각10분[90]＝8각9분(2^h09^m) ⇒ 하지 때 몽영각분

▾ 신해는 반주분(半晝分).

곧, 태양이 '유'에서 떠서 정오에 '계'에 이르기까지 시간.

또는 태양이 정오에 '계'에 있다가 '유'로 지기까지 시간.

---

90) 7시간1각10분은 위도가 39도55분인 지방에서 하지 때 낮의 길이의 절반, 곧 반주분(半晝分)이다. 이 계산법도 뒤의 제13장에서 다루기 때문에 여기서는 생략되었다.

(6) 기타 각 절기의 몽영각분도 모두 이와 같이 계산함.

보충자료 27 **하지 때 위도에 따른 몽영각분 구하기**

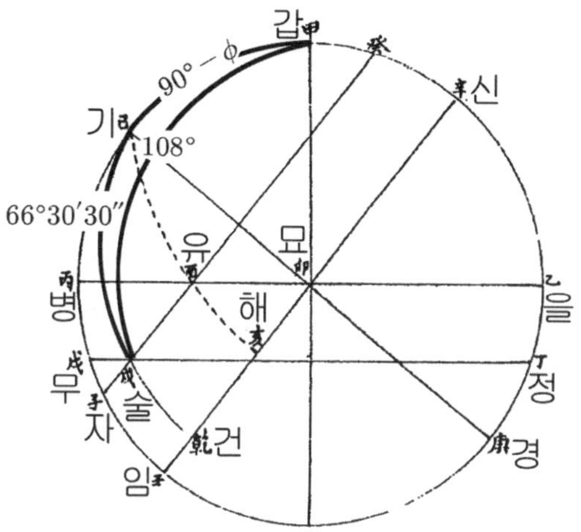

[보충그림 27-1] 몽영각분 계산(하지)

구면 삼각형 '갑기술'에서 $\cos108° = \cos(90° - \phi)\cos\overset{\frown}{\text{기술}} + \sin(90° - \phi)\sin\overset{\frown}{\text{기술}}$ $\cos(\angle\text{기})$이기에 $\cos(\angle\text{갑기술}) = \dfrac{\cos108° - \sin\phi\cos\overset{\frown}{\text{기술}}}{\cos\phi\sin\overset{\frown}{\text{기술}}}$이 된다. 그런데 하지날 낮의 길이의 반인 $\angle\text{갑기유} = \angle\text{갑기해} = \overset{\frown}{\text{신해}}$이고 구면삼각형 '갑기유'에서 $\overset{\frown}{\text{갑유}} = 90°$, $\overset{\frown}{\text{갑기}} = 90° - \phi$이기에 $\cos(\angle\text{갑기해}) = -\cot\overset{\frown}{\text{기술}}\tan\phi$가 된다(다음 장에 설명된 계산법과 같다).

$\overset{\frown}{\text{기술}} = \overset{\frown}{\text{기유}} =$ 66도30분30초이고 $\phi =$ 39도 55분이므로 $\angle\text{갑기술} = \angle\text{갑기건}$ = 143도24분43초(하지날 낮의 길이의 반과 몽영각분)가 나온다. 하짓날 낮의 길이의 절반인 $\angle\text{갑기해} =$ 111도19분24초(하지날 낮의 길이의 반)이기에 $\overset{\frown}{\text{해건}} =$ 32도5분20초(하지날 몽영각분)가 나오며, 이는 $2^h 8^m 23.14^s$에 해당한다.

보충자료 28 위도와 태양의 적위에 따른 낮의 길이 반과 몽영각분

[보충그림 26-1]와 [보충그림 27-1]에 의하면 하지에는 $\widehat{기술}=90$도 -23도 29분30초, 동지에는 $\widehat{기오}=90$도 $+23$도29분30초를 사용하였다. 이들은 모두 태양의 북극 거리에 해당한다. 태양의 적위가 δ일 때에는 태양의 북극 거리는 $90-\delta$가 된다. 따라서 $\cot\widehat{기술}=\cot(90-\delta)=\tan\delta$, $\cos\widehat{기술}=\sin\delta$, $\sin\widehat{기술}=\cos\delta$가 된다. 이제 위도가 ϕ인 지방에서 낮의 길이의 반에 해당하는 각도를 H, 몽영각분에 해당하는 각도를 $H_{몽}$이라 하면,

$$\cos H = -\tan\phi\tan\delta$$

$$\cos(H+H_{몽})=\frac{\cos(108°)-\sin\phi\sin\delta}{\cos\phi\cos\delta}$$

가 된다. [보충그림 28-1]에 $\phi=39$도 55분에서 '낮의 길이 반', '몽영각분', '낮의 길이 반+몽영각분'을 각각 그려 보았다. 몽영각분의 시간은 '하지날 $H_{몽}$'〉'동지날 $H_{몽}$'〉'춘 · 추분 $H_{몽}$'임이 보인다.

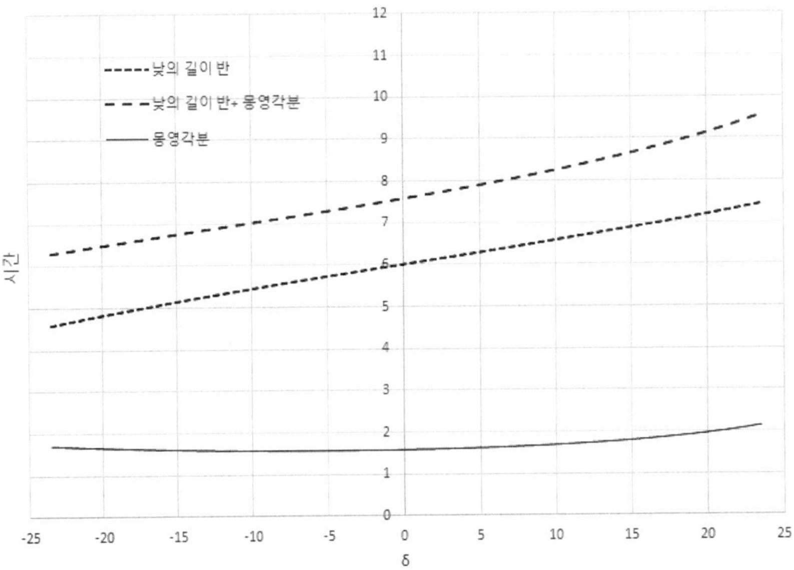

[보충그림 28-1] $\phi=39$도 55분에서 태양의 적위에 따른 낮의 길이 반과 몽영각분

제13장

낮과 밤의 길이 [주야영단(晝夜永短)]

1) '낮과 밤[주야(晝夜)]': 태양이 뜨고 짐에 따른 현상.

관측지의 위도가 다름으로 인해 태양이 뜨고 지는 시각이 철마다 각기 다름.
⇒ 낮과 밤의 길이 차이가 발생.

2) '중국의 영토'[중토(中土)]는 적도 북쪽에 있음.

⇒ 적도가 천정 남쪽에 비스듬히 기울어져 있고, 남극은 지평선 아래 들어가 있고, 북극은 지평선 위로 나와 있음.

(1) 춘 · 추분 때는 태양이 묘방(卯方 정동)에서 뜨고 유방(酉方 정서)으로 짐.
⇒ 낮과 밤의 길이가 같음

(2) 추분 이후는 태양이 묘방(정동)의 남쪽에서 뜨고 유방(정서)의 남쪽으로 짐.
⇒ 하늘을 따라 좌선(左旋)하는 도수[91] 중에 지평선 위에 있는 부분은 작고, 지평선 아래 있는 부분은 큼.
⇒ 낮은 짧고 밤은 긺.

(3) 춘분 이후는 태양이 묘방(정동)의 북쪽에서 뜨고 유방(정서)의 북쪽으로 짐.
⇒ 하늘을 따라 좌선(左旋)하는 도수 중에 지평선 위에 있는 부분은 크고, 지평선 아래 있는 부분은 작음.
⇒ 낮은 길고 밤은 짧음.

---

91) 하늘을 따라 좌선(左旋)하는 도수는 동에서 서로 향하는 일주운동(日周運動)의 도수를 말한다.

3) 관측지가 북쪽에 있을수록 낮과 밤의 길이 차가 큼.

(1) 광주부(廣州府): 북극고도가 23도10분

(하지 때 낮의 길이)=(동지 때 밤의 길이)=53각11분

(하지 때 밤의 길이)=(동지 때 낮의 길이)=42각04분

하지와 동지 때 낮과 밤의 길이 차=11각07분(2^h52^m)

(2) 북경: 북극고도가 39도55분

(하지 때 낮의 길이)=(동지 때 밤의 길이)=59각05분

(하지 때 밤의 길이)=(동지 때 낮의 길이)=36각10분

하지와 동지 때 낮과 밤의 길이 차=22각10분(5^h40^m)

(3) 북극고도가 높을수록 낮과 밤의 길이 차가 커짐.

(4) 북극 지방: 적도가 지평선에 있음.

여름에는 낮만 있고 밤이 없음.

겨울에는 밤만 있고 낮이 없음.

⇒ 반년은 낮, 반년은 밤.

(5) 관측지가 남쪽(저위도 지방)으로 내려올수록 낮과 밤의 길이 차가 점차 줄어듦.

(6) 적도 지방: 북극과 남극이 지평선에 있음.

⇒ 낮과 밤의 길이가 항상 같음.

1년 중에 사계절이 각기 두 번 돌아옴.

- 태양이 천정에 있으면 여름, 태양이 천정에서 멀어지면 겨울.
- 적도가 천정에 있는데, 태양이 반드시 1년에 두 번 적도에 있음 ⇒두 번의 여름.
- 태양이 1년에 한 번은 천정 남쪽 23도 남짓에 있고 한 번은 천정 북쪽 23도 남짓에 있음 ⇒두 번의 겨울.
- 봄과 가을도 이와 같음.

4) 낮과 밤의 길이는 관측지가 적도에서 남북으로 얼마나 떨어져 있는가에 따라 다름.

동서로는 천만리를 떨어져 있어도 남극과 북극의 고도가 같으면 낮과 밤의 길이는 같음.

⇒남북이차(南北里差), 지평위차(地平緯差)라고 일컬음.

5) '낮과 밤의 길이'[주야시각(晝夜時刻)] 계산법 도해

관측지의 북극고도를 가지고 각 절기의 일출, 일몰 시각을 계산하여 주야시각을 구함.

(1) 춘 · 추분날과 동 · 하짓날 낮과 밤의 길이 비교

[그림 13-1]에서,

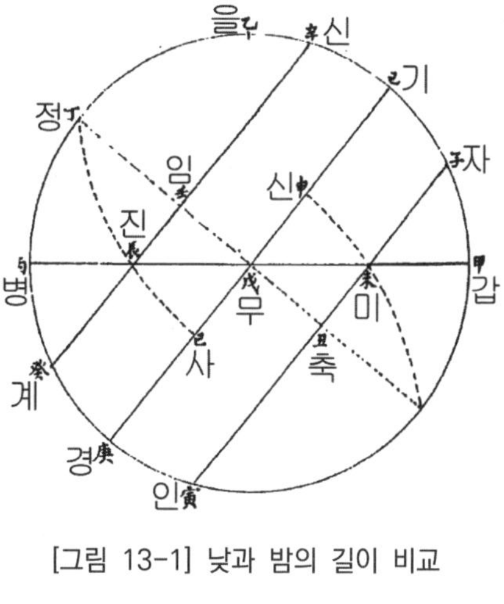

[그림 13-1] 낮과 밤의 길이 비교

① 갑을병: '자오선 대원'[자오규(子午規)]

갑병: 지평선

정: 북극

정병 = 39도55분 ⇒ 북경의 북극고도

무: 묘정(卯正 오전 6시)과 유정(酉正 오후 6시)의 위치

기무경: 적도

② 춘·추분날 태양은 정확히 적도에 있으므로,

ㄱ. 태양이 '무'에서 묘정(卯正)에 떠올라

ㄴ. '기'에서 오정(午正 낮 12시)에 남중하고

ㄷ. 다시 '무'로 유정(酉正)에 짐.

ㄹ. (지평선 위의 무기) = (지평선 아래의 무경) ⇒ (낮의 길이) = (밤의 길이) = 48각

③ 신(辛): 하지

신임계(辛壬癸): 하지점을 통과하는 등적위권[거등권(距等圈)]

→ 하지 때 태양이 하늘을 따라 서쪽으로 한 바퀴 도는 궤도

▾ 옛 이름은 주장규(晝長規)

임: 하짓날 묘정(卯正), 유정(酉正) 때 태양의 위치

④ 자: 동지

자축인: 동지점을 통과하는 등적위권[거등권]

→ 하지 때 태양이 하늘을 따라 서쪽으로 한 바퀴 도는 궤도

▾ 옛 이름은 주단규(晝短規)

축: 동짓날 묘정, 유정 때 태양의 위치

⑤ 하짓날 태양은

ㄱ. 진(辰)에서 묘정 전에 떠오름.

임진: 일출 때 태양과 묘정 때 태양 사이의 호

임진 = 무사

ㄴ. '신(辛)'에서 정오에 남중.

ㄷ. 다시 '진'으로 유정 후에 짐.

ㄹ. (지평선 위의 진신(辰辛)) > (지평선 아래의 진계))

⇒ (낮의 길이) > (밤의 길이)

⑥ 동짓날 태양은

ㄱ. '미'에서 묘정 후에 떠오름.

미축: 일출 때 태양과 묘정 때 태양 사이의 호

미축 = 신무(申戊) = 무사

ㄴ. '자'에서 정오에 남중.

ㄷ. 다시 '미'로 유정 전에 짐.

ㄹ. (지평선 위의 미자) < (지평선 아래의 미인)

⇒ (낮의 길이) < (밤의 길이)

⑦ (동짓날 지평선 위의 미자) = (하짓날 지평선 아래의 진계))

(동짓날 지평선 아래의 미인) = (하짓날 지평선 위의 진신(辰辛))

⇒ (동짓날 밤의 길이) = (하짓날 낮의 길이)

(동짓날 낮의 길이) = (하짓날 밤의 길이)

(2) 동 · 하짓날 낮과 밤의 길이 구하기

[그림 13－2]에서,

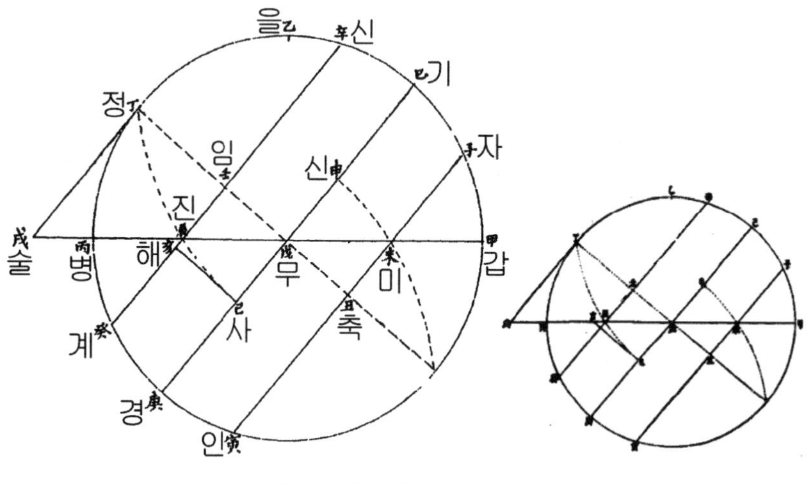

[그림 13-2] 낮과 밤의 길이 계산
오른쪽 그림은 《중국과학기술전적통휘(中國科學技術典籍通彙)》본의 같은 그림.
두 그림에서 '해'의 위치가 서로 다르다.

① 다음의 비례식을 통해 무사의 sin[정현(正弦)]값을 구함.

(반경 정무 1천만) : tan(북극고도 정병 39도55분)

=tan(태양의 적위 진사 23도29분30초) : sin 무사

(반경 정무 1천만) : (정술 8366242)=(사해 4346395) : sin 무사

sin 무사=3636299

▾ 구[혼원(渾圓)]를 밖에서 보면 호(弧)와 정현(正弦 sin값)이 일치되어 보임.

∴ 무사=21도19분24초

▾ △술정무와 △해사무는 닮은꼴[92]

∠사=∠정=90도

∠술=∠무 ← 엇각

② 하짓날의 낮과 밤의 길이

무사 21도19분24초를 시간으로 변환하면 5각10분(1^h25^m)

⇒ 하짓날 묘전·유후분(卯前酉後分 묘전분은 '일출 ↦ 묘정', 유후분은 '유정 ↦ 일몰'의 시간차)

하짓날 일출시각=묘정−묘전분=인정(寅正)2각5분(4^h35^m)

하짓날 일몰시각=유정+유후분=술초(戌初)1각10분(19^h25^m)

하짓날 '낮의 길이'[주각(晝刻)]

=반주분+(2×묘전분)=48각+11각5분=59각5분(14^h50^m)

하짓날 '밤의 길이'[(夜刻)]

=반주분−(2×묘전분)=48각−11각5분=36각10분(9^h10^m)

③ 동짓날의 낮과 밤의 길이

무사 21도19분24초를 시간으로 변환하면 5각10분(1^h25^m)

⇒ 동짓날 묘후·유전분(卯後酉前分 묘후분은 '묘정 ↦ 일출', 유전분은 '일몰 ↦ 유정'의 시간차)

---

92) [그림 13−2]의 두 그림에서 '해'점의 위치가 서로 다른데, '△술정무와 △해사무가 닮은꼴임'은 오른쪽의 《중국과학기술전적통휘》본, 곧 옹정(雍正) 2년(1724)에 판각된 내부간본(內府刊本)의 그림에 따른 것임에 유의해야 한다. 《사고전서》본은 그림을 옮겨 그리면서 '해'점의 위치를 잘못 옮겼다.

동짓날 일출시각=묘정+묘후분=진초(辰初)1각10분(7^h25^m)

동짓날 일몰시각=유정-유전분=신정(申正)2각5분(16^h35^m)

동짓날 '낮의 길이'[주각]=반주분-(2×묘후분)=48각-11각5분=36각10분(9^h10^m)

동짓날 '밤의 길이'[야각]=반주분+(2×묘후분)=48각+11각5분=59각5분(14^h50^m)

④ 그밖의 절기 때도 각기 'tan(태양의 적위)'를 사용하여 비례식을 풀면, 일출·일몰 때 태양과 묘정·유정 때 태양 사이의 호를 구할 수 있음.

⑤ '춘분 ↦ 추분'의 반년: 묘정 전에 해가 뜨고, 유정 후에 해가 짐.
⇒ 시간으로 변환하여 묘정 또는 유정에 더하거나 빼기를 하짓날과 같이 함.

⑥ '추분 ↦ 춘분'의 반년: 묘정 후에 해가 뜨고, 유정 전에 해가 짐.
⇒ 시간으로 변환하여 묘정 또는 유정에 더하거나 빼기를 동짓날과 같이 함.

(3) 각 성(省), 각 국(國)의 낮과 밤의 길이 모두 이 방법에 따라 계산함.

보충자료 29 낮의 길이

[보충그림 29-1]에서 천구의 반경이 1이고, $\angle COD=\delta$이면, $\overline{CE}=\sin\delta=\overline{BG}=\overline{AO}$가 된다. 그 지방의 위도가 ϕ이면 $\angle AOB=\phi$이고, $\overline{AB}=\overline{AO}\tan\phi=\sin\delta\tan\phi$가 된다. 그런데 $\overline{OE}=\overline{OC}\cos\delta=\overline{O'''F'}\cos\delta=\overline{O'''E'}=\overline{O'''G'}$이기에 $\overline{O''G'}=\overline{O'F'}\cos\delta$이다. 그리고 $\overline{OF}=\overline{O'F'}=\sin(\Delta H)$이다. 따라서 $\overline{AB}=\overline{OF}\cos\delta=\sin(\Delta H)\cos\delta$이고, 또 [보충그림 29-1]의 위의 그림에서 $\overline{AB}=\sin\delta\tan\phi$이다. 이를 정리하면 $\sin(\Delta H)=\tan\delta\tan\phi$가 된다.

그런데 낮의 길이의 반은 $H=90°+\Delta H$이고, $\cos H=-\sin(\Delta H)$이기에 $\cos H=-\tan\delta\tan\phi$가 된다. 낮의 길이는 $2H$이다. 여기서 H를 시간 단위로 고치려면 $15°/h$로 나누어 주면 된다.

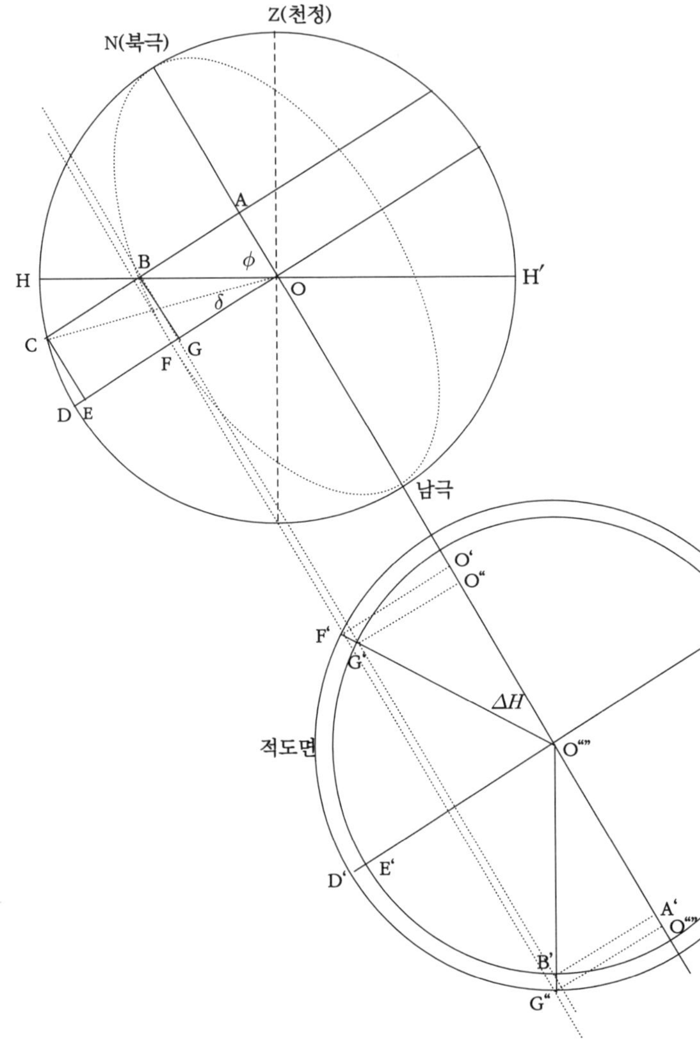

[보충그림 29-1] 낮의 길이 계산하기

위도가 $\phi=37°$인 지방에서 하지, 춘 · 추분, 동지 때, 낮의 길이를 다음 식을 이용하여 구하면 [표 8]과 같다.

$$2H=\frac{2}{15}\cos^{-1}(-\tan\phi\tan\delta)\text{ 시간}$$

위 식에 $\delta=-23.5, -20, -15, -10, -5, 0, 5, 10, 15, 20, 23.5$도 일 때 각 위도 ϕ에 따른 낮의 길이를 [보충그림 29-2]에 그려보았다. 그래프에서 가장 아래 곡선이

$\delta = -23.5$도 일 때이고, 위로 차례로 -20, … 23.5도까지 낮의 길이를 나타내는 곡선이다. $\delta = -23.5$도 (동짓날)에 태양이 있을 때 위도 66.5도 이상의 고위도 지방에서는 낮의 길이는 0시간이고, 밤의 길이가 24시간이 된다. 대신 $\delta = 23.5$도 (하짓날)에 태양이 있을 때 같은 지방에서 낮의 길이는 24시간이고, 밤의 길이가 0시가 된다. 즉 위도가 66.5도 이상인 고위도 지방은 태양의 적위가 $\delta < \phi - 90°$인 경우, 낮의 길이는 0시간이고, 밤의 길이가 24시간이 된다. 그러나 같은 고위도 지방에서 태양의 적위 $\delta > 90° - \phi$인 경우, 낮의 길이는 24시간이고, 밤의 길이가 0시간이 된다.

[표 8] 위도 $\phi = 37.5°$에서 낮의 길이

δ	-23.5	0	23.5
낮의 길이 (시간)	9.401326	12	14.59867

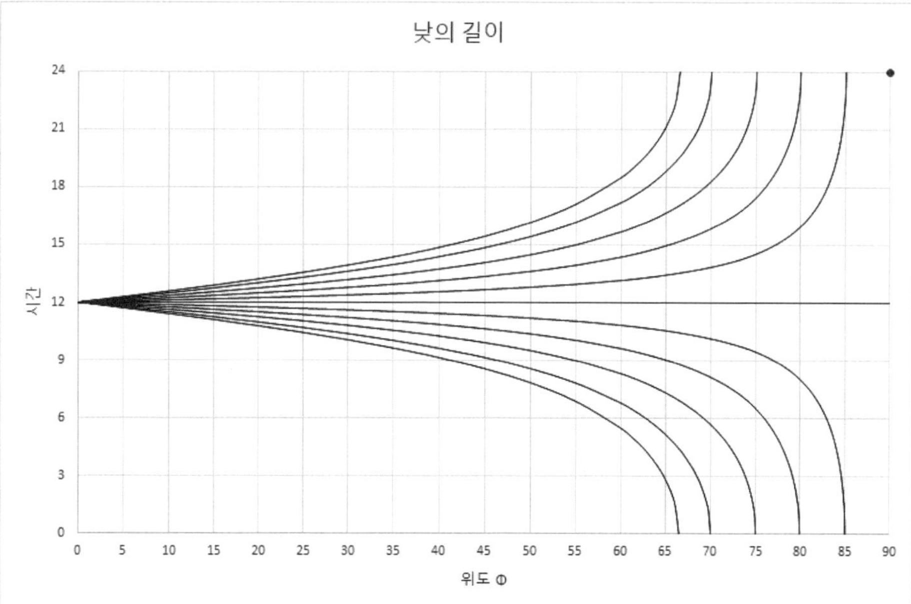

[보충그림 29-2] 위도 ϕ와 태양의 적위 δ에 따른 낮의 길이

더 쉬운 방법으로 지평좌표와 적도좌표 사이의 관계식을 이용한다. 이 관계식은 적경 대신 시간각 h를 사용하게 된다. 즉 $\sin a = \cos h \cos\delta \cos\phi + \sin\delta \sin\phi$이다. 여

기서 a는 천체의 고도, δ는 천체의 적위, ϕ는 관측자의 위도, h는 일출 때 자오선으로부터 태양까지 시간각이다. 일출이나 일몰 때에 태양의 고도가 $a=0$이기에 $\cos h=-\tan\delta\tan\phi$가 된다. $\phi=39$도 55분 에서 하지는 $\delta=23$도29분30초 이기에 $h=111$도19분24초 가 계산된다. 앞의 [그림 13-2]에서 무사 $=h-90$도 $=21$도 19분24초 이기에 이를 시간으로 고치면 $1^h 25^m 18^s$가 나온다. 낮의 길이는 춘·추분날에는 12시간인데, 하지날 낮의 길이는 12시간보다 $1^h 25^m 18^s \times 2$ 만큼 더 길다. 또한 일출 시각은 대략 $12^h-6^h-1^h 25^m 18^s$이기에 오전 $4^h 34^m 42^s$가 되고, 일몰 시각은 대략 $12^h+6^h+1^h 25^m 18^s=19^h 25^m 18^s$이기에 오후 $7^h 25^m 18^s$ 정도가 된다.

제14장

24절기에 접하는 시각 [절기시각(節氣時刻)]

1) 옛 역법에서 절기의 일시(日時)를 정한 방법은 두 가지가 있음.

(1) 항기(恒氣)

① 1회귀년[주세(周歲)]의 날짜수 '365일 남짓'을 24로 나누면 15일 남짓이 됨.

② '15일 남짓' 간격으로 절(節 절기)과 기(氣 중기)를 정함 ⇒ **각 절기의 날짜수가 같음.**

③ 항기에 따라 '달력을 반포하여'[반력(頒曆)] '때를 알려주고'[수시(授時)] '윤달을 배치하여'[치윤(置閏)] '천문 현상에 어긋나지 않게 각 해를 정함'[성세(成歲)].

▾ 윤달을 배치한 방법: 중기(中氣)가 없는 달을 윤달로 삼음.

④ '항기(恒氣)'의 뜻: 각 절기의 날짜수가 모두 일정하여 변함없고[항(恒)] 또 그 날짜수가 해마다 일정함[항(恒)].

(2) 정기(定氣)

① '천구의 둘레'[주천도(周天度)] $365\frac{1}{4}$도를 24로 나누면 15도 남짓이 됨.

② '15도 남짓' 간격으로 절(節 절기)과 기(氣 중기)를 정함 ⇒ **각 절기의 도수가 같음.**

③ 정기에 따라 '태양과 달의 위치'[전리(躔離)] 및 '이심 궤도로 인하여 평균보다 앞서거나 뒤진 위치차'[조뉵(朓朒)]를 계산함.

④ '정기(定氣)'의 뜻: '태양 궤도상 위치'[일전(日躔)]의 도수를 일정하게[정(定)] 잡음.

시간은 따지지 않음.

▾ 태양 운행에 영축(盈縮)이 있으므로, 각 절기의 도수가 같더라도 시간은 다름.

2) 지금(《역상고성》 당시) 역법은 '달력을 반포'[반력(頒曆)]하는 데에도 정기(定氣)를 사용함.

▾ 태양이 15도씩 우선(右旋)하는 것[93]을 1기(氣)로 잡음.

(1) 동지부터 소한까지는 14일 남짓, 하지부터 소서까지는 16일 어름.

(2) 각 절기의 시간은 매년 달라짐.

(3) 가감차(加減差)를 반영하여 가능한 한 천체의 운행과 합치되도록 함.

3) 지역에 따른 절기시각

(1) 1년 중의 동일 절기라 하더라도 북경과 각 성(省)의 절기시각이 다름.

⇒동서이차(東西里差), 지평경차(地平經差)

(2) 동서이차의 원인: 지구의 모양이 하늘처럼 구형(球形, 혼원(渾圓))인데, 사람이 각기 그 표면에서 태양의 남중 시각을 관측하여 정오로 삼기 때문.

(3) 지금(《역상고성》) 북경을 위주로 절기시각을 정함.

① 북경보다 동쪽 지역은 일출과 일몰이 북경보다 빨리 보이므로, 태양의 남중도 반드시 북경의 정오 순간보다 먼저 있음.

⇒ 동쪽 지방은 절기가 늦게 듦.[94]

⇒ '태양의 궤도상 위치'[일전]가 평균위치보다 뒤처지기[축(縮)] 때문이 아니라 태양이 빨리 보이기 때문.

---

93) 황도를 따라 서에서 동으로 향하는 태양의 연주 운행을 말한다.

94) 동쪽 지방은 시각이 앞서기 때문에, 반포된 달력의 절기시각보다 늦은 시각에 절기가 든다.

② 북경보다 서쪽 지역은 일출과 일몰이 북경보다 늦게 보이므로, 태양의 남중도 반드시 북경의 정오 순간보다 나중에 있음.

⇒ 서쪽 지방은 절기가 일찍 듦.[95)]

⇒ '태양의 궤도상 위치'[일전]가 평균위치보다 앞서기[영盈] 때문이 아니라 태양이 늦게 보이기 때문.

(4) 동서이차로 인한 절기시각의 차

① 동서편도(東西偏度) 1도마다 4분의 시간 차가 발생.

ㄱ. 동쪽으로 치우친 곳은 더하고,

ㄴ. 서쪽으로 치우친 곳은 뺌.

② 북경의 절기시각[96)]에 동서이차를 더하거나 빼면 각 성의 절기시각이 나옴.

보충자료 30 평기를 정기로 그리고 정기를 평기로

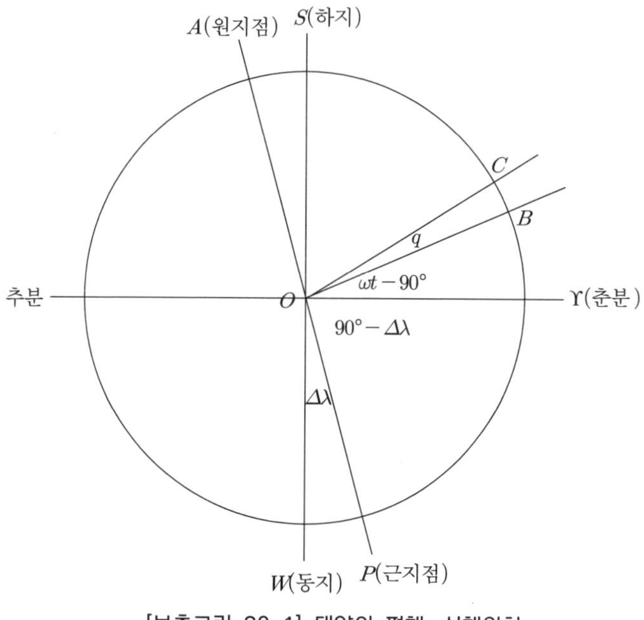

[보충그림 30-1] 태양의 평행, 실행위치

95) 서쪽 지방은 시각이 늦기 때문에, 반포된 달력의 절기시각보다 이른 시각에 절기가 든다.

96) 저본에는 '京師西之節氣時刻'으로 되어 있으나 《중국과학기술전적통휘》본, 곧 옹정 2년(1724)에 판각된 내부간본(內府刊本)에 근거할 때 '西' 1자는 잘못 들어간 글자이다.

동지 후 t일 후에 평행은 $\lambda_{평행} = \omega t = \widehat{WB}$ 이다. B는 태양의 평행 위치이다. 동지와 근일점 사이의 각도를 $\Delta\lambda = \widehat{WP}$라 하면 B의 평균 근점 이각은 $M = \omega t - \Delta\lambda = \widehat{PB}$가 된다. 이제 M에 대한 가감차를 q라 하자. 그러면 $\lambda_{실행} = \omega t + q = \lambda_{평행} + q = \widehat{WC}$가 된다. C는 태양의 실행 위치이다. C의 황경 $\lambda_{황경}$은 $\lambda_{황경} = \omega t - 90° + q = \lambda_{평행} - 90° + q = \lambda_{실행} - 90°$가 된다. [표 9]는 평행의 값에 의한 절기에 해당하는 태양의 실행과 황경을 계산한 것이다. 평기법에 의한 각 절기시각에 태양의 실제 위치는 가감차만큼 차이가 있다.

이제 실제 태양의 위치를 가지고 절기를 정하면(정기법) 평기법에서와 같이 절기가 15.21843일마다 오지 않는다. $\lambda_{실행} = M + \Delta\lambda + q$이기에,

$$\lambda_{실행} - \Delta\lambda = M + q(M) = M + \tan^{-1}\left(\frac{2e\sin M}{1 - e\sin M}\right) \tag{1}$$

식을 이용하여 M을 구하고, $\lambda_{평행} = M + \Delta\lambda = \omega t$로 $\lambda_{평행}$과 t를 구하면 된다. [표 10]은 실행을 기반으로 각 절기마다 평행의 위치와 절기 시간 간격을 계산해 보았다. [보충그림 30-2]는 절기 시간 간격을 그래프로 나타내었다.

(1)식을 풀기 위해서는 뉴턴의 방법을 사용한다. 즉

$$f(M) = M + q(M) = M + \tan^{-1}\left(\frac{2e\sin M}{1 - e\cos M}\right) = (\lambda_{실행} - \Delta\lambda) \tag{2}$$

이라 놓으면

$$f'(M) = \frac{df}{dM} = 1 + \frac{2e(\cos M - e)}{1 - 2e\cos M + e^2 + 3e^2\sin^2 M} \tag{3}$$

이 된다. 이제 $M_0 = \lambda_{실행} - \Delta\lambda$라 놓고

$$M_1 = M_0 - \frac{f(M_0)}{f'(M_0)} \tag{4-1}$$

를 이용하여 M_1을 구한다. 다음에는

$$M_2 = M_1 - \frac{f(M_1)}{f'(M_1)} \tag{4-2}$$

로 M_2를 구하고 M값이 수렴할 때까지 반복하여 수렴된 M값이 $\lambda_{실행} - \Delta\lambda$에 해당하는 값이다.

[표 9] 평행에 기반한 절기

Δλ=	7	ω=	0.9856473	E=2e=	0.03584		
t(일)	λ(평행)=ω t		M=λ(평행)−Δλ	q	λ (실행)	λ (황경)	λ (실행)−λ (평행)
0	0	동지	−7	−0.25479	−0.25479	−90.2548	−0.25478644
15.21843	15	소한	8	0.29095	15.29095	−74.7091	0.290949907
30.43685	30	대한	23	0.815761	30.81576	−59.1842	0.815760971
45.65528	45	입춘	38	1.282143	46.28214	−43.7179	1.282143287
60.8737	60	우수	53	1.657399	61.6574	−28.3426	1.657399444
76.09213	75	경칩	68	1.916107	76.91611	−13.0839	1.916107075
91.31055	90	춘분	83	2.041771	92.04177	2.041771	2.041770593
106.529	105	청명	98	2.027591	107.0276	17.02759	2.027590696
121.7474	120	곡무	113	1.876425	121.8764	31.87642	1.876424605
136.9658	135	입하	128	1.600091	136.6001	46.60009	1.600090959
152.1843	150	소만	143	1.218195	151.2182	61.2182	1.218195077
167.4027	165	밍종	158	0.756631	165.7566	75.75663	0.756631178
182.6211	180	하지	173	0.245881	180.2459	90.24588	0.24588146
197.8395	195	소서	188	−0.2808	194.7192	104.7192	−0.280803958
213.058	210	대서	203	−0.78929	209.2107	119.2107	−0.789288426
228.2764	225	입추	218	−1.24645	223.7536	133.7536	−1.246448247
243.4948	240	처서	233	−1.62205	238.3779	148.3779	−1.622051429
258.7132	255	백로	248	−1.89057	253.1094	163.1094	−1.890571824
273.9317	270	추분	263	−2.03288	267.9671	177.9671	−2.032879469
289.1501	285	한로	278	−2.03772	282.9623	192.9623	−2.037721005
304.3685	300	상강	293	−1.90287	298.0971	208.0971	−1.902867655
319.5869	315	입동	308	−1.63577	313.3642	223.3642	−1.635772143
334.8054	330	소설	323	−1.25356	328.7464	238.7464	−1.253558732
350.0238	345	대설	338	−0.7822	344.2178	254.2178	−0.782195925
365.2422	360	동지	353	−0.25479	359.7452	269.7452	−0.25478644

[표 10] 실행에 기반한 절기

$\lambda_{실행}$		$\lambda_{실행}-\Delta\lambda$	$\lambda_{실행}-\Delta\lambda$	M	M	$\lambda_{평행}=M+\Delta\lambda$	t	Δt	Δt			
		도	rad	rad	도	도	일	일	일	시	분	초
0	동지	−7	−0.122	−0.118	−6.754	0.246	0.249					
15	소한	8	0.140	0.135	7.719	14.719	14.934	14.684	14	16	25	3.7
30	대한	23	0.401	0.388	22.211	29.211	29.636	14.703	14	16	51	39
45	입춘	38	0.663	0.641	36.754	43.754	44.391	14.755	14	18	6	37.9
60	우수	53	0.925	0.897	51.378	58.378	59.228	14.837	14	20	5	47
75	경칩	68	1.187	1.154	66.109	73.109	74.174	14.946	14	22	42	13.9
90	춘분	83	1.449	1.413	80.967	87.967	89.248	15.074	15	1	46	37.8
105	청명	98	1.710	1.675	95.962	102.962	104.462	15.214	15	5	7	28
120	곡우	113	1.972	1.939	111.097	118.097	119.817	15.355	15	8	31	33.3
135	입하	128	2.234	2.205	126.364	133.364	135.306	15.489	15	11	44	45
150	소만	143	2.496	2.474	141.746	148.746	150.912	15.606	15	14	32	55.8
165	망종	158	2.758	2.744	157.218	164.218	166.609	15.697	15	16	43	10.4
180	하지	173	3.019	3.015	172.745	179.745	182.363	15.754	15	18	5	3.5
195	소서	188	3.281	3.286	188.291	195.291	198.135	15.772	15	18	31	50.1
210	대서	203	3.543	3.557	203.816	210.816	213.886	15.751	15	18	1	15.8
225	입추	218	3.805	3.827	219.282	226.282	229.577	15.692	15	16	35	53.8
240	처서	233	4.067	4.096	234.657	241.657	245.176	15.599	15	14	22	45.9
255	백로	248	4.328	4.362	249.916	256.916	260.657	15.481	15	11	32	29.8
270	추분	263	4.590	4.626	265.042	272.042	276.003	15.346	15	8	18	7.7
285	한로	278	4.852	4.887	280.028	287.028	291.207	15.204	15	4	53	49.5
300	상강	293	5.114	5.147	294.876	301.876	306.272	15.065	15	1	33	41.3
315	입동	308	5.376	5.404	309.600	316.600	321.210	14.938	14	22	30	49
330	소설	323	5.637	5.659	324.218	331.218	336.041	14.831	14	19	56	35.4
345	대설	338	5.899	5.912	338.757	345.757	350.791	14.750	14	18	0	11.8
360	동지	353	6.161	6.165	353.246	360.246	365.492	14.700	14	16	48	20.5

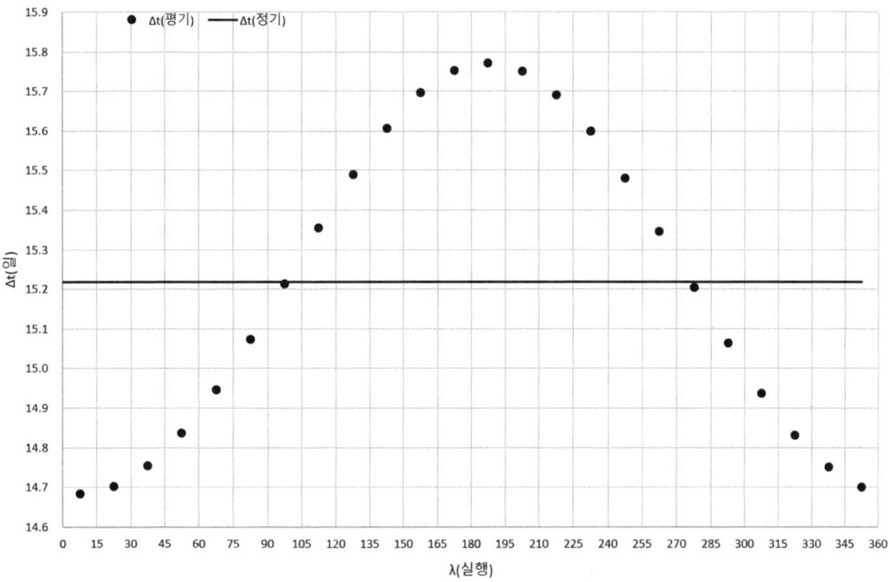

[보충그림 30-2] 정기 간격과 평기 간격

보충자료 31 《역상고성》〈일전역리〉와 《숭정역서》〈일전역지〉의 항목 대비

《역상고성》(1722년)의 태양 이론편인 〈일전역리〉의 항목을 《숭정역서》의 태양 이론편인 〈일전역지〉(1631년)의 항목과 대비하고, 아울러 《서양신법역서》(1646년)를 대체로 보존한 《신법산서》의 〈일전표〉 해설에서 《역상고성》의 〈일전역리〉로 흡수된 항목과 대비하여 아래의 [표 11]에 보였다.[97)]

《역상고성》은 《숭정역서》에서 원래 〈태양의 시차(視差), '태양~지구' 거리, 가감차(加減差) 구하기〉로 묶여 있던 것을 〈지구반경으로 인한 시차(視差)〉와 〈영축차 구하기〉로 분리하고, 원래 〈춘분과 추분 때 태양의 본도〉와 〈태양의 평균운행과 실제운행〉으로 분리되어 있던 것을 〈회귀년의 길이를 측정하여 태양의 평균운행도수 정하기〉로 묶었다. 〈영축차 구하기〉는 《신법산서》에서 〈일전역지〉와 〈일전표〉 해설에 각기 실려 있던 것을 〈일전역리〉로 모은 것이다. 〈균시차〉도 유사하다.

《역상고성》에 신설된 항목들 중에 〈본천의 높낮이가 영축의 근원〉과 〈24절기에 접하는 시각〉은 누락되었던 원리 해설을 추가한 것이고, 〈원지점의 운행도수 및 본륜과 균륜의 반경〉은 태양 운행 모델이 새롭게 정립됨에 따라 추가한 것이며, 〈일출

97) 이 같은 대비의 의의에 대해서는 본서 〈일전역법〉 편의 [보충자료 23] 참조.

전, 일몰 후의 박명 지속 시간〉과 〈낮과 밤의 길이〉는 새로 보충한 것이다.

용어는 대체로 원래 서술형이며 다소 길었던 것을 명사형으로 간결하게 바꾸었다. 서술 체제로 말하면, 원래 일관된 양식이 없었는데《역상고성》은 개괄적 서설을 제시한 후에 도해 또는 사례를 제시하는 방식을 일관되게 지켰다. 이는 명칭의 변화가 보여주는 것과 상통하는 변화이다. 내용면에서 보면 동일 항목이라 하더라도 역원과 천문상수를 변경하였고, 원래 평행심 모델을 이용한 가감차 계산 원리였던 것을 균륜 모델을 이용한 것으로 바꾸었으며, 균시차 계산을 한 번의 가감법에서 두 번의 가감법으로 바꾸는 등의 변화가 있다.

[표 11]《역상고성》〈일전역리〉와《숭정역서》·《신법산서》〈일전역지〉,《신법산서》〈일전표〉해설의 항목 대비

《역상고성》〈일전역리〉	《숭정역서》·《신법산서》의 〈일전역지〉	《신법산서》 〈일전표〉의 해설
1. 정확한 남북 자오선 그리기 [남북진선(南北眞線)]	1. 남북선 정하기 [정남북선(定南北線)]	
2. 북극의 고도 측정하기 [북극고도(北極高度)]	2. 북극출지도분 정하기 [정북극출지도분(定北極出地度分)]	
3. 지구반경으로 인한 시차(視差) [지반경차(地半徑差)]	8. 태양의 시차(視差), '태양~지구' 거리, 가감차(加減差) 구하기 [추태양지시차급일지거리원근지산가감지산 (推太陽之視差及日地去離遠近之算加減之算)]	
4. 황도상의 각 지점이 적도로부터 떨어져 있는 도수 [황적거위(黃赤距緯)]	4. 해마다 달라지는 황도와 적도 사이의 거도 구하기 [구황도여적도지거도세세부등 (求黃道與赤道之距度世世不等)]	
5. 대기굴절로 인한 시차(視差) [청몽기차(淸蒙氣差)]	3. 청몽기차에 대하여 [논청몽기지차(論淸蒙氣之差)]	
6. 회귀년의 길이를 측정하여 태양의 평균운행도수 정하기 [측세실이정평행(測歲實以定平行)]	5. 춘분과 추분 때 태양의 본도 [춘추양분시태양지본도 (春秋兩分時太陽之本度)] 6. 태양의 평균운행과 실제운행 [태양평행급실행(太陽平行及實行)]	
7. 본천의 높낮이가 영축의 근원 [본천고비위영축지원 (本天高卑爲盈縮之原)]		

《역상고성》〈일전역리〉	《숭정역서》·《신법산서》의 〈일전역지〉	《신법산서》 〈일전표〉의 해설
8. 양심차와 원지점 구하기 [구양심차급최고(求兩心差及最高)]	7. 태양의 원지점과 양심차 구하기 [구태양최고지처급양심상거지차(求太陽最高之處及兩心相距之差)]	
9. 원지점의 운행도수 및 본륜과 균륜의 반경 [최고행급본륜균륜반경(最高行及本輪均輪半徑)]		
10. 영축차 구하기 [구영축차(求盈縮差)]	8. 태양의 시차(視差), '태양～지구' 거리, 가감차(加減差) 구하기 [추태양지시차급일지거리원근지산가감지산(推太陽之視差及日地去離遠近之算加減之算)]	3. 일전표의 가감차 계산 [일전표가감산(日躔表加減算)]
11. 균시차(均時差) [시차(時差)]	9. 일차에 대하여 [논일차(論日差)]	5. 일차표 해설 [일차표설(日差表說)]
12. 일출 전, 일몰 후의 박명 지속 시간 [몽영각분(曚影刻分)]		
13. 낮과 밤의 길이 [주야영단(晝夜永短)]		
14. 24절기에 접하는 시각 [절기시각(節氣時刻)]		

제 2 부

《역상고성(曆象考成)》 하편(下編) 제1권 〈일전역법(日躔曆法)〉

제1장

태양의 위치 계산에 사용하는 천문상수 [추일전용수(推日躔用數)]

1) 역원(曆元): 강희(康熙) 23년(1684) 갑자년 천정동지(天正冬至)

▾ 천정동지는 해당 연도의 직전 동지이므로, 곧 계해년(1683) 11월 동지를 가리킴.

2) 주천(周天 천구의 둘레): 360도

▾ 계산할 때는 1,296,000초로 환산하여 사용함. (360도×3,600초/도=1,296,000초)

▾ 일 · 월 · 오성의 운행도수는 도(度) 단위에서 시작하여 아래로 모두 상위 단위 1이 하위 단위 60으로 차근차근 쪼개져 내려감.

→ 도 단위와 분(分) 단위의 수를 모두 초(秒) 단위의 수로 만들어야 함.

→ 미(微), 섬(纖), 홀(忽), 망(芒) 단위의 수는 60과 100의 비율에 따라 초 단위의 소수점 아래의 수로 만들어야 계산이 편리함.

→ 주천도(周天度) 역시 초 단위의 수로 환산함.

→ 일 · 월 · 오성의 운행 분(分)수가 하늘의 운행과 상응하게 됨.

3) 주일(周日 만 하루의 분(分)수. 1일=10000분): 10000분

▾ 만 하루를 나타내는 방법이 각기 다름. 1일=24시=96각=1440분=86,400초

→ 1일=10000분으로 나타내야 계산이 편리함.

▾ 시각을 '1일=10000분'의 분(分)수로 환산하는 방법 : 다음 비례식을 이용함.

1440분 : (시각을 '1시간=60분'의 분으로 환산한 수)

=10000분 : ('1일=10000분'의 분으로 환산된 수)

- '1일=10,000분'의 분(分)수를 시각으로 환산하는 방법 : 다음 비례식을 이용함.
  10000분 : (환산하려는 '1일=10000분'의 분(分)수)
  =1,440분 : ('1시간=60분'의 분으로 환산된 수①)
  '①÷60분/시'의 몫이 시(時), '나머지÷15분/각'의 몫이 각(刻), 나머지가 분(分)
- '1일=10000분'의 분(分)수를 시각으로 환산할 때 소수점 아래의 수는 '100:60'의 비율을 이용하여 초 단위 수를 얻고, 다시 '100:60'의 비율을 이용하여 미(微) 단위 수를 얻음.
- 시를 12시진(時辰)으로 나타내는 방법
  0시=자정(子正), 1시=축초(丑初), 2시=축정(丑正), 3시=인초(寅初), 4시=인정(寅正).
  이와 같이 차례로 시(時)의 수에 따라 12시진(時辰)을 매겨나감.
  23시=밤 시각인 자초(子初).
  24시가 차면 '24시=1일'을 덜어내어 다시 이튿날 자정(子正)이 됨.

4) 주세(周歲 만 1년의 일수): 365일2421.875분

- 주세 365일5시간3각3분45초에서 시간, 각, 분, 초 단위의 수를 '1일=10,000분'의 분으로 환산하면 2421.875분이 됨.
- 곧 세실(歲實 1회귀년의 일수).

5) 기법(紀法): 60

- 기법은 갑자일부터 계해일까지의 날짜수.
- 0일=갑자일, 1일=을축일, 2일=병인일.
  이와 같이 차례로 일(日)의 수에 따라 60갑자를 매겨나감.
  10일=갑술일, 20일=갑신일, 30일=갑오일, 40일=갑진일, 50일=갑인일.
  59일=계해일
  60일이 차면 '60일=1갑자'를 덜어내어 다시 갑자일이 됨.

▼ 곧 순주(旬周).

보충자료 1 **갑자일부터 계해일까지 60일의 간지 날짜 순서는 [표 1]과 같고, 자시부터 해시까지 각 시의 첫 시각은 [표 2]와 같다.**

[표 1] 10간(干)12지(支)를 이용한 60갑자(甲子)

갑자	을축	병인	정묘	무진	기사	경오	신미	임신	계유
갑술	을해	병자	정축	무인	기묘	경진	신사	임오	계미
갑신	을유	병술	정해	무자	기축	경인	신묘	임진	계사
갑오	을미	병신	정유	무술	기해	경자	신축	임인	계묘
갑진	을사	병오	정미	무신	기유	경술	신해	임자	계축
갑인	을묘	병진	정사	무오	기미	경신	신유	임술	계해

[표 2] 12지(支)를 이용한 각 진시(辰時)의 첫 시각

자시		축시		인시		묘시		진시		사시		오시		미시		신시		유시		술시		해시	
자초	자정	축초	축정	인초	인정	묘초	묘정	진초	진정	사초	사정	오초	오정	미초	미정	신초	신정	유초	유정	술초	술정	해초	해정
23시	24시	1시	2시	3시	4시	5시	6시	7시	8시	9시	10시	11시	12시	13시	14시	15시	16시	17시	18시	19시	20시	21시	22시

6) 수법(宿法): 28

▼ 수법은 각수(角宿)부터 진수(軫宿)까지의 별자리 수.

▼ 초일＝각수, 1일＝항수(亢宿).

이와 같이 차례로 일(日)의 수에 따라 28수를 매겨나감.

27일＝진수.

28일이 차면 28일을 덜어내어 다시 각수가 됨.

보충자료 2 **각수부터 진수까지 28수의 순서는 [표 3]과 같다.**

[표 3] 적도 28수의 순서

각(角)	항(亢)	저(氐)	방(房)	심(心)	미(尾)	기(箕)	동방7수
두(斗)	우(牛)	여(女)	허(虛)	위(危)	실(室)	벽(壁)	북방7수
규(奎)	루(婁)	위(胃)	묘(昴)	필(畢)	자(觜)	삼(參)	서방7수
정(井)	귀(鬼)	류(柳)	성(星)	장(張)	익(翼)	진(軫)	남방7수

7) 태양[1]의 매일 평균운행도수[평행(平行)]: 3548.3305169초[2]

▼ 태양의 매일 평균운행도수 59분08초19미49섬51홀39망을 초 단위로 환산한 수.(59분08초19미49섬51홀40.24598망)

8) 근지점[최비(最卑)]의 매년 평균운행도수[평행(平行)]: 61.16666초

▼ 근지점의 매년 평균운행도수 1분01초10미[3]를 초 단위로 환산한 수.

9) 근지점[최비(最卑)]의 매일 평균운행도수[평행(平行)]: 0.167469초 (0.16746877초)

▼ (근지점의 매년 평균운행도수 61.16666초)÷(주세(周歲)[4] 365일2421.875분) =0.167469초/일=10미02섬53홀18망(15.26301망)

10) 태양본천(太陽本天)의 반경: 1천만

1) 태양: 《사고전서》본에는 '太陰'으로 잘못되어 있다.
2) 360×3600÷365.2421875=3548.33051699429
3) 1분01초10미: 《사고전서》본에는 '1분02초10미'로 잘못되어 있다.
4) 주세(周歲): 《사고전서》본에는 '용세(用歲)'로 잘못되어 있다.

11) 태양본륜(太陽本輪)의 반경: 268812 (양심차인 358416×3/4＝268812)

12) 태양균륜(太陽均輪)의 반경[5]: 89604 (양심차인 358416×1/4＝89604)

13) 기응(氣應): 7일6563.74926분

- 기응은 역원인 갑자년의 천정평동지(天正平冬至) 시각이 갑자일 자정초각(0시)으로부터 떨어진 일분(日分 일(日)수와 '1일＝10000분'의 분(分)수)
- 역원인 갑자년의 천정평동지는 곧 신미일 신초3각(15시45분)[6].
- 갑자일 자정초각(0시)부터 경오일 밤 자초3각말(24시)까지 시간이 총 7일임 (갑자0시, 을축, 병인, 정묘, 무진, 기사, 경오24시까지 7일 그 다음 날이 신미일)
  신미일 자정초각(0시)부터 신초3각(15시45분)까지의 시간을 '1일＝10000분'의 분 단위로 환산하면 6563.74926분이 됨
  이 두 수(7일, 6563.74926분)를 합한 것이 이때(역원인 갑자년) 평기(平氣)의 응(應)수임.
- 역원 이전을 계산할 때는 기응을 빼고 역원 이후를 계산할 때는 기응을 더함.
  → 모두 기응을 기본값[근(根)]으로 삼음.
- 강희 56년(1717) 정유년 2월 을미일 밤 자초초각(23시)1분07초03미(①)에 태양본륜의 중심이 술궁초도(황경 0도)와 만남 ⇒ 평춘분(平春分)
  ①을 기법(紀法)에 따라 갑자일부터 날짜 수를 세고(갑자~을미＝31일)
  '1일＝10000분'으로 나타내면 31일9591.09301분(②)이 됨.
  (23시1분07초03미＝0.9591.09301일)
  ②＋60일(갑자~계해)－(주세(周歲)의 1/4＝91일3105.46875분, 동지~평춘분)

---

5) 태양본륜의 반경 268,812와 태양균륜의 반경 89,604를 합한 358,416이 양심차이다.
6) 신초3각: 신미일 자정초각(0시)부터 신초3각(15시45분)까지의 시간을 '1일＝10000분'의 분 단위로 환산하면 6562.5분이 나와서 이어지는 계산 값과 맞지 않다. 이어지는 계산값 6563.74926분과 맞으려면 15시45분10초47미36섬59홀이 되어야 한다. 초 단위 이하는 생략한 듯하다.

=0일6485.62426분 ⇒ 정유년 천정평동지 시각

▾ (정유년(1717)부터 갑자년(1684)까지 햇수 34년)−1년=33년(③) ⇒ 적년(積年 쌓인 햇수)

③×(주세 365일2421.875분)=12052일9921.875분(④) ⇒ 중적분(中積分 중간 합산분)

④−(정유년 천정평동지 시각 6485.62426분)=12052일3436.25074분(⑤)

⇒ 통적분(通積分 최종 합산분)

MOD(⑤, 기법 60)[7]=52일3436.25074분(⑥)

(기법 60)−⑥=7일6563.74926분 ⇒ 갑자년 천정평동지의 기응(氣應)

보충자료 3 정유년(1717) 천정평동지 시각을 가지고 역원인 갑자년(1684) 천정평동지의 기응(氣應)을 계산한 과정의 도해

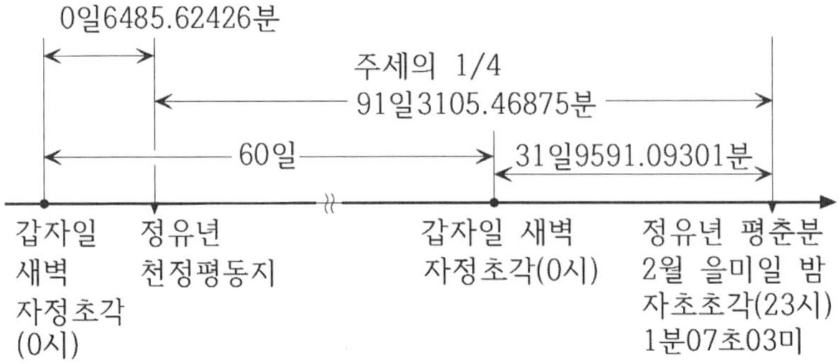

[보충그림 3-1] 정유년 평춘분 시각을 가지고 정유년 천정평동지의 일분(日分) 구하기

7) MOD(a, b)는 주어진 값 a에서 일정한 수 b를 거듭 덜어내고 남은 값, 즉 나눗셈 $a \div b$의 나머지를 구하는 연산부호이다.

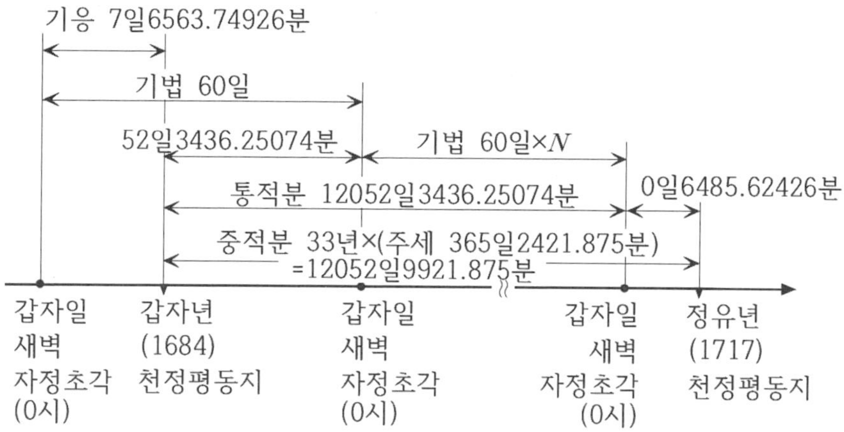

[보충그림 3-2] 정유년 천정평동지 일분(日分)을 가지고 역원인 갑자년 천정평동지의 기응 구하기

14) 수응(宿應): 5일6563.74926분

- 수응: 역원인 갑자년 천정평동지 시각이 '각수에 해당하는 날'[각수치일(角宿値日)] 자정초각(0시)으로부터 떨어진 일분(日分).
- 갑자년 천정평동지 시각은 곧 '미수에 해당하는 날'[미수치일(尾宿値日)] 신초 3각

  (15시45분)[8]. (각, 항, 저, 방, 심 5일 그리고 미15시45분)
- 수(宿)는 날만 따지고 분(分)은 따지지 않는데 지금 분(分)수까지 나타낸 까닭: 자정(子正)은 두 날이 접하는 순간이므로 앞뒤로 몇 분만 차이가 나도 1일의 차이가 나고 또한 반드시 1수(宿)의 차이가 나기 때문.

  ⇒ 수(宿)에도 분(分)수까지 나타냄. 이때 분(分)수는 해당 일의 자정(0시)부터 헤아린 것.

15) 최비응(最卑應): 7도10분11초10미

- 최비응은 역원인 갑자년 천정평동지의 이튿날 자정초각(0시) 때 근지점[최비

8) 신초3각(15시45분): 각주 6)과 같다.

(最卑)]이 동지점을 지난 도분(度分 도(度)수와 분(分)수로 나타낸 각도).

(동지점과 근지점 사이의 각도를 의미함.)

- 역원인 갑자년 천정평동지 때 태양본륜의 중심은 정확히 축궁초도(丑宮初度 황경 270도)[9]에 있고, 균륜의 중심은 본륜의 근지점[최비점(最卑點)]에 7도 남짓 못 미치고, 태양은 균륜의 최근점(最近點 본륜의 중심에 가장 가까운 점)에 14도 남짓 못 미침
  - → 반드시 본륜의 중심이 동지점을 7도 남짓 지난 뒤에야, 균륜의 중심이 바야흐로 본륜의 근지점[최비점(最卑點)]에 도달하고, 태양이 바야흐로 균륜의 최근점(最近點)에 도달함.
  - → 평균운행[평행(平行)] 위치와 실제운행[실행(實行)] 위치가 일직선으로 합쳐져서 영축 계산을 시작하는 시작점이 됨.
  - ⇒ 이 7도 남짓이 역원 때 근지점[최비(最卑)]이 동지점을 지난 응(應).
- 역원 이전을 계산할 때는 근지점의 매년 운행도수를 빼고, 역원 이후를 계산할 때는 근지점의 매년 운행도수를 더하고, 본년(本年 역원인 해)을 계산할 때는 근지점의 매일 운행도수를 더하되, 모두 최비응을 기본값[근(根)]으로 삼음.
- 강희 56년(1717) 정유년의 측정값: 중간거리점[중거(中距) 근지점 이후 평균운행 90도의 위치]이 추분점을 7도44분36초48미만큼 지난 곳에 있고, 이 해 추분 후 병오일 사정1각(巳正一刻 10시15분)13분49초(①)에 태양이 중간거리점[중거]을 지남.

  ①－(천정동지 이튿날인 을축일 자정초각(0시))＝281일4366.78분(②)

9) 황도를 12등분한 12궁을 12간지와 배합하여 나타낼 때, [표 4]와 같이 마갈 축궁 초도(0도)가 황경 270도인 동지점이 된다.

[표 4] 황도 12궁과 황경

황도 12궁	백양 술궁	금우 유궁	음양 신궁	거해 미궁	사자 오궁	쌍녀 사궁	천칭 진궁	천갈 묘궁	인마 인궁	마갈 축궁	보병 자궁	쌍어 해궁
	Ari	Tau	Gem	Cnc	Leo	Vir	Lib	Sco	Sgr	Cap	Aqu	Psc
황경 (도)	0~30	30~60	60~90	90~120	120~150	150~180	180~210	210~240	240~270	270~300	300~330	330~360

(4×60＋(병오~을축)＝240＋41일, 사정1각13분49초＝10시28분49초＝0.436678일)

②×(근지점의 매일 운행도수 0.167469초)＝47초08미(③) ⇒ 동지 이튿날 자정초각부터 태양이 중간거리점[중거]을 지날 때까지 근지점[최비(最卑)]의 운행도수.

(중간거리점[중거]이 추분점을 지난 도수)－③＝7도43분49초40미 ⇒ 정유년 천정동지 이튿날 자정초각(0시) 때 근지점[최비(最卑)]이 동지점을 지난 도수[10]

▾ 역원인 갑자년부터 정유년까지 햇수가 33년(④)

④×(근지점의 매년 평균운행도수 61.1666초)＝33분38초30미(⑤) ⇒ 갑자년부터 정유년까지 근지점[최비]의 운행도수

(정유년 천정동지 이튿날 자정초각(0시) 때 근지점[최비]이 동지점을 지난 도수 7도43분49초40미)－⑤＝7도10분11초10미 ⇒ 갑자년 천정동지 이튿날 자정초각(0시) 때 근지점[최비]이 동지점을 지난[과(過)] 도수(최비응)

보충자료 4 정유년(1717) 추분 후에 태양이 중간거리점[중거]을 지나는 시각과 위치를 가지고 최비응(最卑應 역원인 갑자년 천정동지의 이튿날 새벽 자정초각(0시) 때 근지점이 동지점을 지난 도수**)을 계산한 과정의 도해**

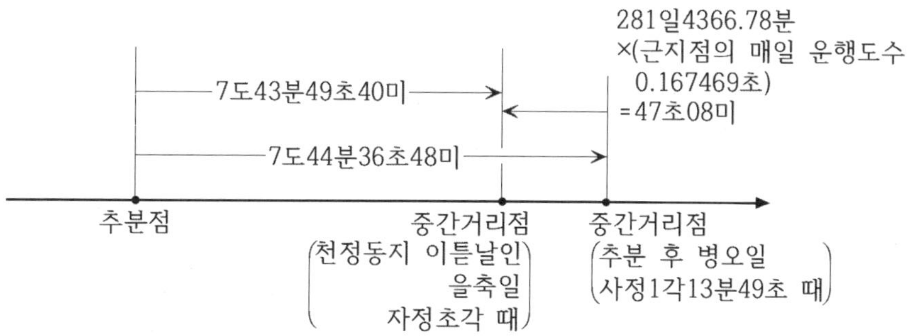

[보충그림 4-1] 정유년(1717) 추분 후에 중간거리점의 위치와 태양이 중간거리점을 지나는 시각을 가지고 정유년 천정동지 이튿날 자정초각 때 중간거리점이 추분점을 앞선 도수 구하기 (추분점의 위치를 고정시키고 중간거리점은 이에 대한 상대적인 거리로 나타내었음)

---

10) 추분점과 중간거리점[중거] 사이의 간격이 곧 동지점과 근지점[최비(最卑)] 사이의 간격이기 때문이다.

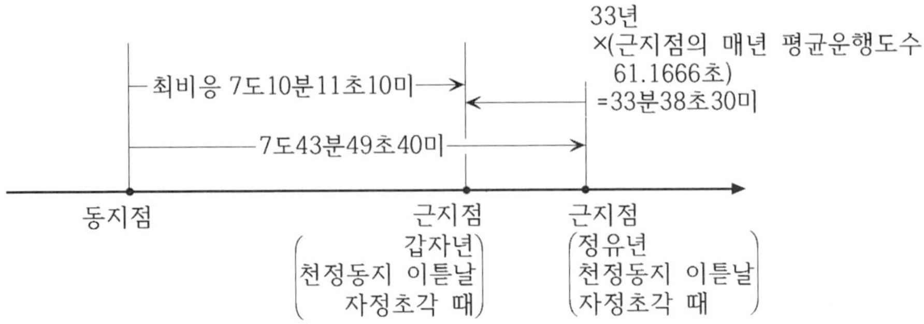

[보충그림 4-2] 정유년(1717) 천정동지 이튿날 자정초각 때 근지점이 동지점을 앞선 도수를 가지고 최비응(最卑應) 구하기(동지점의 위치를 고정시키고 근지점은 이에 대한 상대적인 거리로 나타내었음)

제2장

태양의 위치 계산법[추일전법(推日躔法)]

1) 적년(積年) 구하기

계산식 적년='(역산 대상 연도)~(역원인 강희 23년(1684) 갑자년의 연도)의 햇수'−1년

(역산대상 연도가 1685년이면, 햇수로는 1684년, 1685년 두 해이기에 2이다. 따라서 2−1=1이 적년이 된다. 수학식으로는 적년=(역산 대상 연도)−1684가 된다. 역산대상 연도가 역원 전인 1683년이면 햇수로는 1683년, 1684년 두해 이기에 2이다. 따라서 2−1=1이 적년이다. 수학식으로는 적년=1684−(역산 대상 연도)가 된다.)

- ▾ 적년: 역산 대상 연도의 천정동지가 역원인 갑자년의 천정동지로부터 떨어진 햇수.
- ▾ 1년을 더 빼는 까닭: 역산 대상 연도의 초두에 만나는 천정동지는 '그 해가 시작되기 전'[세전(歲前)]에 있기 때문.

예시 '갑자년 ↦ 계해년'의 햇수는 60년.

'갑자년 ↦ (계해년의 초두에 만나는 천정동지)'의 햇수는 59년.

- ▾ 역원 이후를 계산할 때 적년='(역원 연도) ↦ (역산 대상 연도)'의 햇수−1년
  역원 이전을 계산할 때 적년='(역산 대상 연도) ↦ (역원 연도)'의 햇수−1년
  계산법은 모두 같음.

2) 중적분(中積分) 구하기

계산식 중적분=적년×(주세(周歲) 365일2421.875분)

▾ 중적분: 역산 대상 연도의 천정동지가 역원인 갑자년 천정동지로부터 떨어진 일분(日分)

3) 통적분(通積分) 구하기

계산식 통적분 $= \begin{cases} \text{중적분} + (\text{기응(氣應)}7\text{일}6563.74926\text{분}) & \leftarrow \text{역원이후} \\ \text{중적분} - (\text{기응(氣應)}7\text{일}6563.74926\text{분}) & \leftarrow \text{역원이전} \end{cases}$

▾ 통적분: 역산 대상 연도의 천정동지가 역원인 갑자년 천정동지 직전 갑자일 자정초각(0시)으로부터 떨어진 일분(日分)

보충자료 5 **역원 이후와 역원 이전의 통적분 계산 비교 도해**

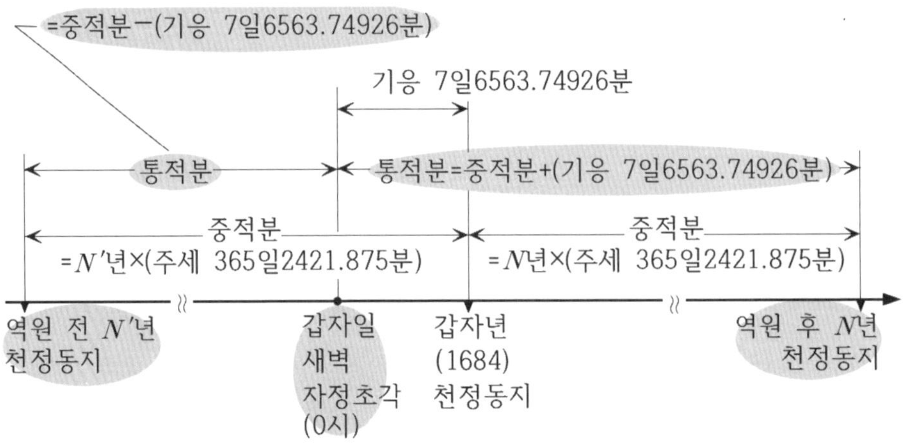

[보충그림 5] 역원 이후와 역원 이전의 통적분 계산 비교

4) 천정동지(天正冬至) 구하기

계산식 (1) 천정동지의 일분

$$= \begin{cases} MOD(\text{통적분}, \text{기법}60) & \leftarrow \text{역원이후} \\ (\text{기법}60) - MOD(\text{통적분}, \text{기법}60) & \leftarrow \text{역원이전} \end{cases}$$

(2) 천정동지의 간지 일 = COUNT(갑자, 천정동지 일분 중 일수)[11]

(3) 천정동지의 시분초=(천정동지의 일분 중 분(分)수)×(1440 시간 분)/10000분

▾ 천정동지: 역산 대상 연도의 천정동지가 직전 갑자일 자정초각(0시)으로부터 떨어진 일분.

보충자료 6 역원 이후와 역원 이전의 천정동지 일분 계산 비교 도해

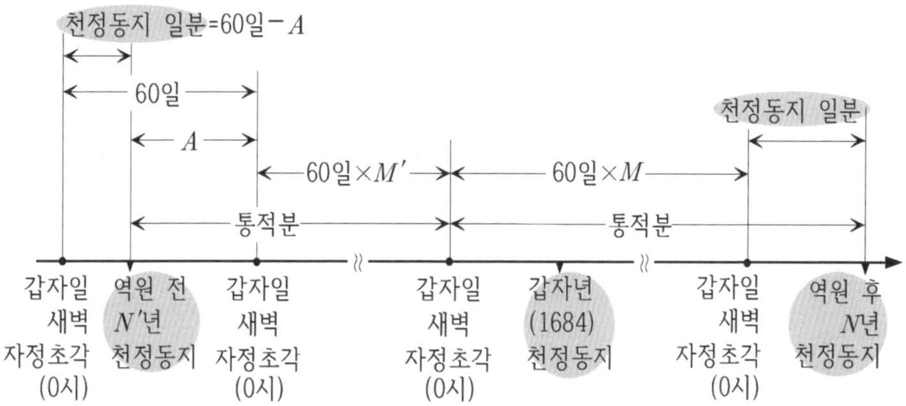

[보충그림 6] 역원 이후와 역원 이전의 천정동지 일분 계산 비교

5) 연근(年根) 구하기

계산식 (1) 다음의 비례식을 이용하여 초 단위의 수(①)를 구함.

{주일(周日) 10000분} : {태양의 매일 평균운행도수[평행(平行)] 3548.3305169초}

={(주일 10000분)−(천정동지 일분 중 분(分)수)} : (초 단위의 수①)

(2) 연근=①÷60초/분

▾ 연근: 역산 대상 연도의 천정동지 이튿날 자정초각(0시) 때 태양이 동지점으로부터 떨어진 평균운행[평행(平行)] 경도(經度).

---

11) COUNT(a, b)는 주어진 순번 a부터 b만큼 헤아려 나간 순번이 무엇인지를 구하는 연산을 나타낸다. 예를 들어 COUNT(갑자, 11)=을해이다.

▾ 천정동지의 일분 중 분(分)수='(동짓날 자정초각(0시)) ↦ (동지 순간)'의 분(分)수.

⇒ (주일 10000분)−(천정동지 일분 중 분(分)수)='(동지 순간) ↦ (이튿날 자정초각(0시))'의 분(分)수.

보충자료 7 **연근 구하기 도해**

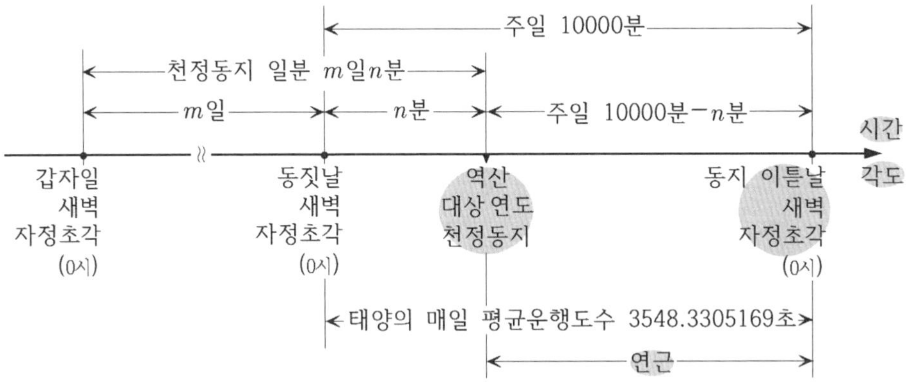

[보충그림 7] 천정동지 일분을 가지고 연근 구하기

6) 기일(紀日) 구하기

계산식 (1)기일=(천정동지의 간지)+1일

▾ 기일: 역산 대상 연도의 천정동지 이튿날의 간지

▾ 기일이 필요한 까닭: 이미 천정동지의 간지를 알므로 기일을 사용하지 않아도 될 듯하지만 다음의 두 가지 이유로 기일을 사용함.

a. 표를 사용하여 계산할 때는 연근(年根)에서 계산을 시작하여, 천정동지를 사용하지 않으므로 기일을 모르면 간지를 정할 수 없음.

b. 뒤의 8)항에서 구하는 일수(日數)는 기일의 간지를 초일(初日 0일)로 잡아 세어나감.

7) 치수(値宿) 구하기

계산식 (1) 통적수기일(通積宿其日)

$$=\begin{cases}\text{중적분}+(\text{수응(宿應)}\ 5\text{일}6563.74926\text{분}) & \leftarrow\text{역원이후}\\ \text{중적분}-(\text{수응}\ 5\text{일}6563.74926\text{분}) & \leftarrow\text{역원이전}\end{cases}$$

(2) 치수 일분(日分)

$$=\begin{cases}MOD(\text{통적수기일},\text{수법(宿法)}28)+1\text{일} & \leftarrow\text{역원이후}\\ (\text{수법}28\text{일})-MOD(\text{통적수기일},\text{수법}28)+1\text{일} & \leftarrow\text{역원이전}\end{cases}$$

(3) 치수=COUNT(각수(角宿), 치수 일분 중 일수)

- ▾ 치수 계산법은 천정동지 계산법과 원리가 같음.
- ▾ (2)항에서 1일을 더한 까닭: 치수는 동지 이튿날의 수(宿)이기 때문.
  cf, 천정동지는 동짓날의 간지이므로 1일을 더하지 않음.

보충자료 8 **역원 이전과 역원 이후의 치수 계산 비교 도해**

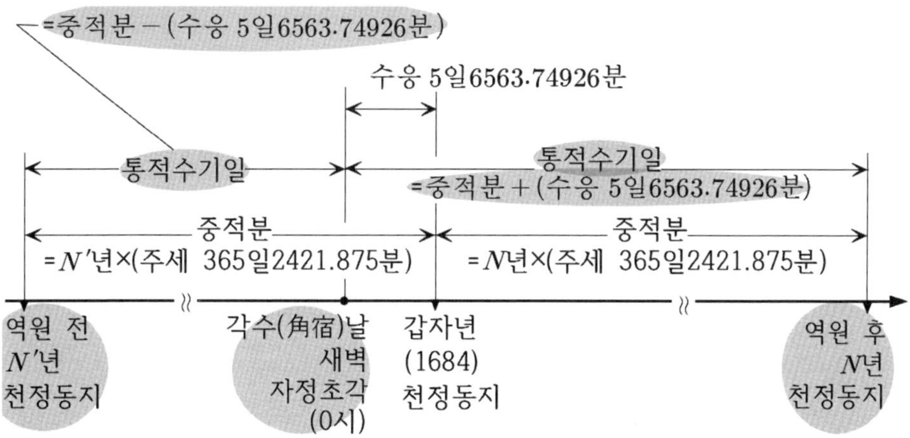

[보충그림 8-1] 역원 이전과 이후의 통적수기일 계산 비교

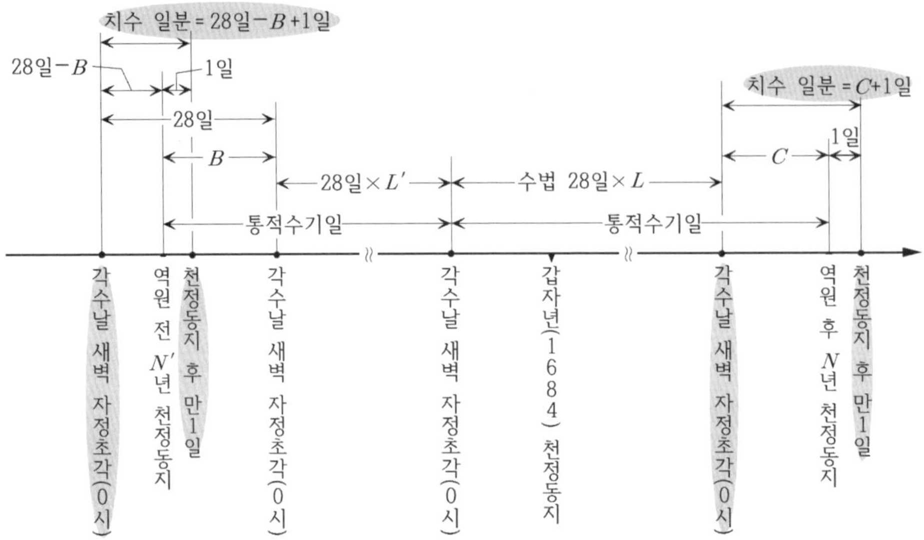

[보충그림 8-2] 역원 이전과 이후의 치수 일분 계산 비교

8) 일수(日數) 구하기

계산식 (1) 일수=('천정동지 이튿날 ↦ 역산 대상일'의 날짜수(일))

×(태양의 매일 평균운행도수[평행(平行)] 3548.3305169초/일)(초)

→ 궁(宮), 도(度), 분(分) 단위로 정리.

- 일수: 역산 대상일 자정초각(0시) 때 태양이 천정동지 이튿날 자정초각(0시) 때 위치로부터 떨어진 평균운행 경도(經度)
- 연근(年根)을 천정동지 이튿날 자정초각으로부터 계산하므로, 일수를 계산할 때 천정동지 이튿날을 초일(0일)로 잡고 헤아리기 시작하여 역산 대상일까지 날짜수를 헤아림.(①)
- ①×(태양의 매일 평균운행도수)=①의 날짜수동안 태양의 평균운행 경도

9) 평행(平行) 구하기

계산식 (1)평행 = 연근(年根) + 일수(日數)

▾ 평행: 역산 대상일 자정초각(0시)때 태양이 동지점으로부터 떨어진 평균운행[평행(平行)] 경도.

▾ 연근은 천정동지 이튿날 자정초각 때 태양이 동지점으로부터 떨어진 행도(行度 운행 도수).

일수는 역산 대상일 자정초각 때 태양이 천정동지 이튿날 자정초각 때 위치로부터 떨어진 행도.

연근 + 일수 ⇒ 역산 대상일 자정초각 때 태양이 동지점으로부터 떨어진 행도.

보충자료 9 연근과 일수로부터 태양의 평행 구하기 도해

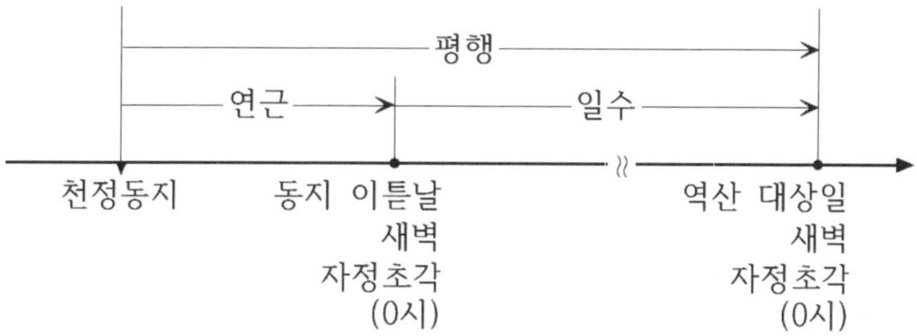

[보충그림 9] 연근과 일수로부터 태양의 평행 구하기

10) 근지점의 평행[최비평행(最卑平行)] 구하기

계산식 (1) 적년(積年) 동안 근지점의 운행도수

= 적년×(근지점의 매년 평균운행도수[평행] 61.16666초)

(2) 일수(日數)동안 근지점의 운행도수 = 일수×(근지점의 매일 평균운행도수 0.167469초)

(3) 근지점의 평행

$$= \begin{cases} \text{(적년 동안 근지점의 운행도수)+(일수동안 근지점의 운행도수)+} \\ \text{최비응7도10분11초10미} \quad \leftarrow \text{역원이후} \\ \text{최비응7도10분11초10미}-\text{(적년 동안 근지점의 운행도수)+} \\ \text{(일수동안 근지점의 운행도수)} \quad \leftarrow \text{역원이전} \end{cases}$$

- 근지점의 평행: 역산 대상일 자정초각(0시)때 근지점이 동지점으로부터 떨어진 행도(行度 운행 도수).
- 역산 대상 연도 천정동지 이튿날 자정초각(0시) 때 근지점이 동지점으로부터 떨어진 행도

$$= \begin{cases} \text{최비응}+\text{(적년 동안 근지점의 운행도수)} \quad \leftarrow \text{역원이후} \\ \text{최비응}-\text{(적년 동안 근지점의 운행도수)} \quad \leftarrow \text{역원이전} \end{cases}$$

- 역산 대상일=역산 대상 연도 천정동지로부터 ○○○일만큼 시간이 흐른 후임.

보충자료 10 역원 이전과 이후의 근지점의 평행 계산 비교 도해

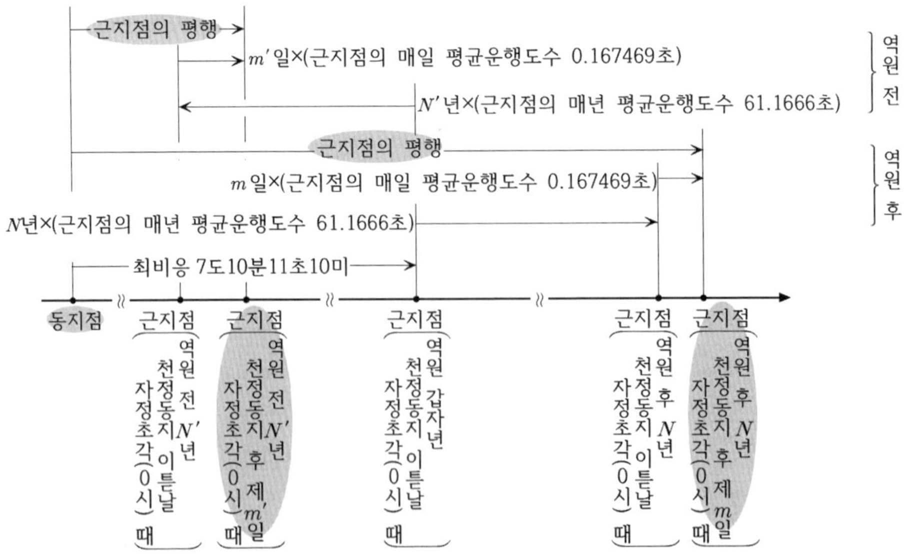

[보충그림 10] 역원 이전과 이후의 근지점의 평행 계산 비교

11) 인수(引數) 구하기

계산식 (1) 인수=평행−(근지점의 평행)

▾ 인수: 역산 대상일 자정초각(0시)때 균륜의 중심이 본륜의 최비(最卑 지구 중심에 가장 가까운 점)보다 앞선[과(過)] 행도(운행도수)

▾ 평행(태양의 평균운행 경도)은 본륜 중심의 행도. 동지점을 초궁(初宮 0궁)으로 하여 헤아림.

인수는 균륜 중심의 행도. 근지점[최비]을 초궁(初宮)으로 하여 헤아림.

∴ '평행−근지점의 평행'=인수

12) 균수(均數) 구하기

계산식 (1) 균륜의 중심이 본륜의 근지점[최비]으로부터 좌선(左旋 ▾동에서 서로 돎)하여 인수의 도수만큼 운행할 때, 태양은 균륜의 최근점(最近點 본륜 중심에 가장 가까운 점)으로부터 우선(右旋 ▾서에서 동으로 돎)하여 인수 도수의 2배만큼 운행함.

(2) 두 개의 삼각형을 이용한 계산법[양삼각형법(兩三角形法)]으로 지구중심[지심(地心)]의 각도를 구하면 균수가 됨.(▾ 계산법은 〈일전역리(日躔曆理)〉의 제10장 〈영축차 구하기[구영축차(求盈縮差)]〉에 상세함)

(3) 균수의 가감 부호:

$$\begin{cases} \text{인수} = \text{'초궁 初(0도)→5궁 말(180도)'} & : +[\text{가(加)}] \\ \text{인수} = \text{'6궁 初(180도)→11궁 말(360도)'} & : -[\text{감(減)}] \end{cases}$$

▾ 균수: 평균운행[평행(平行)]과 실제운행[실행(實行)]의 도수 차.

▾ 인수='초궁 초(0도) ↦ 5궁 말(180도)' ⇒ 균륜 중심이 본륜의 근지점[최비] 이후에 있음

⇒ 실제운행 위치 > 평균운행 위치 ⇒ 균수의 부호가 +[가(加)]

▾ 인수='6궁 초(180도) ↦ 11궁 말(360도)' ⇒ 균륜 중심이 본륜의 원지점[최고] 이후에 있음

⇒ 실제운행 위치 < 평균운행 위치 ⇒ 균수의 부호가 −[감(減)]

보충자료 11 〈일전역리(日躔曆理)〉의 제10장 〈영축차 구하기[구영축차(求盈縮差)]〉에 제시된 태양의 균수(가감차) 구하기 계산법 요약

(1) 본륜 중심이 본천의 근지점[최비]에 있으면, 인수＝초궁초도(0궁0도).

⇒ 지구중심에서 볼 때 '균륜중심 → 태양 → 본륜중심'이 일직선.

⇒ 균수＝(실제운행[실행] 위치)－(등속운행[평행] 위치)＝0°

(2) 본륜 중심이 본천의 원지점[최고]에 있으면, 인수＝6궁초도(6궁0도).

⇒ 지구중심에서 볼 때 '본륜중심 → 태양 → 균륜중심'이 일직선.

⇒ 균수＝0°

(3) 본륜 중심이 본천의 근지점 이후 1상한(90도)에 있으면, 인수＝3궁초도(3궁0도).

⇒ 지구중심에서 볼 때 실제 위치가 평균 위치보다 가장 앞섬.

⇒ 균수: 최대의 양의 값.

(4) 본륜 중심이 본천의 원지점 이후 1상한(90도)에 있으면, 인수＝9궁초도(9궁0도).

⇒ 지구중심에서 볼 때 실제 위치가 평균 위치보다 가장 뒤처짐.

⇒ 균수: 최대의 음의 값.

(5) 본륜 중심이 본천의 근지점 이후 30도에 있으면, 인수＝1궁초도(1궁0도).

⇒ [보충그림 11－1]과 같이 균륜 중심은 본륜의 아랫점 '기'로부터

시계방향으로 30도를 운행하여 '묘'에 도달하고, 태양은 균륜 상에서 본륜 중심에 가까운 점 '경'으로부터 반시계방향으로 60도를 운행하여 '진'에 도달함.

지구중심(갑)에서 보면 태양은 본천의 '사'에 투영됨.

⇒ 균수＝$\overset{\frown}{\text{을사}}$

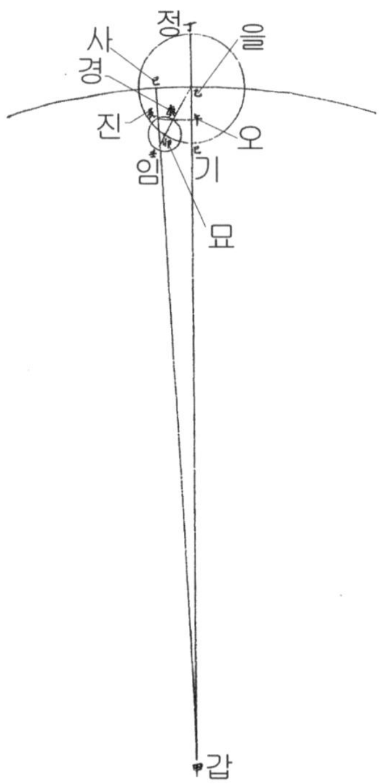

[보충그림 11-1] 균수 구하기 (인수＝30°일 때)

(6) 균수 $\overset{\frown}{\text{을사}}$의 계산법

[보충그림 11－1], [보충그림 11－2]에서

△경진임≡△을오경

∵ ∠경은 맞꼭지각

∠진＝90도 ⇐ 직경의 원주각이므로

∠진＝∠오

$\angle$ 임$=\angle$ 을$=30^\circ$

$\overline{\text{경임}}$ = 균륜의 직경[전경全徑] = $\overline{\text{을경}} = \frac{1}{2}E = 179208$

$\overline{\text{진경}} = \overline{\text{오경}} = \overline{\text{을경}} \times \sin 30^\circ$

$\overline{\text{오진}} = \overline{\text{오경}} \times 2 = 2 \times \overline{\text{을경}} \times \sin 30^\circ = E \times \sin 30^\circ$

$\overline{\text{을오}} = \overline{\text{을경}} \times \cos 30^\circ = \frac{1}{2}E \times \cos 30^\circ$

$\overline{\text{오갑}}$ = (본천의 반경 $\overline{\text{을갑}}$ 1천만) − $\overline{\text{을오}}$

= 1천만 − $\frac{1}{2}E \times \cos 30^\circ$

$\therefore \widehat{\text{을사}} = \angle\text{갑} = \tan^{-1}\dfrac{\overline{\text{오진}}}{\overline{\text{오갑}}}$

= 1도02분34초18미

실제운행이 앞서므로 가차(+).

결국 인수 = M일 때 〈일전역리〉에 따른 균수 $q(M)$의 계산 공식은 다음 식으로 정리된다.

$$q(M) = \tan^{-1}\frac{\overline{\text{오진}}}{\overline{\text{오갑}}}$$

$$= \tan^{-1}\frac{E \times \sin M}{1\text{천만} - \frac{1}{2}E \times \cos M}$$

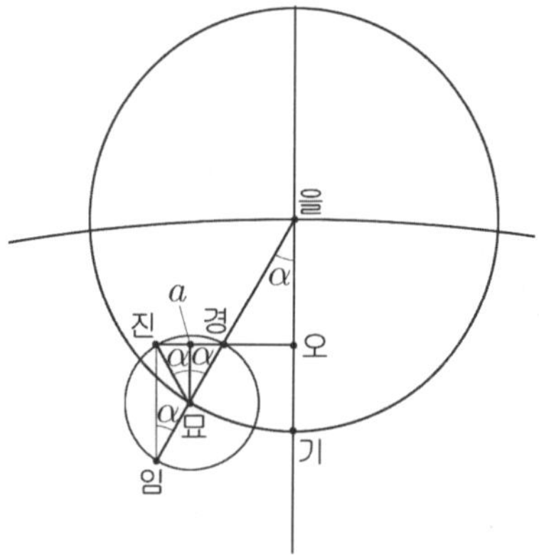

[보충그림 11-2] 균수 구하기 그림에서 '임'점의 올바른 위치

13) 실행(實行) 구하기

계산식 (1) 실행 = 평행 ± 균수

- 실행: 역산 대상일 자정초각(0시) 때 태양이 실제로 있는 곳의 행도(行度 운행도수)
- 평행은 본륜 중심의 행도.

  태양은 균륜의 원주 상에 있음.

  ⇒ 이 둘의 가감차(加減差)가 곧 균수.

  ∴ 평행 ± 균수 = 실행

보충자료 12 **평행과 균수를 가지고 실행 구하기 도해**

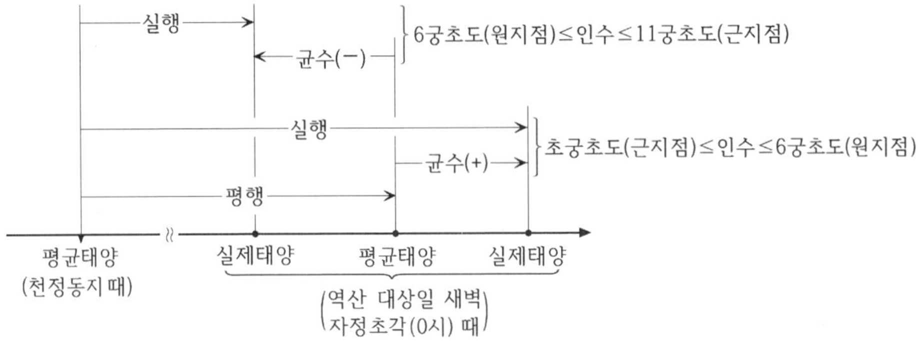

[보충그림 12] 평행과 균수를 가지고 실행 구하기

14) 수도(宿度) 구하기

계산식 (1) 역산 대상 연도의 황도수검(黃道宿鈐

28수의 각 거성(距星)의 황경을 황도 12궁을 기준으로 나타낸 표)

=(역원인 갑자년의 황도수검)+{적년(경과 햇수)×(세차(歲差) 51초/년)}

(2) 수도=실행−(역산 대상 연도의 황도수검 안에서 실행을 넘지 않으면서 가장 가까운 수(宿)의 도분(度分 도수와 분수)

▾ 수도는 역산 대상일 자정초각(0시) 때 태양이 위치한 곳의 황도 수도(黃道宿度 28수의 수거성(宿距星)을 기준으로 나타낸 황경).

▾ 실행은 동지점으로부터 헤아림.

수도는 각 수의 초도(初度 0도)로부터 헤아림.

∴ 실행−{(역산 대상 연도의 황도수검 안에서 아무 수의 도(실행을 넘지 않으면서 가장 가까운 수거성(宿距星)의 도수)+n궁(그 수거성이 들어 있는 궁)}=태양이 위치한 아무 수의 도(태양이 직전 수거성보다 앞선 도수).

보충자료 13 **황도수도 구하기 예시 도해**

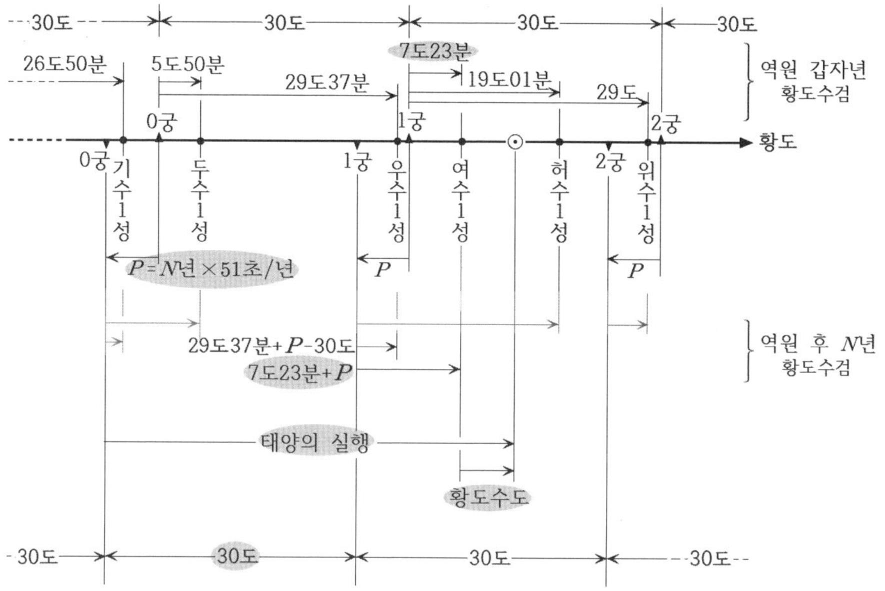

[보충그림 13] 세차를 반영하여 역원 후 *N*년의 황도수검 및 태양의 황도수도 구하기 예시
(역원 갑자년의 황도수검은 《역상고성 표》 권14 〈항성표〉의 〈항성황도경위도표(恒星黃道經緯度表)〉 참조)

보충자료 14 **《역상고성》〈일전역법〉에서 태양의 실행 구하기 순서**

1. 《역상고성》〈일전역법〉에 가술되어 있는 태양의 실행 구하기 순서를 역원 후는 [표 5]에, 역원 전은 [표 6]으로 정리하였다. 이 방법으로 구한 실행은 동지점을 기준으로 구한 도수이기에 춘분점을 기준하는 황경은 270도를 더해 주거나 90도를 빼주어야 한다.
2. 사용한 상수 값(양심차, 근지점 이동, 세실 등)과 가감차 구하는 방법이 현대의 값과 다르기 때문에 이 방법을 이용하여 구한 황경 값과 현대 빙법으로 구한 황경 값에 오차가 있을 수 밖에 없다. 그러나 그 오차는 매우 작다. 예를 들어 1684년으로부터 316년 후인 2000년 1월 1일 0시에 해당하는 황경은 현대적인 방법으로 구하면 대략 279.4839도인데, 위의 방법으로 구하면 대략 279.5669도이다. 차이는 5분정도가 되었다. 현대적 방법과의 비교는 아래 참고 사항을 참조한다.

[표 5] 역원 후 역산 대상 연도 동지 이후의 실행 구하기

물리량	계산식	표 이용
역산대상의 연도	a년	
적년 $=b$	$b=a-1684$(역원)	
중적분 $=c$	$c=b\times 365.2421875$(세실)	
통적분 $=d$	$d=c+7.6563749$(기응)	
천정동지 일분 $=e$ 천정동지 간지일 천정동지 시분초 $=g$	$e=\mathrm{mod}(d,60)$ (일), 일분 $=10000e$ '갑자'로부터 $int(e)$ 만큼 간 간지 $g=(e-int(e))$ (일),	
연근 $=h$ (동지로부터 이튿날 자정 초각까지 태양 운행 경도)	$h=(1-g)\times 3548.3305169\div 60$ (분)	〈일전표〉의 〈태양연근표〉 '거동지'로 바로 읽음.
기일	천정동지 이튿날의 간지	〈일전표〉의 〈태양연근표〉 '기일'로 바로 읽음.
통적수기일 $=k$ 치수 일분 $=l$ 치수 $=m$	$k=c+5.656374926$ $l=int(\mathrm{mod}(k,28))+1$ $m=$'각'수로부터 l만큼간 수(宿)	〈일전표〉의 〈태양연근표〉 '치수'로 바로 읽음.
천정동지 이튿날 자정 초각부터 역산 대상일 자정초각까지 일수	α일	
일수 $=p$	$p=\alpha\times 3548.3305169$ 초	〈일전표〉의 〈태양주세평행표〉 이용
평행 $=\overline{m}$	$\overline{m}=h+p$	
적년동안 근지점의 운행도수 $=s$ 일수동안 근지점의 운행도수 $=u$	$s=b\times 61.16666$ 초 $u=\alpha\times 0.167469$초	〈일전표〉의 〈태양주세평행표〉 이용
근지점의 평행 $=\overline{m}_0$ (역산대상연도 천정동지 이튿날 자정 초각 때 근지점이 동지점으로부터 떨어진 도수)	$\overline{m}_0=s+u+v_0$ $v_0=$7도10분11초10미(역원 최비응)	〈일전표〉의 〈태양연근표〉 '최비' $v=v_0+s$를 바로 읽음.
인수 $=M$	$M=\overline{m}-\overline{m}_0$	

물리량	계산식	표 이용
균수(가감차)$=q$	$q=\tan^{-1}\left(\frac{2e\sin M}{1-e\cos M}\right)$	〈일전표〉의 〈태양균수표〉 이용.
실행$=\lambda$ (역산 대상일의 자정 초각 때 동지로부터 태양의 실제 위치)	$\lambda=\overline{m}+q=\overline{m_0}+M+q$	균수의 가감을 살핌
역산 대상 연도의 황도수검	(역원인 갑자년의 황도수검)+적년×51초/년(세차(歲差))	
수도(역산대상일 자정 초각 태양 실제 위치)	실행−(역산 대상 연도의 황도수검 안에서 실행을 넘지 않으면서 가장 가까운 수(宿)의 도분(度分))	

[표 6] 역원 전 역산 대상 연도 동지 이후의 실행 구하기

물리량	계산식
역산대상의 연도	a년
적년$=b$	$b=1684$(역원)$-a$
중적분$=c$	$c=b\times365.2421875$(세실)
통적분$=d$	$d=c-7.6563749$(기응)
천정동지 일분$=e$ 천정동지 간지일 천정동지 시분초$=g$	$e=60-\mathrm{mod}(d,60)$ (일), 일분$=10000e$ '갑자'로부터 $int(e)$ 만큼 간 간지 $g=(e-int(e))$ (일),
연근$=h$ (동지로부터 이튿날 자정 초각까지 태양 운행 경도)	$h=(1-e)\times3548.3305169$(일평행)$\div60$ (분)
기일	천정동지 이튿날의 간지
통적수기일$=k$ 치수 일분$=l$ 치수$=m$	$k=c-5.656374926$(수응) $l=28-int(\mathrm{mod}(k,28))+1$ $m=$'각'수로부터 l만큼간 수(宿)
천정동지 이튿날 자정 초각부터 역산 대상일 자정초각까지 일수	α일
일수$=p$	$p=\alpha\times3548.3305169$ 초
평행$=\overline{m}$	$\overline{m}=h+p$
적년동안 근지점의 운행도수$=s$ 일수동안 근지점의 운행도수$=u$	$s=b\times61.16666$ 초 $u=\alpha\times0.167469$초
근지점의 평행$=\overline{m_0}$ (역산대상연도 천정동지 이튿날 자정	$\overline{m_0}=-s+u+7$도10분11초10미(최비응)

물리량	계산식
초각 때 근지점이 동지점으로부터 떨어진 도수)	
인수 = M	$M = \overline{m} - \overline{m}_0$
균수(가감차) = q	$q = \tan^{-1}\left(\frac{2e\sin M}{1 - e\cos M}\right)$
실행 = λ (역산 대상일의 자정초각 때 동지로부터 태양의 실제 위치)	$\lambda = \overline{m} + q = \overline{m_0} + M + q$
역산 대상 연도의 황도수검	(역원인 갑자년의 황도수검) − 적년×51초/년(세차(歲差))
수도(역산대상일 자정 초각 태양 실제 위치)	실행 − (역산 대상 연도의 황도수검 안에서 실행을 넘지 않으면서 가장 가까운 수(宿)의 도분(度分))

보충자료 15 태양의 실행을 구하는 〈일전역법〉의 방법과 현대적인 방법의 비교

1) 현대적 방법의 이론적 배경[12)]

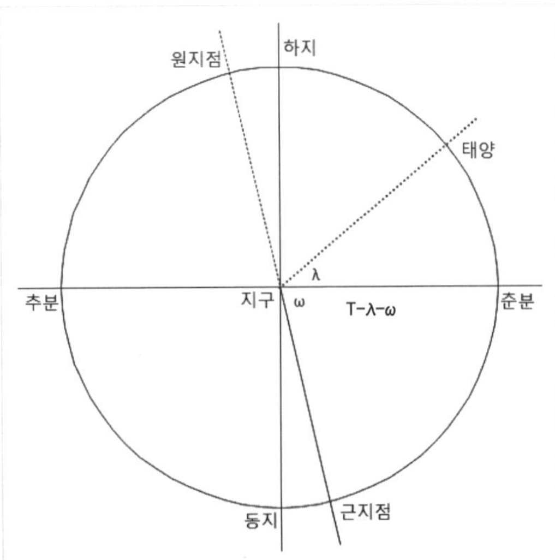

[보충그림 15-1] 지구를 중심으로 하는 태양의 궤도

12) 이론적 배경은 http://farside.ph.utexas.edu/Books/Syntaxis/Almagest.pdf 에 게시된 리차드 핏츠패트릭(Richard Fitzpartrick)의 《현대 알마게스트[Mordern Almagest]》를 참고하여 정리하였다.

태양의 황경을 예측하기 위해 지구를 중심으로 하는 태양의 위치를 [보충그림 15-1]과 같이 그렸다. ω는 춘분점 경도이기에 매년 변한다. 기준을 2000년 1월 1일 낮 12시(UT)로 하자. 이 날의 율리우스적일(julian day)은 2,451,545.0이다. 그래서 $t_o = 2,451,545$가 된다. 이제 구하려는 날의 율리우스적일을 t라 하면 기준이 되는 2000년 1월 1일 낮 12시(UT)와의 사이에 지나간 날짜가 $\varDelta t = t - 2,451,545$가 된다. 그리고 [표 7]에 제시된 값들은 모두 2000년 1월 1일 낮 12시(UT)에 태양에 해당하는 상수들이다.

[표 7] 2000년 1월 1일 낮 12시(UT)에 해당하는 태양에 대한 상수

	$a(AU)$	e	$n(°/일)$	$\tilde{n}(°/일)$	$\overline{\lambda_0}(°)$	$M_0(°)$
태양	1	0.016711	0.98564735	0.98560025	280.458	357.588

$a = 1AU$는 지구 공전 궤도의 장반경, e는 이심률, $\tilde{n}$은 태양이 매일 어떤 항성으로부터 멀어지는 도수, n은 태양이 매일 춘분점으로부터 멀어지는 도수, $\overline{\lambda_0}$는 이때 춘분점으로부터 헤아린 태양의 평균 황경, M_0는 이때 근지점으로부터 헤아린 태양의 평균 근점 이각이다.

지구 자전축의 세차운동과 지구 궤도의 장축의 세차운동 때문에 ω의 값이 커진다. (절댓값이 줄어든다.) 두 원인 때문에 발생하는 춘분점 이동은 [표 7]에서는 $\omega_1 = n - \tilde{n}$이다. $n = 0.98564375$, $\tilde{n} = 0.98560025$이기에 그 차이 $\omega_1 = 0.0000471°$이다. 이는 하루에 춘분점이 이동한 각도(°)이다. 이 값에 365.25일×3600초를 곱하면 61.93179초가 나온다. 이 값이 현재 쓰고 있는 춘분점 이동 값이다. 이제 춘분점의 위치는 기준 값을 ω_o라 하면

$$\omega = \omega_o + \omega_1 \varDelta t \tag{1}$$

가 된다. ω_o는 기준 시각 때 춘분점의 근점 이각이고, ω는 구하려는 시각 때 춘분점의 근점 이각이다. 그런데 이들은 춘분점에서 시작하여 근지점까지 시계방향으로 헤아리므로 '-'값을 가진다.

실제 태양의 황경 λ는 [보충그림 15-1]에서 $\omega < 0$이기에

$$\lambda = \omega + T \tag{2}$$

가 된다. 여기서 T는 진근점이각(true anomaly)으로 실제 태양이 근지점으로부터 반시계방향으로 이동한 각도이다.

평균 황경(mean longitude) $\overline{\lambda}$를 도입하자. (2)와 같이

$$\overline{\lambda} = \omega + M \tag{3}$$

으로 놓는다. 여기서 M은 평균근점이각(mean anomaly)이다. (3)식을 기준이 되는 해에 적용해 보면 $\overline{\lambda_o} = \omega_o + M_o$이고 [표 1]에서 $\overline{\lambda_o} = 280.458$, $M_o = 357.588$이기에 $\omega_o = \overline{\lambda_o} - M_o$를 이용하면 $\omega_o = -77.13^\circ$ 가 된다. 여기에 360도를 더하면 282.87도이다.

이제 M을 구해야 가감차 q를 알 수 있다. 기준이 되는 해의 M_o를 알기에

$$M = M_o + \tilde{n}\Delta t \tag{4}$$

가 된다. 여기서 $\tilde{n} = n - \omega_1$이다. 가감차 q를 구할 때, 어림식을 그대로 사용해도 오차가 거의 없다. 어림식은 모델에 따라 다르지만

$$q = 2e\sin M + k \cdot e^2 \sin 2M \tag{5}$$

로 쓸 수 있다. 이심률 e도 시간에 따라 변하기는 하지만 [표 1]에서 0.016711을 사용한다. 어느 모델을 사용하느냐에 따라 $k = 2, 1, \frac{5}{4}$인데 처음 값은 이심(Eccentic) 모델, 두 번째 값은 평행심(平行心, Equant)[13] 모델과 코페르니쿠스 모델, 세 번째 값은 케플러 모델을 사용할 때이다. 모델에 따라 q값이 미세하게 달라진다.

(2)식인 $\lambda = \omega + T$를 이용하면 태양의 실제 황경 λ를 구할 수 있다. 먼저 진근점이각 T는 다음과 같이 구한다.

---

13) 평행심(平行心, Equant) 모델은 본디 프톨레마이오스가 오행성의 운행 모델로 창안한 것이다. 평행심 모델의 가장 간단한 형태는 [그림 11-3]과 같다. 지구 중심 E에서 양심차만큼 떨어진 이심원 중심 O가 있고, 이심원의 원주를 따라 주전원의 중심 C가 운행한다. C의 운행을 E와 O에서 보면 속도가 일정하지 않지만 Q에서 보면 평균운행(등속운행)이다. 주전원 중심 C가 원지점 A로부터 이심원상의 임의의 점 C_1까지 운행한 시간이 t_1, C_2까지 운행한 시간이 t_2일 때 $\frac{k_1}{t_1} = \frac{k_2}{t_2} = v$로 각속도가 일정하다. '평행심'은 프톨레마이오스가 이퀀트(Equant)라고 명명한 Q점을 번역한 말로, 규장각본《숭정역서》〈일전표〉의 도해에 사용된 용어이다. 주전원 중심이 평균운행(등속운행)하는 중심점이라는 뜻이다.

$$T = M + q = M_o + \tilde{n}\Delta t + q \qquad (6)$$

이제 실제 태양의 황경을 구하는 식인 (2)식은

$$\lambda = \omega + T = \omega_o + \omega_1\Delta t + M_o + \tilde{n}\Delta t + q = \omega_o + M_o + n\,\Delta t + q$$
$$= \overline{\lambda_o} + n\Delta t + q = \overline{\lambda} + q \qquad (7)$$

가 된다, 여기서 $\overline{\lambda} = \overline{\lambda_o} + n\Delta t$이다.

또 다른 방법으로 (3)식인 $\overline{\lambda} = \omega + M$을 도입하면

$$\lambda = \omega + T = \omega + M + q = \overline{\lambda} + q \qquad (4\text{-}8)$$

가 된다. 같은 결과가 나온다.

이제 우리는 [표 1]에서 태양에 대하여 $(e, n, \tilde{n}, \overline{\lambda_o}, M_o)$의 값을 알기에

$$\overline{\lambda} = \overline{\lambda_o} + n\Delta t = 280.458 + 0.98564735\Delta t \qquad (9)$$

$$M = M_o + \tilde{n}\Delta t = 357.588 + 0.98560025\Delta t \qquad (10)$$

$$q = \left(2e\sin M + \frac{5}{4}e^2\sin 2M\right) * \frac{180}{\pi} \quad \text{(케플러 모델 이용)[14]} \qquad (11)$$

$$\lambda = \overline{\lambda} + q \qquad (12)$$

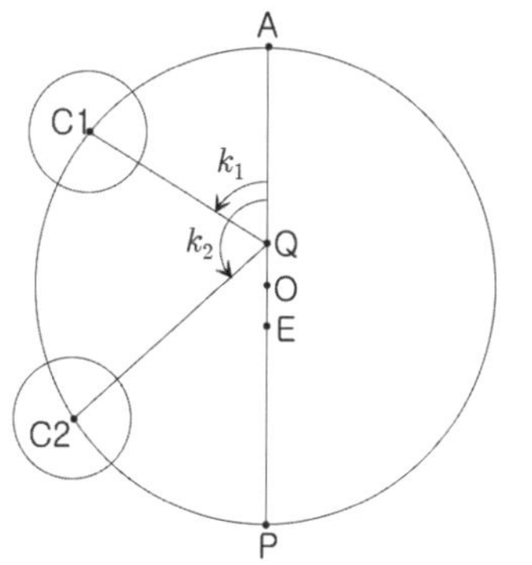

[보충그림 15-2] 평행심(平行心, Equant) 모델

14) 이심 모델의 경우 최대 $\frac{3}{4}e^2$의 차이다. 그런데 $e = 0.016711$을 대입하면, 최대 43.2초의 차이를 보인다. 평행심(이퀀트) 모델과 균륜 모델은 최대 $\frac{1}{4}e^2$차인데 이 값은 14.4초이다.

으로 태양의 황경을 구할 수 있다.

2) 《역상고성》 〈일전역법〉에 제시된 방법과 비교

앞에 기술한 《역상고성》 〈일전역법〉의 방법에서 $\overline{m} = h + p$, $\overline{m}_0 = s + u + v_0$이고,

$$\begin{aligned} M &= \overline{m} - \overline{m}_0 = h + p - (s + u + v_o) \\ &= h_o + (h - h_o + p) - (s + u) - v_o \end{aligned} \tag{12}$$

으로 쓸 수 있다. 여기서 h_o는 역원의 연근이다. 그런데 $h - h_o + p = n\Delta t$, $s + u = w_1 \Delta t$, $h_o - v_o = M_o$이기에

$$M = M_o + (n - w_1)\Delta t = M_o + \tilde{n}\Delta t \tag{13}$$

이 된다. 이 식은 현대적인 방법의 (4)식과 동일하다. 또한

$$\lambda_{역} = \overline{m} + q = h + p + q = h_o + n\Delta t + q \tag{14}$$

으로, $\lambda_{역}$은 동지로부터 시작하는 태양의 경도이다. 그런데 현대적인 방법의 (7)식은 춘분점으로부터 시작하는 태양의 경도, 즉 $\lambda_{황경}$이다. 따라서 (7)식을

$$\lambda_{황경} = \omega_o + M_o + n\Delta t + q \tag{15}$$

로 쓸 수 있다. 이제 (14)와 (15)의 차이를 보면

$$\lambda_{황경} - \lambda_{역} = \omega_o + M_o - h_o = \omega_o - v_o = -90° = 270° \tag{16}$$

이기에 $\lambda_{황경} = \lambda_{역} + 270°$가 된다. 당연히 동지로부터 잰 각과 춘분점으로부터 잰 각의 차이는 방향에 따라 90도 혹은 270도가 된다. 또한 진근점이각 T는

$$\begin{aligned} T &= \lambda_{역} - \overline{m}_o = \lambda_{역} - (v_o + \omega_1 \Delta t) = \lambda_{역} + \omega_o - v_o + (\omega_o + \omega_1 \Delta t) \\ &= \lambda_{황경} + \omega \end{aligned} \tag{17}$$

으로 (2)식과 동일하다.

3) 균시차

균시차는 균수시차($M-T=-q$)와 승도시차($\lambda-\alpha$)를 고려해야 한다. 여기서 λ, α는 각각 황경과 적경이다. 이 시차는 실제시각[用時]과 평균시각[平時]의 차이로 일반적으로 (용시＝평시＋균시차)이기에 평시 혹은 용시에 균시차를 고려하여 용시 혹은 평시를 구하여 사용할 수 있다.

균수시차의 요인은

$$M-T=-q(M) \tag{18}$$

으로 (12)식 혹은 (13)식을 이용하여 M을 구하고 이 값에 따른 가감차 q를 구한다. 《역상고성》 〈균수시차표〉를 사용하거나 (5)식을 이용한다.

승도시차는 황도와 적도의 사이가 $\varepsilon=$ 23도29분30초 만큼 떨어져 있기에 발생하는 시차로

$$\lambda-\alpha=\lambda-\tan^{-1}(\tan\lambda\cos\varepsilon) \tag{19}$$

로 계산한 값을 시간으로 변환하거나 《역상고성》 〈승도시차표〉를 사용하면 얻을 수 있다.

《역상고성》 〈균수시차표〉와 〈승도시차표〉를 사용할 때에는 더하거나 빼 줌에 유의하여야 한다.

제3장

표를 사용한 태양의 위치 계산법 [용표추일전법(用表推日躔法)][15]

○ 표를 사용한 태양의 위치 계산법

▾ 곱셈과 나눗셈을 사용하여 구하는 값: 표를 이용하여 계산 절차를 생략함. 그 밖의 과정은 제2장의 계산법과 같음.

→ 연근(年根), 기일(紀日), 치수(値宿), 일수(日數), 최비(最卑), 균수(均數)

▾ 덧셈과 뺄셈을 사용하여 구하는 값: 생략할 만한 계산절차가 애초에 없음.

→ 평행(平行), 인수(引數), 실행(實行)

▾ 매년 달라지는 값: 표를 이용할 수 없음.

→ 수검(宿鈐: 28수의 각 거성(距星)의 황경을 황도 12궁을 기준으로 나타낸 표)은 세차(歲差)의 영향으로 매년 달라지므로 미리 표를 만들기 어려움. 필요할 때마다 세차를 더하여 해당 연도의 수검을 계산해야 함.

⇒ 아래에 사용하기 편리하도록 항목별로 낱낱이 열거함.

○ 표를 사용한 '달의 위치'[월리(月離)], '일·월식'[교식(交食)], 오성(五星)의 계산법도 같음.

1) 연근(年根 역산 대상 연도의 '천정동지 ↦ 이튿날 새벽 자정초각(0시)'의 태양 경도차) 구하기

계산식 ① 〈일전표(日躔表)〉의 〈태양연근표(太陽年根表)〉에서 역산 대상 연도의 '거동지(距冬至 '동지 ↦ 이튿날 새벽 자정초각'의 태양 경도차)' 분초를 살펴 연근을 구함.(▾30미 이상은 1초로 반올림함. 이하도 마찬

15) [보충자료 14]의 [표 5]에서 어떤 표가 어떤 계산을 위하여 필요한지 참고하라.

가지.)

② 동일 표에서 그 해의 '최비(最卑)' 도분초를 살펴 그 해의 최비행(最卑行 '동지 ↦ 이튿날 새벽 자정초각'의 근지점 경도차)을 구함.

③ 동일 표에서 '기일(紀日 천정동지 이튿날의 간지)'과 '치수(值宿 천정동지 이튿날에 해당하는 수(宿))'도 살핌.

▾ 태양의 위치 계산에서 기일과 치수는 모두 날마다 일일이 기재하지 않고, 태양의 연중 위치 계산이 끝난 뒤에 기일과 치수를 이용하여 간지 날짜와 '어떤 수에 해당하는 날'[수치일(宿值日)]인지를 구함.

예시 예시 1 아무 절기의 아무 간지날의 일수(日數)를 구할 때 기일(紀日)의 간지날을 초일(初日 0일)로 하여 일수를 정하고, 일수가 정해지고 나면 더 이상 기일을 사용하지 않음.

→ 날마다 일일이 기재할 필요가 없음.

▾ 그러나 달력을 제작할 때 필요하므로 여기에 아울러 상세히 서술함.

2) 일수(日數 '천정동지 이튿날 자정초각 ↦ 역산 대상일 자정초각'의 태양의 평균경도차) 구하기

계산식 ① 〈일전표〉의 〈태양주세평행표(太陽周歲平行表)〉에서 역산 대상일의 '평행(平行 경과 날짜수 동안 태양의 평균운행도수)' 궁도분초를 살펴 일수(日數 '천정동지 이튿날 자정초각 ↦ 역산 대상일 자정초각'의 태양의 평균경도차)를 구함.

② 동일 표에서 그 날의 '최비행(最卑行 경과 날짜수 동안 근지점의 평균운행도수)' 분초를 살펴 날짜수 동안의 '최비행(最卑行 '천정동지 이튿날 자정초각 ↦ 역산 대상일 자정초각'의 근지점의 경도차)'을 구함.

3) 평행(平行 '천정동지 ↦ 역산 대상일 자정초각'의 태양의 평균경도차) 구하기

계산식 평행＝연근('천정동지 ↦ 이튿날 새벽 자정초각'의 태양의 평균경도차)
＋일수('천정동지 이튿날 자정초각 ↦ 역산 대상일 자정초각'의 태양의 평균경도차)

4) 근지점의 평행[최비평행(最卑平行 '천정동지 ↦ 역산 대상일 자정초각'의 근지점의 경도차)] 구하기

계산식 근지점의 평행
＝역산 대상 연도의 최비행(最卑行 '천정동지 ↦ 천정동지 이튿날 새벽 자정초각'의 근지점의 경도차)＋날짜수 동안의 최비행(最卑行 '천정동지 이튿날 자정초각 ↦ 역산 대상일 자정초각'의 근지점의 경도차)

5) 인수(引數 역산 대상일 자정초각 때 태양의 '본륜 최비점(最卑點) ↦ 균륜 중심'의 경도차) 구하기

계산식 인수＝평행(平行 '천정동지 ↦ 역산 대상일 자정초각'의 태양의 평균경도차)
－근지점의 평행[최비평행(最卑平行 '천정동지 ↦ 역산 대상일 자정초각'의 근지점의 경도차)]

6) 균수(均數 평균운행[평행(平行)]과 실제운행[실행(實行)]의 도수차) 구하기

계산식 ① 〈일전표〉의 〈태양균수표(太陽均數表)〉에서 인수(引數 역산 대상일 자정초각 때 태양의 근지점 이각)의 궁도분에 해당하는 도분초를 살펴 균수(가감차)를 구함.
② 가(＋), 감(－)의 부호까지 기록함.

7) 실행(實行 '천정동지 ↦ 역산 대상일 자정초각'의 태양의 실제경도차) 구하기

계산식 실행＝평행(平行 '천정동지 ↦ 역산 대상일 자정초각'의 태양의 평균경도차)
±균수(均數 평균운행과 실제운행의 도수차)

8) 수도(宿度 역산 대상일 자정초각 때 태양의 실제 위치를 28수의 수거성(宿距星) 기준으로 나타낸 황경) 구하기

계산식 ① 역산 대상 연도의 황도수검(黃道宿鈐 28수의 각 거성(距星)의 황경을 황도 12궁을 기준으로 나타낸 표)＝역원인 갑자년의 황도수검＋{적년(積年 경과 햇수)×(세차 51초/년)}

② 수도 도분
＝실행(實行 '천정동지 ↦ 역산 대상일 자정초각'의 태양의 실제경도차)
－(역산 대상 연도의 황도수검 안에서 실행을 넘지 않으면서 가장 가까운 수(宿)의 도분＋n궁(그 수가 들어 있는 궁))

제4장

절기시각 계산법[추절기시각법(推節氣時刻法)]

1) '태양의 황도상 위치' [일전(日躔)]에 따른 24절기

[표 8] 태양의 황도상 위치에 따른 24절기

태양의 황도상 위치			절기
궁	도	황경	
축궁(丑宮 Cap)	초도(0도)	270°	동지(冬至)
	15도	285°	소한(小寒)
자궁(子宮 Psc)	초도(0도)	300°	대한(大寒)
	15도	315°	입춘(立春)
해궁(亥宮 Aqu)	초도(0도)	330°	우수(雨水)
	15도	345°	경칩(驚蟄)
술궁(戌宮 Ari)	초도(0도)	0°	춘분(春分)
	15도	15°	청명(清明)
유궁(酉宮 Tau)	초도(0도)	30°	곡우(穀雨)
	15도	45°	입하(立夏)
신궁(申宮 Gem)	초도(0도)	60°	소만(小滿)
	15도	75°	망종(芒種)
미궁(未宮 Cnc)	초도(0도)	90°	하지(夏至)
	15도	105°	소서(小暑)
오궁(午宮 Leo)	초도(0도)	120°	대서(大暑)
	15도	135°	입추(立秋)
사궁(巳宮 Vir)	초도(0도)	150°	처서(處暑)
	15도	165°	백로(白露)
진궁(辰宮 Lib)	초도(0도)	180°	추분(秋分)

태양의 황도상 위치			절기
궁	도	황경	
	15도	195°	한로(寒露)
묘궁(卯宮 Sco)	초도(0도)	210°	상강(霜降)
	15도	225°	입동(立冬)
인궁(寅宮 Sgr)	초도(0도)	240°	소설(小雪)
	15도	255°	대설(大雪)

2) 절기점에 접하는 날과 그 이튿날

(1) **절기점에 접하는 날:** 새벽 자정(0시) 때 태양의 위치가 절기점의 궁도에 닿기 직전인 날.

(2) **절기점에 접한 이튿날:** 새벽 자정(0시) 때 태양의 위치가 절기점의 궁도를 지나간 직후의 날.

▾ 절기점에 접하는 날 새벽 자정(0시) 때는 미처 닿지 않고 그 이튿날 새벽 자정(0시) 때는 이미 지나감.

⇒ 절기점의 궁도에 접하는 순간이 반드시 본일 새벽 자정(0시) 후, 이튿날 새벽 자정(0시) 전에 있음.

⇒ 미처 닿기 전은 '절기점에 접하는 날', 이미 지나간 날은 '절기점에 접한 이튿날'이 됨.

3) 절기시각 계산법

(1) 다음의 비례식을 통하여 '절기점의 궁도에 접하는 날 새벽 자정(0시)'부터 '절기점의 궁도에 접하는 순간'까지의 시간 분(分)수를 구함.

(이튿날 0시의 실행－본일 0시의 실행) : (1일＝1440분)

＝(절기점의 궁도－본일 0시의 실행) : (절기시각－본일 0시의 분(分)수)①

∵ (1일 운행도수) : (1일 시간 분수)＝(절기점까지 도수) : (0시부터 시간

분수)

▾ 입춘시각을 구한다면 (절기점의 궁도－본일 0시의 실행)＝(1궁15도－본일 0시의 실행)

(2) 절기시각의 시＝DIV(①, 60분)[16]

절기시각의 각＝DIV{MOD(①, 60분), 15분}

절기시각의 분＝MOD{MOD(①, 60분), 15분}

(3) ‘절기점에 접하는 날 0시의 실행’＝‘절기점의 궁도’인 경우는, 절기점에 접하는 시각＝절기점에 접하는 날 0시

[표 9] 절기시각 구하기

<table>
<tr><th></th><th>절기</th><th>입춘</th><th>비고</th></tr>
<tr><td>이튿날 0시의 실행</td><td>λ_1</td><td></td><td rowspan="4">1. $\lambda_1-\lambda_0$는 절기 때마다 다르다.
2. 이 시각은 태양의 위치에 의하여 계산 된 시각이다. 따라서 균시차를 이용하여 용시로 바꾸어 주어야 한다.(다음 장인 제 5장 참조)</td></tr>
<tr><td>본일 0시의 실행</td><td>λ_0</td><td></td></tr>
<tr><td>절기점 궁도</td><td>$\lambda_{절기}$</td><td>45°</td></tr>
<tr><td>절기시각</td><td>$t=1440\times\frac{\lambda_{절기}-\lambda_0}{\lambda_1-\lambda_0}$분
$t=24\times\frac{\lambda_{절기}-\lambda_0}{\lambda_1-\lambda_0}$시</td><td>$t=1440\times\frac{45°-\lambda_0}{\lambda_1-\lambda_0}$분
$t=24\times\frac{\lambda_{절기}-\lambda_0}{\lambda_1-\lambda_0}$시</td></tr>
</table>

16) DIV(a, b)는 주어진 값 a에서 일정한 수 b를 몇 번이나 거듭 덜어낼 수 있는지, 곧 나눗셈 $a\div b$의 몫을 구하는 연산을, MOD(a, b)는 주어진 값 a에서 일정한 수 b를 거듭 덜어내고 남은 값, 곧 나눗셈 $a\div b$의 나머지를 구하는 연산을 나타낸다. 예를 들어 DIV(25, 7)＝3, MOD(25, 7)＝4이다.

제5장

실제 절기시각 계산법[추절기용시법(推節氣用時法)]

1) 계산법

(1) 절기점에 접하는 날 0시의 균수(均數 가감차)를 시간으로 변환 ⇒ 균수시차(均數時差)

(▼ 1도→4분, 15분→1분, 15초→1초)

(2) 균수가 감균(減均 －) ⇒ 균수시차는 가차(加差 ＋)

균수가 가균(加均 ＋) ⇒ 균수시차는 감차(減差 －)

(▼ 하늘은 좌선(左旋)하고 태양은 우선(右旋)하므로[17] 가감의 부호가 상반됨)

(3) 다음의 비례식을 이용하여 적도도(赤道度)의 정절선(正切線 tan값)을 구함.

(반경 1천만) : {황적대거(黃赤大距 황도경사각) 23도29분30초의 여현(餘弦 cos값)}

＝{해당 절기의 황도도(黃道度)의 정절선} : (적도도의 정절선)[18]

(4) '적도도의 정절선'($\tan\alpha$)을 가지고 표를 검색하여 적도도를 구함.

(5) |적도도－황도도|를 시간으로 환산 ⇒ 승도시차(升度時差)

17) 하늘이 좌선한다는 것은 동에서 서로 향하는 일주운동을, 태양이 우선한다는 것은 서에서 동으로 향하는 태양의 연주운동을 말한다.

18) $\tan\alpha = \tan\lambda\cos\varepsilon$을 비례식으로 나타낸 것이다.

(6) 춘 · 추분 이후 ⇒ 승도시차는 가차(+)

하 · 동지 이후 ⇒ 승도시차는 감차(−)

(▼춘 · 추분 이후에는 '황도도〉적도도'이므로 가차,

하 · 동지 이후에는 '황도도〈적도도'이므로 감차)

(7) '실제 절기시각'[절기용시]=절기시각±균수시차±승도시차

(▼본서 상편 〈일전역리(日躔曆理)〉의 '시차(時差)'편에 상세함)

2) 표를 이용한 계산법

(1) 인수(引數 근지점 이각)의 궁도를 가지고

〈일전표(日躔表)〉의 〈균수시차표(均數時差表)〉를 살펴 균수시차를 구함.

균수시차의 가감 부호도 기록함.

(2) 절기점의 궁도를 가지고

〈일전표〉의 〈승도시차표(升度時差表)〉를 살펴 승도시차를 구함.

승도시차의 가감 부호도 기록함.

(3) '실제 절기시각'[절기용시]=절기시각±균수시차±승도시차

제6장

각 성의 절기시각 계산법 [추각성절기시각법(推各省節氣時刻法)]

1) 계산법: 북경을 중심으로

각 성(省)의 동서 편도(東西偏度 동쪽 또는 서쪽으로 치우친 도수)에 해당하는 시간을 더하거나 덜어냄.

(▼ 본서 상편 〈일전역리〉의 〈절기시각(節氣時刻)〉편에 상세함)

2) 북경에 대한 주요 지역의 동서 편도와 시차(▼ 편도 1도 → 시차 4분)

[표 10] 북경에 대한 주요 지역의 동서 편도와 시차

지명	동서 편도	시차
성경(盛京 요녕(遼寧)성 심양(瀋陽)시)	편동 7도15분	+29분
절강(浙江)	편동 3도41분24초	+14분46초
복건(福建)	편동 2도59분	+11분56초
강남(江南)	편동 2도18분	+9분12초
산동(山東)	편동 2도15분	+9분
강서(江西)	편서 37분	−2분28초
하남(河南)	편서 1도56분	−7분44초
호광(湖廣 호북(湖北)성과 호남(湖南)성)	편서 2도17분	−9분08초
광동(廣東)	편서 3도33분15초	−14분13초
산서(山西)	편서 3도57분42초	−15분51초
광서(廣西)	편서 6도14분40초	−24분59초
섬서(陝西)	편서 7도33분40초	−30분15초
귀주(貴州)	편서 9도52분40초	−39분31초
사천(四川)	편서 12도16분	−49분04초

지명	동서 편도	시차
운남(雲南)	편서 13도37분	−54분28초
조선(朝鮮)	편동 10도30분	+42분

(▾ 각 성의 편도는 모두 지도(地圖)의 경도에 따라 정함. 지금 해그림자를 측정하여 각 성의 절기시각을 구하고 월식(月食)이 일어나는 시각을 가지고 맞추어 보면 모두 지도와 부합함.)

제7장

일출입시각과 주야시각 계산법 [추일출입주야시각법(推日出入晝夜時刻法)]

1) 일출입시각과 주야시각 계산법

(1) 다음의 비례식을 통해 '일출 때 정동점부터 태양까지 적도도 또는 일몰 때 정서점부터 태양까지 적도도'[묘유전후적도도(卯酉前後赤道度)]의 sin값를 구함.

(반경 1천만) : tan(북극고도)

=tan(역산 대상일의 태양 적위) : sin(묘유전후적도도)[19]

보충자료 16 **북극고도와 태양의 적위를 가지고 일출 · 일몰 때 정동 · 정서로부터 태양까지 적도도(赤道度) 구하기**

〈일전역리(日躔曆理)〉 제13장 〈낮과 밤의 길이[주야영단(晝夜永短)]〉에 제시된, 하짓날 낮과 밤의 길이 구하기 도해 중에서.

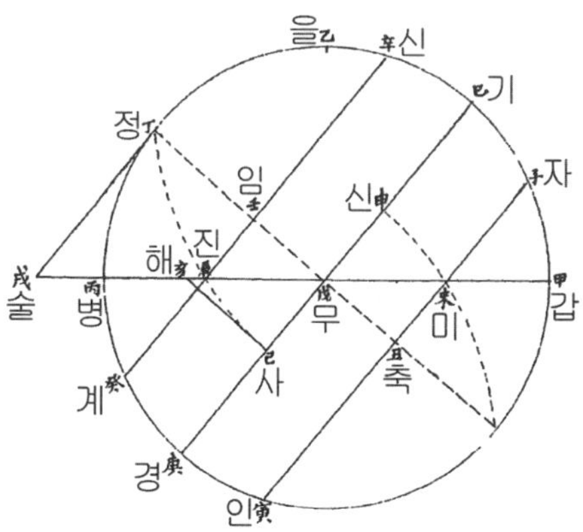

[보충그림 16] 〈일전역리〉 제13장의 하짓날 낮과 밤의 길이 구하기
《중국과학기술전적통휘(中國科學技術典籍通彙)》본을 반영하여
《사고전서》본의 그림에서 '해'점의 위치를 옮긴 그림이다.

19) 식은 $\sin\Delta H = \tan\phi\tan\delta$로서 성립한다. 그러나 아래의 풀이를 살펴보시오.

[보충그림 16]에서 $\overline{\text{갑병}}$이 지평선, $\overline{\text{기경}}$이 천구의 적도, $\overline{\text{신계}}$가 하짓날 태양의 일주권, '무'가 지평선상의 정동 및 정서의 지점이다. 하짓날 태양은 '진'에서 떠서 '신'에서 남중한 후 다시 '진'으로 진다. $\overset{\frown}{\text{진사}}$는 천구의 북극에서 '진'을 거쳐 천구의 적도에 수직으로 내린 호이다. 따라서 $\overset{\frown}{\text{무사}}$가 곧 $\overset{\frown}{\text{임진}}$의 적도도로서, 이것이 곧 '하짓날 일출 때 정동으로부터 태양까지 적도도'이다. 〈일전역리〉에서는 ∠사=∠정=90도이고, 엇각으로서 ∠술=∠무이므로, △술정무와 △해사무가 닮은꼴이다. 그리고 다음의 비례식을 통해 $\overset{\frown}{\text{무사}}$의 sin값을 구하였다.

$\overline{\text{정무}}$: $\overline{\text{정술}}$ = $\overline{\text{사해}}$: $\overline{\text{무사}}$

그런데 $\overline{\text{정무}}$=반경 1천만, $\overline{\text{정술}}$=tan(북극고도 $\overset{\frown}{\text{정병}}$), $\overline{\text{사해}}$=tan(태양의 적위 $\overset{\frown}{\text{진사}}$)이고

$\overline{\text{무사}}$=sin $\overset{\frown}{\text{무사}}$이므로 위 비례식을 다음과 같이 쓸 수 있다.
(반경 1천만) : tan(북극고도)
=tan(태양의 적위) : sin(정동에서 태양까지 적도도)

정동에서 태양까지 적도도가 곧 〈일전역법〉 본문의 묘유전후적도도(卯酉前後赤道度)이다.

---

(2) sin(묘유전후적도도)의 값을 가지고 표를 검색하여 일출 · 일몰 때의 묘유전후적도도를 구함.

(3) (2)에서 구한 적도도를 '1도 → 4분', '15분 → 1분'의 환산율에 따라 시간으로 변환함.

(4) 춘분 전, 추분 후: (3)에서 구한 시간이 묘후 · 유전분(卯後酉前分).
일출 시각=묘정(卯正 6시)+묘후분(卯後分 묘정 이후 일출까지 시간)
일몰 시각=유정(酉正 18시)−유전분(酉前分 유정 이전 일몰까지 시간)

춘분 후, 추분 전: (3)에서 구한 시간이 묘전·유후분(卯前酉後分).

일출 시각=묘정(卯正 6시)−묘전분(卯前分 묘정 이전 일출까지 시간)

일몰 시각=유정(酉正 18시)+유후분(酉後分 유정 이후 일몰까지 시간)

(5) 주각(晝刻 해가 떠 있는 시간)=(일몰 시각)−(일출 시각)

(6) 야각(夜刻 해가 져 있는 시간)=96각−주각

(▼(동지 전의 태양 적위)=(동지 후의 태양 적위)

→ 주야시각이 동지를 기준으로 대칭임.

(하지 전후의 태양 적위)=(동지 전후의 태양 적위). 다만 남·북위가 다름

→ (하지 전후의 주각)=(동지 전후의 야각)

(하지 전후의 야각)=(동지 전후의 주각)

⇒ 동지 후 1상한(90도)의 주야시각을 알면 나머지 3상한의 주야시각을 알 수 있음.

2) 일출입시각과 주야시각은 모두 관측지의 북극고도를 가지고 계산함.

주요 지역의 북극고도는 다음 표와 같음.(▼모두 실측값임.)

[표 11] 주요 지역의 북극고도

지명	북극고도
경사(京師 북경)	39도55분
성경(盛京 요녕(遼寧)성 심양(瀋陽)시)	41도51분
산서(山西)	37도53분30초
조선(朝鮮)	**37도39분15초**
산동(山東)	36도45분24초
하남(河南)	34도52분26초
섬서(陝西)	34도16분
강남(江南)	32도04분

지명	북극고도
사천(四川)	30도41분
호광(湖廣 호북(湖北)성과 호남(湖南)성)	30도34분48초
절강(浙江)	30도18분20초
강서(江西)	28도37분12초
귀주(貴州)	26도30분20초
복건(福建)	26도02분24초
광서(廣西)	25도13분07초
운남(雲南)	25도06분
광동(廣東)	23도10분

제8장

정기를 알 때 평기 계산법 [정기추평기법(定氣推平氣法)]

1) 강희 56년(1717년) 정유년 2월 8일 계사일 해초1각13분29초41미(21시28분29초41미) 때 태양이 술궁초도(황경0도, 춘분점)에 있음 ⇒ 정춘분(定春分)의 실제시각[用時]

(▾ 정춘분의 실제시각[용시]을 측정하는 방법은 〈일전역리(日躔曆理)〉의 〈회귀년의 길이를 측정하여 태양의 평균운행도수 정하기[측세실이정평행(測歲實以定平行)]〉 편에 보임)

이때 평춘분(平春分)**의 일시 구하기.**

(1) 이해 천정동지 이튿날 자정초각(0시) 때 근지점이 동지점을 앞선 도수: 7도43분49초40미

(2) 평춘분이 동지를 넘어간 일수: 91일

(3) 평춘분이 동지를 넘어간 일수 동안 근지점의 운행 도수: 15초14미

(▾ 평춘분이 동지를 앞선 시간은 주세(周歲)의 1/4.
그러나 근지점의 1일 동안 운행도수가 미미하므로 91일만 사용하여 계산함.)

(4) 평춘분 때의 최비행(근지점이 동지점을 넘어간 도수) = (1) + (3) = 7도44분04초54미

(5) 평춘분 때 태양의 인수(引數 근지점이각)

M = (평춘분 때 태양의 평균운행도수[平行] 90도) − (4)

= 82도15분55초06미

(6) (5)에서 구한 인수를 가지고 〈태양균수표〉에서 균수를 구함.

균수 $q(M)=q$(82도15분55초06미)＝2도02분20초

(7) 평춘분 때 태양의 실제운행도수[實行]

＝(평춘분 때 태양의 평균운행도수 90도)＋(균수 2도02분20초)

＝92도02분20초

(8) 평춘분 전으로 가설한 태양의 평균운행도수[평행]

＝(평춘분 때 태양의 평균운행도수 90도)－(균수 2도02분20초)

＝87도57분40초

(▼ 정춘분이 평춘분 전에 있으므로 평춘분 전으로 가설하여 구함.)

(9) 평춘분 전으로 가설한 태양의 인수

M'＝(평춘분 전으로 가설한 태양의 평균운행도수)－(평춘분 때의 최비행)

＝87도57분40초－7도44분04초54미＝80도13분35초06미

(▼ 춘분 때는 태양의 위치가 중간거리점[중거(中距)]과 가까워서 인수가 '1도'만큼 증감할 때 균수의 차가 미미함.

→ 평춘분 전이라도 평춘분 때의 최비행을 그대로 사용해도 됨)

(10) (9)에서 구한 인수를 가지고 〈태양균수표〉에서 균수 q'를 구함.

균수 $q(M')=q$(80도13분35초06미)＝2도01분44초44미

(11) 평춘분 전으로 가설한 태양의 실제운행도수＝(8)＋(10)＝89도59분24초44미

(12) 다음의 비례식을 통해 정춘분부터 평춘분까지 태양의 평균운행도수를 구함.

{두 실제운행도수의 차＝(7)－(11)＝2도02분55초16미}

: {두 평균운행도수 사이의 거리＝90도－(8)＝2도02분20초}

＝ {두 평균운행도수 사이의 거리＝90도－(8)＝2도02분20초}

: (정춘분부터 평춘분까지 태양의 평균운행도수 2도01분44초54미)

(▾ 두 평균운행도수 사이의 거리는 곧 평춘분 때 태양의 균수 q이고
또한 평춘분부터 정춘분까지 태양의 실제운행도수 도수임)

⇒ 이것이 곧 정춘분 때 태양의 균수 $q(M'')$임.

(13) 다음의 비례식을 통해 정춘분부터 평춘분까지의 일분(日分)을 구함.

(태양의 매일 평균운행도수 3548.3305169초) : (주일(周日) 1만분)
=(정춘분부터 평춘분까지 태양의 평균운행도수 2도01분44초54미를 초 단위로 변환한 수) : (정춘분부터 평춘분까지 일분(日分) 2일 586.84771분)

(14) 정춘분의 평균시각[평시(平時)]
=(정춘분의 실제시각[용시] 측정치 해초1각13분29초41미(21시28분29초41미))
+(균수시차(均數時差) 8분7초)
=해초2각6분36초41미(21시36분36초41미)

(▾ 균수시차 8분7초는 곧 정춘분 때 태양의 균수를 시간으로 변환한 수임.
춘분 때는 실제시각 위치가 평균시각 위치의 동쪽에 있음.
→ 실제시각=평균시각－균수시차, 평균시각=실제시각+균수시차
▾ 승도시차가 없는 까닭은 춘분날의 태양은 적도에 있기 때문.)

(15) 정춘분의 일분: 정춘분의 평균시각에 대하여 갑자일을 초일(0일)로 하여 기법(紀法)으로 날짜수를 세고 주일(周日) 1만분으로 시간을 헤아린 결과값 29일(▾ 계사일) 9004.2453분.

(16) 평춘분의 일분=(정춘분의 일분 29일 9004.2453분)
+(정춘분부터 평춘분까지 일분 2일 586.84771분)
=31일9591.09301분

(17) 평춘분의 일시: 평춘분의 일분에 대하여 갑자일을 초일(0일)로 하여 기법(紀法)으로 날짜의 간지를 정하고 주일(周日) 24시로 분(分)수를 헤아린 결과값 을미일 밤 자초초각(23시)1분07초03미.

2) 정기를 알 때 평기 계산법 도해

[그림 8-1] 정기를 가지고 평기 계산하기

갑을: 본천(本天)의 호

병: 정춘분 때 태양의 평균운행[평행]

정: 정춘분 때 태양의 실제운행[실행], 평춘분 때 태양의 평균운행

무: 평춘분 때 태양의 실제운행

(1) 지금 평균운행이 '병'에 있는 일시를 측정하여 평균운행이 '정'에 있는 일시를 구하려면

반드시 병정의 분(分)수를 구하여 계산에 사용해야 함.

그런데 병정의 도수를 알 수 없으므로, 우선 평균운행이 '정'에 있을 때 그 균수 정무를 구하면, '무'점이 곧 평춘분의 실제운행이 됨.

(2) '기정 = 정무'인 '기'점을 평춘분 전의 평균운행으로 가설하여 그 균수를 구하면 기경이 나옴.

경: 평춘분 전으로 가설한 실제운행

(3) 경무: 평춘분의 실제운행과 평춘분 전으로 가설한 실제운행 사이의 거리

기정: 평춘분의 평균운행과 평춘분 전으로 가설한 평균운행 사이의 거리

정무: 정춘분의 실제운행과 평춘분의 실제운행 사이의 거리

병정: 정춘분의 평균운행과 평춘분의 평균운행 사이의 거리

(4) 다음의 비례식을 통해 병정의 분(分)수를 구함.

경무 : 기정 = 정무 : 병정 (▾ 정무 = 기정)

(5) 다음의 비례식을 통해 정춘분부터 평춘분까지 일분을 구함.

(태양의 1일 평행) : 1일=(병정 의 분(分)수) : (정춘분부터 평춘분까지 일분)

(6) 평균운행이 '정'에 있을 때의 일분

=(평균운행이 '병'에 있을 때의 일분 관측값)+(정춘분부터 평춘분까지 일분)

보충자료 17 정춘분의 실제시각[용시] 측정법

〈일전역리(日躔曆理)〉의 〈회귀년의 길이를 측정하여 태양의 평균운행도수 정하기[측세실이정평행(測歲實以定平行)]〉 편에 설명된 정춘분의 실제시각 측정법을 요약하면 다음과 같다.

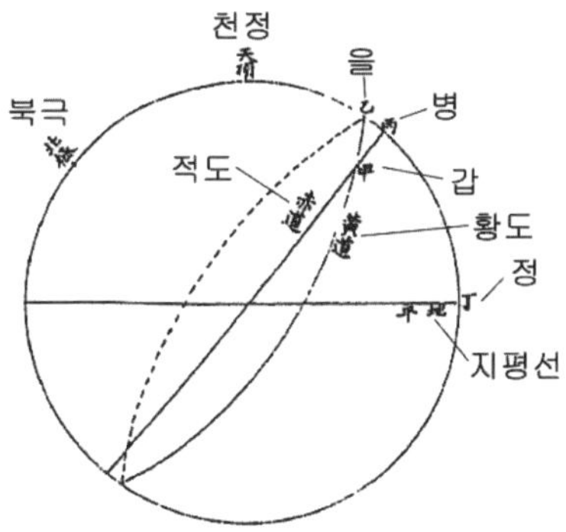

[보충그림 17] 정춘분의 실제시각[용시] 측정 1

(1) 춘분날 정오 때 태양의 실측고도(지평고도)와 지반경차로부터,

지심고도=실측고도+지반경차

(2) 태양의 지심고도와 적도고도의 차로부터,

태양의 적위 을병 =(지심고도 을정)−(적도고도 병정)

(3) △갑을병에서 다음 비례식을 통해 sin(갑을)을 구하고, 표를 검색하여 갑을을 구함.

sin(∠갑=황적대거) : sin(∠병=90도)=sin(을병=태양의 적위) : sin(갑을)

(4) 다음 비례식을 통해 갑을(춘분 순간 ↦ 정오)의 태양 운행 시간을 구함.

(1일 평균 운행도수 59분08초20미) : (24시×60분/시)

=(갑을 4분57초43미) : (갑을 운행 시간)

(5) 정오에 태양이 적도 북쪽에 있었으면, 춘분시각 = 정오 − (갑을 운행 시간)
정오에 태양이 적도 남쪽에 있었으면, 춘분시각 = 정오 + (갑을 운행 시간)

보충자료 18 정춘분의 일시를 가지고 평춘분의 일시 구하기 도해([그림 8]에 따라)

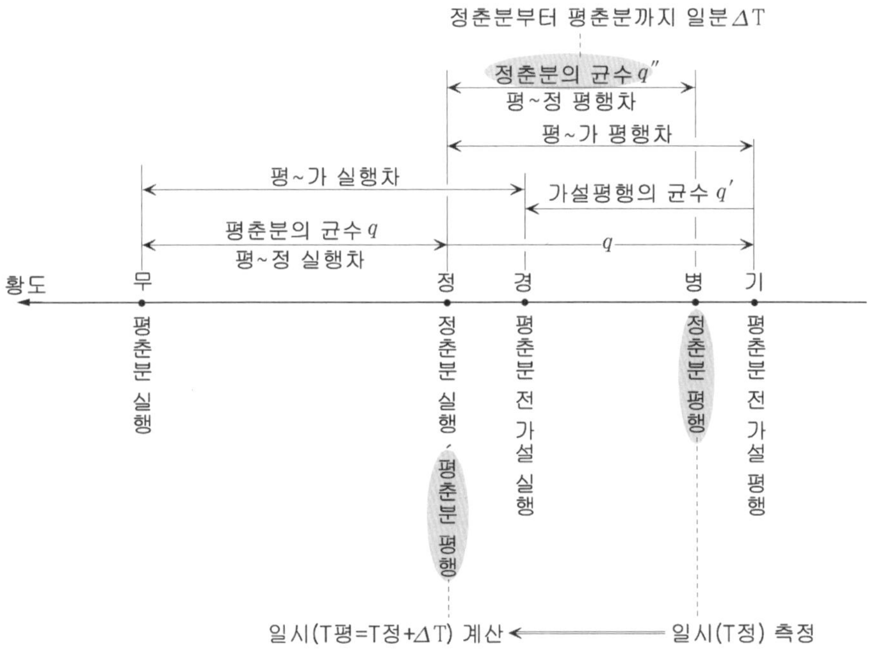

[보충그림 18] 정춘분의 실제시각[용시]을 가지고 평춘분의 일시 구하기의 도해(저본의 도해에 따라)

보충자료 19 정춘분의 일시를 가지고 평춘분의 일시 구하기(주전원 모델을 이용하여)

[보충그림 19]는 [그림 8]의 도해를 주전원 모델로 나타낸 것이다. 주전원 모델에서 평균운행[평행]의 위치는 곧 주전원 중심의 위치에 해당하고, 실제운행[실행]의 위치는 주전원상의 태양의 위치에 해당한다. 그림에서 동지로부터 90도의 지점에 놓인 $S_{정}$이 정춘분 때 태양이다. 태양이 이 지점에 이르렀을 때의 실제시각을 측정하고 균수시차를 더하여 평균시각으로 바꾸어 주면 정춘분의 평균시각이 된다. 정춘분의 평균시각을 가지고 평춘분의 평균시각을 구한 것이 이 장의 내용이다. 무, 정, 경, 병, 기는

황도상에서 주전원 중심의 위치 또는 황도 중심의 지구 E에서 바라볼 때 태양이 황도상에 투영된 위치를 가리킨다. $S_{\text{평}}$이 황도에 투영된 점인 '무'를 $T_{\text{평}}$으로, $S_{\text{정}}$이 황도에 투영된 점인 '정'을 $T_{\text{정}}$으로, $S_{\text{가}}$가 황도에 투영된 점인 '경'을 $T_{\text{가}}$로 나타내었다.

평춘분은 동지로부터 90도의 지점에 주전원의 중심 $C_{\text{평}}$이 놓인 순간이고, 정춘분은 동지로부터 90도의 지점에 태양 $S_{\text{정}}$이 놓인 순간이다. 평춘분 때 태양은 $S_{\text{평}}$에 있고, 정춘분 때 주전원의 중심은 $C_{\text{정}}$에 있으므로, 평춘분과 정춘분이 시간차는 곧 주전원 중심이 $C_{\text{정}}$으로부터 $C_{\text{평}}$까지 이동하는 시간이다. 이는 정춘분의 평균운행위치 '병$=C_{\text{정}}$'과 평춘분의 평균운행위치 '정$=C_{\text{평}}$' 사이의 각도 차를 시간으로 변환한 값에 해당한다. $\overset{\frown}{C_{\text{정}}C_{\text{평}}}=\overset{\frown}{\text{병정}}$을 구하기 위해 $C_{\text{정}}$ 근처의 $C_{\text{가}}$를 가설하되, 〈태양균수표〉에서 $q(C_{\text{평}})=q$을 찾아서 $q=\overset{\frown}{C_{\text{가}}C_{\text{평}}}=\overset{\frown}{\text{기정}}$이 되도록 한다. 이렇게 정해진 $C_{\text{가}}$의 위치를 가지고 〈태양균수표〉에서 $q'(C_{\text{가}})$를 찾으면 가설한 평균운행 위치 $C_{\text{가}}$에 대한 실제운행 위치 $T_{\text{가}}=C_{\text{가}}+q'(C_{\text{가}})$를 알 수 있다. 이제 다음의 비례식과 $\overset{\frown}{C_{\text{가}}C_{\text{평}}}=q=\overset{\frown}{T_{\text{정}}T_{\text{평}}}$의 관계를 통해 $\overset{\frown}{C_{\text{정}}C_{\text{평}}}=\overset{\frown}{\text{병정}}=\overset{\frown}{C_{\text{정}}T_{\text{정}}}=q''(C_{\text{정}})$을 구한다.

$$\overset{\frown}{T_{\text{가}}T_{\text{평}}} \ : \ \overset{\frown}{C_{\text{가}}C_{\text{평}}}=\overset{\frown}{T_{\text{정}}T_{\text{평}}} \ : \ \overset{\frown}{C_{\text{정}}C_{\text{평}}}$$

$\overset{\frown}{C_{\text{정}}C_{\text{평}}}=q''(C_{\text{정}})$를 시간으로 변환하여 주전원 중심이 $C_{\text{정}}$에 놓인 정춘분의 시각에 더하면 주전원 중심이 $C_{\text{평}}$에 놓인 평춘분의 시각이 나온다.

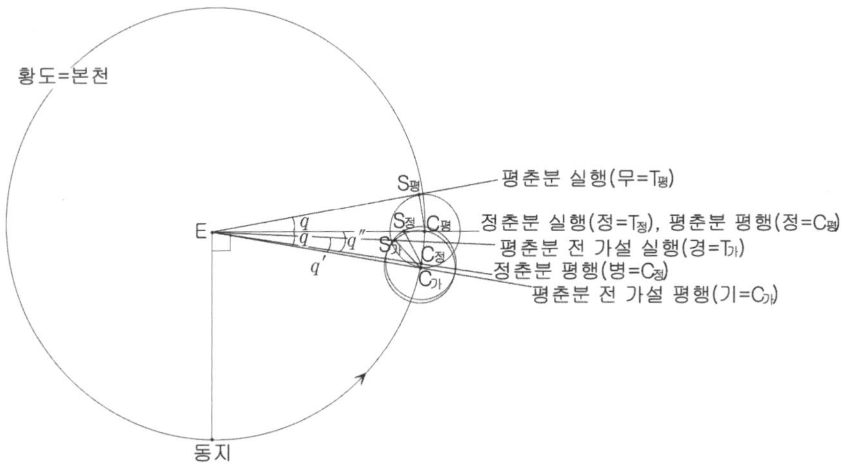

[보충그림 19] 정춘분의 일시를 가지고 평춘분의 일시 구하기의 도해(주전원 모델을 이용하여)

보충자료 20 정춘분의 일시를 가지고 평춘분의 일시 구하기(해석학적인 방법)

각 절기의 평기 간격은 365.2421875일을 24로 나눈 일수인 15.21842448일이다. 각 평기의 일시는 앞의 절기일에 평기간격을 더하여 구한다. 즉 각 절기일에서 앞의 절기일을 빼면 항상 15.21842448일이다.

그러나 실제 절기 사이의 간격은 이와는 다르다. 왜냐하면 태양의 실제운행과 평균운행 간의 차이인 균수 때문이다. 대상 연도의 최비행을 v_o라 하자. 최비응은 동지와 근지점 사이의 각도이므로 동지의 진근점이각은

$$T_{동지} = - v_o \tag{1}$$

가 된다. 따라서 소한부터 동지까지 1부터 24로 번호를 부여하면 소한부터 각 절기의 진근점이각은

$$T_n = - v_o + 15k,$$
$$k = 1(소한), 2(대한), 3(입춘), \cdots \ 23(대설), 24(동지) \tag{2}$$

가 된다. 각 절기때마다 근지점과 원지점의 이동으로 진근점이각이 줄어들지만 1년 사이에 대략 1분이므로 여기서는 무시하기로 한다. (1)식을 $T_{동지} = - v_0 = T_0$라고 놓자. 그런데 각 절기의 평균 근점 이각 M_n과 T_n사이에 가감차 $q(M_n)$이 있기에

$$T_n = M_n + q(M_n) = M_n + \tan^{-1}\left(\frac{2e \sin M_n}{1 - e \cos M_n}\right) \tag{3-1}$$

인 관계가 있다. 어림식으로는 $e \ll 1$이기에

$$T_n = M_n + 2e \sin M_n + e^2 \sin(2M_n) \tag{3-2}$$

이다. 이제 (1)과 (2)의 값을 갖고 (3-2)식을 이용하여 M_n을 구한다.[20] M_n은 정절기의 진근점이각 T_n에 해당하는 평균근점이각이다.

평균 태양은 하루 동안 일정한 각인 $\omega = 360° / 365.2421875$일을 진행하기에 정절기 사이의 시간 간격은

$$\frac{M_n - M_{n-1}}{\omega},\ n = 1(\text{동지 소한사이}), 2(\text{소한 대한사이}), \cdots, 24(\text{대설 동지 사이}) \quad (4)$$

가 된다. 또한 동지부터 어떤 절기 사이의 시간 간격은

$$\frac{M_n - M_0}{\omega},\ n = 1(\text{동지 소한사이}), 2(\text{동지 대한사이}), \cdots, 24(\text{동지 동지 사이}) \quad (5)$$

이 된다. 1684년의 경우에는 최비행이 7도10분11초10미이다. 이 값을 이용하여 계산하면 [표 12]와 같다. 표에서 '평절기 간격'은 '365.2421875도÷24'로 구한 일정한 값이고, '정절기 간격'은 (3-2)식을 이용하여 M_n을 구한 후에 (4)식을 이용하여 시간으로 환산한 것이다.

[표 12] 절기의 평기일률, 정기일률, 평절기와 정절기 사이 차이(일), 절기 사이 간격(일)

전 절기와 절기 사이	평절기 간격	정절기 간격	차이(일)	차이(시간)	평절기 일률	정절기 일률
소한(小寒)	15.2184245	14.6841946	0.5342299	12.8215176	15.2184245	14.6841946
대한(大寒)	15.2184245	14.7021924	0.5162321	12.3895704	30.4368490	29.3863870
입춘(立春)	15.2184244	14.7537135	0.4647109	11.1530616	45.6552734	44.1401005
우수(雨水)	15.2184245	14.8359532	0.3824713	9.1793112	60.8736979	58.9760537

20) T_n의 값을 알고 M_n을 구하는 것이기에 쉽지 않다. 뉴턴의 방법을 이용하는데, $y = f(x)$라 하면 $x = x_k$에서 이 곡선에 접하는 방정식은 $y = f'(x_k)(x - x_k) + f(x_k)$이다. 이때 $y = 0$이 되는 x의 값이 $x = x_{k+1} = x_k - \frac{f(x_k)}{f'(x_k)}$이 된다. x_{k+1}에서 원래의 곡선에 접하는 방정식을 다시 구하고 $y = 0$이 되는 x값을 계속 구해 나가면 어느 한 값에 수렴하게 되는데, 그 값이 $f(x) = 0$이 되는 x값이 된다. 여기서는 $f(M_n) = M_n + 2e\sin M_n + e^2\sin(2M_n) - T_n$으로 놓는다. 이때 수렴하는 값이 $f(M_n) = 0$이 되는 M_n값이다.

전 절기와 절기 사이	평절기 간격	정절기 간격	차이(일)	차이(시간)	평절기 일률	정절기 일률
경칩(驚蟄)	15.2184245	14.9442709	0.2741536	6.5796864	76.0921224	73.9203246
춘분(春分)	15.2184245	15.0722520	0.1461725	3.5081400	91.3105469	88.9925766
청명(淸明)	15.2184245	15.2118821	0.0065424	0.1570176	106.5289714	104.2044587
곡우(穀雨)	15.2184244	15.3538990	−0.135475	−3.2513904	121.7473958	119.5583577
입하(立夏)	15.2184245	15.4883504	−0.269926	−6.4782216	136.9658203	135.0467081
소만(小滿)	15.2184245	15.6053490	−0.386925	−9.2861880	152.1842448	150.6520571
망종(芒種)	15.2184245	15.6959475	−0.477523	−11.460552	167.4026693	166.3480046
하지(夏至)	15.2184245	15.7530132	−0.534589	−12.830129	182.6210938	182.1010178
소서(小暑)	15.2184244	15.7719688	−0.553544	−13.285066	197.8395182	197.8729866
대서(大暑)	15.2184245	15.7512795	−0.532855	−12.788520	213.0579427	213.6242661
입추(立秋)	15.2184245	15.6926200	−0.474196	−11.380692	228.2763672	229.3168861
처서(處暑)	15.2184245	15.6006928	−0.382268	−9.1744392	243.4947917	244.9175789
백로(白露)	15.2184244	15.4827274	−0.264303	−6.3432720	258.7132161	260.4003063
추분(秋分)	15.2184245	15.3477312	−0.129307	−3.1033608	273.9316406	275.7480375
한로(寒露)	15.2184245	15.2056125	0.0128120	0.3074880	289.1500651	290.9536500
상강(霜降)	15.2184245	15.0663079	0.1521166	3.6507984	304.3684896	306.0199579
입동(立冬)	15.2184245	14.9390347	0.2793898	6.7053552	319.5869141	320.9589926
소설(小雪)	15.2184244	14.8317428	0.3866816	9.2803584	334.8053385	335.7907354
대설(大雪)	15.2184245	14.7507713	0.4676532	11.2236768	350.023763	350.5415067
동지(冬至)	15.2184245	14.7006808	0.5177437	12.4258488	365.2421875	365.2421875

[표 13] 강희 56년 1717년 정유년 2월 8일 계사일 해초1각13분29초41미(21시28분29초41미) 정춘분과 평춘분 차이

내용	계산식	계산값
최비응=7도43분49초40미	v_o	7.730463
춘분이 동지를 넘어간 일수	$a = 365.2421875 \times k/24$ $k = 1$(소한), 2(대한), ⋯, 24(동지)	91.31055
근지점 운행도수	$\Delta v = a \times 61.16666/365.2421875/3600$	0.004248
최비행	$v = v_o + \Delta v$	7.734711
춘분이 동지를 넘어간 각	$\theta = 360 \times k/24$	90

내용	계산식	계산값
인수(근지점이각)	$M=\theta-v$	82.26529
양심차/2=이심률	e	0.017921
균수	$q(\theta-v)=q(M)$	2.038947
평춘분 때 태양의 실행	$\theta+q$	92.03895
평춘분 전으로 가설한 태양의 평행	$\theta-q$	87.96105
평춘분 전으로 가설한 태양의 인수	$M'=M-v=\theta-q-v$	80.22634
평춘분 전으로 가설한 태양의 균수	$q'=q(\theta-v-q)$	2.029094
평춘분 전으로 가설한 태양의 실행	$\theta-q+q'$	89.99015
두 실행의 차이	$2q-q'$	2.048801
두 평행의 차이	q	2.038947
정춘분부터 평춘분까지 실행 도수	$\frac{q^2}{2q-q'}$	2.029141
일평행	$\omega=360^\circ/365.2421875$일	
정춘분부터 평춘분까지 일분	$\frac{q^2}{(2q-q')\omega}$	2.058689
정춘분의 실제시각[용시]	t	계사일 21시 28분29초41미
균시차	EoT	8분7초
정춘분 평균시각[평시]	$t+EoT$	계사일 21시 36분36초41미
정춘분 일분	21시36분36초41미=0.90042453일	29일(계사일) 9004.2453분.
평춘분 일분	정춘분일분+ $\frac{q^2}{(2q-q')\omega}$	31일(을미일) 9591.09301분
평춘분 일시	0.959109301일=23시1분07초03미	을미일 23시 1분07초03미

[표 13]은 본문에 제시된 강희 56년 1717년 정춘분과 평춘분의 시간차를 구하는 방법을 보여준다. 이 방법을 잘 살펴보면 진근점이각 T를 이용하여 평균 근점이각 M을 구하는 방법이기도 하다. 두 이각 사이의 관계인 어림식 $T=M+2e\sin M+e^2\sin 2M$을 이용하면, [표 13]에서

$$T = M + q = \theta - v + q = \theta - v + 2e\sin(\theta - v) + e^2\sin(2(\theta - v)) \tag{6}$$

$$T' = \theta - v - q + q' = \theta - v - q + 2e\sin(\theta - v - q) + e^2\sin(2(\theta - v - q)) \tag{7}$$

가 된다. 이제 (6)식에서 (7)식을 빼주면,

$$\begin{aligned} 2q - q' &= q + 2e\sin(\theta - v) + e^2\sin(2(\theta - v)) \\ &\quad - 2e\sin(\theta - v - q) - e^2\sin(2(\theta - v - q)) \end{aligned} \tag{8}$$

이 되고, 이 (8)식을 어림하면

$$2q - q' \simeq q + 2q\{e\cos(\theta - v) + e^2\cos(2(\theta - v))\} \tag{9}$$

이 된다. 따라서

$$\frac{q}{2q - q'} \simeq \frac{1}{1 + 2e\cos(\theta - v) + 2e^2\cos(2(\theta - v))} \tag{10}$$

이 되고, [표 13]에 나오는 $\frac{q^2}{2q - q'}$는

$$\frac{q^2}{2q - q'} \simeq \frac{2e\sin(\theta - v) + e^2\sin(2(\theta - v))}{1 + 2e\cos(\theta - v) + 2e^2\cos(2(\theta - v))} \tag{11}$$

이 된다. $\theta - v \simeq M$이기에

$$\frac{q^2}{2q - q'} \simeq \frac{2e\sin M + e^2\sin(2M)}{1 + 2e\cos M + 2e^2\cos(2M)} \tag{12}$$

이다.

이제 $T = M + 2e\sin M + e^2\sin 2M$ 식에서 T를 알고, M을 구하려면 뉴턴 방법을 사용한다. $f(M) = M + 2e\sin M + e^2\sin 2M - T$ 식에서 첫 어림은

$$M_1 = M_o - \frac{M_o + 2e\sin M_o + e^2\sin 2M_o - T}{1 + 2e\cos M_o + 2e^2\cos 2M_o} \tag{13}$$

이다. 첫 어림한 (13)식에 $M_o = T$를 대입한다. 그러면 (13)식은

$$M_1 - T = -\frac{2e\sin T + e^2\sin 2T}{1 + 2e\cos T + 2e^2\cos 2T} \tag{14}$$

가 된다. 즉 T를 알 때 첫 번의 어림으로 M_1을 구할 수 있다. 그러나 (14)식은

$$M_1 - M_o = -\frac{2e\sin M_o + e^2\sin 2M_o}{1 + 2e\cos M_o + 2e^2\cos 2M_o} \tag{15}$$

을 의미한다. (15) 식의 우변은 [표 13]의 $\frac{q^2}{2q-q'}$ 식에 $-$부호를 붙인 식인 $-\frac{q^2}{2q-q'}$과 같다.

(15)식에 $M_o = \theta - v$를 대입하면

$$M_1 = \theta - v - \frac{2e\sin M_o + e^2\sin 2M_o}{1 + 2e\cos M_o + 2e^2\cos 2M_o} \tag{16}$$

이 되고, $M_o = -v$일 때, 곧 동지의 평균 근점 이각을 M_v라 하면

$$M_v = -v + \frac{2e\sin v + e^2\sin 2v}{1 + 2e\cos v + 2e^2\cos 2v} \tag{17}$$

가 된다. (16)식에서 (17)식을 빼면

$$M_1 - M_v = \theta - \frac{2e\sin M_o + e^2\sin 2M_o}{1 + 2e\cos M_o + 2e^2\cos 2M_o} - \frac{2e\sin v + e^2\sin 2v}{1 + 2e\cos v + 2e^2\cos 2v} \tag{18}$$

가 된다. $M_1 - M_v$는 동지와 어느 절기 사이의 평균 근점 이각 차이로 이 값을 일평행 $\omega = 360^\circ/365.2421875$일로 나누어 준 $\frac{M_1 - M_v}{\omega}$은 각 절기의 정기 일률이고, $\frac{\theta}{\omega}$은 각 절기의 평기 일률이다. 따라서 (18)식에서 구한 $M_1 - M_v$를 가지고 $\frac{\theta}{\omega} - \frac{M_1 - M_v}{\omega}$을 구하면 평기 일률에서 정기 일률을 뺀 차이가 된다. [표 12]는 1684년의 경우이고, [표 13]은 1717년에 해당하는 값이다. 각 절기의 실제시각[용시(用時)]을 알 때에 평시로 바꾸기 위해서는 일차(균시차)를 고려하면 된다.

제9장

평기를 알 때 정기 계산법 [평기추정기법(平氣推定氣法)]

(1) '천정동지 이튿날 새벽 자정초각 ↦ 평기'의 일분(日分)

=(역산 대상 연도의 천정동지 일분[21])+(각 평기 일률(日率))−1일

(2) 역산 대상일의 태양의 인수

=(평기의 궁도(宮度))−(그 날의 최비행(最卑行 '동지점 ↦ 근지점'의 도수))

(3) 계산법에 따라 인수를 가지고 그 날의 균수를 구함.

(4) 다음의 비례식을 통하여 (3)에서 구한 균수를 시간으로 변환함.

(태양의 매일 평행 3548.3305169초) : (주일(周日) 1만분)

=(그 날 태양의 균수) : (균수에 해당하는 시간)

(5) '천정동지 이튿날 새벽 자정초각 ↦ 정기'의 일분

=('천정동지 이튿날 새벽 자정초각 ↦ 평기'의 일분)±(균수에 해당하는 시간)

(▼균수가 가균(加均)이면 시간을 빼고, 감균(減均)이면 시간을 더함)

(6) 정기의 간지 일=COUNT(갑자, MOD[{('천정동지 이튿날 새벽 자정초각 ↦ 정기'의 일수)+(이 해의 기일(紀日 천정동지 이튿날의 간지)의 수)}, 60])

(7) 정기의 시분초=(천정동지의 일분 중 분(分)수)×(1440 시간 분)/10000분

---

21) 천정동지 일분: 제2장 〈태양의 위치 계산법[추일전법(推日躔法)]〉에서 계산한 천정동지 일분은 '천정동지 직전 갑자일 새벽 0시'부터 천정동지 순간까지 시간을 일(日) 단위와 분(分) 단위로 나타낸 값을 지칭하였지만, 여기서는 천정동지 순간이 그 동짓날 새벽 0시로부터 경과한 하루 중의 분(分) 수를 뜻한다.

(8) 정기의 월일 구하기

① 〈일식역법(日食曆法)〉의 '실삭 계산법[추실삭법(推實朔法)]'[22)]을 사용하여 매 달의 실삭(實朔 실제 초하루. 해와 달의 실제 행도가 같을 때)을 구함.

② 정기가 든 달의 실삭의 간지로부터 정기의 간지까지 헤아리면 정기의 월일이 나옴.

(▼'평기를 알 때 정기 계산법'은 옛 역법의 '절기와 삭망 계산법[보기삭(步氣朔)]' 중 '차기 계산법[구차기(求次氣)]'에 해당함.[23)]

평기: 태양의 평균운행[평행(平行)]이 절기점에 접하는 일분

정기: 평기±가감차. 단, 가감의 부호는 균수와 상반됨.

실제운행 〉 평균운행 ⇒ 절기점에 일찍 접하므로 감차.

실제운행 〈 평균운행 ⇒ 절기점에 늦게 접하므로 가차.)

보충자료 21 평기 일분 구하기의 도해

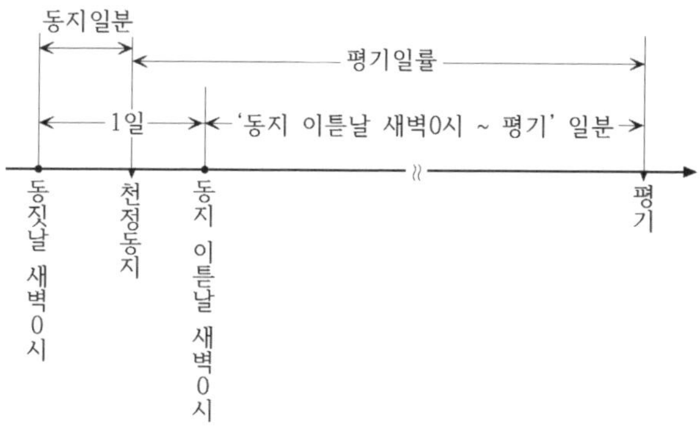

[보충그림 21] 평기 일분 구하기

22) 《역상고성》 하편 권4 〈일식역법(日食曆法)〉의 제2장 〈일식 계산법[추일식법(推日食法)]〉의 제4절 '실삭 계산법[추실삭법(推實朔法)]'을 말한다. 실삭(實朔: 실제 초하루. 해와 달의 실제 행도가 같을 때)은 평삭(平朔: 평균 초하루. 해와 달의 평균 행도가 같을 때)에 상대되는 말로서, 《역상고성》 상편 권6 〈교식역리(交食曆理)1〉의 제2장 〈삭망에는 평삭망과 실삭망이 있음[삭망유평실지수(朔望有平實之殊)]〉에 상세하다.

23) 《응천력(應天曆)》(962년), 《숭천력(崇天曆)》(1024년), 《명천력(明天曆)》(1064년), 《관천력(觀天曆)》(1092년), 《기원력(紀元曆)》(1106년), 《회원력(會元曆)》(1191년), 《중수대명력(重修大明曆)》(1127년), 《수시력(授時曆)》(1280년), 《경오원력(庚午元曆)》(1220년) 등의 '절기와 삭망 계산법[보기삭(步氣朔)]' 장에 '차기 구하기[구차기(求次氣)]'가 있는데 모두 24항기(恒氣)를 계산하는 방법이다. 《대통력(大統曆)》(1384년)에는 '절기와 삭망 계산법[보기삭(步氣朔)]' 장의 '각 항기 구하기[추각항기(推各恒氣)]'절에서 이를 다루었다.

보충자료 22 평기를 알 때 정기 시각 계산

[표 14] 평기를 알 때에 정기를 계산하는 순서

일평행	$\omega = 360° / 365.2421845$일
'천정동지 이튿날 새벽 자정 초각↦평기'의 일분	θ가 '동지 이튿날 새벽 0시~평기'의 시간동안 운행한 도수라면 θ/ω=(역산 대상 연도의 천정동지 일분)+(각 평기 일률(日率))−1일
역산 대상일의 태양의 인수	M=(평기의 궁도(宮度))−(그 날의 최비행('동지점~근지점'의 도수))
균수	$q(M) = \tan^{-1}\left(\frac{2e\sin M}{1-e\cos M}\right)$
균수를 시간으로 변환	$q(M)/\omega$
'천정동지 이튿날 새벽 자정 초각↦정기'의 일분	$\theta/\omega - q(M)/\omega$
정기의 간지일	COUNT(갑자, MOD[{$\theta/\omega - q(M)/\omega$+(그 해의 기일에 해당하는 수)}, 60])
정기의 시분초	(정기의 일분 중 분(分)수)×(1440 시간 분)/10000분
정기의 월일 구하기	〈일식역법(日食曆法)〉의 '실삭 계산법[추실삭법(推實朔法)]'을 사용하여 매달의 실삭(實朔 실제 초하루)을 구하고, 정기가 든 달의 실삭의 간지로부터 정기의 간지까지 헤아리면 정기의 월일이 나옴

※ $T = M + q(M)$에서 최비행을 v라하면, $T + v = M + v + q(M)$가 된다. 그런데 $\lambda = T + v$이기에 $\lambda = M + v + q(M)$이다. 따라서 $\frac{\lambda}{\omega} = \frac{M+v}{\omega} + \frac{q(M)}{\omega}$이다. 즉 태양의 인수 M을 알면, $\frac{M+v}{\omega}$인 평기 일률 및 균수 $q(M)$을 이용하여 $\frac{\lambda}{\omega}$인 정기 일률이 계산된다.

제10장

평기의 날짜 [평기일률(平氣日率)]

(1) 소한(小寒): 15.2184244일.

(2) 대한(大寒): 30.4368489일.

(3) 입춘(立春): 45.6552734일.

(4) 우수(雨水): 60.8736979일.

(5) 경칩(驚蟄): 76.0921223일.

(6) 춘분(春分): 91.3105468일.

(7) 청명(淸明): 106.5289713일.

(8) 곡우(穀雨): 121.7473958일.

(9) 입하(立夏): 136.9658203일.

(10) 소만(小滿): 152.1842447일.

(11) 망종(芒種): 167.4026692일.

(12) 하지(夏至): 182.6210937일.

(13) 소서(小暑): 197.8395182일.

(14) 대서(大暑): 213.0579427일.

(15) 입추(立秋): 228.2763671일.

(16) 처서(處暑): 243.4947916일.

(17) 백로(白露): 258.7132161일.

(18) 추분(秋分): 273.9316406일.

(19) 한로(寒露): 289.1500651일.

(20) 상강(霜降): 304.3684895일.

(21) 입동(立冬): 319.5865140일.

(22) 소설(小雪): 334.8053385일.

(23) 대설(大雪): 350.0237630일.

(24) 동지(冬至): 365.2421875일(365일5시48분45초).[24]

보충자료 23 《역상고성》〈일전역법〉과 《숭정역서》·《신법산서》〈일전표〉의 〈역원 후 200항년 표 해설[역원후이백항년표설(曆元後二百恒年表說)]〉 항목 대비

《역상고성》(1722년)의 태양편은 이론편인 〈일전역리(日躔曆理)〉(상편 권4), 계산법편인 〈일전역법(日躔曆法)〉(하편 권1), 표 모음인 〈일전표(日躔表)〉(표 권1)로 이루어졌다. 이 세 부분은 서로 유기적인 관계를 가진다. 《숭정역서》와 《신법산서》의 태양편은 이론편인 〈일전역지(日躔曆指)〉, 그리고 계산법편과 표 모음을 겸한 〈일전표〉로 구성되었다.

《숭정역서》는 16세기와 17세기에 발달한 서유럽 천문학의 이론과 방법을 한문으로 기록하여 중국에 소개한 최초의 천문서적이다. 게다가 이 책은 서양 천문학의 내용을 중국 전통 역법서의 틀에 붓는다는 방침에 따라 편찬되었고, 주필을 담당한 선교사들의 세계관을 넘을 수 없었다. 그런 만큼 내용과 형식의 양면에서 초기 저작에 나타나는 미흡한 점들이 산재하였는데, 편찬 체제에서도 도합 32종의 책이 전체적인 권차(卷次)를 형성하지 못하다가 용도가 다한 뒤인 18세기 후반에 《신법산서》라는 이름으로 사고전서에 수합되면서야 전체 100권의 통일된 권차가 매겨졌다.

《숭정역서》의 내적 모순을 해소하고 형태적인 면에서 중국 역법서로서의 성격을 강화하여 수정증보한 것이 《역상고성》인 만큼, 두 책은 공통점과 차이점을 동시에 지닌다. 태양편에서 그 단적인 예를 볼 수 있는데, 가장 큰 차이점은 계산법과 표 모음이 합쳐진 《숭정역서》의 〈일전표〉에서 계산법을 분리하여 별도의 〈일전역법〉 권을 만든 것이다. 아래 [표 15]를 보면 《신법산서》는 《숭정역서》를 증보하였고 《역상고

24) 《신법산서》〈일전표〉의 〈역원 후 200항년 표 해설[역원후이백항년표설(曆元後二百恒年表說)]〉 중 '24절기의 일률 구하기[구이십사절기일률(求二十四節氣日率)]'에 실린 1628년의 24정절기(定節氣) 일률은 소한 14일 21시33분(일차 1.5분을 더한 값), 춘분 89일 05시46분(일차 0분), 하지 182일 09시33분(일차 6.5분을 더한 값), 추분 276일 0시07분(일차 16분을 더한 값), 동지 365일 11시59분(일차 8분을 더한 값) 등이다. 이 자료에는 매년 원지점이 이동하고 양심차가 변화하기 때문에 절기 일률이 매년 달라지지만 2, 30년 동안의 차이가 1시간을 넘지 않기 때문에 한 번 계산한 절기 일률을 여러 해 동안 사용해도 된다고 하였다. 1628년부터 1717년까지는 89년이 흘러 《역상고성》〈일전표〉의 〈태양연근표〉에 따르면 근지점이 60분08초57미 가량 이동하였다. 《역상고성》의 값은 평기 일률이고 《신법산서》는 1628년의 정기 일률을 적어 놓은 것이기에 양쪽의 값에 최대 6시간여의 차이가 발생하였다.

성》은 여기에 다시 증보 이상의 개편이 더해졌음을 볼 수 있다. 'cf' 표시를 한 것은 다루는 분야가 유사하기는 하나 내용의 차이가 큼을 나타낸 것이다.

《숭정역서》와《신법산서》의〈일전표〉에는〈역원 후 200항년 표 해설[역원후이백항년표설(曆元後二百恒年表說)]〉 이외에도 계산법을 다룬 몇몇 장들이 더 있으나 이들은《역상고성》의〈일전역리〉 또는〈일전표〉의 각 표 서설로 흡수되었다. 예컨대《신법산서》〈일전표〉의 '가감차 계산[일전표가감산(日躔表加減算)]'은 내용을 달리하여〈일전역리〉의 제10장〈영축차 구하기[구영축차(求盈縮差)]〉로 흡수되고, '일차표 해설[일차표설(日差表說)]'도 내용을 바꾸어〈일전역리〉의 제11장〈균시차[시차(時差)]〉로 흡수되었다. 따라서 이 같은 부분은〈일전역리〉의 항목 비교에서 다루고, 아래의 [표 15]에서는 제외하였다.

사고전서의〈신법산서 해제[신법산서제요(新法算書提要)]〉에는《숭정역서》를 능가한《역상고성》과《역상고성후편》의 성과를 극구 칭찬하고 나서, 그럼에도 불구하고《신법산서》를 실은 의도를 다음과 같이 말하였다.

> "수시력을 시헌력으로 바꾸게 된 내력으로 말하면, 그 원류(源流)가 실로 이 책에 뿌리를 두고 있다. 그러므로 빠짐없이 기록하여 보존하는 바이니, 중국에서 사용하는 서양 역법의 시초를 논하는 자들은 이 책에서 고찰할 수 있을 것이다.[然授時改憲之所自, 其源流實本於是編. 故具錄存之, 庶論西法之權輿者, 有考於斯焉.]"

중국에 수용된 서양역법의 초기 자료로서《신법산서》의 가치를 드러낸 것이다. 실제로 [표 15]의 대비 항목 내용들을 비교해 보면 서양 역법이 중국 역법으로 수용되면서 어떤 과정들을 거쳤는지 대략 짐작할 수 있다.

[표 15] 《역상고성》〈일전역법〉과 《숭정역서》·《신법산서》〈일전표〉의 〈역원 후 200항년 표 해설[역원후이백항년표설(曆元後二百恒年表說)]〉 항목 대비
(《숭정역서》, 《신법산서》의 절차(節次)와 절명(節名)은 《시헌력의 시작, 숭정역서에 기술된 태양의 운동》에 정리한 것을 사용함)

《역상고성》〈일전역법〉	《숭정역서》〈일전표〉	《신법산서》〈일전표〉
1. 태양의 위치 계산에 사용하는 천문상수 [추일전용수(推日躔用數)]	cf. 8) 〈역원후200항년표〉에 사용된 상수와 항목 설명	왼쪽과 같음.
2. 태양의 위치 계산법 [추일전법(推日躔法)]		
3. 표를 사용한 태양의 위치 계산법 [용표추일전법(用表推日躔法)]	cf. 12) 임의의 시각에 태양의 경도 구하기[수시구태양소전경도분(隋時求太陽所躔經度分)]	cf. 14. 임의의 시각에 태양의 경도 구하기[수시구태양소전경도분(隋時求太陽所躔經度分)] cf. 15. 태양의 수도분 구하기 [구태양전수도분(求太陽躔宿度分)]
4. 절기시각 계산법 [추절기시각법(推節氣時刻法)]	cf. 11) 사기의 시각을 구하는 대략적인 계산법 [구사기시각약법(求四氣時刻約法)]	cf. 12. 태양이 각 절기점과 만나는 시각 계산법 [구태양교절시각법(求太陽交節時刻法)]
5. 실제 절기시각 계산법 [추절기용시법(推節氣用時法)]		
6. 각 성의 절기시각 계산법 [추각성절기시각법(推各省節氣時刻法)]		cf. 13. 각 지역의 절기 시각과 그때 태양의 경도 도분 구하기 [구각처절기시각급일전도분(求各處節氣時刻及日躔度分)]
7. 일출입시각과 주야시각 계산법 [추일출입주야시각법(推日出入晝夜時刻法)]		
8. 정기를 알 때 평기 계산법 [정기추평기법(定氣推平氣法)]		

《역상고성》〈일전역법〉	《숭정역서》〈일전표〉	《신법산서》〈일전표〉
9. 평기를 알 때 정기 계산법 [평기추정기법(平氣推定氣法)]	cf. 5) 평동지와 정동지의 비교 cf. 9) 천정동지 시각 구하기 [구천정동지시각(求天正冬至時刻)] cf. 10) 천정동지 시각 구하기 도해	왼쪽과 같음.
10. 평기의 날짜 [평기일률(平氣日率)]		cf. 11. 24절기의 일률 구하기 [구이십사절기일률(求二十四節氣日率)]
	1) 역원 설정에 적년법(積年法)을 사용하다가 폐기하기까지 2) 세실소장(歲實消長) 3) 세실소장에 대한 찬반 양론과 평가 4) 세실소장에 대해 타당한 방침 6) 천체운행의 기본법칙과 부분적인 편차를 모두 반영하는 방법 7) '평(平)'과 구분되는 '정(定)'에 대한 인지(認知)의 역사와 전망	왼쪽과 같음.

제 3 부

《역상고성(曆象考成)》 표(表) 제1권
〈일전표(日躔表)〉

제1표

태양연근표(太陽年根表)

1. 표 해설 1)

1) 내용

천정동지 이튿날 새벽 자정(0시) 때 태양의 평균운행위치[평행(平行)]와 근지점[최비(最卑)]이 축궁초도(丑宮初度 황경 270도. 동지점)로부터 떨어진 거리를 매년 연도별로 기록함.

2) 표의 구성과 계산법[2)]

(1) 기년(紀年): 역원(1684년, 강희23)부터 그 이후 매년의 간지

(2) 거동지(距冬至): 매년 천정동지 이튿날 새벽 자정(0시) 때 태양의 평균운행위치[평행]가 축궁초도(동지점)로부터 떨어진 분초(分秒).

⊙ 매 해의 '거동지' 구하기

① 역원인 갑자년의 '거동지' 구하기: 다음의 비례식을 이용함.

{주일(周日) 10000분} : (태양의 매일 평균운행도수[평행] 3548.3305169초)

=[{(주일 10000분) − (역원인 갑자년 천정동지의 기응(氣應)의 분(分)수

---

1) '표 해설'의 내용은 모두 원문의 내용을 정리한 것이다. 이후의 모든 표에 대해 마찬가지이다.

2) 이 표 해설에 사용된 주일(周日) 10000분, 태양의 매일 평균운행도수[평행(平行)] 3548.3305169초=59분08초19미49섬51홀39망, 기응(氣應) 6563.74926분, 최비응(最卑應) 7도10분11초10미, 근지점[최비(最卑)]의 매일 평균운행도수[평행] 0.167469초/일=10미02섬53홀18망, 기법(紀法) 60일, 수법(宿法) 28일 등은 모두 《역상고성》 하편(下編) 제1권 〈일전역법(日躔曆法)〉의 제1장 〈태양의 위치 계산에 사용하는 천문상수[추일전용수(推日躔用數)]〉에 각 개념의 정의와 수치가 제시되어 있다.

6563.74926분)} = 3436.25074분]

: (역원인 갑자년의 '거동지' 1219.2953364초 = 20분19초17미43섬12홀40망)

보충자료 1 **역원인 갑자년의 거동지 구하기 도해**

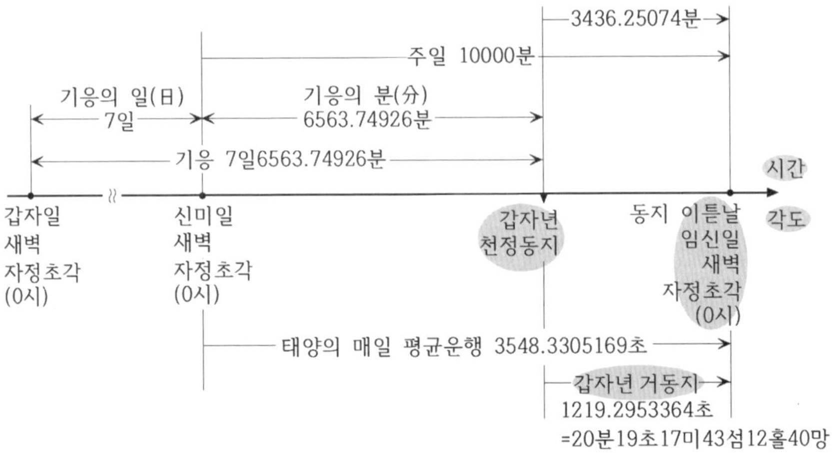

[보충그림 1] 역원인 갑자년의 거동지 구하기

② 역원 이후 매 해의 '거동지' 구하기

②-1. 평년 이듬해의 '거동지'

= (전해의 '거동지') + (365일 동안 태양의 평균운행도수 359도45분40초 38미19섬12홀24망) − 360도

(▼ 전해가 평년. 평년: 1년의 날 수가 365일)

②-2. 윤년 이듬해의 '거동지'

= (전해의 '거동지') + (365일 동안 태양의 평균운행도수 359도45분40초 38미19섬12홀24망)

+ (1일 동안 태양의 평균운행도수 59분08초19미49섬51홀39망) − 360도

(▼ 전해가 윤년. 윤년: 1년의 날 수가 366일)

'②-1'에서 앞의 두 항을 더한 도수가 360도보다 작은 경우에 '②-2'를 사용함.

③ **역원 이후 매 해의 '거동지' 구하기의 '간편 계산법'[첩법(捷法)]**

③-1. 평년 이듬해의 '거동지'

=(전해의 '거동지')−{360도−(365일 동안 태양의 평균운행도수)=14분19초21미40섬47홀36망}

(▼ 전해가 평년)

③-2. 윤년 이듬해의 '거동지'

={(366일 동안 태양의 평균운행도수)−360도=44분48초58미09섬04홀03망}+(전해의 '거동지')

(▼ 전해가 윤년)

'③-1'에서 전해의 '거동지'가 14분19초21미40섬47홀36망보다 작은 경우에 '③-2'를 사용함.

④ **계산값의 반올림 방법**: 위의 ②, ③에서 구한 매년 '거동지'의 섬 단위 이하의 수가 30섬 이상이면 1미로 반올림하고, 30섬 미만이면 버려도 됨.
이후의 계산 값들도 마찬가지.

보충자료 2 매 해의 거동지 구하기 도해

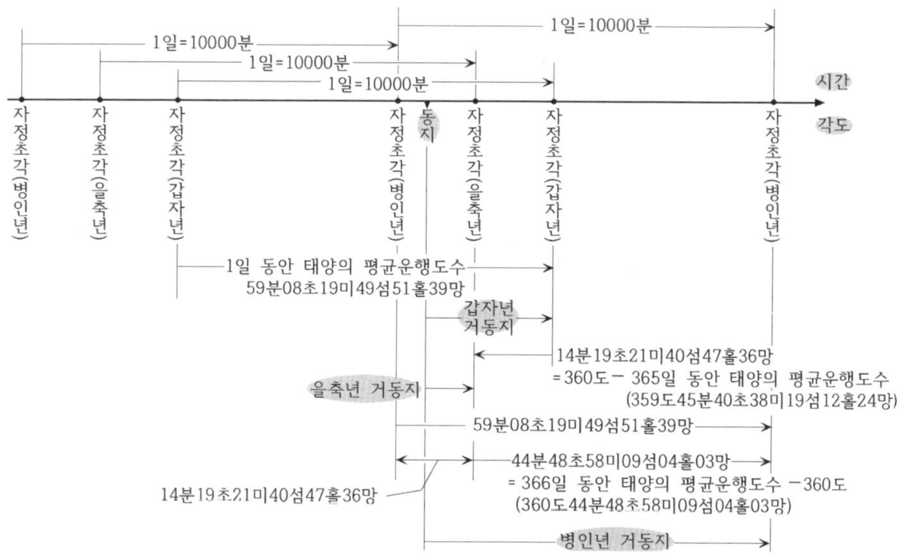

[보충그림 2] 매 해의 거동지 구하기 예시(갑자년은 평년, 을축년은 윤년)

[표 1-1] 거동지

년도		거동지	실제계산			년도		거동지	실제계산			년도		거동지	실제계산		
			도	분	초				도	분	초				도	분	초
1684	갑자	20;19,18	20	19	18	1784	갑진	07;23,06	7	23	6	1884	갑신	53;35,13	53	35	14
1685	을축	05;59,56	5	59	56	1785	을사	52;12,04	52	12	4	1885	을유	39;15,52	39	15	52
1686	병인	50;48,54	50	48	54	1786	병오	37;52,42	37	52	42	1886	병술	24;56,30	24	56	31
1687	정묘	36;29,33	36	29	33	1787	정미	23;33,20	23	33	21	1887	정해	10;37,08	10	37	9
1688	무진	22;10,11	22	10	11	1788	무신	09;13,59	9	13	59	1888	무자	55;26,07	55	26	7
1689	기사	07;50,49	7	50	49	1789	기유	54;02,57	54	2	57	1889	기축	41;06,45	41	6	45
1690	경오	52;39,47	52	39	47	1790	경술	39;43,35	39	43	35	1890	경인	26;47,23	26	47	24
1691	신미	38;20,26	38	20	26	1791	신해	25;24,14	25	24	14	1891	신묘	12;28,02	12	28	2
1692	임신	24;01,04	24	1	4	1792	임자	11;04,52	11	4	52	1892	임진	57;17,00	57	17	0
1693	계유	09;41,42	9	41	42	1793	계축	55;53,50	55	53	50	1893	계사	42;57,38	42	57	38
1694	갑술	54;30,40	54	30	40	1794	갑인	41;34,28	41	34	29	1894	갑오	28;38,16	28	38	17
1695	을해	40;11,19	40	11	19	1795	을묘	27;15,07	27	15	7	1895	을미	14;18,55	14	18	55
1696	병자	25;51,57	25	51	57	1796	병진	12;55,45	12	55	45	1896	병신	59;07,53	59	7	53
1697	정축	11;32,35	11	32	35	1797	정사	57;44,43	57	44	43	1897	정유	44;48,31	44	48	32
1698	무인	56;21,34	56	21	34	1798	무오	43;25,21	43	25	22	1898	무술	30;29,09	30	29	10
1699	기묘	42;02,12	42	2	12	1799	기미	29;06,00	29	6	0	1899	기해	16;09,48	16	9	48
1700	경진	27;42,50	27	42	50	1800	경신	14;46,38	14	46	38	1900	경자	01;50,26	1	50	27
1701	신사	13;23,28	13	23	29	1801	신유	00;27,16	0	27	17	1901	신축	46;39,24	46	39	25
1702	임오	58;12,27	58	12	27	1802	임술	45;16,15	45	16	15	1902	임인	32;20,03	32	20	3
1703	계미	43;53,05	43	53	5	1803	계해	30;56,53	30	56	53	1903	계묘	18;00,41	18	0	41
1704	갑신	29;33,43	29	33	43	1804	갑자	16;37,31	16	37	31	1904	갑진	03;41,19	3	41	20
1705	을유	15;14,22	15	14	22	1805	을축	02;18,10	2	18	10	1905	을사	48;30,17	48	30	18
1706	병술	00;55,00	0	54	60	1806	병인	47;07,08	47	7	8	1906	병오	34;10,56	34	10	56
1707	정해	45;43,58	45	43	58	1807	정묘	32;47,46	32	47	46	1907	정미	19;51,34	19	51	34
1708	무자	31;24,36	31	24	36	1808	무진	18;28,24	18	28	25	1908	무신	05;32,12	5	32	13
1709	기축	17;05,15	17	5	15	1809	기사	04;09,03	4	9	3	1909	기유	50;21,10	50	21	11
1710	경인	02;45,53	2	45	53	1810	경오	48;58,01	48	58	1	1910	경술	36;01,49	36	1	49
1711	신묘	47;34,51	47	34	51	1811	신미	34;38,39	34	38	39	1911	신해	21;42,27	21	42	28
1712	임진	33;15,30	33	15	30	1812	임신	20;19,17	20	19	18	1912	임자	07;23,05	7	23	6
1713	계사	18;56,08	18	56	8	1813	계유	05;59,56	5	59	56	1913	계축	52;12,04	52	12	4
1714	갑오	04;36,46	4	36	46	1814	갑술	50;48,54	50	48	54	1914	갑인	37;52,42	37	52	42
1715	을미	49;25,44	49	25	44	1815	을해	36;29,32	36	29	33	1915	을묘	23;33,20	23	33	21
1716	병신	35;06,23	35	6	23	1816	병자	22;10,11	22	10	11	1916	병진	09;13,59	9	13	59
1717	정유	20;47,01	20	47	1	1817	정축	07;50,49	7	50	49	1917	정사	54;02,57	54	2	57
1718	무술	06;27,29	6	27	39	1818	무인	52;39,47	52	39	47	1918	무오	39;43,35	39	43	35
1719	기해	51;16,37	51	16	37	1819	기묘	38;20,25	38	20	26	1919	기미	25;24,13	25	24	14
1720	경자	36;57,16	36	57	16	1820	경진	24;01,04	24	1	4	1920	경신	11;04,52	11	4	52
1721	신축	22;37,54	22	37	54	1821	신사	09;41,42	9	41	42	1921	신유	55;53,50	55	53	50
1722	임인	08;18,32	8	18	32	1822	임오	54;30,40	54	30	40	1922	임술	41;34,28	41	34	29
1723	계묘	53;07,31	53	7	31	1823	계미	40;11,18	40	11	19	1923	계해	27;15,06	27	15	7

년도		거동지	실제계산			년도		거동지	실제계산			년도		거동지	실제계산		
			도	분	초				도	분	초				도	분	초
1724	갑진	38:48,09	38	48	9	1834	갑신	25:51,57	25	51	57	1924	갑자	12:55,45	12	55	45
1725	을사	24:28,47	24	28	47	1825	을유	11:32,35	11	32	35	1925	을축	57:44,43	57	44	43
1726	병오	10:09,25	10	9	26	1826	병술	56:21,33	56	21	34	1926	병인	43:25,21	43	25	22
1727	정미	54:58,24	54	58	24	1827	정해	42:02,12	42	2	12	1927	정묘	29:06,00	29	6	0
1728	무신	40:39,02	40	39	2	1828	무자	27:42,50	27	42	50	1928	무진	14:46,38	14	46	38
1729	기유	26:19,40	26	19	40	1829	기축	13:23,28	13	23	29	1929	기사	00:27,16	0	27	17
1730	경술	12:00,19	12	0	19	1830	경인	58:12,26	58	12	27	1930	경오	45:16,14	45	16	15
1731	신해	56:49,17	56	49	17	1831	신묘	43:53,05	43	53	5	1931	신미	30:56,53	30	56	53
1732	임자	42:29,55	42	29	55	1832	임진	29:33,43	29	33	43	1932	임신	16:37,31	16	37	31
1733	계축	28:10,33	28	10	33	1833	계사	15:14,21	15	14	22	1933	계유	02:18,09	2	18	10
1734	갑인	13:51,12	13	51	12	1834	갑오	00:55,00	0	54	60	1934	갑술	47:07,07	47	7	8
1735	을묘	58:40,10	58	40	10	1835	을미	45:43,58	45	43	58	1935	을해	32:47,46	32	47	46
1736	병진	44:20,48	44	20	48	1836	병신	31:24,36	31	24	36	1936	병자	18:28,24	18	28	25
1737	정사	30:01,26	30	1	27	1837	정유	17:05,14	17	5	15	1937	정축	04:09,02	4	9	3
1738	무오	15:42,05	15	42	5	1838	무술	02:45,53	2	45	53	1938	무인	48:58,01	48	58	1
1739	기미	01:22,43	1	22	43	1839	기해	47:34,51	47	34	51	1939	기묘	34:38,39	34	38	39
1740	경신	46:11,41	46	11	41	1840	경자	33:15,29	33	15	30	1940	경진	20:19,17	20	19	18
1741	신유	31:52,20	31	52	20	1841	신축	18:56,08	18	56	8	1941	신사	05:59,56	5	59	56
1742	임술	17:32,58	17	32	58	1842	임인	04:36,46	4	36	46	1942	임오	50:48,54	50	48	54
1743	계해	03:13,36	3	13	36	1843	계묘	49:25,44	49	25	44	1943	계미	36:29,32	36	29	33
1744	갑자	48:02,34	48	2	35	1844	갑진	35:06,22	35	6	23	1944	갑신	22:10,10	22	10	11
1745	을축	33:43,13	33	43	13	1845	을사	20:47,01	20	47	1	1945	을유	07:50,49	7	50	49
1746	병인	19:23,51	19	23	51	1846	병오	06:27,39	6	27	39	1946	병술	52:39,47	52	39	47
1747	정묘	05:04,29	5	4	29	1847	정미	51:16,37	51	16	37	1947	정해	38:20,25	38	20	26
1748	무진	49:53,28	49	53	28	1848	무신	36:57,15	36	57	16	1948	무자	24:01,03	24	1	4
1749	기사	35:34,06	35	34	6	1849	기유	22:37,54	22	37	54	1949	기축	09:41,42	9	41	42
1750	경오	21:14,44	21	14	44	1850	경술	08:18,32	8	18	32	1950	경인	54:30,40	54	30	40
1751	신미	06:55,22	6	55	23	1851	신해	53:07,30	53	7	31	1951	신묘	40:11,18	40	11	19
1752	임신	51:44,21	51	44	21	1852	임자	38:48,09	38	48	9	1952	임진	25:51,57	25	51	57
1753	계유	37:24,59	37	24	59	1853	계축	24:28,47	24	28	47	1953	계사	11:32,35	11	32	35
1754	갑술	23:05,37	23	5	37	1854	갑인	10:09,25	10	9	26	1954	갑오	56:21,33	56	21	34
1755	을해	08:46,16	8	46	16	1855	을묘	54:58,23	54	58	24	1955	을미	42:02,11	42	2	12
1756	병자	53:35,14	53	35	14	1856	병진	40:39,02	40	39	2	1956	병신	27:42,50	27	42	50
1757	정축	39:15,52	39	15	52	1857	정사	26:19,40	26	19	40	1957	정유	13:23,28	13	23	29
1758	무인	24:56,30	24	56	31	1858	무오	12:00,18	12	0	19	1958	무술	58:12,26	58	12	27
1759	기묘	10:37,09	10	37	9	1859	기미	56:49,16	56	49	17	1959	기해	43:53,04	43	53	5
1760	경진	55:26,07	55	26	7	1860	경신	42:29,55	42	29	55	1960	경자	29:33,43	29	33	43
1761	신사	41:06,45	41	6	45	1861	신유	28:10,33	28	10	33	1961	신축	15:14,21	15	14	22
1762	임오	26:47,23	26	47	24	1862	임술	13:51,11	13	51	12	1962	임인	00:54,59	0	54	60
1763	계미	12:28,02	12	28	2	1863	계해	58:40,10	58	40	10	1963	계묘	45:43,58	45	43	58
1764	갑신	57:17,00	57	17	0	1864	갑자	44:20,48	44	20	48	1964	갑진	31:24,36	31	24	36

년도		거동지	실제계산			년도		거동지	실제계산			년도		거동지	실제계산		
			도	분	초				도	분	초				도	분	초
1765	을유	42:57,38	42	57	38	1865	을축	30:01,26	30	1	27	1965	을사	17:05,14	17	5	15
1766	병술	28:38,17	28	38	17	1866	병인	15:42,05	15	42	5	1966	병오	02:45,53	2	45	53
1767	정해	14:18,55	14	18	55	1867	정묘	01:22,43	1	22	43	1967	정미	47:34,51	47	34	51
1768	무자	59:07,53	59	7	53	1868	무진	46:11,41	46	11	41	1968	무신	33:15,29	33	15	30
1769	기축	44:48,31	44	48	32	1869	기사	31:52,19	31	52	20	1969	기유	18:56,07	18	56	8
1770	경인	30:29,10	30	29	10	1870	경오	17:32,58	17	32	58	1970	경술	04:36,46	4	36	46
1771	신묘	16:09,48	16	9	48	1871	신미	03:13,36	3	13	36	1971	신해	49:25,44	49	25	44
1772	임진	01:50,26	1	50	27	1872	임신	48:02,34	48	2	35	1972	임자	35:06,22	35	6	23
1773	계사	46:39,24	46	39	25	1873	계유	33:43,12	33	43	13	1973	계축	20:47,00	20	47	1
1774	갑오	32:20,03	32	20	3	1874	갑술	19:23,51	19	23	51	1974	갑인	06:27,39	6	27	39
1775	을미	18:00,41	18	0	41	1875	을해	05:04,29	5	4	29	1975	을묘	51:16,37	51	16	37
1776	병신	03:41,19	3	41	20	1876	병자	49:53,27	49	53	28	1976	병진	36:57,15	36	57	16
1777	정유	48:30,18	48	30	18	1877	정축	35:34,06	35	34	6	1977	정사	22:37,54	22	37	54
1778	무술	34:10,56	34	10	56	1878	무인	21:14,44	21	14	44	1978	무오	08:18,32	8	18	32
1779	기해	19:51,34	19	51	34	1879	기묘	06:55,22	6	55	23	1979	기미	53:07,30	53	7	31
1780	경자	05:32,13	5	32	13	1880	경진	51:44,20	51	44	21	1980	경신	38:48,08	38	48	9
1781	신축	50:21,11	50	21	11	1881	신사	37:24,59	37	24	59	1981	신유	24:28,47	24	28	47
1782	임인	36:01,49	36	1	49	1882	임오	23:05,37	23	5	37	1982	임술	10:09,25	10	9	26
1783	계묘	21:42,27	21	42	28	1883	계미	08:46,15	8	46	16	1983	계해	54:58,23	54	58	24

※ 실제 계산 결과와 역상고성 거동지표에 수록된 값과의 차이는 91군데에서 1미 차이가 나고, 1718년에는 10미 차이가 나는데 이는 38미를 28미로 오기한 것 같다.

(3) 최비(最卑): 매년 천정동지 이튿날 새벽 자정(0시) 때 근지점[최비(最卑)]이 축궁초도(동지점)를 넘어선 도분(度分).

⊙ 매 해의 '최비' 구하기

① 역원인 갑자년의 '최비(근지점이 동지점을 넘어선 도분수)'

=역원인 갑자년 천정동지의 최비응(最卑應) 7도10분11초10미

② 역원 이후 매 해의 '최비' 구하기

②-1. 평년 이듬해의 '최비'

=(전해의 '최비')+(365일 동안 근지점[최비(最卑)]의 평균운행분수 1분 01초07미34섬15홀58망)

②-2. 윤년 이듬해의 '최비'

=(전해의 '최비')+(366일 동안 근지점[최비(最卑)]의 평균운행분수 1분 01초17미37섬09홀16망)

[표 1-2] 최비

년도	최비	실제계산				년도	최비	실제계산				년도	최비	실제계산			
		도	분	초	미			도	분	초	미			도	분	초	미
1684	7:10,11,10	7	10	11	10	1784	8:52,07,48	8	52	7	48	1884	10:34,04,36	10	34	4	36
1685	7:11,12,17	7	11	12	18	1785	8:53,09,05	8	53	9	5	1885	10:35,05,43	10	35	5	43
1686	7:12,13,35	7	12	13	35	1786	8:54,10,13	8	54	10	13	1886	10:36,06,51	10	36	6	51
1687	7:13,14,43	7	13	14	43	1787	8:55,11,20	8	55	11	21	1887	10:37,07,58	10	37	7	58
1688	7:14,15,50	7	14	15	50	1788	8:56,12,28	8	56	12	28	1888	10:38,09,16	10	38	9	16
1689	7:15,16,58	7	15	16	58	1789	8:57,13,46	8	57	13	46	1889	10:39,10,23	10	39	10	24
1690	7:16,18,15	7	16	18	15	1790	8:58,14,53	8	58	14	53	1890	10:40,11,31	10	40	11	31
1691	7:17,19,23	7	17	19	23	1791	8:59,16,01	8	59	16	1	1891	10:41,12,39	10	41	12	39
1692	7:18,20,31	7	18	20	31	1792	9:00,17,08	9	0	17	8	1892	10:42,13,56	10	42	13	56
1693	7:19,21,38	7	19	21	38	1793	9:01,18,26	9	1	18	26	1893	10:43,15,04	10	43	15	4
1694	7:20,22,56	7	20	22	56	1794	9:02,19,34	9	2	19	34	1894	10:44,16,11	10	44	16	11
1695	7:21,24,03	7	21	24	3	1795	9:03,20,41	9	3	20	41	1895	10:45,17,19	10	45	17	19
1696	7:22,25,11	7	22	25	11	1796	9:04,21,49	9	4	21	49	1896	10:46,18,37	10	46	18	37
1697	7:23,26,18	7	23	26	19	1797	9:05,23,06	9	5	23	6	1897	10:47,19,44	10	47	19	44
1698	7:24,27,36	7	24	27	36	1798	9:06,24,14	9	6	24	14	1898	10:48,20,52	10	48	20	52
1699	7:25,28,44	7	25	28	44	1799	9:07,25,21	9	7	25	21	1899	10:49,21,59	10	49	21	59
1700	7:26,29,51	7	26	29	51	1800	9:08,26,29	9	8	26	29	1900	10:50,23,07	10	50	23	7
1701	7:27,30,59	7	27	30	59	1801	9:09,27,37	9	9	27	37	1901	10:51,24,24	10	51	24	24
1702	7:28,32,16	7	28	32	16	1802	9:10,28,54	9	10	28	54	1902	10:52,25,32	10	52	25	32
1703	7:29,33,24	7	29	33	24	1803	9:11,30,02	9	11	30	2	1903	10:53,25,40	10	53	26	40
1704	7:30,34,31	7	30	34	32	1804	9:12,31,09	9	12	31	9	1904	10:54,27,47	10	54	27	47
1705	7:31,35,39	7	31	35	39	1805	9:13,32,17	9	13	32	17	1905	10:55,29,05	10	55	29	5
1706	7:32,36,47	7	32	36	47	1806	9:14,33,34	9	14	33	35	1906	10:56,30,12	10	56	30	12
1707	7:33,38,04	7	33	38	4	1807	9:15,34,42	9	15	34	42	1907	10:57,31,20	10	57	31	20
1708	7:34,39,12	7	34	39	12	1808	9:16,35,50	9	16	35	50	1908	10:58,32,27	10	58	32	27
1709	7:35,40,19	7	35	40	19	1809	9:17,36,57	9	17	36	57	1909	10:59,33,45	10	59	33	45
1710	7:36,41,27	7	36	41	27	1810	9:18,38,15	9	18	38	15	1910	11:00,34,53	11	0	34	53
1711	7:37,42,45	7	37	42	45	1811	9:19,39,22	9	19	39	22	1911	11:01,36,00	11	1	36	0
1712	7:38,43,52	7	38	43	52	1812	9:20,40,30	9	20	40	30	1912	11:02,37,08	11	2	37	8
1713	7:39,45,00	7	39	44	60	1813	9:21,41,37	9	21	41	38	1913	11:03,38,25	11	3	38	25
1714	7:40,46,07	7	40	46	7	1814	9:22,42,55	9	22	42	55	1914	11:04,39,33	11	4	39	33
1715	7:41,47,25	7	41	47	25	1815	9:23,44,03	9	23	44	3	1915	11:05,40,40	11	5	40	41
1716	7:42,48,32	7	42	48	33	1816	9:24,45,10	9	24	45	10	1916	11:06,41,48	11	6	41	48
1717	7:43,49,40	7	43	49	40	1817	9:25,46,18	9	25	46	18	1917	11:07,43,06	11	7	43	6

년도	최비	실제계산				년도	최비	실제계산				년도	최비	실제계산			
		도	분	초	미			도	분	초	미			도	분	초	미
1718	7:44,50,48	7	44	50	48	1818	9:26,47,35	9	26	47	35	1918	11:08,44,13	11	8	44	13
1719	7:45,52,05	7	45	52	5	1819	9:27,48,43	9	27	48	43	1919	11:09,45,21	11	9	45	21
1720	7:46,53,13	7	46	53	13	1820	9:28,49,51	9	28	49	51	1920	11:10,46,28	11	10	46	28
1721	7:47,54,20	7	47	54	20	1821	9:29,50,58	9	29	50	58	1921	11:11,47,46	11	11	47	46
1722	7:48,55,28	7	48	55	28	1822	9:30,52,16	9	30	52	16	1922	11:12,48,54	11	12	48	54
1723	7:49,56,45	7	49	56	46	1823	9:31,53,23	9	31	53	23	1923	11:13,50,01	11	13	50	1
1724	7:50,57,53	7	50	57	53	1834	9:32,54,31	9	32	54	31	1924	11:14,51,09	11	14	51	9
1725	7:51,59,01	7	51	59	1	1825	9:33,55,38	9	33	55	39	1925	11:15,52,26	11	15	52	26
1726	7:53,00,08	7	53	0	8	1826	9:34,56,56	9	34	56	56	1926	11:16,53,34	11	16	53	34
1727	7:54,01,26	7	54	1	26	1827	9:35,58,04	9	35	58	4	1927	11:17,54,41	11	17	54	41
1728	7:55,02,33	7	55	2	33	1828	9:36,59,11	9	36	59	11	1928	11:18,55,49	11	18	55	49
1729	7:56,03,41	7	56	3	41	1829	9:38,00,19	9	38	0	19	1929	11:19,56,57	11	19	56	57
1730	7:57,04,49	7	57	4	49	1830	9:39,01,36	9	39	1	36	1930	11:20,58,14	11	20	58	14
1731	7:58,06,06	7	58	6	6	1831	9:40,02,44	9	40	2	44	1931	11:21,59,22	11	21	59	22
1732	7:59,07,14	7	59	7	14	1832	9:41,03,51	9	41	3	52	1932	11:23,00,29	11	23	0	29
1733	8:00,08,21	8	0	8	21	1833	9:42,04,59	9	42	4	59	1933	11:24,01,37	11	24	1	37
1734	8:01,09,29	8	1	9	29	1834	9:43,06,07	9	43	6	7	1934	11:25,02,54	11	25	2	55
1735	8:02,10,46	8	2	10	47	1835	9:44,07,24	9	44	7	24	1935	11:26,04,02	11	26	4	2
1736	8:03,11,54	8	3	11	54	1836	9:45,08,32	9	45	8	32	1936	11:27,05,10	11	27	5	10
1737	8:04,13,02	8	4	13	2	1837	9:46,09,39	9	46	9	39	1937	11:28,06,17	11	28	6	17
1738	8:05,14,09	8	5	14	9	1838	9:47,10,47	9	47	10	47	1938	11:29,07,35	11	29	7	35
1739	8:06,15,17	8	6	15	17	1839	9:48,12,05	9	48	12	5	1939	11:30,08,42	11	30	8	42
1740	8:07,16,34	8	7	16	34	1840	9:49,13,12	9	49	13	12	1940	11:31,09,50	11	31	9	50
1741	8:08,17,42	8	8	17	42	1841	9:50,14,20	9	50	14	20	1941	11:32,10,59	11	32	10	58
1742	8:09,18,49	8	9	18	50	1842	9:51,15,27	9	51	15	27	1942	11:33,12,15	11	33	12	15
1743	8:10,19,57	8	10	19	57	1843	9:52,16,45	9	52	16	45	1943	11:34,13,23	11	34	13	23
1744	8:11,21,15	8	11	21	15	1844	9:53,17,52	9	53	17	53	1944	11:35,14,30	11	35	14	30
1745	8:12,22,22	8	12	22	22	1845	9:54,19,00	9	54	19	0	1945	11:36,15,38	11	36	15	38
1746	8:13,23,30	8	13	23	30	1846	9:55,20,08	9	55	20	8	1946	11:37,16,55	11	37	16	55
1747	8:14,24,37	8	14	24	37	1847	9:56,21,25	9	56	21	25	1947	11:38,18,03	11	38	18	3
1748	8:15,25,55	8	15	25	55	1848	9:57,22,33	9	57	22	33	1948	11:39,19,11	11	39	19	11
1749	8:16,27,03	8	16	27	3	1849	9:58,23,40	9	58	23	40	1949	11:40,20,18	11	40	20	18
1750	8:17,28,10	8	17	28	10	1850	9:59,24,48	9	59	24	48	1950	11:41,21,36	11	41	21	36
1751	8:18,29,18	8	18	29	18	1851	10:00,26,05	10	0	26	6	1951	11:42,22,43	11	42	22	43
1752	8:19,30,35	8	19	30	35	1852	10:01,27,13	10	1	27	13	1952	11:43,23,51	11	43	23	51
1753	8:20,31,43	8	20	31	43	1853	10:02,28,21	10	2	28	21	1953	11:44,24,58	11	44	24	58
1754	8:21,32,50	8	21	32	50	1854	10:03,29,28	10	3	29	28	1954	11:45,26,16	11	45	26	16
1755	8:22,33,58	8	22	33	58	1855	10:04,30,46	10	4	30	46	1955	11:46,27,24	11	46	27	24
1756	8,23,35,16	8	23	35	16	1856	10:05,31,53	10	5	31	53	1956	11:47,28,31	11	47	28	31
1757	8:24,36,23	8	24	36	23	1857	10:06,33,01	10	6	33	1	1957	11:48,29,39	11	48	29	39
1758	8:25,37,31	8	25	37	31	1858	10:07,34,09	10	7	34	9	1958	11:49,30,56	11	49	30	56

년도	최비	실제계산				년도	최비	실제계산				년도	최비	실제계산			
		도	분	초	미			도	분	초	미			도	분	초	미
1759	8:26,38,38	8	26	38	38	1859	10:08,35,26	10	8	35	26	1959	11:50,32,04	11	50	32	4
1760	8:27,39,56	8	27	39	56	1860	10:09,36,34	10	9	36	34	1960	11:51,33,11	11	51	33	12
1761	8:28,41,03	8	28	41	4	1861	10:10,37,41	10	10	37	41	1961	11:52,34,19	11	52	34	19
1762	8:29,42,11	8	29	42	11	1862	10:11,38,49	10	11	38	49	1962	11:53,35,27	11	53	35	27
1763	8:30,43,19	8	30	43	19	1863	10:12,40,06	10	12	40	7	1963	11:54,36,44	11	54	36	44
1764	8:31,44,36	8	31	44	36	1864	10:13,41,14	10	13	41	14	1964	11:55,37,52	11	55	37	52
1765	8:32,45,44	8	32	45	44	1865	10:14,42,22	10	14	42	22	1965	11:56,38,59	11	56	38	59
1766	8:33,46,51	8	33	46	51	1866	10:15,43,29	10	15	43	29	1966	11:57,40,07	11	57	40	7
1767	8:34,47,59	8	34	47	59	1867	10:16,44,37	10	16	44	37	1967	11:58,41,25	11	58	41	25
1768	8:35,49,17	8	35	49	17	1868	10:17,45,54	10	17	45	54	1968	11:59,42,32	11	59	42	32
1769	8:36,50,24	8	36	50	24	1869	10:18,47,02	10	18	47	2	1969	12:00,43,40	12	0	43	40
1770	8:37,51,32	8	37	51	32	1870	10:19,48,09	10	19	48	10	1970	12:01,44,47	12	1	44	47
1771	8:38,52,39	8	38	52	39	1871	10:20,49,17	10	20	49	17	1971	12:02,46,05	12	2	46	5
1772	8:39,53,47	8	39	53	47	1872	10:21,50,35	10	21	50	35	1972	12:03,47,12	12	3	47	13
1773	8:40,55,04	8	40	55	4	1873	10:22,51,42	10	22	51	42	1973	12:04,48,20	12	4	48	20
1774	8:41,56,12	8	41	56	12	1874	10:23,52,50	10	23	52	50	1974	12:05,49,28	12	5	49	28
1775	8:42,57,20	8	42	57	20	1875	10:24,53,57	10	24	53	57	1975	12:06,50,45	12	6	50	45
1776	8:43,58,27	8	43	58	27	1876	10:25,55,15	10	25	55	15	1976	12:07,51,53	12	7	51	53
1777	8:44,59,45	8	44	59	45	1877	10:26,56,23	10	26	56	23	1977	12:08,53,00	12	8	53	0
1778	8:46,00,52	8	46	0	52	1878	10:27,57,30	10	27	57	30	1978	12:09,54,08	12	9	54	8
1779	8:47,02,00	8	47	1	60	1879	10:28,58,38	10	28	58	38	1979	12:10,55,25	12	10	55	26
1780	8:48,03,07	8	48	3	7	1880	10:29,59,55	10	29	59	55	1980	12:11,56,33	12	11	56	33
1781	8:49,04,25	8	49	4	25	1881	10:31,01,03	10	31	1	3	1981	12:12,57,41	12	12	57	41
1782	8:50,05,33	8	50	5	33	1882	10:32,02,10	10	32	2	10	1982	12:13,58,48	12	13	58	48
1783	8:51,06,40	8	51	6	40	1883	10:33,03,18	10	33	3	18	1983	12:15,00,06	12	15	0	6

※ 실제 계산에서는 근지점이 61.16666초/년씩 이동하기에 평년인 365일 동안에는 61.16666*365/365.2421875=1도1분7초7미33섬59홀9망 값을, 윤년에는 61.16666*366/365.2421875=1도1분17초36미52섬24홀11망 값을 사용하였다. 그러면 〈역상고성〉에 나오는 최비값표와 비교하여 25군데에서 1미 차이가 난다. 만약 본문에 제시한 값을 사용하면 최대 2미까지 계산 오차가 생긴다.

(4) 기일(紀日): 매년 천정동지 이튿날의 간지

⊙ **매 해의 '기일' 구하기**

① **역원인 갑자년의 '기일'** = COUNT(갑자, 7)[3] + 1일 = 신미(辛未) + 1일

= 임신(壬申)

(▼ 역원인 갑자년 천정동지의 기응(氣應) 일분(日分) 중에 일수가 7일이므로.)

② 역원 이후 매 해의 '기일' 구하기

②-1. 평년 이듬해의 '기일' = COUNT(전해의 기일, 5)

②-2. 윤년 이듬해의 '기일' = COUNT(전해의 기일, 6)

▼ 기법(紀法) = 60일

360일 = 기법×6

따라서 365일의 평년이면 5일, 366일의 윤년이면 6일을 더함.

(5) 치수(值宿): 매년 천정동지 이튿날에 해당하는 수(宿)

⊙ **매 해의 '치수' 구하기**

① **역원인 갑자년의 '치수'** = COUNT(각수, 5) + 1일 = 미수(尾宿) + 1일

= 기수(箕宿)

(▼ 역원인 갑자년 천정동지의 수응(宿應) 일분(日分) 중에 일수가 5일이므로.)

② 역원 이후 매 해의 '치수' 구하기

②-1. 평년 이듬해의 '치수' = COUNT(전해의 치수, 1)

②-2. 윤년 이듬해의 '치수' = COUNT(전해의 치수, 2)

▼ 수법(宿法) = 28일

364일 = 수법×13

따라서 365일의 평년이면 1일, 366일의 윤년이면 2일을 더함.

---

3) COUNT(a, b)는 주어진 순번 a부터 b만큼 헤아려 나간 순번이 무엇인지를 구하는 연산이다. 예를 들어 COUNT(갑자, 11) = 을해이다.

3) 표의 사용법: 강희(康熙) 61년(1722) 임인년의 연근(年根) 찾기

(1) 본표의 '기년(紀年)'을 살핌: 역원인 갑자년 뒤로 첫 번째 임인년이 역산 대상 연도.

⇒ 임인년에 해당하는 각 수치를 읽어 기록함.

(2) '거동지': 8분18초32미

(3) '최비': 7도48분55초28미

(4) 기일: 신묘(辛卯)

(5) 치수: 장수(張宿)

보충자료 3 강희 61년(1722) 임인년 기일 및 치수 구하기

역원인 강희 23년과 강희 61년 임인년 사이는 평년을 5, 윤년을 6으로 하여 더하면 199가 된다. mod(199, 60) = 19이기에 아래 표에서 '임신'부터 19번째는 '신묘'이다. 따라서 강희 61년 임인년의 기일은 '신묘'이다.

[표 1-3] 10간(干)12지(支)를 이용한 60갑자(甲子)

갑자	을축	병인	정묘	무진	기사	경오	신미	임신	계유
갑술	을해	병자	정축	무인	기묘	경진	신사	임오	계미
갑신	을유	병술	정해	무자	기축	경인	신묘	임진	계사
갑오	을미	병신	정유	무술	기해	경자	신축	임인	계묘
갑진	을사	병오	정미	무신	기유	경술	신해	임자	계축
갑인	을묘	병진	정사	무오	기미	경신	신유	임술	계해

역원인 강희 23년과 강희 61년 임인년 사이는 평년을 1, 윤년을 2로 하여 더하면 47이 된다. mod(47, 28) = 19이기에 아래 표에서 '기수(箕宿)'부터 19번째는 '장수(張宿)'이다. 따라서 강희 61년 임인년의 치수는 '장수'이다.

[표 1-4] 28수(宿)

각	항	저	방	심	미	기	두	우	여	허	위	실	벽	규	누	위	묘	필	자	삼	정	귀	유	성	장	익	진

2. 표[4]

○ 수록 범위: 1684년 갑자년(강희 23)~1983년 계해년. 총 5갑자=300년.

○ '거동지': 20분19초18미에서 시작하여 매년 14분19초22미(또는 21미)씩 감소하되, 4, 5년마다 한 번씩은 44분48초58미(또는 59미)씩 증가함.

○ '최비': 7도10분11초10미(1684년)부터 12도15분00초06미(1983년)까지 증가. 매년 1분1초8미(또는 7미)씩 증가하되, 4, 5년마다 한 번씩은 1분1초18미(또는 17미)씩 증가함.

○ 기일: 임신(壬申)에서 시작하여 매년 5간지 밀려나가되, 4, 5년마다 한 번씩은 6간지씩 밀려나감.

○ 치수: 기(箕)에서 시작하여 매년 1수씩 밀려나가되, 4, 5년마다 한 번씩은 2수씩 밀려나감.

○ 역원 이듬해인 을축년(1685), 4년 후인 기사년((1689) 등이 윤년임.[5]

이후로도 4, 5년 주기로 윤년이 들었음.

'거동지', '최비', '기일', '치수'의 증가치가 4, 5년 주기의 양상을 띤 까닭임.

윤년과 그 이듬해 사이의 증가치가 큼.

4) '표'에 기술한 내용은 원문의 서술 내용이 아니라 원문의 표를 분석한 것이다. 이후의 모든 표에 대해 마찬가지이다.

5) 계산과 표에 의하면 1685년, 1689년, 1693년은 윤년으로 4년마다 윤년을 두는데, 특별히 몇 군데 즉, 1701년, 1706년이 윤년으로 5년차이다. 이는 전년도 거동지 값으로부터 거동지 값을 계산할 때 음수가 나오면 윤년을 두어 양수를 만들면서 자연스럽게 윤년을 둔 것으로 보인다. 지금의 그레고리력과 같이 기계적으로 4년마다 윤년을 둔 것 같지 않다.

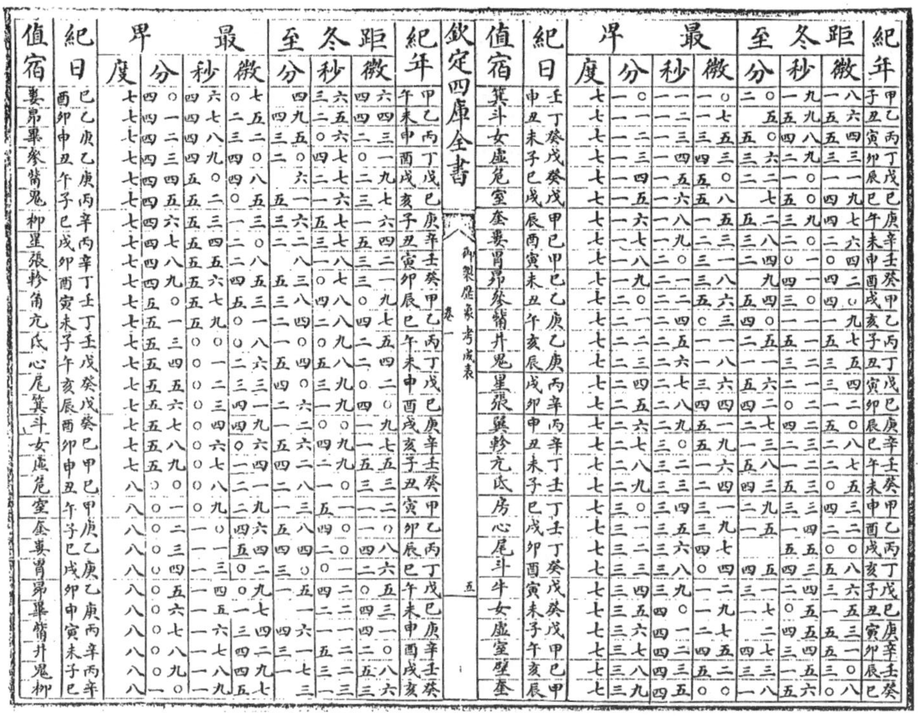

[그림 1] 《역상고성(曆象考成)》 표 제1권 〈일전표(日躔表)〉의 〈태양연근표(太陽年根表)〉 첫 두 면

제2표

태양주세평행표(太陽周歲平行表)

1. 표 해설

1) 내용

태양의 1년 중 평균운행도수[평행(平行)]와 근지점의 운행도수[최비행(最卑行)]를 1일 간격으로 열거함.

2) 표의 구성과 계산법[6]

(1) **일수(日數)**: 1일~366일까지 날짜수.

(2) **평행(平行)**: 태양의 본륜이 1일부터 366일까지 각 날짜수동안 운행한 평균운행도수.

▾ n일의 평행=(태양의 매일 평균운행도수 59분08초19미49섬51홀39망/일)×n일

(3) **최비행(最卑行)**: 본천(本天 태양천(太陽天))의 근지점[최비]이 1일부터 366일까지 각 날짜수동안 운행한 운행도수.

▾ n일의 최비행=(근지점의 매일 운행도수 10미02섬53홀18망/일)×n일

---

6) 이 표 해설에 사용된 태양의 매일 평균운행도수[평행(平行)] 3548.3305169초=59분08초19미49섬51홀39망과 근지점[최비(最卑)]의 매일 평균운행도수[평행] 0.167469초/일=10미02섬53홀18망은 《역상고성》 하편 제1권 〈일전역법〉의 제1장 〈태양의 위치 계산에 사용하는 천문상수[추일전용수(推日躔用數)]〉에 제시되어 있다.

3) 표의 사용법: 동지 후 92일 때 태양의 평행과 최비행 찾기

(1) 본표에서 '일수(日數)' 92일에 해당하는 수를 읽어 기록함.

(2) **평행**: 3궁0도40분46초24미(90;40,46,24도) ⇒ 92일 동안 태양이 평균운행한 총 도수.

(3) **최비행**: 15초24미 ⇒ 92일 동안 근지점이 운행한 총 도수.

2. 표

○ **수록 범위**: 1일~366일

○ **'평행'**: 1일에 대한 59분08초20미에서 시작하여, 366일에 대한 12궁00도44분 48초58미로 끝남.

⇒ 매일 59분08초20미씩 증가하되, 6, 7일마다 한 번씩은 59분08초19 미씩 증가함.[7]

○ **'최비행'**: 1일의 10미에서 시작하여, 366일의 1분01초18미로 끝남.

⇒ 매일 10미씩 증가하되, 20, 21일마다 한 번씩은 11미씩 증가함.[8]

7) 반올림하기에 이러한 현상이 나타난 것이다.
8) 반올림하기에 이러한 현상이 나타난 것이다.

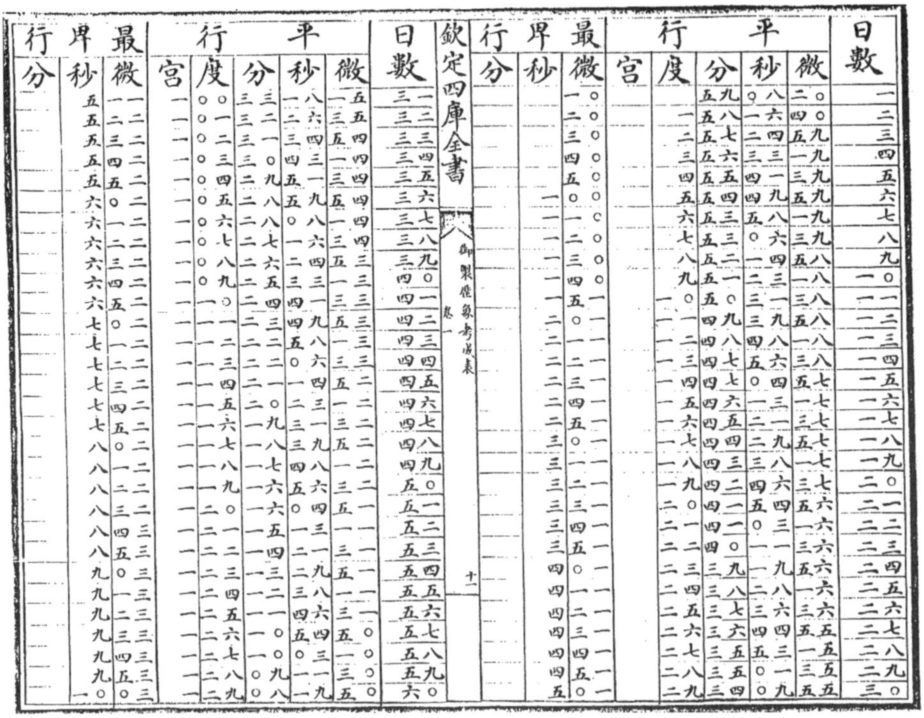

[그림 2] 《역상고성》 표 제1권 〈일전표〉의 〈태양주세평행표(太陽周歲平行表)〉 첫 두 면

[표 2] 평행 및 최비행

일수	평행(평균 운행 도수)					최비행(근지점 운행 도수)		
	역상고성 값	실제 계산 값				역상고성 값	실제 계산 값	
	도; 분, 초, 미	도	분	초	미	분;초	분	초
1	0;59,08,20	0	59	8	20	0;10	0	10
2	1;58,16,40	1	58	16	40	0;20	0	20
3	2;57,24,59	2	57	24	59	0;30	0	30
4	3;56,33,19	3	56	33	19	0;40	0	40
5	4;55,41,39	4	55	41	39	0;50	0	50
6	5;54,49,59	5	54	49	59	1;00	1	0
7	6;53,58,19	6	53	58	19	1;10	1	10
8	7;53,06,39	7	53	6	39	1;20	1	20
9	8;52,14,58	8	52	14	58	1;30	1	30
10	9;51,23,18	9	51	23	18	1;40	1	40

일수	평행(평균 운행 도수)					최비행(근지점 운행 도수)		
	역상고성 값	실제 계산 값				역상고성 값	실제 계산 값	
	도; 분, 초, 미	도	분	초	미	분;초	분	초
11	10;50,31,38	10	50	31	38	1;51	1	51
12	11;49,39,58	11	49	39	58	2;01	2	1
13	12;48,48,18	12	48	48	18	2;11	2	11
14	13;47,56,38	13	47	56	38	2;21	2	21
15	14;47,04,57	14	47	4	57	2;31	2	31
16	15;46,13,17	15	46	13	17	2;41	2	41
17	16;45,21,37	16	45	21	37	2;51	2	51
18	17;44,29,57	17	44	29	57	3;01	3	1
19	18;43,38,17	18	43	38	17	3;11	3	11
20	19;42,46,37	19	42	46	37	3;21	3	21
21	20;41,54,56	20	41	54	56	3;31	3	31
22	21;41,03,16	21	41	3	16	3;41	3	41
23	22;40,11,36	22	40	11	36	3;51	3	51
24	23;39,19,56	23	39	19	56	4;01	4	1
25	24;38,28,16	24	38	28	16	4;11	4	11
26	25;37,36,36	25	37	36	36	4;21	4	21
27	26;36,44,55	26	36	44	55	4;31	4	31
28	27;35,53,15	27	35	53	15	4;41	4	41
29	28;35,01,35	28	35	1	35	4;51	4	51
30	29;34,09,55	29	34	9	55	5;01	5	1
31	30;33,18,15	30	33	18	15	5;11	5	11
32	31;32,26,35	31	32	26	35	5;22	5	22
33	32;31,34,54	32	31	34	54	5;32	5	32
34	33;30,43,14	33	30	43	14	5;42	5	42
35	34;29,51,34	34	29	51	34	5;52	5	52
36	35;28,59,54	35	28	59	54	6;02	6	2
37	36;28,08,14	36	28	8	14	6;12	6	12
38	37;27,16,34	37	27	16	34	6;22	6	22
39	38;26,24,53	38	26	24	53	6;32	6	32
40	39;25,33,13	39	25	33	13	6;42	6	42

일수	평행(평균 운행 도수)					최비행(근지점 운행 도수)		
	역상고성 값	실제 계산 값				역상고성 값	실제 계산 값	
	도; 분, 초, 미	도	분	초	미	분;초	분	초
41	40;24,41,33	40	24	41	33	6;52	6	52
42	41;23,49,53	41	23	49	53	7;02	7	2
43	42;22,58,13	42	22	58	13	7;12	7	12
44	43;22,06,33	43	22	6	33	7;22	7	22
45	44;21,14,52	44	21	14	52	7;32	7	32
46	45;20,23,12	45	20	23	12	7;42	7	42
47	46;19,31,32	46	19	31	32	7;52	7	52
48	47;18,39,52	47	18	39	52	8;02	8	2
49	48;17,48,12	48	17	48	12	8;12	8	12
50	49;16,56,32	49	16	56	32	8;22	8	22
51	50;16,04,51	50	16	4	51	8;32	8	32
52	51;15,13,11	51	15	13	11	8;43	8	43
53	52;14,21,31	52	14	21	31	8;53	8	53
54	53;13,29,51	53	13	29	51	9;03	9	3
55	54;12,38,11	54	12	38	11	9;13	9	13
56	55;11,46,31	55	11	46	31	9;23	9	23
57	56;10,54,50	56	10	54	50	9;33	9	33
58	57;10,03,10	57	10	3	10	9;43	9	43
59	58;09,11,30	58	9	11	30	9.;53	9	53
60	59;08,19,50	59	8	19	50	10;03	10	3
61	60;07,28,10	60	7	28	10	10;13	10	13
62	61;06,36,30	61	6	36	30	10;23	10	23
63	62;05,44,49	62	5	44	49	10;33	10	33
64	63;04,53,09	63	4	53	9	10;43	10	43
65	64;04,01,29	64	4	1	29	10;53	10	53
66	65;03,09,49	65	3	9	49	11;03	11	3
67	66;02,18,09	66	2	18	9	11;13	11	13
68	67;01,26,29	67	1	26	29	11;23	11	23
69	68;00,34,48	68	0	34	48	11;33	11	33
70	68;59,43,08	68	59	43	8	11;43	11	43

일수	평행(평균 운행 도수)					최비행(근지점 운행 도수)		
	역상고성 값	실제 계산 값				역상고성 값	실제 계산 값	
	도; 분, 초, 미	도	분	초	미	분;초	분	초
71	69;58,51,28	69	58	51	28	11;53	11	53
72	70;57,59,48	70	57	59	48	12;04	12	3
73	71;57,08,08	71	57	8	8	12;14	12	14
74	72;56,16,27	72	56	16	27	12;24	12	24
75	73;55,24,47	73	55	24	47	12;34	12	34
76	74;54,33,07	74	54	33	7	12;44	12	44
77	75;53,41,27	75	53	41	27	12;54	12	54
78	76;52,49,47	76	52	49	47	13;04	13	4
79	77;51,58,07	77	51	58	7	13;14	13	14
80	78;51,06,26	78	51	6	26	13;24	13	24
81	79;50,14,46	79	50	14	46	13;34	13	34
82	80;49,23,06	80	49	23	6	13;44	13	44
83	81;48,31,26	81	48	31	26	13;54	13	54
84	82;47,39,46	82	47	39	46	14;04	14	4
85	83;46,48,06	83	46	48	6	14;14	14	14
86	84;45,56,25	84	45	56	25	14;24	14	24
87	85;45,04,45	85	45	4	45	14;34	14	34
88	86;44,13,05	86	44	13	5	14;44	14	44
89	87;43,21,25	87	43	21	25	14;54	14	54
90	88;42,29,45	88	42	29	45	15;04	15	4
91	89;41,38,05	89	41	38	5	15;14	15	14
92	90;40,46,24	90	40	46	24	15;24	15	24
93	91;39,54,44	91	39	54	44	15;34	15	34
94	92;39,03,04	92	39	3	4	15;44	15	45
95	93;38,11,24	93	38	11	24	15;55	15	55
96	94;37,19,44	94	37	19	44	16;05	16	5
97	95;36,28,04	95	36	28	4	16;15	16	15
98	96;35,36,23	96	35	36	23	16;25	16	25
99	97;34,44,43	97	34	44	43	16;35	16	35
100	98;33,53,03	98	33	53	3	16;45	16	45

일수	평행(평균 운행 도수)					최비행(근지점 운행 도수)		
	역상고성 값	실제 계산 값				역상고성 값	실제 계산 값	
	도; 분, 초, 미	도	분	초	미	분;초	분	초
101	99;33,01,23	99	33	1	23	16;55	16	55
102	100;32,09,43	100	32	9	43	17;05	17	5
103	101;31,18,03	101	31	18	3	17;15	17	15
104	102;30,26,22	102	30	26	22	17;25	17	25
105	103;29,34,42	103	29	34	42	17;35	17	35
106	104;28,43,02	104	28	43	2	17;45	17	45
107	105;27,51,22	105	27	51	22	17;55	17	55
108	106,26,59,42	106	26	59	42	18;05	18	5
109	107;26,08,02	107	26	8	2	18;15	18	15
110	108;25,16,21	108	25	16	21	18;25	18	25
111	109;24,24,41	109	24	24	41	18;35	18	35
112	110;23,33,01	110	23	33	1	18;45	18	45
113	111;22,41,21	111	22	41	21	18;55	18	55
114	112;21,49,41	112	21	49	41	19;05	19	5
115	113;20,58,01	113	20	58	1	19;16	19	16
116	114;20,06,20	114	20	6	20	19;26	19	26
117	115;19,14,40	115	19	14	40	19;36	19	36
118	116;18,23,00	116	18	23	0	19;46	19	46
119	117;17,31,20	117	17	31	20	19;56	19	56
120	118;16,39,40	118	16	39	40	20;06	20	6
121	119;15,48,00	119	15	47	60	20;16	20	16
122	120;14,56,19	120	14	56	19	20;26	20	26
123	121;14,04,39	121	14	4	39	20;36	20	36
124	122;13,12,59	122	13	12	59	20;46	20	46
125	123;12,21,19	123	12	21	19	20;56	20	56
126	124;11,29,39	124	11	29	39	21;06	21	6
127	125;10,37,59	125	10	37	59	21;16	21	16
128	126;09,46,18	126	9	46	18	21;26	21	26
129	127;08,54,38	127	8	54	38	21;36	21	36
130	128;08,02,58	128	8	2	58	21;46	21	46

일수	평행(평균 운행 도수)					최비행(근지점 운행 도수)		
	역상고성 값	실제 계산 값				역상고성 값	실제 계산 값	
	도; 분, 초, 미	도	분	초	미	분;초	분	초
131	129;07,11,18	129	7	11	18	21;56	21	56
132	130;06,19,38	130	6	19	38	22;06	22	6
133	131;05,27,58	131	5	27	58	22;16	22	16
134	132;04,36,17	132	4	36	17	22;26	22	26
135	133;03;44,37	133	3	44	37	22;36	22	36
136	134;02,52,57	134	2	52	57	22;47	22	47
137	135;02,01,17	135	2	1	17	22;57	22	57
138	136;01,09,37	136	1	9	37	23;07	23	7
139	137;00,17,57	137	0	17	57	23;17	23	17
140	137;59,26,16	137	59	26	16	23;27	23	27
141	138;58,34,36	138	58	34	36	23;37	23	37
142	139;57,42,56	139	57	42	56	23;47	23	47
143	140;56,51,16	140	56	51	16	23;57	23	57
144	141;55,59,36	141	55	59	36	24;07	24	7
145	142;55,07,55	142	55	7	55	24;17	24	17
146	143;54,16,15	143	54	16	15	24;27	24	27
147	144;53,24,35	144	53	24	35	24;37	24	37
148	145;52,32,55	145	52	32	55	24;47	24	47
149	146;51,41,15	146	51	41	15	24;57	24	57
150	147;50,49,35	147	50	49	35	25;07	25	7
151	148;49,57,54	148	49	57	54	25;17	25	17
152	149;49,06,14	149	49	6	14	25;27	25	27
153	150;48,14,34	150	48	14	34	25;37	25	37
154	151;47,22,54	151	47	22	54	25;47	25	47
155	152;46,31,14	152	46	31	14	25;57	25	57
156	153;45,39,34	153	45	39	34	26;08	26	8
157	154;44,47,53	154	44	47	53	26;18	26	18
158	155;43,56,13	155	43	56	13	26;28	26	28
159	156;43,04,33	156	43	4	33	26;38	26	38
160	157;42,12,53	157	42	12	53	26;48	26	48

일수	평행(평균 운행 도수)					최비행(근지점 운행 도수)		
	역상고성 값	실제 계산 값				역상고성 값	실제 계산 값	
	도; 분, 초, 미	도	분	초	미	분;초	분	초
161	158;41,21,13	158	41	21	13	26;58	26	58
162	159;40,29,33	159	40	29	33	27;08	27	8
163	160;39,37,52	160	39	37	52	27;18	27	18
164	161;38,46,12	161	38	46	12	27;28	27	28
165	162;37,54,32	162	37	54	32	27;38	27	38
166	163;37,02,52	163	37	2	52	27;48	27	48
167	164;36,11,12	164	36	11	12	27;58	27	58
168	165;35,19,32	165	35	19	32	28;08	28	8
169	166;34,27,51	166	34	27	51	28;18	28	18
170	167;33,36,11	167	33	36	11	28;28	28	28
171	168;32,44,31	168	32	44	31	28;38	28	38
172	169;31,52,51	169	31	52	51	28;48	28	48
173	170;31,01,11	170	31	1	11	28;58	28	58
174	171;30,09,31	171	30	9	31	29;08	29	8
175	172;29,17,50	172	29	17	50	29;18	29	18
176	173;28,26,10	173	28	26	10	29;28	29	28
177	174;27,34,30	174	27	34	30	29;39	29	39
178	175;26,42,50	175	26	42	50	29;49	29	49
179	176;25,51,10	176	25	51	10	29;59	29	59
180	177;24,59,30	177	24	59	30	30;09	30	9
181	178;24,07,49	178	24	7	49	30;19	30	19
182	179;23,16,09	179	23	16	9	30;29	30	29
183	180;22,24,29	180	22	24	29	30;39	30	39
184	181;21,32,49	181	21	32	49	30;49	30	49
185	182;20,41,09	182	20	41	9	30;59	30	59
186	183;19,49,29	183	19	49	29	31;09	31	9
187	184;18,57,48	184	18	57	48	31;19	31	19
188	185;18,06,08	185	18	6	8	31;29	31	29
189	186;17,14,28	186	17	14	28	31;39	31	39
190	187;16,22,48	187	16	22	48	31;49	31	49

일수	평행(평균 운행 도수)					최비행(근지점 운행 도수)		
	역상고성 값	실제 계산 값				역상고성 값	실제 계산 값	
	도; 분, 초, 미	도	분	초	미	분;초	분	초
191	188;15,31,08	188	15	31	8	31;59	31	59
192	189;14,39,28	189	14	39	28	32;09	32	9
193	190;13,47,47	190	13	47	47	32;19	32	19
194	191;12,56,07	191	12	56	7	32;29	32	29
195	192;12,04,27	192	12	4	27	32;39	32	39
196	193;11,12,47	193	11	12	47	32;49	32	49
197	194;10,21,07	194	10	21	7	32;59	32	59
198	195;09,29,27	195	9	29	27	33;10	33	10
199	196;08,37,46	196	8	37	46	33;20	33	20
200	197;07,46,06	197	7	46	6	33;30	33	30
201	198;06,54,26	198	6	54	26	33;40	33	40
202	199;06,02,46	199	6	2	46	33;50	33	50
203	200;05,11,06	200	5	11	6	34;00	33	60
204	201;04,19,26	201	4	19	26	34;10	34	10
205	202;03,27,45	202	3	27	45	34;20	34	20
206	203;02,36,05	203	2	36	5	34;30	34	30
207	204;01,44,25	204	1	44	25	34;40	34	40
208	205;00,52,45	205	0	52	45	34;50	34	50
209	206;00,01,05	206	0	1	5	35;00	35	0
210	206;59,09,25	206	59	9	25	35;10	35	10
211	207;58,17,44	207	58	17	44	35;20	35	20
212	208;57,26,04	208	57	26	4	35;30	35	30
213	209;56,34,24	209	56	34	24	35;40	35	40
214	210;55,42,44	210	55	42	44	35;50	35	50
215	211;54,51,04	211	54	51	4	36;00	36	0
216	212;53,59,23	212	53	59	24	36;10	36	10
217	213;53,07,43	213	53	7	43	36;20	36	20
218	214;52,16,03	214	52	16	3	36;30	36	30
219	215;51,24,23	215	51	24	23	36;41	36	41
220	216;50,32,43	216	50	32	43	36;51	36	51

일수	평행(평균 운행 도수)					최비행(근지점 운행 도수)		
	역상고성 값	실제 계산 값				역상고성 값	실제 계산 값	
	도; 분, 초, 미	도	분	초	미	분;초	분	초
221	217;49,41,03	217	49	41	3	37;01	37	1
222	218;48,49,22	218	48	49	22	37;11	37	11
223	219;47,57,42	219	47	57	42	37;21	37	21
224	220;47,06,02	220	47	6	2	37;31	37	31
225	221;46,14,22	221	46	14	22	37;41	37	41
226	222;45,22,42	222	45	22	42	37;51	37	51
227	223;44,31,02	223	44	31	2	38;01	38	1
228	224;43,39,21	224	43	39	21	38;11	38	11
229	225;42,47,41	225	42	47	41	38;21	38	21
230	226;41,56,01	226	41	56	1	38;31	38	31
231	227;41,04,21	227	41	4	21	38;41	38	41
232	228;40,12,41	228	40	12	41	388;51	38	51
233	229;39,21,01	229	39	21	1	39;01	39	1
234	230;38,29,20	230	38	29	20	39;11	39	11
235	231;37,37,40	231	37	37	40	39;21	39	21
236	232;36,46,00	232	36	46	0	39;31	39	31
237	233;35,54,20	233	35	54	20	39;41	39	41
238	234;35,02,40	234	35	2	40	39;51	39	51
239	235;34,11,00	235	34	10	60	40;02	40	2
240	236;33,19,19	236	33	19	19	40;12	40	12
241	237;32,27,39	237	32	27	39	40;22	40	22
242	238;31,35,59	238	31	35	59	40;32	40	32
243	239;30,44,19	239	30	44	19	40;42	40	42
244	240;29,52,39	240	29	52	39	40;52	40	52
245	241;29,00,59	241	29	0	59	41;02	41	2
246	242;28,09,18	242	28	9	18	41;12	41	12
247	243;27,17,38	243	27	17	38	41;22	41	22
248	244;26,25,58	244	26	25	58	41;32	41	32
249	245;25,34,18	245	25	34	18	41;42	41	42
250	246;24,42,38	246	24	42	38	41;52	41	52

일수	평행(평균 운행 도수)					최비행(근지점 운행 도수)		
	역상고성 값	실제 계산 값				역상고성 값	실제 계산 값	
	도; 분, 초, 미	도	분	초	미	분;초	분	초
251	247,23,50,58	247	23	50	58	42;02	42	2
252	248;22,59,17	248	22	59	17	42;12	42	12
253	249;22,07,37	249	22	7	37	42;22	42	22
254	250;21,15,57	250	21	15	57	42;32	42	32
255	251;20,24,17	251	20	24	17	42;42	42	42
256	252;19,32,37	252	19	32	37	42;52	42	52
257	253;18,40,57	253	18	40	57	43;02	43	2
258	254;17,49,16	254	17	49	16	43;12	43	12
259	255;16,57,36	255	16	57	36	43;22	43	22
260	256;16,05,56	256	16	5	56	43;32	43	33
261	257;15,14,16	257	15	14	16	43;43	43	43
262	258;14,22,36	258	14	22	36	43;53	43	53
263	259;13,30,56	259	13	30	56	44;03	44	3
264	260;12,39,15	260	12	39	15	44;13	44	13
265	261;11,47,35	261	11	47	35	44;23	44	23
266	262;10,55,55	262	10	55	55	44;33	44	33
267	263;10,04,15	263	10	4	15	44;43	44	43
268	264;09,12,35	264	9	12	35	44;53	44	53
269	265;08,20,55	265	8	20	55	45;03	45	3
270	266;07,29,14	266	7	29	14	45;13	45	13
271	267;06,37,34	267	6	37	34	45;23	45	23
272	268;05,45,54	268	5	45	54	45;33	45	33
273	269;04,54,14	269	4	54	14	45;43	45	43
274	270;04,02,34	270	4	2	34	45;53	45	53
275	271;03,10,54	271	3	10	54	46;03	46	3
276	272;02,19,13	272	2	19	13	46;13	46	13
277	273;01,27,33	273	1	27	33	46;23	46	23
278	274;00,35,53	274	0	35	53	46;33	46	33
279	274;59,44,13	274	59	44	13	46;43	46	43
280	275;58,52,33	275	58	52	33	46;53	46	53

일수	평행(평균 운행 도수)					최비행(근지점 운행 도수)		
	역상고성 값	실제 계산 값				역상고성 값	실제 계산 값	
	도; 분, 초, 미	도	분	초	미	분;초	분	초
281	276;58,00,53	276	58	0	53	47;04	47	4
282	277;57,09,12	277	57	9	12	47;14	47	14
283	278;56,17,32	278	56	17	32	47;24	47	24
284	279;55,25,52	279	55	25	52	47;34	47	34
285	280;54,34,12	280	54	34	12	47;44	47	44
286	281;53,42,32	281	53	42	32	47;54	47	54
287	282;52,50,52	282	52	50	52	48;04	48	4
288	283;51,59,11	283	51	59	11	48;14	48	14
289	284;51,07,31	284	51	7	31	48;24	48	24
290	285;50,15,51	285	50	15	51	48;34	48	34
291	286;49,24,11	286	49	24	11	48;44	48	44
292	287;48,32,31	287	48	32	31	48;54	48	54
293	288;47,40,50	288	47	40	50	49;04	49	4
294	289;46,49,10	289	46	49	10	49;14	49	14
295	290;45,57,30	290	45	57	30	49;24	49	24
296	291;45,05,50	291	45	5	50	49;34	49	34
297	292;44,14,10	292	44	14	10	49;44	49	44
298	293;43,22,30	293	43	22	30	49;54	49	54
299	294;42,30,49	294	42	30	49	50;04	50	4
300	295;41,39,09	295	41	39	9	50;14	50	14
301	296;40,47,29	296	40	47	29	50;24	50	24
302	297;39,55,49	297	39	55	49	50;35	50	35
303	298;39,04,09	298	39	4	9	50;45	50	45
304	299;38,12,29	299	38	12	29	50;55	50	55
305	300;37,20,48	300	37	20	48	51;05	51	5
306	301;36,29,08	301	36	29	8	51;15	51	15
307	302;35,37,28	302	35	37	28	51;25	51	25
308	303;34,45,48	303	34	45	48	51;35	51	35
309	304;33,54,08	304	33	54	8	51;45	51	45
310	305;33,02,28	305	33	2	28	51;55	51	55

일수	평행(평균 운행 도수)					최비행(근지점 운행 도수)		
	역상고성 값	실제 계산 값				역상고성 값	실제 계산 값	
	도; 분, 초, 미	도	분	초	미	분;초	분	초
311	306;32,10,47	306	32	10	47	52;05	52	5
312	307;31,19,07	307	31	19	7	52;15	52	15
313	308;30,27,27	308	30	27	27	52;25	52	25
314	309;29,35,47	309	29	35	47	52;35	52	35
315	310;28,44,07	310	28	44	7	52;45	52	45
316	311;27,52,27	311	27	52	27	52;55	52	55
317	312;27,00,46	312	27	0	46	53;05	53	5
318	313;26,09,06	313	26	9	6	53;15	53	15
319	314;25,17,26	314	25	17	26	53;25	53	25
320	315;24,25,46	315	24	25	46	53;35	53	35
321	316;23,34,06	316	23	34	6	53;45	53	45
322	317;22,42,26	317	22	42	26	53;55	53	55
323	318;21,50,45	318	21	50	45	54;06	54	6
324	319;20,59,05	319	20	59	5	54;16	54	16
325	320;20,07,25	320	20	7	25	54;26	54	26
326	321;19,15,45	321	19	15	45	54;36	54	36
327	322;18,24,05	322	18	24	5	54;46	54	46
328	323;17,32,25	323	17	32	25	54;56	54	56
329	324;16,40,44	324	16	40	44	55;06	55	6
330	325;15,49,04	325	15	49	4	55;16	55	16
331	326;14,57,24	326	14	57	24	55;26	55	26
332	327;14,05,44	327	14	5	44	55;36	55	36
333	328;13,14,04	328	13	14	4	55;46	55	46
334	329;12,22,24	329	12	22	24	55;56	55	56
335	330;11,30,43	330	11	30	43	56;06	56	6
336	331;10,39,03	331	10	39	3	56;16	56	16
337	332;09,47,23	332	9	47	23	56;26	56	26
338	333;08,55,43	333	8	55	43	56;36	56	36
339	334;08,04,03	334	8	4	3	56;46	56	46
340	335;07,12,23	335	7	12	23	56;56	56	56

일수	평행(평균 운행 도수)					최비행(근지점 운행 도수)		
	역상고성 값	실제 계산 값				역상고성 값	실제 계산 값	
	도; 분, 초, 미	도	분	초	미	분;초	분	초
341	336;06,20,42	336	6	20	42	57;06	57	6
342	337;05,29,02	337	5	29	2	57;16	57	16
343	338;04,37,22	338	4	37	22	57;27	57	27
344	339;03,45,42	339	3	45	42	57;37	57	37
345	340;02,54,02	340	2	54	2	57;47	57	47
346	341;02,02,22	341	2	2	22	57;57	57	57
347	342;01,10,41	342	1	10	41	58;07	58	7
348	343;00,19,01	343	0	19	1	58;17	58	17
349	343;59,27,21	343	59	27	21	58;27	58	27
350	344;58,35,41	344	58	35	41	58;37	58	37
351	345;57,44,01	345	57	44	1	58;47	58	47
352	346;56,52,21	346	56	52	21	58;57	58	57
353	347;56,00,40	347	56	0	40	59;07	59	7
354	348;55,09,00	348	55	9	0	59;17	59	17
355	349;54,17,20	349	54	17	20	58;27	59	27
356	350;53,25,40	350	53	25	40	59;37	59	37
357	351;52,34,00	351	52	33	60	59;47	59	47
358	352;51,42,20	352	51	42	20	59;57	59	57
359	353;50,50,39	353	50	50	39	60;07	60	7
360	354;49,58,59	354	49	58	59	60;17	60	17
361	355;49,07,19	355	49	7	19	60;27	60	27
362	356;48,15,39	356	48	15	39	60;37	60	37
363	357;47,23,59	357	47	23	59	60;47	60	47
364	358;46,32,18	358	46	32	18	60;58	60	58
365	359;45,40,38	359	45	40	38	61;08	61	8
366	360;44,48,58	360	44	48	58	61;18	61	18

※ 본문에 실린 계산 방법을 이용하여 표 값을 계산하였다. 계산값은 《역상고성》 표 제1권 〈일전표〉 〈태양주세평행표(太陽周歲平行表)〉에 수록된 값들과 정확하게 일치한다.

제3표

태양주일평행표(太陽周日平行表)

1. 표 해설

1) 내용

태양의 하루 중 평균운행도수[평행(平行)]를 1시간, 1분, 1초 간격으로 제시함.

2) 표의 구성과 형식

(1) 독립변수: 하루 안의 시, 분, 초를 내림차순으로 배열함.

○ 시간의 분초와 도수의 분초가 모두 60진수이므로 (▾ 1일=24시, 1시=60분, 1분=60초)

태양의 1시간 동안, 1분 동안, 1초 동안의 평균운행도수가 모두 수치는 같고 단위만 한 자리씩 낮아짐.

▾ 태양의 1시간 동안 평균운행도수=2분 남짓.
1분 동안 평균운행도수=2초 남짓.
1초 동안 평균운행도수=2미 남짓.

(2) 형식: 2단으로 배열함.

○ 제1단: 1~30 ⇒ 1시간~30시간, 1분~30분, 1초~30초

○ 제2단: 31~60 ⇒ 31시간~60시간, 31분~60분, 31초~60초

(3) **표값:** 태양의 매 시간, 매분, 매초 동안 평균운행한 도수.

(▾1시간 동안 평균운행도수=(매일 평균운행도수)÷24시=2분27초50미49섬34홀40망

n시간 동안 평균운행도수=n시×(2분27초50미49섬34홀40망/시)

▾ n분 동안 평균운행도수: n시간 동안 평균운행도수에서 단위만 한 자리 낮은 값.

n초 동안 평균운행도수: n분 동안 평균운행도수에서 단위만 한 자리 낮은 값.

▾ 시간에 대한 표값=○분○초○미

분에 대한 표값=○초○미○섬

초에 대한 표값=○미○섬○홀

(4) **'근지점의 운행도수'[최비행(最卑行)]는 싣지 않음**

근지점의 매일 운행도수는 10미 남짓에 불과하여 시, 분 단위의 시간 동안 운행도수가 매우 작기 때문.

3) 표의 사용법 예시: 12시42분51초 동안 태양의 평균운행도수 구하기

(1) 본표에서 12시에 해당하는 수: 29분34초10미

42분에 해당하는 수: 1분43초29미34섬

51초에 해당하는 수: 2초05미40섬12홀

(2) 표에서 읽은 세 수를 합하면 31분19초45미14섬12홀

⇒ 12시42분51초 동안 태양이 평균운행한 도수

2. 표

○ **수록 범위**: 1시간(분, 초)~60시간(분, 초)

○ **표값**: 1시간(분, 초)에 대한 2분27초51미(2초27미51섬, 2미27섬51홀)에서 시작하여, 60시간(분, 초)에 대한 2도27분50초49미(2분27초50미49섬, 2초27미50섬49홀)로 끝남.

24시간에 대한 표값은 59분08초20미.

⇒ 매시간(매분, 매초) 2분27초51미(2초27미51섬, 2미27섬51홀)씩 증가하되 5, 6시간(분, 초)마다 한 번씩은 2분27초50미(2초27미50섬, 2미27섬50홀)씩 증가함.

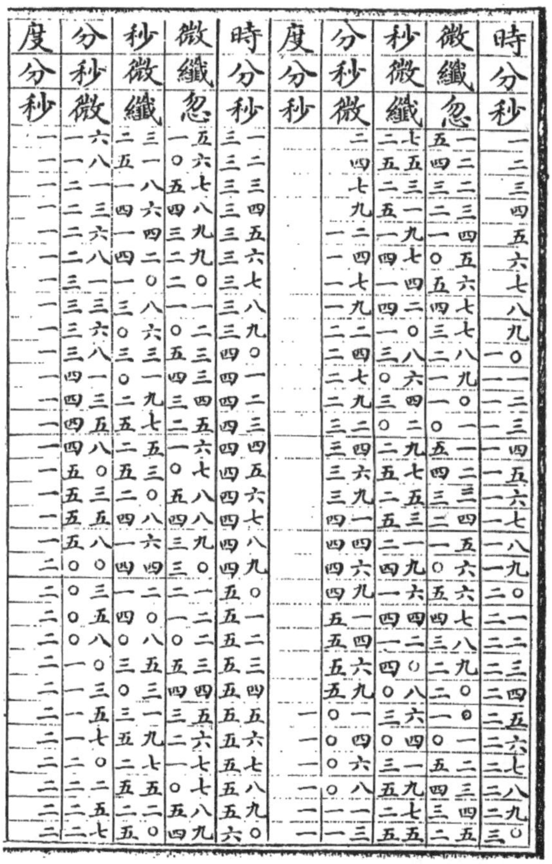

度分秒	分秒微	秒微纖	微纖忽	時分秒	度分秒	分秒微	秒微纖	微纖忽	時分秒
一	一六	二三	一五	三一		二	二七	五一	一
一	一八	五一	〇六	三二		四	五五	四二	二
一	二一	一八	五七	三三		七	二三	三二	三
一	二三	四六	四八	三四		九	五一	二三	四
一	二六	一四	三九	三五		一二	一九	一四	五
一	二八	四二	二九	三六		一四	四七	〇五	六
一	三一	一〇	二〇	三七		一七	一四	五六	七
一	三三	三八	一一	三八		一九	四二	四七	八
一	三六	〇六	〇二	三九		二二	一〇	三七	九
一	三八	三三	五三	四〇		二四	三八	二八	一〇
一	四一	〇一	四三	四一		二七	〇六	一九	一一
一	四三	二九	三四	四二		二九	三四	一〇	一二
一	四五	五七	二五	四三		三二	〇二	〇一	一三
一	四八	二五	一六	四四		三四	二九	五一	一四
一	五〇	五三	〇七	四五		三六	五七	四二	一五
一	五三	二〇	五八	四六		三九	二五	三三	一六
一	五五	四八	四八	四七		四一	五三	二四	一七
一	五八	一六	三九	四八		四四	二一	一五	一八
二	〇〇	四四	三〇	四九		四六	四九	〇六	一九
二	〇三	一二	二一	五〇		四九	一六	五六	二〇
二	〇五	四〇	一二	五一		五一	四四	四七	二一
二	〇八	〇八	〇二	五二		五四	一二	三八	二二
二	一〇	三五	五三	五三		五六	四〇	二九	二三
二	一三	〇三	四四	五四		五九	〇八	二〇	二四
二	一五	三一	三五	五五	一	〇一	三六	一〇	二五
二	一七	五九	二六	五六	一	〇四	〇四	〇一	二六
二	二〇	二七	一七	五七	一	〇六	三一	五二	二七
二	二二	五五	〇七	五八	一	〇八	五九	四三	二八
二	二五	二二	五八	五九	一	一一	二七	三四	二九
二	二七	五〇	四九	六〇	一	一三	五五	二五	三〇

[그림 3] 《역상고성》 표 제1권 〈일전표〉의 〈태양주일평행표(太陽周日平行表)〉

[표 3] 태양주일평행표

	역상고성 값	실제 계산 값					역상고성 값	실제 계산 값			
시	도;분,초,미	도	분	초	미	시	도;분,초,미	도	분	초	미
분	분;초;미.섬	분	초	미	섬	분	분;초;미.섬	분	초	미	섬
초	초;미.섬.홀	초	미	섬	홀	초	초;미.섬.홀	초	미	섬	홀
1	0;02,27,51	0	2	27	51	31	1;16,23,15	1	16	23	16
2	0;04,55,42	0	4	55	42	32	1;18,51,06	1	18	51	6
3	0;07,23,32	0	7	23	32	33	1;21,18,57	1	21	18	57
4	0;09,51,23	0	9	51	23	34	1;23,46,48	1	23	46	48
5	0;12,19,14	0	12	19	14	35	1;26,14,39	1	26	14	39
6	0;14,47,05	0	14	47	5	36	1;28,42,29	1	28	42	30
7	0;17,14,56	0	17	14	56	37	1;31,10,20	1	31	10	21
8	0;19,42,47	0	19	42	47	38	1;33,38,11	1	33	38	11
9	0;22,10,37	0	22	10	37	39	1;36,06,02	1	36	6	2
10	0;24,38,28	0	24	38	28	40	1;38,33,53	1	38	33	53
11	0;27,06,19	0	27	6	19	41	1;41,01,43	1	41	1	44
12	0;29,34,10	0	29	34	10	42	1;43,29,34	1	43	29	35
13	0;32,02,01	0	32	2	1	43	1;45,57,25	1	45	57	26
14	0;34,29,51	0	34	29	52	44	1;48,25,16	1	48	25	16
15	0;36,57,42	0	36	57	42	45	1;50,53,07	1	50	53	7
16	0;39,25,33	0	39	25	33	46	1;53,20,58	1	53	20	58
17	0;41,53,24	0	41	53	24	47	1;55,48,48	1	55	48	49
18	0;44,21,15	0	44	21	15	48	1;58,16,39	1	58	16	40
19	0;46,49,06	0	46	49	6	49	2;00,44,30	2	0	44	30
20	0;49,16,56	0	49	16	57	50	2;03,12,21	2	3	12	21
21	0;51,44,47	0	51	44	47	51	2;05,40,12	2	5	40	12
22	0;54,12,38	0	54	12	38	52	2;08,08,02	2	8	8	3
23	0;56,40,29	0	56	40	29	53	2;10,35,53	2	10	35	54
24	0;59,08,20	0	59	8	20	54	2;13,03,44	2	13	3	45
25	1;01,36,10	1	1	36	11	55	2;15,31,35	2	15	31	35
26	1;04,04,01	1	4	4	1	56	2;17,59,26	2	17	59	26
27	1;06,31,52	1	6	31	52	57	2;20,27,17	2	20	27	17
28	1;08,59,43	1	8	59	43	58	2;22,55,07	2	22	55	8
29	1;11,27,34	1	11	27	34	59	2;25,22,58	2	25	22	59
30	1;13,55,25	1	13	55	25	60	2;27,50,49	2	27	50	50

※ 본문에 실린 계산 방법을 이용하여 표 값을 계산하였다. 계산값은 《역상고성》 표 제1권 〈일전표〉 〈태양주일평행표(太陽周日平行表)〉에 수록된 값들과 정확하게 일치한다.

제4표

태양균수표(太陽均數表)

1. 표 해설

1) 표의 구성과 형식

(1) 표의 상단과 하단에 인수(引數 태양의 근지점 이각)의 궁수를 배열함.

: 근지점[최비(最卑)]과 원지점[최고(最高)]를 기준으로
  태양의 인수를 순방향과 역방향으로 나누어 배열함.

○ 인수가 초궁~5궁: 근지점 이후. 상행에 배열함.
  인수가 6궁~11궁: 원지점 이후. 하행에 배열함.

(2) 표의 맨앞줄과 맨뒷줄에 인수의 도분(度分)을 배열함.

○ 맨앞줄은 순방향으로 읽고 표값을 가균(加均)으로 사용함 → 상단의 6개 궁일 때

○ 맨뒷줄은 역방향으로 읽고 표값을 감균(減均)으로 사용함 → 하단의 6개 궁일 때

○ 인수는 10분 간격으로 설정됨.

(3) **표값:** 매궁 매도에 대한 균수.

○ 태양의 인수가 상단의 6궁 안에 있으면 순방향의 도수를 사용하여 가호(加號 +)가 됨.

태양의 인수가 하단의 6궁 안에 있으면 역방향의 도수를 사용하여 감호(減號 +)가 됨.

2) 표의 사용법

(1) 인수의 궁수와 도분수가 종횡으로 만나는 곳의 값이 해당 궁도분에 대한 균수임.

(2) 표는 인수 10분 간격으로 작성됨.

(3) 인수에 한 자리의 분(分)수가 있는 경우는 비례보간[중비례법(中比例法)]으로 구함.

(4) 태양의 인수 2궁5도12분에 대한 균수 q(2궁5도12분) 구하기.

○ 표에서 q(2궁5도10분) = 1도52분37초

q(2궁5도20분) = 1도52분46초

○ $\Delta q = |q$(2궁5도20분) $- q$(2궁5도10분)$|$ = 9초

○ 다음의 비례식으로 $\delta q = |q$(2궁5도12분) $- q$(2궁5도10분)$|$을 구함.

(인수 차 10분) : (Δq 9초) = (인수 차 2분) : δq

δq = 1.8초 ≒ 2초

○ q(2궁5도12분) = q(2궁5도10분) + δq = 1도52분37초 + 2초 = 1도52분39초

▾ q(2궁5도20분) 〉 q(2궁5도10분) 이므로 δq를 더해줌.

○ 인수 2궁5도12분은 가호(加號 +)의 구간에 속하므로 가균(加均)임.

q(2궁5도12분) = +1도52분39초

2. 표

○ **수록 범위**: 인수(근지점 이각)가 '초궁0도0분 ↦ 11궁30도00분'인 범위

상단: 초궁0도0분~5궁30도00분

하단: 6궁0도0분~11궁30도00분

○ **간격**: 인수 10분

○ **표값**: 초궁0도0분에 대한 0도0분0초에서 시작하여

2궁28도50분~2궁29도10분의 구간에서 최대 가균(加均) +2도03분11초.

5궁30도00분=6궁00도00분에 대해 다시 0도0분0초.

9궁00도50분~9궁01도10분의 구간에서 최대 감균(減均) −2도03분11초.

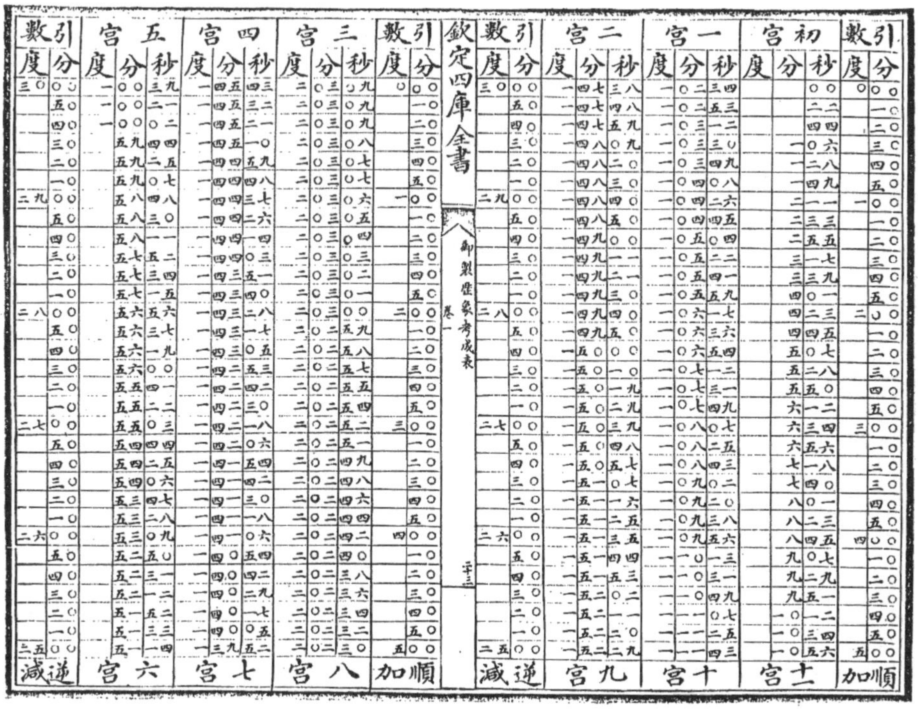

[그림 4] 《역상고성》 표 제1권 〈일전표〉의 〈태양균수표(太陽均數表)〉 첫 두 면

[표 4] [그림 4]의 〈태양균수표〉의 인수에 대한 균수를 계산한 값

11궁(360－ΔM, －q)					10궁(330－ΔM, －q)					9궁(300－ΔM, －q)					8궁(270－ΔM, －q)					7궁(240－ΔM, －q)					6궁(210－ΔM, －q)				
초궁(ΔM, q)					1궁(30＋ΔM, q)					2궁(60＋ΔM, q)					3궁(90＋ΔM, q)					4궁(120＋ΔM, q)					5궁(150＋ΔM, q)				
ΔM (인수)		q(균수)			ΔM		q			ΔM		q			ΔM		q			ΔM		q			ΔM		q		
도	분	도	분	초	도	분	도	분	초	도	분	도	분	초	도	분	도	분	초	도	분	도	분	초	도	분	도	분	초
0	0	0	0	0	0	0	1	2	34	0	0	1	47	38	0	0	2	3	10	0	0	1	45	43	0	0	1	0	40
0	10	0	0	22	0	10	1	2	53	0	10	1	47	49	0	10	2	3	9	0	10	1	45	33	0	10	1	0	21
0	20	0	0	44	0	20	1	3	12	0	20	1	47	59	0	20	2	3	9	0	20	1	45	22	0	20	1	0	3
0	30	0	1	6	0	30	1	3	31	0	30	1	48	9	0	30	2	3	8	0	30	1	45	10	0	30	0	59	44
0	40	0	1	28	0	40	1	3	49	0	40	1	48	20	0	40	2	3	8	0	40	1	44	59	0	40	0	59	26
0	50	0	1	49	0	50	1	4	8	0	50	1	48	30	0	50	2	3	7	0	50	1	44	48	0	50	0	59	7
1	0	0	2	11	1	0	1	4	27	1	0	1	48	40	1	0	2	3	6	1	0	1	44	37	1	0	0	58	48
1	10	0	2	33	1	10	1	4	45	1	10	1	48	51	1	10	2	3	5	1	10	1	44	26	1	10	0	58	30
1	20	0	2	55	1	20	1	5	4	1	20	1	49	1	1	20	2	3	5	1	20	1	44	14	1	20	0	58	11
1	30	0	3	17	1	30	1	5	22	1	30	1	49	11	1	30	2	3	4	1	30	1	44	3	1	30	0	57	53
1	40	0	3	39	1	40	1	5	41	1	40	1	49	21	1	40	2	3	3	1	40	1	43	52	1	40	0	57	34
1	50	0	4	1	1	50	1	5	59	1	50	1	49	31	1	50	2	3	2	1	50	1	43	40	1	50	0	57	15
2	0	0	4	23	2	0	1	6	18	2	0	1	49	41	2	0	2	3	1	2	0	1	43	29	2	0	0	56	56
2	10	0	4	45	2	10	1	6	36	2	10	1	49	50	2	10	2	2	59	2	10	1	43	17	2	10	0	56	38
2	20	0	5	6	2	20	1	6	54	2	20	1	50	0	2	20	2	2	58	2	20	1	43	5	2	20	0	56	19
2	30	0	5	28	2	30	1	7	13	2	30	1	50	10	2	30	2	2	57	2	30	1	42	54	2	30	0	55	60
2	40	0	5	50	2	40	1	7	31	2	40	1	50	20	2	40	2	2	55	2	40	1	42	42	2	40	0	55	41
2	50	0	6	12	2	50	1	7	49	2	50	1	50	29	2	50	2	2	54	2	50	1	42	30	2	50	0	55	22
3	0	0	6	34	3	0	1	8	7	3	0	1	50	39	3	0	2	2	53	3	0	1	42	18	3	0	0	55	3
3	10	0	6	56	3	10	1	8	25	3	10	1	50	48	3	10	2	2	51	3	10	1	42	6	3	10	0	54	44
3	20	0	7	18	3	20	1	8	44	3	20	1	50	58	3	20	2	2	49	3	20	1	41	55	3	20	0	54	25
3	30	0	7	40	3	30	1	9	2	3	30	1	51	7	3	30	2	2	48	3	30	1	41	43	3	30	0	54	6
3	40	0	8	1	3	40	1	9	20	3	40	1	51	16	3	40	2	2	46	3	40	1	41	31	3	40	0	53	47
3	50	0	8	23	3	50	1	9	38	3	50	1	51	26	3	50	2	2	44	3	50	1	41	18	3	50	0	53	28
4	0	0	8	45	4	0	1	9	56	4	60	1	51	35	4	0	2	2	42	4	0	1	41	6	4	0	0	53	9
4	10	0	9	7	4	10	1	10	14	4	10	1	51	44	4	10	2	2	41	4	10	1	40	54	4	10	0	52	50
4	20	0	9	29	4	20	1	10	32	4	20	1	51	53	4	20	2	2	39	4	20	1	40	42	4	20	0	52	31
4	30	0	9	51	4	30	1	10	49	4	30	1	52	2	4	30	2	2	37	4	30	1	40	30	4	30	0	52	12
4	40	0	10	12	4	40	1	11	7	4	40	1	52	11	4	40	2	2	34	4	40	1	40	17	4	40	0	51	53
4	50	0	10	34	4	50	1	11	25	4	50	1	52	20	4	50	2	2	32	4	50	1	40	5	4	50	0	51	33
5	0	0	10	56	5	0	1	11	43	5	0	1	52	29	5	0	2	2	30	5	0	1	39	53	5	0	0	51	14

※ 인수 M에 대한 균수 q는 $\tan q = \dfrac{E\sin M}{1-\frac{1}{2}E\cos M}$ 으로 계산한다. 여기서 E는 양심차로 358,416의 값을 갖는다. 각 궁은 30도로 이루어져 있다. 1궁$(30+\Delta M,\ q)$는 $M=30+\Delta M$, 이 때의 가감차 값이 q라는 의미이다. 10궁$(330-\Delta M,\ -q)$ 는 $M=330-\Delta M$, 이 때의 가감차 값이 $-q$라는 의미이다. 계산 값과 〈태양균수표〉의 값은 동일하다.

제5표

황적거도표(黃赤距度表)[9]

1. 표 해설

1) 표의 구성과 형식

(1) 표의 상단과 하단에 춘분 · 추분과 하지 · 동지를 기준으로 태양의 실제 운행도수[실행(實行)]를 순방향과 역방향으로 나누어 배열함.

○ 춘분 · 추분 후의 각 궁을 상단에 배열함.

강루(降婁 ARI), 대량(大梁 TAU), 실침(實沈 GEM)은 춘분 후로서 북위(北緯)

수성(壽星 LIB), 대화(大火 SCO), 석목(析木 SGR)은 추분 후로서 남위(南緯)

→ 대칭으로 남북만 다르고 위도의 수치가 서로 같음.

○ 하지 · 동지 후의 각 궁을 하단에 배열함.

순수(鶉首 CNC), 순화(鶉火 LEO), 순미(鶉尾 VIR)는 하지 후로서 북위

성기(星紀 CAP), 현효(玄枵 AQU), 추자(娵訾 PSC)는 동지 후로서 남위

→ 대칭으로 남북만 다르고 위도의 수치가 서로 같음.

(2) 태양의 실제운행도수가 상단 또는 하단에 있음에 따라 순방향 또는 역방향의 도수를 사용함.

○ 상단의 6개 궁: 순방향의 도수를 사용함.

○ 하단의 6개 궁: 역방향의 도수를 사용함.

---

9) 이 표가 《숭정역서》에는 별책으로 실려 있고, 《신법산서》에도 권27 〈황적정구(黃赤正球)〉에 실려 있다. 이 두 책에서 명칭은 〈황적도거도표(黃赤道距度表)〉이다.

보충자료 4 **태양의 실제운행도수(λ)에 대한 황적거도(δ)**

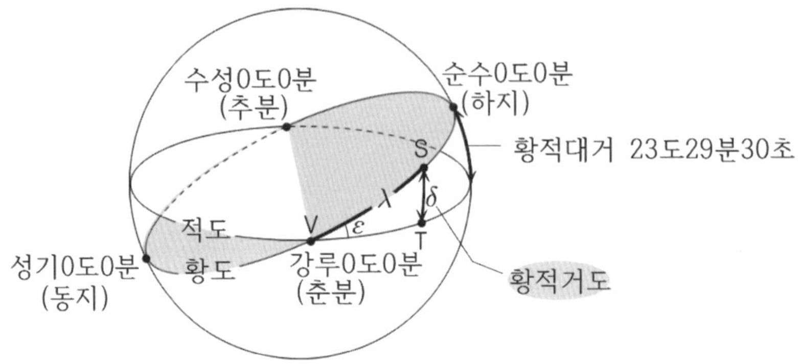

[보충그림 4] 황적거도

$\triangle SVT$에서 $\angle T$가 직각이므로 다음 관계에 의해 춘·추분점으로부터 황경차 λ를 알 때 황적거도 δ를 구할 수 있다.

$$\sin\delta = \sin\varepsilon \cdot \sin\lambda$$

2) 표의 사용법

(1) 실제운행도수의 궁수와 도분수가 종횡으로 만나는 곳의 값이 해당 궁도분에 대한 황적거도(황도와 적도가 남북으로 떨어지 도수)임.

(2) 표는 태양의 실제운행도수 10분 간격으로 작성됨.

(3) 실제운행도수에 한 자리의 분(分)수가 있는 경우는 비례보간[중비례법(中比例法)]으로 구함.

(4) 태양의 실제운행도수가 황도의 대화궁(大火宮 SCO) 21도15분에 있을 때 황적거도 δ(대화궁21도15분) 구하기.

○ 표에서 δ(대화궁21도10분) = 18도05분24초

δ(대화궁21도20분) = 18도08분02초

○ $\Delta\delta$ = |δ(대화궁21도20분) − δ(대화궁21도10분)| = 2분38초 = 159초

○ 다음의 비례식으로 $d\delta$ = |δ(대화궁21도15분) − δ(대화궁21도10분)|을 구함.

(실제운행도수 차 10분) : ($\Delta\delta$ 158초) = (실제운행도수 차 5분) : $d\delta$

$d\delta$ = 79초 = 1분19초

○ δ(대화궁21도15분) = δ(대화궁21도10분) + $d\delta$ = 18도05분24초 + 1분19초 = 18도06분43초

▾ δ(대화궁21도20분) 〉 δ(대화궁21도10분) 이므로 $d\delta$를 더해줌.

○ 평균운행도수 = 대화궁21도15분은 추분 이후의 구간에 속하므로 남위임.

δ(대화궁21도15분) = 남위 18도06분43초

2. 표

○ **수록 범위**: 태양의 실제운행도수가 '강루궁0도0분(춘분점) ↦ 추자궁30도00분(춘분점)'인 범위

상단의 상행에 우에서 좌로: 강루궁0도0분(춘분점) ↦ 실침궁30도00분(하지점) → 북위

하단의 하행에 좌에서 우로: 순수궁0도0분(하지점) ↦ 순미궁30도00분(추분점) → 북위

상단의 하행에 우에서 좌로: 성수궁0도0분(추분점) ↦ 석목궁30도00분(동지점) → 남위

하단의 상행에 좌에서 우로: 성기궁0도0분(동지점) ↦ 추자궁30도00분(춘분점) → 남위

○ **간격**: 태양의 실제운행도수 10분

○ **표값**: 강루궁0도0분(춘분점)에서 0도0분0초.

순수궁0도0분(하지점)에서 북위 23도29분30초.

성수궁0도0분(추분점)에서 0도0분0초.

성기궁0도0분(동지점)에서 남위 23도29분30초.

○ 황적거도값의 대칭성을 이용하여

[그림 5－1]과 같은 분포를 [그림 5－2]와 같이 1/4로 압축하여 나타냄.

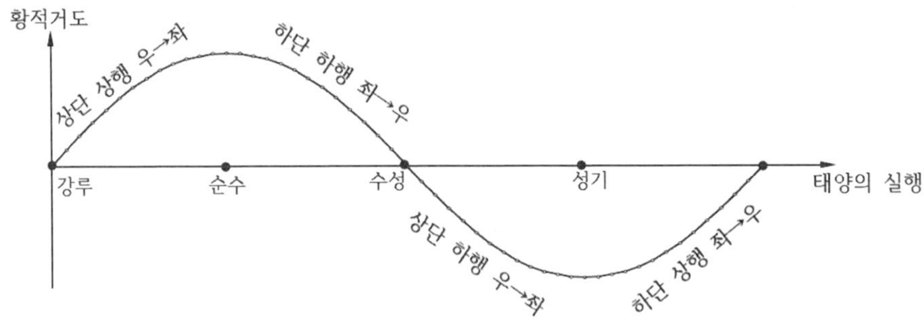

[그림 5-1] 태양의 실행에 따른 황적거도

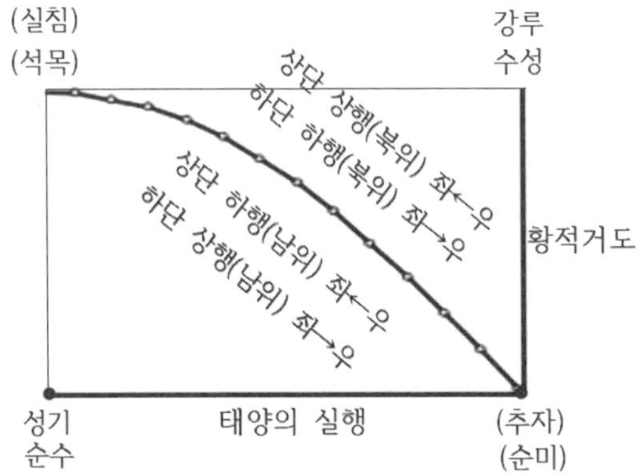

[그림 5-2] 황적거도값의 대칭성을 이용하여 나타낸《역상고성》표〈황적거도표(黃赤距度表)〉의 형식

黃道		北沈實 南木析			北梁大 南火大			北婁降 南星壽			黃道	
度	分	度	分	秒	度	分	秒	度	分	秒	度	分
三〇	〇〇	二〇	一一	四一	一一	二九	四七			〇〇	〇	〇〇
	五〇	二〇	一三	四八	一一	三三	一八		三	五九		一〇
	四〇	二〇	一五	五五	一一	三六	四九		七	五八		二〇
	三〇	二〇	一八	〇〇	一一	四〇	二〇		一一	五八		三〇
	二〇	二〇	二〇	〇六	一一	四三	五〇		一五	五七		四〇
	一〇	二〇	二二	一〇	一一	四七	二〇		一九	五六		五〇
二九	〇〇	二〇	二四	一四	一一	五〇	五〇		二三	五五	一	〇〇
	五〇	二〇	二六	一八	一一	五四	一九		二七	五四		一〇
	四〇	二〇	二八	二〇	一一	五七	四八		三一	五三		二〇
	三〇	二〇	三〇	二三	一二	〇一	一七		三五	五二		三〇
	二〇	二〇	三二	二四	一二	〇四	四五		三九	五一		四〇
	一〇	二〇	三四	二五	一二	〇八	一三		四三	五〇		五〇
二八	〇〇	二〇	三六	二五	一二	一一	四一		四七	四九	二	〇〇
	五〇	二〇	三八	二五	一二	一五	〇八		五一	四八		一〇
	四〇	二〇	四〇	二四	一二	一八	三五		五五	四八		二〇
	三〇	二〇	四二	二二	一二	二二	〇二		五九	四六		三〇
	二〇	二〇	四四	二〇	一二	二五	二八	一	〇三	四五		四〇
	一〇	二〇	四六	一七	一二	二八	五四	一	〇七	四四		五〇
二七	〇〇	二〇	四八	一四	一二	三二	二〇	一	一一	四三	三	〇〇
	五〇	二〇	五〇	一〇	一二	三五	四五	一	一五	四二		一〇
	四〇	二〇	五二	〇五	一二	三九	一〇	一	一九	四一		二〇
	三〇	二〇	五三	五九	一二	四二	三五	一	二三	四〇		三〇
	二〇	二〇	五五	五三	一二	四五	五九	一	二七	三九		四〇
	一〇	二〇	五七	四七	一二	四九	二三	一	三一	三七		五〇
二六	〇〇	二〇	五九	三九	一二	五二	四七	一	三五	三六	四	〇〇
	五〇	二一	〇一	三一	一二	五六	一〇	一	三九	三五		一〇
	四〇	二一	〇三	二二	一二	五九	三三	一	四三	三三		二〇
	三〇	二一	〇五	一三	一三	〇二	五五	一	四七	三二		三〇
	二〇	二一	〇七	〇三	一三	〇六	一七	一	五一	三一		四〇
	一〇	二一	〇八	五三	一三	〇九	三九	一	五五	二九		五〇
二五	〇〇	二一	一〇	四一	一三	一三	〇一	一	五九	二七	五	〇〇
逆度		南紀星 北首鶉			南枵元 北火鶉			南訾娵 北尾鶉			順度	

[그림 5-3] 《역상고성》 표 제1권 〈일전표〉의 〈황적거도표(黃赤距度表)〉 첫 면

[표 5] [그림 5-3]의 〈황적거도표〉의 황경에 대한 적위를 계산한 값

순미북(180 - $\Delta\lambda$, δ), 추자남(360 - $\Delta\lambda$, - δ)					순화북(150 - $\Delta\lambda$, δ), 현효남(330 - $\Delta\lambda$, - δ)					순수북(120 - $\Delta\lambda$, δ), 성기남(300 - $\Delta\lambda$, - δ)				
강루북($\Delta\lambda$, δ), 수성남(180 + $\Delta\lambda$, - δ)					대량북(30 + $\Delta\lambda$, δ), 대화남(210 + $\Delta\lambda$, - δ)					실침북(60 + $\Delta\lambda$, δ), 석목남(240 + $\Delta\lambda$, - δ)				
$\Delta\lambda$		δ			$\Delta\lambda$		δ			$\Delta\lambda$		δ		
도	분	도	분	초	도	분	도	분	초	도	분	도	분	초
0	0	0	0	0	0	0	11	29	47	0	0	20	11	41
0	10	0	3	59	0	10	11	33	19	0	10	20	13	48
0	20	0	7	58	0	20	11	36	49	0	20	20	15	55
0	30	0	11	58	0	30	11	40	20	0	30	20	18	0
0	40	0	15	57	0	40	11	43	50	0	40	20	20	6
0	50	0	19	56	0	50	11	47	20	0	50	20	22	10
1	0	0	23	55	1	0	11	50	50	1	0	20	24	14
1	10	0	27	54	1	10	11	54	19	1	10	20	26	18
1	20	0	31	53	1	20	11	57	48	1	20	20	28	21
1	30	0	35	52	1	30	12	1	17	1	30	20	30	23
1	40	0	39	51	1	40	12	4	45	1	40	20	32	24
1	50	0	43	50	1	50	12	8	13	1	50	20	34	25
2	0	0	47	50	2	0	12	11	41	2	0	20	36	25
2	10	0	51	49	2	10	12	15	8	2	10	20	38	25
2	20	0	55	48	2	20	12	18	35	2	20	20	40	24
2	30	0	59	47	2	30	12	22	2	2	30	20	42	22
2	40	1	3	46	2	40	12	25	28	2	40	20	44	20
2	50	1	7	44	2	50	12	28	54	2	50	20	46	17
3	0	1	11	43	3	0	12	32	20	3	0	20	48	14
3	10	1	15	42	3	10	12	35	45	3	10	20	50	10
3	20	1	19	41	3	20	12	39	10	3	20	20	52	5
3	30	1	23	40	3	30	12	42	35	3	30	20	53	59
3	40	1	27	39	3	40	12	45	59	3	40	20	55	53
3	50	1	31	37	3	50	12	49	23	3	50	20	57	46
4	0	1	35	36	4	0	12	52	47	4	60	20	59	39
4	10	1	39	35	4	10	12	56	10	4	10	21	1	31
4	20	1	43	33	4	20	12	59	33	4	20	21	3	22

순미북(180 - $\Delta\lambda$, δ), 추자남(360 - $\Delta\lambda$, - δ)					순화북(150 - $\Delta\lambda$, δ), 현효남(330 - $\Delta\lambda$, - δ)					순수북(120 - $\Delta\lambda$, δ), 성기남(300 - $\Delta\lambda$, - δ)				
강루북($\Delta\lambda$, δ), 수성남(180 + $\Delta\lambda$, - δ)					대량북(30 + $\Delta\lambda$, δ), 대화남(210 + $\Delta\lambda$, - δ)					실침북(60 + $\Delta\lambda$, δ), 석목남(240 + $\Delta\lambda$, - δ)				
$\Delta\lambda$		δ			$\Delta\lambda$		δ			$\Delta\lambda$		δ		
4	30	1	47	32	4	30	13	2	55	4	30	21	5	13
4	40	1	51	31	4	40	13	6	17	4	40	21	7	3
4	50	1	55	29	4	50	13	9	39	4	50	21	8	53
5	0	1	59	27	5	0	13	13	1	5	0	21	10	41

※《역상고성》〈일전역리〉 제4장 〈황도상의 각 지점이 적도로부터 떨어져 있는 도수[황적거위(黃赤距緯)]〉에 제시된 방법인 $\sin\delta = \sin\lambda\sin\varepsilon$식을 이용하여 계산하였다. 각 궁은 30도(= $\Delta\lambda$)로 이루어져 있다. 대량북(30 + $\Delta\lambda$, δ)는 $\lambda = 30 + \Delta\lambda$라는 의미이며, δ는 식을 이용하여 계산한 적위(황적거도) 값이다. 계산값과 〈황적거도표〉의 값은 동일하다.

제6표

황적승도표(黃赤升度表)[10]

1. 표 해설

1) 표의 구성과 형식

◎ **황도상의 궁도(宮度)와 적도상의 궁도를 나란히 배열함.**

○ 태양의 경도가 증가하는 순서로 배열함

→ 성기궁(星紀宮)을 초궁(0궁), 현효궁(玄枵宮)을 1궁으로 나타냄.

○ 궁의 이름을 사용하지 않고 궁의 수(성기궁으로부터 지난온 궁의 수)를 사용한 까닭

: 태양이 각 궁에 닿을 때

오직 춘·추분과 하·동지에서만 적도도와 황도도가 일치하고,

그밖의 곳에서는 궁이 항상 일치하지는 않음.

→ 궁의 수를 사용하여 편리하게 표를 작성함.

2) 표의 사용법

(1) 태양의 실제운행도수를 가지고 황도 궁도를 찾음.

(2) 황도 궁도에 대응하는 적도 궁도가 곧 적도승도(赤道升度)임.

(3) 표는 황도 궁도 1도 간격으로 작성됨.

---

10) 이 표가 《숭정역서》에는 〈정구승도표(正球升度表)〉라는 이름으로 별책으로 실려 있고, 《신법산서》에는 〈승도표(升度表)〉라는 이름으로 권27 〈황적정구(黃赤正球)〉에 실려 있다.

(4) 태양의 실제운행도수에 분(分)수가 있는 경우는 비례보간[중비례법(中比例法)]으로 구함.

(5) 태양의 실제운행도수가 황도의 강루궁(降婁宮 ARI) 05도24분에 있을 때 적도승도 α(강루궁05도24분) 구하기.

○ 성기궁을 초궁(0궁)으로 하여 헤아리면 강루궁05도24분은 3궁05도24분임.

○ 표에서 α(3궁05도) = 3궁04도35분15초

α(3궁06도) = 3궁05도30분21초

○ $\Delta\alpha$ = |α(3궁06도) − α(3궁05도)| = 55분06초 = 3306초

○ 다음의 비례식으로 $\delta\alpha$ = |α(3궁05도24분) − α(3궁05도)|를 구함.

(실제운행도수 차 (1도=) 60분) : ($\Delta\alpha$ 3306초) = (실제운행도수 차 24분) : $\delta\alpha$

$\delta\alpha$ = 1322초 = 22분02초

○ α(3궁05도24) = α(3궁05도) + $\delta\alpha$ = 3궁04도35분15초 + 22분02초

= 3궁04도57분17초

▾ α(3궁05도) 〉 α(3궁04도) 이므로 $\delta\alpha$를 더해줌.

보충자료 5 **태양의 실제운행도수(λ)에 대한 적도승도(α)**

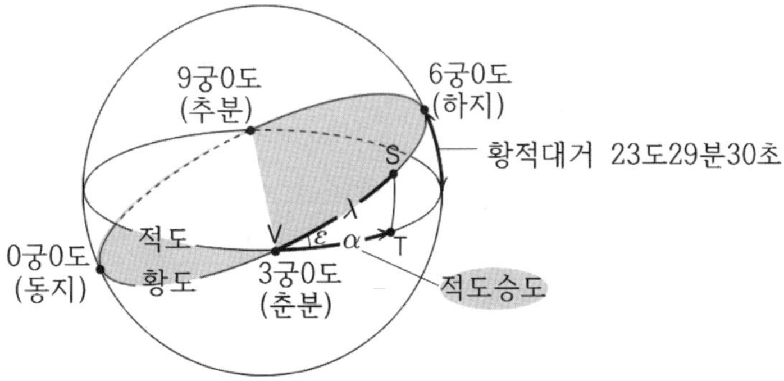

[보충그림 5] 적도승도

$\triangle SVT$에서 $\angle T$가 직각이므로 다음 관계에 의해 춘·추분점으로부터 황경차 λ를 알 때 적도승도 α를 구할 수 있다.

$$\tan\alpha = \cos\varepsilon \cdot \tan\lambda$$

2. 표

○ **수록 범위**: 태양의 실제운행도수가 '황도 0궁0도0분(동지점) ↦ 11궁29도(동지 전 1도)'인 범위

○ **간격**: 태양의 실제운행도수인 황도상의 1도

○ **표값**: 황도상의 실제운행도수가 0궁0도(동지점)일 때 적도승도 0궁0도0분0초. → 황적승도차 0도

황도상의 실제운행도수가 1궁14도일 때 적도승도 1궁16도28분40초.
→ 황적승도차 극대(적도 大)

황도상의 실제운행도수가 3궁0도(춘분점)일 때 적도승도 3궁0도0분0초.
→ 황적승도차 0도

황도상의 실제운행도수가 4궁16도일 때 적도승도 4궁13도31분20초.
→ 황적승도차 극대(적도 小)

황도상의 실제운행도수가 6궁0도(하지점)일 때 적도승도 6궁0도0분0초.
→ 황적승도차 0도

황도상의 실제운행도수가 7궁14도일 때 적도승도 7궁16도28분40초.
→ 황적승도차 극대(적도 大)

황도상의 실제운행도수가 9궁0도(추분점)일 때 적도승도 9궁0도0분0초.
→ 황적승도차 0도

황도상의 실제운행도수가 10궁16도일 때 적도승도 10궁13도31분20초.
→ 황적승도차 극대(적도 小)

→ 춘분점, 추분점, 하지점, 동지점을 기준으로 $|\Delta\delta|$가 같으면 $|\Delta\alpha|$도 동일함.

→ 표값을 α가 아닌 $\Delta\alpha$로 나타낸다면 앞의 [그림 4]와 같이 압축하여 나타낼 수 있음.

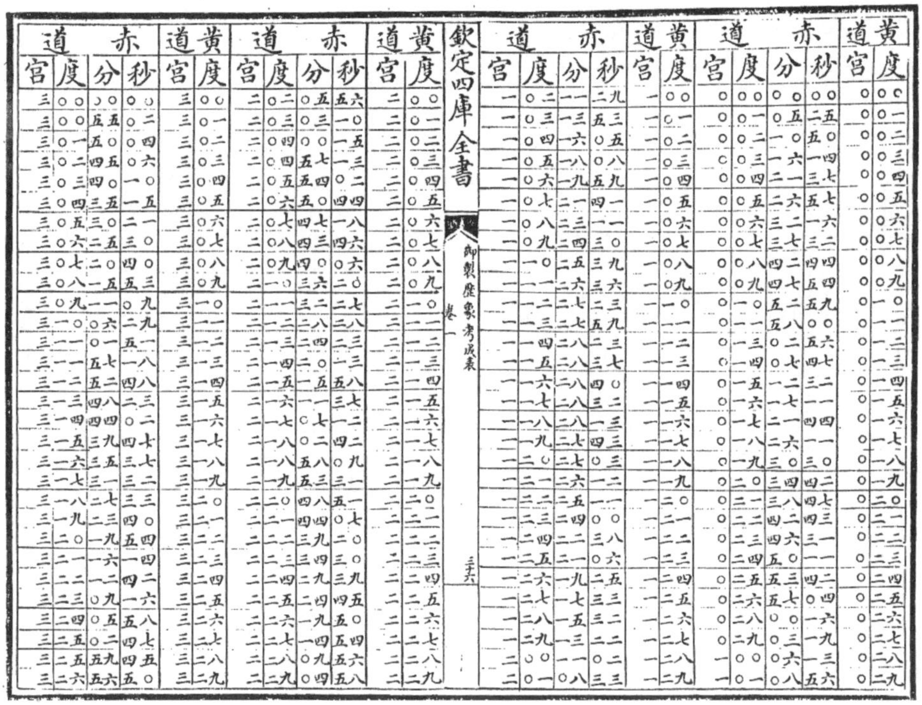

[그림 6] 《역상고성》 표 제1권 〈일전표〉의 〈황적승도표(黃赤升度表)〉 첫 두 면

[표 6] [그림 6]에서 〈황적승도표〉의 동지로부터 황도 경도에 대한 적도 경도 계산값

황도 경도		적도 경도				황도 경도		적도 경도				황도 경도		적도 경도				황도 경도		적도 경도			
궁	도	궁	도	분	초	궁	도	궁	도	분	초	궁	도	궁	도	분	초	궁	도	궁	도	분	초
0	0	0	0	0	0	1	0	1	2	11	29	2	0	2	2	5	56	3	0	3	0	0	0
0	1	0	1	5	25	1	1	1	3	13	53	2	1	2	3	3	10	3	1	3	0	55	2
0	2	0	2	10	50	1	2	1	4	16	5	2	2	2	4	0	15	3	2	3	1	50	4
0	3	0	3	16	14	1	3	1	5	18	8	2	3	2	4	57	13	3	3	3	2	45	6
0	4	0	4	21	37	1	4	1	6	19	59	2	4	2	5	54	2	3	4	3	3	40	10
0	5	0	5	26	57	1	5	1	7	21	41	2	5	2	6	50	44	3	5	3	4	35	15
0	6	0	6	32	16	1	6	1	8	23	11	2	6	2	7	47	18	3	6	3	5	30	21
0	7	0	7	37	32	1	7	1	9	24	30	2	7	2	8	43	46	3	7	3	6	25	30
0	8	0	8	42	44	1	8	1	10	25	39	2	8	2	9	40	6	3	8	3	7	20	40
0	9	0	9	47	54	1	9	1	11	26	36	2	9	2	10	36	20	3	9	3	8	15	53
0	10	0	10	52	59	1	10	1	12	27	23	2	10	2	11	32	27	3	10	3	9	11	9
0	11	0	11	57	60	1	11	1	13	27	59	2	11	2	12	28	28	3	11	3	10	6	29
0	12	0	13	2	56	1	12	1	14	28	23	2	12	2	13	24	23	3	12	3	11	1	51
0	13	0	14	7	47	1	13	1	15	28	37	2	13	2	14	20	13	3	13	3	11	57	18
0	14	0	15	12	32	1	14	1	16	28	40	2	14	2	15	15	58	3	14	3	12	52	48
0	15	0	16	17	11	1	15	1	17	28	32	2	15	2	16	11	37	3	15	3	13	48	23
0	16	0	17	21	44	1	16	1	18	28	13	2	16	2	17	7	12	3	16	3	14	44	2
0	17	0	18	26	11	1	17	1	19	27	43	2	17	2	18	2	42	3	17	3	15	39	47
0	18	0	19	30	30	1	18	1	20	27	3	2	18	2	18	58	9	3	18	3	16	35	37
0	19	0	20	34	42	1	19	1	21	26	12	2	19	2	19	53	31	3	19	3	17	31	32
0	20	0	21	38	47	1	20	1	22	25	11	2	20	2	20	48	51	3	20	3	18	27	33
0	21	0	22	42	43	1	21	1	23	23	60	2	21	2	21	44	7	3	21	3	19	23	40
0	22	0	23	46	31	1	22	1	24	22	38	2	22	2	22	39	20	3	22	3	20	19	54
0	23	0	24	50	11	1	23	1	25	21	6	2	23	2	23	34	30	3	23	3	21	16	14
0	24	0	25	53	42	1	24	1	26	19	25	2	24	2	24	29	39	3	24	3	22	12	42
0	25	0	26	57	4	1	25	1	27	17	33	2	25	2	25	24	45	3	25	3	23	9	16
0	26	0	28	0	16	1	26	1	28	15	32	2	26	2	26	19	50	3	26	3	24	5	58
0	27	0	29	3	19	1	27	1	29	13	22	2	27	2	27	14	54	3	27	3	25	2	47
0	28	1	0	6	13	1	28	2	0	11	2	2	28	2	28	9	56	3	28	3	25	59	45
0	29	1	1	8	56	1	29	2	1	8	33	2	29	2	29	4	58	3	29	3	26	56	50

※ 황도 0궁 0도는 동지를 의미한다. 따라서 황적승도값을 계산하기 위해서 $\tan^{-1}(\tan(\lambda-90°)\cos\varepsilon)+90°$ 식을 이용하면 된다. 여기서 λ는 황경이고, ε는 황적교각으로 23도 29분 30초이다. 계산값은 〈황적승도표〉의 표값과 완전히 일치한다.

제7표

황도적경교각표(黃道赤經交角表)[11]

1. 표 해설

▾ 황도적경교각(黃道赤經交角)

: 황도상의 어떤 점에서 황도와 적극경권(赤極經圈 적경권)이 교차하는 각. 곧, 《역상고성》 상편 권2 〈정호삼각형(正弧三角形)〉의 '황도교극권각(黃道交極圈角)'

1) 표의 구성과 형식

(1) 표의 상단과 하단에 춘분 · 추분과 하지 · 동지를 기준으로 태양의 실제 운행도수[실행(實行)]를 순방향과 역방향으로 나누어 배열함.

○ 춘분 · 추분 후의 각 궁을 상단에 배열함.

○ 하지 · 동지 후의 각 궁을 하단에 배열함.

(2) 태양이 실제운행도수가 상단 또는 하단에 있음에 따라 순방향 또는 역방향의 도수를 사용함.

○ 상단의 6개 궁: 순방향의 도수를 사용함.

○ 하단의 6개 궁: 역방향의 도수를 사용함.

---

11) 이 표가 《신법산서》에는 〈황도교극권내각표(黃道交極圈內角表)〉라는 이름으로 권27 〈황적정구(黃赤正球)〉에 실려 있다. 이 표는 태양이 아닌 교식(交食) 계산에 사용된다. 이 때문에 이후의 《역상고성후편》(1742년)은 〈교식표(交食表)〉에 실었다.

2) 표의 사용법

(1) 실제운행도수의 궁수와 도분수가 종횡으로 만나는 곳의 값이 그 궁도분에 대한 황도적경교각임.

(2) 태양의 실제운행도수가 황도의 실침궁(實沈宮 GEM) 5도에 있을 때 황도적경교각 구하기.

○ 표에서 황도상의 실침궁5도에 대한 표값 79도35분30초가 곧 황도적경교각임.

▾ 실침궁은 상단에 있으므로 순방향의 도수를 사용함.

(3) 표는 태양의 실제운행도수 1도 간격으로 작성됨.

(4) 실제운행도수에 분(分)수가 있는 경우는 비례보간[중비례법(中比例法)]으로 구함.

보충자료 6 태양의 실제운행도수(λ)에 대한 황도적경교각

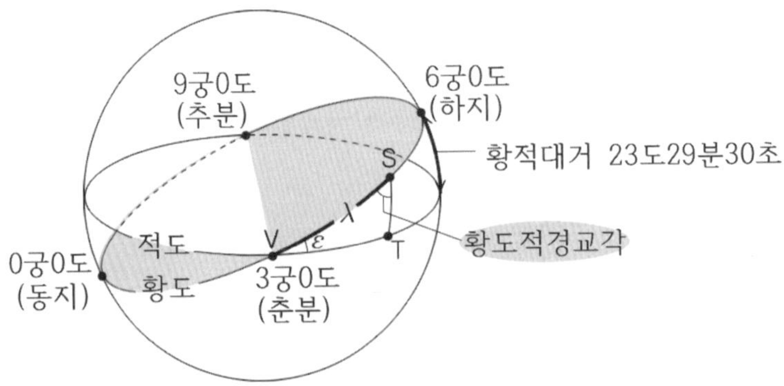

[보충그림 6-1] 황도적경교각

$\triangle SVT$에서 $\angle T$가 직각이므로 다음 관계에 의해 춘·추분점으로부터 황경차 λ를 알 때 황도적경교각 $\angle S$를 구할 수 있다. 즉 $\cos\lambda = \cot\varepsilon \cdot \cot(\angle S)$ 이다.

[보충그림 6－1]에서 구하려는 각 $\angle S$를 θ라 하면

$$\frac{\sin\theta}{\sin\alpha}=\frac{\sin\varepsilon}{\sin\delta}=\frac{1}{\sin\lambda}$$

가 된다. 여기서 $\alpha, \delta, \varepsilon, \lambda$는 각각 적경, 적위, 황적교각, 황경이다. 위 식과 $\tan\alpha = \tan\lambda\cos\varepsilon$을 이용하면

$$\sin\theta = \frac{\sin\alpha}{\sin\delta}\sin\varepsilon = \frac{\tan\alpha}{\sin\delta}\cos\alpha\sin\varepsilon = \frac{\tan\lambda\cos\varepsilon}{\sin\lambda\sin\varepsilon}\cos\alpha\sin\varepsilon = \frac{\cos\varepsilon}{\cos\lambda}\cos\alpha$$

이다. 따라서

$$\cos\alpha = \frac{\cos\lambda}{\cos\varepsilon}\sin\theta$$

가 된다. 그런데 $\sin\alpha = \sin\lambda\sin\theta$ 이고, $\cos^2\alpha + \sin^2\alpha = 1$이기에 이 식에 위 두 식을 대입하면,

$$\frac{\cos^2\lambda}{\cos^2\varepsilon}\sin^2\theta + \sin^2\lambda\sin^2\theta = 1$$

가 된다. 위 식은 $\frac{\cos^2\lambda}{\cos^2\varepsilon}\sin^2\theta + (1-\cos^2\lambda)\sin^2\theta = 1$이기에 $\frac{\cos^2\lambda}{\cos^2\varepsilon}\sin^2\theta - \cos^2\lambda\sin^2\theta = 1 - \sin^2\theta = \cos^2\theta$

이 되고, 좌변은 $\frac{\cos^2\lambda}{\cos^2\varepsilon}\sin^2\theta - \cos^2\lambda\sin^2\theta = \cos^2\lambda\sin^2\theta\left(\frac{1}{\cos^2\varepsilon} - 1\right) = \cos^2\lambda \sin^2\theta\tan^2\varepsilon$가 된다. 따라서

$$\cos\lambda\sin\theta\tan\varepsilon = \cos\theta$$

가 되고, 이를 정리하면

$$\cos\lambda = \cot\theta\cot\varepsilon$$

가 된다. θ를 구하려면,

$$\tan\theta = \frac{1}{\cos\lambda\tan\varepsilon}$$

으로 계산하면 된다. 황경에 따른 황도적경교각을 그려보면 [보충그림 6－2]와 같다. ε = 23도29분30초 이기에 $\theta \geq$ 66도30분30초 가 된다.

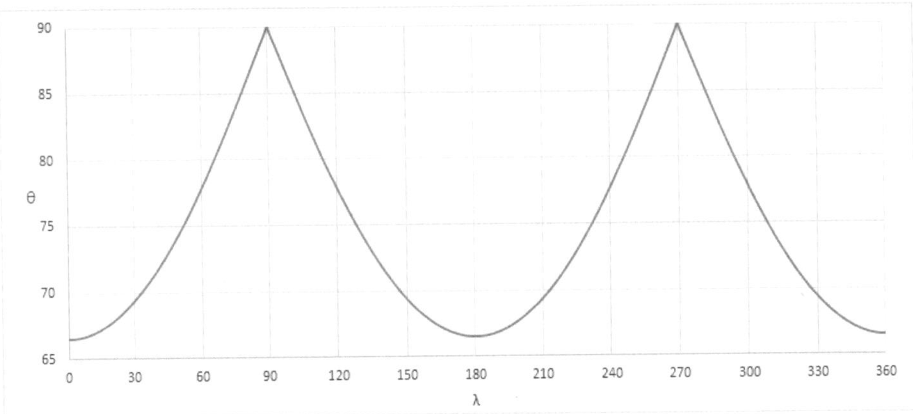

[보충그림 6-2] 황경에 따른 황도적경교각

2. 표

○ **수록 범위**: 태양의 실제운행도수가 '강루궁0도(춘분점) ↦ 추자궁30도(춘분점)'인 범위

상단에 우에서 좌로 : 강루궁(0도는 춘분점) ↦ 실침궁(30도는 하지점)

하단에 좌에서 우로 : 순수궁(0도는 하지점) ↦ 순미궁(30도는 추분점)

상단에 우에서 좌로 : 성수궁(0도는 추분점) ↦ 석목궁(30도는 동지점)

하단에 좌에서 우로 : 성기궁(0도는 동지점) ↦ 추자궁(30도는 춘분점)

○ **간격**: 태양의 실행 1도

○ **표값**: 강루궁0도(춘분점)에서 최소값 66도30분30초.

순수궁0도(하지점)에서 최대값 90도00분00초.

성수궁0도(추분점)에서 최소값 66도30분30초.

성기궁0도(동지점)에서 최대값 90도00분00초.

○ 황도적경교각값의 대칭성을 이용하여 1/4폭으로 압축하여 나타냄.

黃道	析木		實沈	大火		大梁	壽星		降婁	黃道
度	度	分	秒	度	分	秒	度	分	秒	度
三〇	七七	四四	二一	六九	二二	二四	六六	三〇	三〇	〇
二九	七八	〇六	〇三	六九	三四	〇〇	六六	三〇	四一	一
二八	七八	二八	〇一	六九	四五	五九	六六	三一	一六	二
二七	七八	五〇	一六	六九	五八	二〇	六六	三二	一三	三
二六	七九	一二	四五	七〇	一一	〇三	六六	三三	三四	四
二五	七九	三五	三〇	七〇	二四	〇九	六六	三五	一七	五
二四	七九	五八	二九	七〇	三七	三六	六六	三七	二三	六
二三	八〇	二一	四二	七〇	五一	二六	六六	三九	五三	七
二二	八〇	四五	〇八	七一	〇五	三七	六六	四二	四五	八
二一	八一	〇八	四八	七一	二〇	一〇	六六	四六	〇〇	九
二〇	八一	三二	四一	七一	三五	〇五	六六	四九	三八	一〇
一九	八一	五六	四五	七一	五〇	二一	六六	五三	三九	一一
一八	八二	二一	〇一	七二	〇五	五八	六六	五八	〇四	一二
一七	八二	四五	二八	七二	二一	五七	六七	〇二	五〇	一三
一六	八三	一〇	〇六	七二	三八	一七	六七	〇八	〇〇	一四
一五	八三	三四	五四	七二	五四	五七	六七	一三	三三	一五
一四	八三	五九	五一	七三	一一	五八	六七	一九	二九	一六
一三	八四	二四	五七	七三	二九	二〇	六七	二五	四八	一七
一二	八四	五〇	一一	七三	四七	〇二	六七	三二	二九	一八
一一	八五	一五	三三	七四	〇五	〇四	六七	三九	三四	一九
一〇	八五	四一	〇二	七四	二三	二六	六七	四七	〇一	二〇
九	八六	〇六	三七	七四	四二	〇八	六七	五四	五一	二一
八	八六	三二	一八	七五	〇一	〇九	六八	〇三	〇四	二二
七	八六	五八	〇五	七五	二〇	二九	六八	一一	三九	二三
六	八七	二三	五五	七五	四〇	〇八	六八	二〇	三八	二四
五	八七	四九	五〇	七六	〇〇	〇六	六八	二九	五九	二五
四	八八	一五	四八	七六	二〇	二一	六八	三九	四三	二六
三	八八	四一	四九	七六	四〇	五五	六八	四九	四九	二七
二	八九	〇七	五一	七七	〇一	四七	六九	〇〇	一八	二八
一	八九	三三	五五	七七	二二	五五	六九	一一	一〇	二九
〇	九〇	〇〇	〇〇	七七	四四	二一	六九	二二	二四	三〇
逆度	鶉首		星紀	鶉火		元枵	鶉尾		娵訾	順度

[그림 7] 《역상고성》 표 제1권 〈일전표〉의 〈황도적경교각표(黃道赤經交角表)〉

[표 7] [그림 7] 〈황도적경교각표〉의 황경에 대한 황도적경교각 계산 값

순미(180 - $\Delta\lambda$, θ), 추자(360 - $\Delta\lambda$, θ)					순화(150 - $\Delta\lambda$, θ), 현효(330 - $\Delta\lambda$, θ)					순수(120 - $\Delta\lambda$, θ), 성기(300 - $\Delta\lambda$, θ)				
강루($\Delta\lambda$, θ), 수성(180 + $\Delta\lambda$, θ)					대량(30 + $\Delta\lambda$, θ), 대화(210 + $\Delta\lambda$, θ)					실침(60 + $\Delta\lambda$, θ), 석목(240 + $\Delta\lambda$, θ)				
$\Delta\lambda$		황도적경교각(θ)			$\Delta\lambda$		황도적경교각(θ)			$\Delta\lambda$		황도적경교각(θ)		
궁	도	도	분	초	궁	도	도	분	초	궁	도	도	분	초
0	0	66	30	30	0	0	69	22	24	0	0	77	44	21
0	1	66	30	41	0	1	69	34	0	0	1	78	6	3
0	2	66	31	16	0	2	69	45	59	0	2	78	28	1
0	3	66	32	13	0	3	69	58	20	0	3	78	50	16
0	4	66	33	34	0	4	70	11	3	0	4	79	12	45
0	5	66	35	17	0	5	70	24	9	0	5	79	35	30
0	6	66	37	23	0	6	70	37	36	0	6	79	58	29
0	7	66	39	53	0	7	70	51	26	0	7	80	21	42
0	8	66	42	45	0	8	71	5	37	0	8	80	45	8
0	9	66	46	0	0	9	71	20	10	0	9	81	8	48
0	10	66	49	38	0	10	71	35	5	0	10	81	32	41
0	11	66	53	39	0	11	71	50	21	0	11	81	56	45
0	12	66	58	4	0	12	72	5	58	0	12	82	21	1
0	13	67	2	50	0	13	72	21	57	0	13	82	45	28
0	14	67	8	0	0	14	72	38	17	0	14	83	10	6
0	15	67	13	33	0	15	72	54	57	0	15	83	34	54
0	16	67	19	29	0	16	73	11	58	0	16	83	59	51
0	17	67	25	48	0	17	73	29	20	0	17	84	24	57
0	18	67	32	29	0	18	73	47	2	0	18	84	50	11
0	19	67	39	34	0	19	74	5	4	0	19	85	15	33
0	20	67	47	1	0	20	74	23	26	0	20	85	41	2
0	21	67	54	51	0	21	74	42	8	0	21	86	6	37
0	22	68	3	4	0	22	75	1	9	0	22	86	32	18
0	23	68	11	39	0	23	75	20	29	0	23	86	58	5
0	24	68	20	38	0	24	75	40	8	0	24	87	23	55
0	25	68	29	59	0	25	76	0	6	0	25	87	49	50
0	26	68	39	43	0	26	76	20	21	0	26	88	15	48
0	27	68	49	49	0	27	76	40	55	0	27	88	41	49
0	28	69	0	18	0	28	77	1	47	0	28	89	7	51
0	29	69	11	10	0	29	77	22	55	0	29	89	33	55
1	0	69	22	24	1	0	77	44	21	1	0	90	0	0

※ 계산값과 〈황도적경교각표〉의 값은 동일하다.

제8표

승도시차표(升度時差表)

1. 표 해설

1) 표의 구성과 형식

(1) 표의 상단과 하단에 춘분 · 추분과 하지 · 동지를 기준으로 태양의 실제 운행도수[실행(實行)]를 순방향과 역방향으로 나누어 배열함.

○ 춘분 · 추분 후의 6개 궁을 상단에 배열함.

○ 하지 · 동지 후의 6개 궁을 하단에 배열함.

(2) 표의 맨앞줄과 맨뒷줄에 황도의 도수를 배열함.

○ 맨앞줄은 순방향으로 읽고 표값을 가차로 사용함 → 상단의 6개 궁일 때

○ 맨뒷줄은 역방향으로 읽고 표값을 감차로 사용함 → 하단의 6개 궁일 때

(3) 표값: 매궁 매도에 대한 승도시차

○ 승도시차: 적도승도(赤道升度)와 황도도(黃道度)의 차로 나오는 도분을 시간으로 변환한 분초 (▼1도→시간 4분, 15분→시간 1분, 15초→시간 1초)

○ 태양의 실제운행도수가 상단의 6궁에 있으면 순방향의 도수를 사용하여 가호(加號 +)가 됨.

태양의 실제운행도수가 하단의 6궁에 있으면 역방향의 도수를 사용하여 감호(減號 −)가 됨.

2) 표의 사용법

(1) 실제운행도수의 궁수와 도수가 종횡으로 만나는 곳의 값이 곧 구하려는 승도시차임.

(2) 태양의 실제운행도수가 황도의 대량궁(大梁宮 TAU) 8도에 있을 때 승도시차 구하기.

○ 표에서 대량궁8도에 대한 표값 9분31초가 곧 구하려는 승도시차임.
○ 해당하는 부호가 가호(+)이므로 가차(加差)임.
(▼ 대량궁은 상단에 있으므로 순방향의 도수를 사용함.)

(3) 표는 태양의 실행 1도 간격으로 작성됨.

(4) 실행에 분(分)수가 있는 경우는 비례보간[중비례법(中比例法)]으로 구함.

2. 표

○ **수록 범위**: 태양의 실제운행도수가 '강루궁0도(춘분점) ↦ 추자궁30도(춘분점)'인 범위
상단에 우에서 좌로: 강루궁(0도는 춘분점) ↦ 실침궁(30도는 하지점)
하단에 좌에서 우로: 순수궁(0도는 하지점) ↦ 순미궁(30도는 추분점)
상단에 우에서 좌로: 성수궁(0도는 추분점) ↦ 석목궁(30도는 동지점)
하단에 좌에서 우로: 성기궁(0도는 동지점) ↦ 추자궁(30도는 춘분점)
○ **간격**: 태양의 실제운행도수 1도
○ **표값**: 강루궁0도(춘분점)에서 0분0초.
대량궁16도(황경 46도)에서 양의 최대값 +9분59초.
순수궁0도(하지점)에서 0분0초.

순화궁14도(황경 134도)에서 음의 최대값 −9분59초.

성수궁0도(추분점)에서 0분0초.

대화궁16도(황경 226도)에서 양의 최대값 +9분59초.

성기궁0도(동지점)에서 0분0초.

현효궁14도(황경 314도)에서 음의 최대값 −9분59초.

黃道	析木 實沈		大火 大梁		壽星 降婁		黃道
度	分	秒	分	秒	分	秒	度
三○	八	四八	八	二四		○○	○
二九	八	三六	八	三四		二○	一
二八	八	二五	八	四四		四○	二
二七	八	一三	八	五三	一	○○	三
二六	八	○一	九	○二	一	一九	四
二五	七	四八	九	一○	一	三九	五
二四	七	三五	九	一八	一	五九	六
二三	七	二一	九	二四	二	一八	七
二二	七	○六	九	三一	二	三七	八
二一	六	五一	九	三六	二	五六	九
二○	六	三五	九	四一	三	一五	一○
一九	六	一九	九	四五	三	三四	一一
一八	六	○二	九	四八	三	五三	一二
一七	五	四五	九	五一	四	一一	一三
一六	五	二七	九	五三	四	二九	一四
一五	五	○九	九	五四	四	四六	一五
一四	四	五○	九	五五	五	○四	一六
一三	四	三一	九	五四	五	二一	一七
一二	四	一二	九	五四	五	三八	一八
一一	三	五二	九	五二	五	五四	一九
一○	三	三二	九	五○	六	一○	二○
九	三	一二	九	四六	六	二五	二一
八	二	五一	九	四三	六	四○	二二
七	二	三○	九	三八	六	五五	二三
六	二	○九	九	三三	七	○九	二四
五	一	四八	九	二六	七	二三	二五
四	一	二六	九	二○	七	三六	二六
三	一	○五	九	一三	七	四九	二七
二		四三	九	○四	八	○一	二八
一		二二	八	五六	八	一三	二九
○		○○	八	四八	八	二四	三○
逆減	鶉首 星紀		鶉火 元枵		鶉尾 娵訾		順加

[그림 8] 《역상고성》 표 제1권 〈일전표〉의 〈승도시차표(升度時差表)〉

[표 8] 계산에 의한 〈승도시차표〉

순미(180 - $\Delta\lambda$, - θ), 추자(360 - $\Delta\lambda$, - θ)			순화(150 - $\Delta\lambda$, - θ), 현효(330 - $\Delta\lambda$, - θ)			순수(120 - $\Delta\lambda$, - θ), 성기(300 - $\Delta\lambda$, - θ)		
강루($\Delta\lambda$, θ), 수성(180 + $\Delta\lambda$, θ)			대량(30 + $\Delta\lambda$, θ), 대화(210 + $\Delta\lambda$, θ)			실침(60 + $\Delta\lambda$, θ), 석목(240 + $\Delta\lambda$, θ)		
$\Delta\lambda$	$\theta=\lambda-\alpha$		$\Delta\lambda$	$\theta=\lambda-\alpha$		$\Delta\lambda$	$\theta=\lambda-\alpha$	
도	분	초	도	분	초	도	분	초
0	0	0	0	8	24	0	8	46
1	0	20	1	8	35	1	8	36
2	0	40	2	8	45	2	8	25
3	1	00	3	8	54	3	8	14
4	1	19	4	9	03	4	8	1
5	1	39	5	9	11	5	7	49
6	1	59	6	9	18	6	7	35
7	2	18	7	9	25	7	7	21
8	2	37	8	9	31	8	7	6
9	2	57	9	9	36	9	6	51
10	3	16	10	9	41	10	6	35
11	3	34	11	9	45	11	6	19
12	3	53	12	9	49	12	6	2
13	4	11	13	9	51	13	5	45
14	4	29	14	9	53	14	5	27
15	4	47	15	9	55	15	5	9
16	5	04	16	9	55	16	4	50
17	5	21	17	9	55	17	4	31
18	5	38	18	9	54	18	4	12
19	5	54	19	9	52	19	3	52
20	6	10	20	9	50	20	3	32
21	6	26	21	9	47	21	3	12
22	6	41	22	9	43	22	2	51
23	6	55	23	9	38	23	2	30
24	7	10	24	9	33	24	2	9
25	7	23	25	9	27	25	1	48
26	7	36	26	9	20	26	1	27
27	7	49	27	9	13	27	1	5
28	8	01	28	9	5	28	0	43
29	8	13	29	8	56	29	0	22
30	8	24	30	8	46	30	0	0

※ 〈승도시차표〉의 값들은 $\tan\alpha = \tan\lambda\cos\varepsilon$ 식을 이용하여 주어진 황경 λ에 대한 적경 α를 구하고, $\lambda-\alpha$를 계산한 다음 이 값을 시간 단위로 바꾸었다. 계산된 값을 [그림 8]에 나온 값과 비교하면 1초 정도 차이가 있다. 여기서 황도경사각 $\varepsilon=23$도 29분 30초이고, $\frac{360°}{24^h \times 60^m} = 0.25°/m$ (즉 1°는 4^m에 해당)를 사용하였다.

제9표

균수시차표(均數時差表)

1. 표 해설

1) 표의 구성과 형식

(1) 표의 상단과 하단에 근지점[최비(最卑)] · 원지점[최고(最高)]을 기준으로 인수(引數 근지점이각)를 순방향과 역방향으로 나누어 배열함.

○ 근지점 후의 6개 궁을 상단에 배열함.

○ 원지점 후의 6개 궁을 하단에 배열함.

(2) 표의 맨앞줄과 맨뒷줄에 인수의 도수를 배열함.

○ 맨앞줄은 순방향으로 읽고 표값을 가차로 사용함 → 상단의 6개 궁일 때

○ 맨뒷줄은 역방향으로 읽고 표값을 감차로 사용함 → 하단의 6개 궁일 때

(3) 표값: 매궁 매도에 대한 균수시차

○ 균수시차: 균수의 도수를 시간으로 변환한 분초
(▾1도→시간 4분, 15분→시간 1분, 15초→시간 1초)

○ 태양의 인수가 상단의 6궁에 있으면 순방향의 도수를 사용하여 감호(減號 −)가 됨.
태양의 인수가 하단의 6궁에 있으면 역방향의 도수를 사용하여 가호(加號 +)가 됨.

2) 표의 사용법

(1) 인수의 궁수와 도수가 종횡으로 만나는 곳의 값이 곧 구하려는 균수시차임.

(2) 태양의 인수가 11궁25도에 있을 때 균수시차 구하기.

○ 표에서 11궁25도에 대한 표값 44초가 곧 구하려는 균수시차임.

○ 해당하는 부호가 가호(+)이므로 가차(加差)임.

(▾11궁은 하단에 있으므로 역방향의 도수를 사용함.)

(3) 표는 태양의 실제운행도수 1도 간격으로 작성됨.

(4) 인수에 분(分)수가 있는 경우는 비례보간[중비례법(中比例法)]으로 구함.

2. 표

○ 수록 범위: 태양의 인수가 '초궁0도(근지점) ↦ 11궁30도(근지점)'인 범위

상단에 우에서 좌로 : 초궁(0궁) ↦ 5궁

하단에 좌에서 우로 : 6궁 ↦ 11궁

○ 간격: 태양의 인수 1도

○ 표값: 초궁0도(근지점)에서 0분0초.

2궁28도(근지점 이각 88도)~3궁0도(근지점 이각 90도)에서 극대값 8분 13초.

5궁30도(원지점), 6궁0도(원지점)에서 0분0초.

8궁30도(근지점 이각 270도)~9궁2도(근지점 이각 272도)에서 극대값 8분13초.

11궁30도(근지점)에서 0분0초.

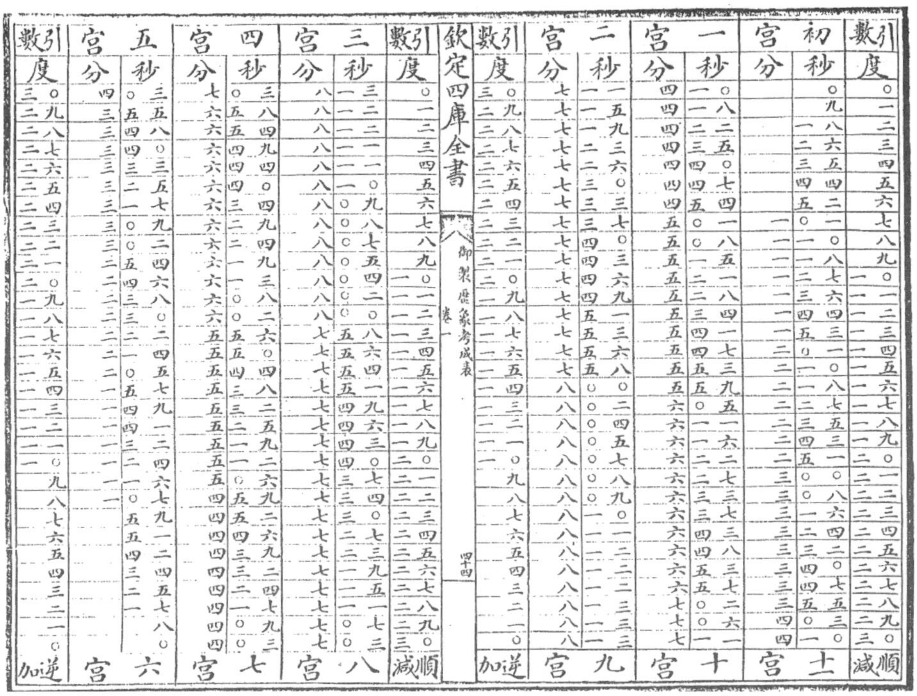

欽定四庫全書 御製曆象考成表 卷一

數引	宮	五	宮	四	宮	三	數引	數引	宮	二	宮	一	宮	初	數引
度	分	秒	分	秒	分	秒	度	度	分	秒	分	秒	分	秒	度
加逆	宮	六	宮	七	宮	八	減順	加逆	宮	九	宮	十	宮	十一	減順

[그림 9-1] 《역상고성》 표 제1권 〈일전표〉의 〈균수시차표(均數時差表)〉

[표 9] 계산에 의한 〈균수시차표〉

궁	M	q		궁	M	q		궁	M	q	
	도	분	초		도	분	초		도	분	초
초궁 (M, +q) 11궁 (360－M, －q)	0	0	0	2궁 (M, +q) 9궁 (360－M, －q)	60	7	11	4궁 (M, +q) 7궁 (360－M, －q)	120	7	3
	1	0	9		61	7	15		121	6	58
	2	0	18		62	7	19		122	6	54
	3	0	26		63	7	23		123	6	49
	4	0	35		64	7	27		124	6	44
	5	0	44		65	7	30		125	6	39
	6	0	53		66	7	34		126	6	34
	7	1	1		67	7	37		127	6	29
	8	1	10		68	7	40		128	6	24
	9	1	19		69	7	43		129	6	18
	10	1	27		70	7	46		130	6	13
	11	1	36		71	7	49		131	6	7

궁	M	q		궁	M	q		궁	M	q	
	도	분	초		도	분	초		도	분	초
	12	1	44		72	7	51		132	6	2
	13	1	53		73	7	54		133	5	56
	14	2	1		74	7	56		134	5	50
	15	2	10		75	7	58		135	5	44
	16	2	18		76	8	0		136	5	38
	17	2	27		77	8	2		137	5	31
	18	2	35		78	8	4		138	5	25
	19	2	43		79	8	5		139	5	19
	20	2	52		80	8	7		140	5	12
	21	2	60		81	8	8		141	5	6
	22	3	8		82	8	9		142	4	59
	23	3	16		83	8	10		143	4	52
	24	3	24		84	8	11		144	4	45
	25	3	32		85	8	12		145	4	38
	26	3	40		86	8	12		146	4	31
	27	3	48		87	8	12		147	4	24
	28	3	55		88	8	13		148	4	17
	29	4	3		89	8	13		149	4	10
	30	4	11		90	8	13		150	4	2
1궁 (M, +q) 10궁 (360−M, −q)	31	4	18	3궁 (M, +q) 8궁 (360−M, −q)	91	8	12	5궁 (M, +q) 6궁 (360−M, −q)	151	3	55
	32	4	25		92	8	12		152	3	48
	33	4	33		93	8	11		153	3	40
	34	4	40		94	8	11		154	3	32
	35	4	47		95	8	10		155	3	25
	36	4	54		96	8	9		156	3	17
	37	5	1		97	8	8		157	3	9
	38	5	8		98	8	7		158	3	1
	39	5	15		99	8	5		159	2	54
	40	5	21		100	8	4		160	2	46
	41	5	28		101	8	2		161	2	38
	42	5	34		102	7	60		162	2	30
	43	5	41		103	7	58		163	2	22
	44	5	47		104	7	56		164	2	13

궁	M	q		궁	M	q		궁	M	q	
	도	분	초		도	분	초		도	분	초
	45	5	53		105	7	53		165	2	5
	46	5	59		106	7	51		166	1	57
	47	6	5		107	7	48		167	1	49
	48	6	11		108	7	46		168	1	41
	49	6	17		109	7	43		169	1	32
	50	6	22		110	7	40		170	1	24
	51	6	28		111	7	37		171	1	16
	52	6	33		112	7	34		172	1	7
	53	6	38		113	7	30		173	0	59
	54	6	43		114	7	27		174	0	51
	55	6	48		115	7	23		175	0	42
	56	6	53		116	7	19		176	0	34
	57	6	58		117	7	15		177	0	25
	58	7	2		118	7	11		178	0	17
	59	7	6		119	7	7		179	0	8
	60	7	11		120	7	3		180	0	0

※ 〈균수시차표〉는 근일점에서 잰 각도 M에 대한 가감차 q를 시간으로 변환한 값이다. 이 계산에서는 균륜 모델을 이용하였다. 이 모델에 의하면, 양심차가 E일 때,

$$\sin q = \frac{E\sin M}{\sqrt{1 - E\cos M + E^2/4 + 3E^2/4\sin^2 M}} \text{ 혹은 } \tan q = \frac{E\sin M}{1 - \frac{1}{2}E\cos M}$$

가 된다. 이렇게 계산된 값을 [표 9]에 수록하였다. [그림 9－1]과 [표 9]의 두 값을 비교해 보니 6군데에서 오차가 최대 1초 정도에 불과하다. 여기서 양심차 $E = 0.0358416$를 사용하였다. [그림 9－1]에서 인수(引數) 31, 32에 해당하는 초 단위 숫자 22, 35는 25, 33을 잘못 쓴 것으로 보인다.

예제 1

2020년에는 1월 5일 17시에 지구가 근일점에 있다. 그리고 3월 20일이 춘분날이다. 이 두 날의 차이는 75일이고, 각도로 변환하면 대략 74도($75일 \times \frac{360°}{365.242189^d} = 73.92355° \simeq 74°$)이다. 3월 20일이 춘분날이기에 〈승도시차표〉인 [표 8]에서 황경 $\lambda = 0°$이며 이에 해당하는 값은 0이다. 그리고 〈균수시차표〉인 [표 9]에서 인수 74에 해당하는 값이 −7분 56초이므로 균시차는 −7분 56초가 된다. 따라서 이날은 평균시각에서 7분 56초를 빼어야 실제시각이 된다.

예제 2

2020년 5월 5일이 입하이다. 3월 20일과는 46일, 1월 5일과는 121일차이다. 이에 해당하는 각도는 대략 45도, 119도에 해당한다. [표 8]에서는 45도에 해당하는 +9분 55초를 읽는다. 그리고 [표 9]에서는 인수 119에 해당하는 −7분 7초를 읽는다. 따라서 균시차는 9분 55초−7분 7초= +2분 48초가 된다. 따라서 이날은 평균시각에 2분 48초를 더해야 실제 시각이 된다.

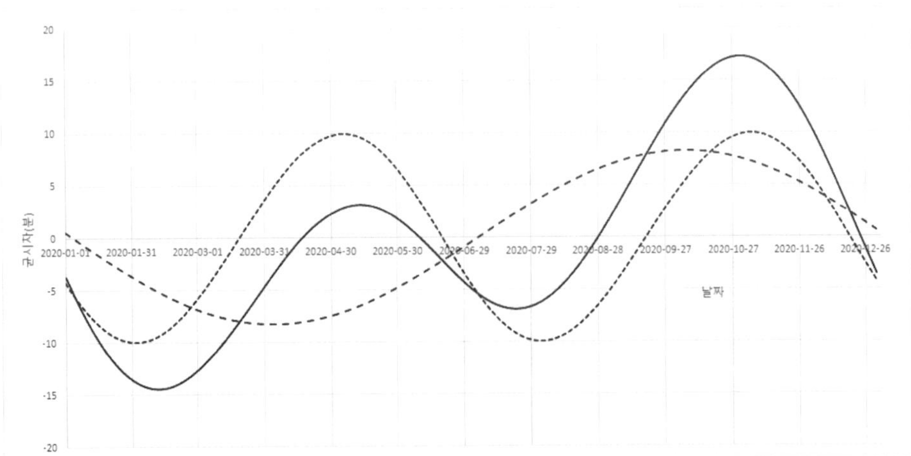

[그림 9-2] 《역상고성》의 〈승도시차표〉와 〈균수시차표〉를 이용한 2020년 균시차

제10표

태양지반경차표(太陽地半徑差表)

1. 표 해설

1) 표의 구성과 형식

(1) 원지점[최고(最高)], 중간거리점[중거(中距)], 근지점[최비(最卑)]의 세 가지 거리[한(限)]로 나누어 배열함.

- ○ 태양의 인수(引數 근지점이각)가 4궁15도(135도) ↦ 7궁15도(225도)인 구간: '원지점 거리'[최고한(最高限)]
- ○ 태양의 인수가 1궁15도(45도) ↦ 4궁15도(135도), 7궁15도(225도) ↦ 10궁15도(315도)인 구간
  : '중간 거리'[중거한(中距限)]
- ○ 태양의 인수가 10궁15도(315도) ↦ 1궁15도(45도)인 구간
  : '근지점 거리'[최비한(最卑限)]

(2) 독립변수: 지심고도[실고(實高)]의 도수

(3) 표값: 세 가지 거리 범위에서 지심고도[실고]의 도수에 의하여 발생하는 지반경차 분초.

2) 표의 사용법

(1) **예시1**: 하지 후에 태양의 인수가 '원지점 거리'[최고한]에 해당하는 날 오정 때 태양의 지심고도[실고] 계산값 73도에 대한 지반경차와 지평고도[시고] 구하기.

① '원지점 거리'[최고한]에서 지심고도[실고] 73도에 대한 수를 살피면 51초 → 지반경차

② 지평고도[시고]=(지심고도[실고] 73도)-(지반경차 51초)=72도59분09초

(2) **예시2**: 하지 후에 태양의 인수가 '원지점 거리'[최고한]에 해당하는 날 오정 때 태양의 지평고도[시고] 관측값이 72도59분09초일 때 지심고도[실고] 구하기

지심고도[실고]=(지평고도[시고] 72도59분09초)+(지반경차 51초)=73도

(3) **독립변수를 지평고도[시고]로 사용해도 무방함.**

○ 지심고도[실고]는 지구 중심에서 계산한 고도
지평고도[시고]는 지표면에서 관측한 고도
⇒ 지심고도[실고]에 대한 지반경차와 지평고도[시고]에 대한 지반경차가 당연히 다름.
그러나 그 차가 크지 않으므로 이 표는 지심고도[실고]를 가지고 지평고도[시고]를 구하는 데 사용해도 되고 지평고도[시고]를 가지고 지심고도[실고]를 구하는 데 사용해도 됨.

(4) **고도에 분(分)수가 있는 경우**: 비례보간[중비례법(中比例法)]으로 구함.

2. 표

○ 수록 범위: 지심고도[실고] 1도~90도.

○ 간격: 지심고도[실고] 1도.

○ 표값: 지심고도[실고] 1도일 때 '원지점 거리'[최고한]에서 2분54초.

'중간 거리'[중거한]'에서 3분.

'근지점 거리'[최비한]에서 3분07초.

지심고도[실고] 71도일 때 '원지점 거리'[최고한]에서 57초.

'중간 거리'[중거한]에서 59초.

'근지점 거리'[최비한]에서 1분01초.

지심고도[실고] 90도일 때 모든 거리에서 0초.

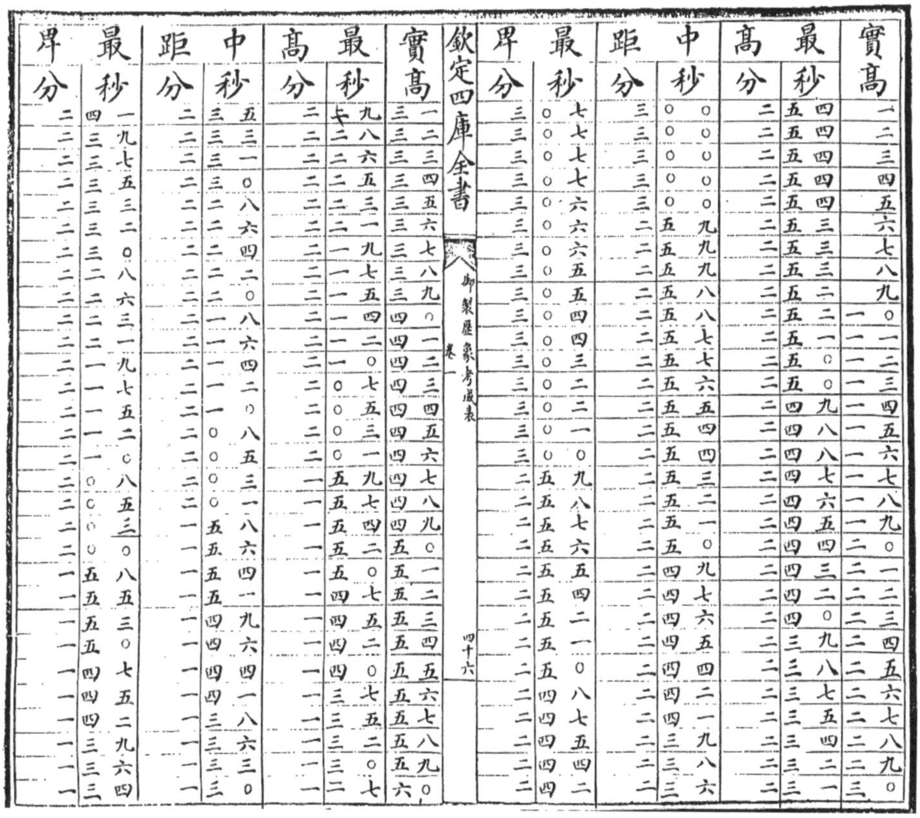

欽定四庫全書

御製曆象考成表 卷一

實高	最高 秒	最高 分	中距 秒	中距 分	最卑 秒	最卑 分
一	五四	二	〇〇	三	〇七	三
二	五四	二	〇〇	三	〇七	三
三	五四	二	〇〇	三	〇七	三
四	五四	二	〇〇	三	〇七	三
五	五四	二	〇〇	三	〇六	三
六	五三	二	五九	二	〇六	三
七	五三	二	五九	二	〇六	三
八	五三	二	五九	二	〇五	三
九	五二	二	五八	二	〇五	三
一〇	五二	二	五八	二	〇四	三
一一	五一	二	五七	二	〇四	三
一二	五〇	二	五七	二	〇三	三
一三	五〇	二	五六	二	〇二	三
一四	四九	二	五五	二	〇二	三
一五	四八	二	五四	二	〇一	三
一六	四八	二	五四	二	〇〇	三
一七	四七	二	五三	二	五九	二
一八	四六	二	五二	二	五八	二
一九	四五	二	五一	二	五七	二
二〇	四四	二	五〇	二	五六	二
二一	四三	二	四九	二	五五	二
二二	四二	二	四七	二	五四	二
二三	四〇	二	四六	二	五二	二
二四	三九	二	四五	二	五一	二
二五	三八	二	四四	二	五〇	二
二六	三七	二	四二	二	四八	二
二七	三五	二	四一	二	四七	二
二八	三四	二	三九	二	四五	二
二九	三二	二	三八	二	四四	二
三〇	三一	二	三六	二	四二	二

四十六

實高	最高 秒	最高 分	中距 秒	中距 分	最卑 秒	最卑 分
三一	二九	二	三五	二	四一	二
三二	二八	二	三三	二	三九	二
三三	二六	二	三一	二	三七	二
三四	二五	二	三〇	二	三五	二
三五	二三	二	二八	二	三三	二
三六	二一	二	二六	二	三二	二
三七	一九	二	二四	二	三〇	二
三八	一七	二	二二	二	二八	二
三九	一五	二	二〇	二	二六	二
四〇	一四	二	一八	二	二三	二
四一	一二	二	一六	二	二一	二
四二	一〇	二	一四	二	一九	二
四三	〇七	二	一二	二	一七	二
四四	〇五	二	一〇	二	一五	二
四五	〇三	二	〇八	二	一二	二
四六	〇一	二	〇五	二	一〇	二
四七	五九	一	〇三	二	〇八	二
四八	五七	一	〇一	二	〇五	二
四九	五四	一	五八	一	〇三	二
五〇	五二	一	五六	一	〇〇	二
五一	五〇	一	五四	一	五八	一
五二	四七	一	五一	一	五五	一
五三	四五	一	四九	一	五三	一
五四	四二	一	四六	一	五〇	一
五五	四〇	一	四四	一	四七	一
五六	三七	一	四一	一	四五	一
五七	三五	一	三八	一	四二	一
五八	三二	一	三六	一	三九	一
五九	三〇	一	三三	一	三六	一
六〇	二七	一	三〇	一	三四	一

[그림 10-1] 《역상고성》 표 제1권 〈일전표〉의 〈태양지반경차표(太陽地半徑差表)〉 첫 면

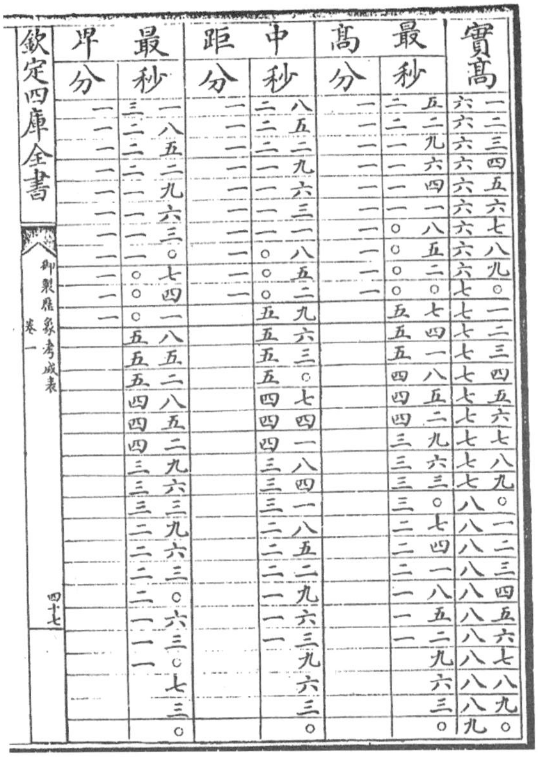

欽定四庫全書

實高	最高 分	最高 秒	中距 分	中距 秒	最卑 分	最卑 秒
六一	一	二五	一	二八	一	三一
六二	一	二二	一	二五	一	二八
六三	一	一九	一	二二	一	二五
六四	一	一六	一	一九	一	二二
六五	一	一四	一	一六	一	一九
六六	一	一一	一	一三	一	一六
六七	一	○八	一	一一	一	一三
六八	一	○五	一	○八	一	一○
六九	一	○二	一	○五	一	○七
七○	一	○○	一	○二	一	○四
七一		五七		五九	一	○一
七二		五四		五六		五八
七三		五一		五三		五五
七四		四八		五○		五二
七五		四五		四七		四八
七六		四二		四四		四五
七七		三九		四一		四二
七八		三六		三八		三九
七九		三三		三四		三六
八○		三○		三一		三三
八一		二七		二八		二九
八二		二四		二五		二六
八三		二一		二二		二三
八四		一八		一九		二○
八五		一五		一六		一六
八六		一二		一三		一三
八七		九		九		一○
八八		六		六		七
八九		三		三		三
九○		○		○		○

御製曆象考成表 卷一

四十七

[그림 10-2] 《역상고성》 표 제1권 〈일전표〉의 〈태양지반경차표(太陽地半徑差表)〉 둘째 면

[표 10] 지반경차 표

	역상고성 지반경차 값(분)			이심 모델						균륜 모델					
고도	최고	중거	최비	1183		1142		1101		1162.465		1142		1121.535	
1	2:54	3:00	3:07	2	54	3	1	3	7	2	57	3	1	3	4
2	2:54	3:00	3:07	2	54	3	1	3	7	2	57	3	1	3	4
3	2:54	3:00	3:07	2	54	3	0	3	7	2	57	3	0	3	4
4	2:54	3:00	3:07	2	54	3	0	3	7	2	57	3	0	3	3
5	2:54	3:00	3:06	2	54	3	0	3	7	2	57	2	60	3	3
6	2:53	2:59	3:06	2	53	3	0	3	6	2	56	2	60	3	3
7	2:53	2:59	3:06	2	53	2	59	3	6	2	56	2	59	3	3
8	2:53	2:59	3:05	2	53	2	59	3	6	2	56	2	59	3	2
9	2:52	2:58	3:05	2	52	2	58	3	5	2	55	2	58	3	2
10	2:52	2:58	3:04	2	52	2	58	3	4	2	55	2	58	3	1
11	2:51	2:57	3:04	2	51	2	57	3	4	2	54	2	57	3	1
12	2:50	2:57	3:03	2	51	2	57	3	3	2	54	2	57	2	60
13	2:50	2:56	3:02	2	50	2	56	3	3	2	53	2	56	2	59
14	2:49	2:55	3:02	2	49	2	55	3	2	2	52	2	55	2	58
15	2:48	2:54	3:01	2	48	2	54	3	1	2	51	2	54	2	58
16	2:48	2:54	3:00	2	48	2	54	3	0	2	51	2	54	2	57
17	2:47	2:53	2:59	2	47	2	53	2	59	2	50	2	53	2	56
18	2:46	2:52	2:58	2	46	2	52	2	58	2	49	2	52	2	55
19	2:45	2:51	2:57	2	45	2	51	2	57	2	48	2	51	2	54
20	2:44	2:50	2:56	2	44	2	50	2	56	2	47	2	50	2	53
21	2:43	2:49	2:55	2	43	2	49	2	55	2	46	2	49	2	52
22	2:42	2:47	2:54	2	42	2	47	2	54	2	45	2	47	2	51
23	2:40	2:46	2:52	2	40	2	46	2	52	2	43	2	46	2	49
24	2:39	2:45	2:51	2	39	2	45	2	51	2	42	2	45	2	48
25	2:38	2:44	2:50	2	38	2	44	2	50	2	41	2	44	2	47
26	2:37	2:42	2:48	2	37	2	42	2	48	2	39	2	42	2	45
27	2:35	2:41	2:47	2	35	2	41	2	47	2	38	2	41	2	44
28	2:34	2:39	2:45	2	34	2	39	2	45	2	37	2	39	2	42
29	2:32	2:38	2:44	2	32	2	38	2	44	2	35	2	38	2	41
30	2:31	2:36	2:42	2	31	2	36	2	42	2	34	2	36	2	39
31	2:29	2:35	2:41	2	29	2	35	2	41	2	32	2	35	2	38
32	2:28	2:33	2:39	2	28	2	33	2	39	2	30	2	33	2	36

	역상고성 지반경차 값(분)			이심 모델						균륜 모델					
고도	최고	중거	최비	1183		1142		1101		1162.465		1142		1121.535	
33	2:26	2:31	2:37	2	26	2	31	2	37	2	29	2	31	2	34
34	2:25	2:30	2:35	2	25	2	30	2	35	2	27	2	30	2	32
35	2:23	2:28	2:33	2	23	2	28	2	33	2	25	2	28	2	31
36	2:21	2:26	2:32	2	21	2	26	2	32	2	24	2	26	2	29
37	2:19	2:24	2:30	2	19	2	24	2	30	2	22	2	24	2	27
38	2:17	2:22	2:28	2	17	2	22	2	28	2	20	2	22	2	25
39	2:15	2:20	2:26	2	16	2	20	2	26	2	18	2	20	2	23
40	2:14	2:18	2:23	2	14	2	18	2	24	2	16	2	18	2	21
41	2:12	2:16	2:21	2	12	2	16	2	21	2	14	2	16	2	19
42	2:10	2:14	2:19	2	10	2	14	2	19	2	12	2	14	2	17
43	2:07	2:12	2:17	2	8	2	12	2	17	2	10	2	12	2	15
44	2:05	2:10	2:15	2	5	2	10	2	15	2	8	2	10	2	12
45	2:03	2:08	2:12	2	3	2	8	2	12	2	5	2	8	2	10
46	2:01	2:05	2:10	2	1	2	5	2	10	2	3	2	5	2	8
47	1:59	2:03	2:08	1	59	2	3	2	8	2	1	2	3	2	5
48	1:57	2:01	2:05	1	57	2	1	2	5	1	59	2	1	2	3
49	1:54	1:58	2:03	1	54	1	58	2	3	1	56	1	58	2	1
50	1:52	1:56	2:00	1	52	1	56	2	0	1	54	1	56	1	58
51	1:50	1:54	1:58	1	50	1	54	1	58	1	52	1	54	1	56
52	1:47	1:51	1:55	1	47	1	51	1	55	1	49	1	51	1	53
53	1:45	1:49	1:53	1	45	1	49	1	53	1	47	1	49	1	51
54	1:42	1:46	1:50	1	42	1	46	1	50	1	44	1	46	1	48
55	1:40	1:44	1:47	1	40	1	44	1	47	1	42	1	44	1	45
56	1:37	1:41	1:45	1	37	1	41	1	45	1	39	1	41	1	43
57	1:35	1:38	1:42	1	35	1	38	1	42	1	37	1	38	1	40
58	1:32	1:36	1:39	1	32	1	36	1	39	1	34	1	36	1	37
59	1:30	1:33	1:36	1	30	1	33	1	36	1	31	1	33	1	35
60	1:27	1:30	1:34	1	27	1	30	1	34	1	29	1	30	1	32
61	1:25	1:28	1:31	1	25	1	28	1	31	1	26	1	28	1	29
62	1:22	1:25	1:28	1	22	1	25	1	28	1	23	1	25	1	26
63	1:19	1:22	1:25	1	19	1	22	1	25	1	21	1	22	1	23
64	1:16	1:19	1:22	1	16	1	19	1	22	1	18	1	19	1	21
65	1:14	1:16	1:19	1	14	1	16	1	19	1	15	1	16	1	18

	역상고성 지반경차 값(분)			이심 모델						균륜 모델					
고도	최고	중거	최비	1183		1142		1101		1162.465		1142		1121.535	
66	1;11	1;13	1;16	1	11	1	13	1	16	1	12	1	13	1	15
67	1;08	1;11	1;13	1	8	1	11	1	13	1	9	1	11	1	12
68	1;05	1;08	1;10	1	5	1	8	1	10	1	6	1	8	1	9
69	1;02	1;05	1;07	1	2	1	5	1	7	1	4	1	5	1	6
70	1;00	1;02	1;04	0	60	1	2	1	4	1	1	1	2	1	3
71	0;57	0;59	1;01	0	57	0	59	1	1	0	58	0	59	0	60
72	0;54	0;56	0;58	0	54	0	56	0	58	0	55	0	56	0	57
73	0;51	0;53	0;55	0	51	0	53	0	55	0	52	0	53	0	54
74	0;48	0;50	0;52	0	48	0	50	0	52	0	49	0	50	0	51
75	0;45	0;47	0;48	0	45	0	47	0	48	0	46	0	47	0	48
76	0;42	0;44	0;45	0	42	0	44	0	45	0	43	0	44	0	44
77	0;39	0;41	0;42	0	39	0	41	0	42	0	40	0	41	0	41
78	0;36	0;38	0;39	0	36	0	38	0	39	0	37	0	38	0	38
79	0;33	0;34	0;36	0	33	0	34	0	36	0	34	0	34	0	35
80	0;30	0;31	0;33	0	30	0	31	0	33	0	31	0	31	0	32
81	0;27	0;28	0;29	0	27	0	28	0	29	0	28	0	28	0	29
82	0;24	0;25	0;26	0	24	0	25	0	26	0	25	0	25	0	26
83	0;21	0;22	0;23	0	21	0	22	0	23	0	22	0	22	0	22
84	0;18	0;19	2;00	0	18	0	19	0	20	0	19	0	19	0	19
85	0;15	0;16	0;16	0	15	0	16	0	16	0	15	0	16	0	16
86	0;12	0;13	0;13	0	12	0	13	0	13	0	12	0	13	0	13
87	0;09	0;09	0;10	0	9	0	9	0	10	0	9	0	9	0	10
88	0;06	0;06	0;07	0	6	0	6	0	7	0	6	0	6	0	6
89	0;03	0;03	0;03	0	3	0	3	0	3	0	3	0	3	0	3
90	0;00	0;00	0;00	0	0	0	0	0	0	0	0	0	0	0	0

※ 지반경차 ξ는 $\sin\xi = \frac{R_{\oplus}}{r}\cos a$의 식으로 계산된다. 여기서 $R_{\oplus}$, r, a는 각각 지구 반경, 태양과 지구 사이의 거리, 태양의 지평고도이다.

※ 《역상고성》의 〈지반경차표〉는 《숭정역서》 〈일전표〉의 〈지반경차표〉를 그대로 사용하였다. 이는 [표 10]에서 보듯이 이심(Eccentric) 모델에 기초한 것으로 균륜 모델을 사용하면 지반경차 값은 중간 거리[중거]에서는 같지만 '원지점 거리'[최고한]에서는 조금 커지고, '근지점 거리'[최비한]에서는 조금 작아진다. 왜냐하면 균륜 모델에서는 이심 모델에 비해 '원지점 거리'[최고한]는 양심차의 반만큼 가까워지고, '근지점 거리'[최비한]는 양심차의 반만큼 멀기 때문이다.

제11표

청몽기차표(清蒙氣差表)

1. 표 해설

1) 표의 구성과 형식

(1) 형식: 독립변수인 지평고도(地平高度)를 2단으로 배열함.

- ○ 제1단: 0도~22도
- ○ 제2단: 23~45도

(2) 표값: 지평고도 1도마다의 청몽기차

2) 표의 사용법

(1) 예시1: 칠정(七政 일월오성) 또는 항성의 지평고도 측정치가 40도일 때 청몽기차[몽기차(蒙氣差)]와 '실제 지평고도'[실고(實高)] 구하기

① 본표에서 고도 40도에 해당하는 수: 10초 ⇒ 지평고도 40도일 때 청몽기차[몽기차]

② '실제 지평고도'[실고]=(겉보기 지평고도 40도)−(청몽기차 10초)=39도59분50초

(2) 예시2: '실제 지평고도'[실고]의 계산값 39도59분50초를 먼저 얻었을 때 '겉보기 지평고도'[시고] 구하기

'겉보기 지평고도'[시고]＝('실제 지평고도'[실고] 39도59분50초)＋(청몽기차 10초)＝40도

(3) 고도에 분(分)수가 있는 경우는 비례보간[중비례법(中比例法)]으로 구함.

2. 표

○ **수록 범위:** 지평고도[시고] 0도~45도

○ **표값:** 지평고도 0도일 때 청몽기차 34분.
지평고도 33도일 때 청몽기차 55초.
지평고도 45도일 때 청몽기차 5초.

差氣蒙		高	差氣蒙		高
分	秒	度	分	秒	度
三	一○	二三	三四	○○	○
二	五○	二四	二六	○○	一
二	三○	二五	二○	○○	二
二	一五	二六	一七	○○	三
二	○○	二七	一五	三○	四
一	四五	二八	一四	三○	五
一	三五	二九	一三	三○	六
一	二五	三○	一二	四五	七
一	一五	三一	一一	一五	八
一	○五	三二	一○	三○	九
	五五	三三	一○	○○	一○
	四五	三四	九	三○	一一
	三五	三五	九	○○	一二
	三○	三六	八	三○	一三
	二五	三七	八	○○	一四
	二○	三八	七	三○	一五
	一五	三九	七	○○	一六
	一○	四○	六	三○	一七
	九	四一	五	四五	一八
	八	四二	五	○○	一九
	七	四三	四	三○	二○
	六	四四	四	○○	二一
	五	四五	三	三○	二二

[그림 11] 《역상고성》 표 제1권 〈일전표〉의 〈청몽기차표(清蒙氣差表)〉

[표 11] 청몽기차표

고도	청몽기차(분;초)	고도	청몽기차(분;초)
0	34;00	23	03;10
1	26;00	24	02;50
2	20;00	25	02;30
3	17;00	26	02;15
4	15;30	27	02;00
5	14;30	28	01;45
6	13;30	29	01;35
7	12;45	30	01;25
8	11;15	31	01;15
9	10;30	32	01;05
10	10;00	33	00;55
11	09;30	34	00;45
12	09;00	35	00;35
13	08;30	36	00;30
14	08;00	37	00;25
15	07;30	38	00;20
16	07;00	39	00;15
17	06;30	40	00;10
18	05;45	41	00;09
19	05;00	42	00;08
20	04;30	43	00;07
21	04;00	44	00;06
22	03;30	45	00;05

※ [표 11]은 [그림 11]의 〈청몽기차표〉를 아라비아숫자로 표시한 것이다.
〈청몽기차표〉의 표값과 현대 천문학의 대기굴절값의 비교는 이 책 〈일전역리(日躔曆理)〉의 제5장 〈대기굴절로 인한 시차[청몽기차(淸蒙氣差)]〉에 실은 '보충자료 12: 《역상고성》의 청몽기차와 현대 천문학의 대기에 의한 굴절 비교'를 참고하라.

제12표

태양실행표(太陽實行表)

1. 표 해설

1) 표의 구성과 형식

(1) 표의 상단과 하단에 근지점[최비(最卑)] · 원지점[최고(最高)]을 기준으로 인수(引數 근지점이각)를 순방향과 역방향으로 나누어 배열함.

○ 근지점 후의 6개 궁을 상단에 배열함.

○ 원지점 후의 6개 궁을 하단에 배열함.

(2) 표의 맨앞줄과 맨뒷줄에 인수의 도수를 배열함.

○ 맨앞줄은 순방향으로 읽음 → 상단의 6개 궁일 때

○ 맨뒷줄은 역방향으로 읽음 → 하단의 6개 궁일 때

(3) 표값: 매궁 매도에 대한 태양의 실제운행도수[실행(實行)]

- 실제운행도수[실행]: 태양이 1시간[소시(小時)] 동안 운행하는 실제 도수.
- 평균운행도수[평행(平行)]: 본륜 중심의 운행 도수 → 1시간[소시] 동안 항상 2분27초51미.
- 실제운행도수에는 영축(盈縮 평균보다 앞서거나 뒤짐)이 있음
  : 균수(均數 가감차)가 시시각각 다르기 때문에 실제운행도수가 달라짐.

▾ 태양이 매궁매도에 있을 때 1시간[소시] 동안 실제운행도수 구하기

① 다음의 비례식을 통하여 태양의 1시간[소시] 동안 균수 차를 구함.

1도 : (매도의 균수 차)＝(1시간[소시] 동안 태양의 인수) : (1시간[소시] 동안 균수 차)

② 태양이 매궁매도에 있을 때 1시간[소시] 동안 실제운행도수

＝(1시간[소시] 동안 태양의 평균운행도수)±(1시간[소시] 동안 균수 차)

③ 균수가 가균(加均)이면서 (해당 도의 가균) ＜ (다음 도의 가균)이면, ＋

(해당 도의 가균) ＞ (다음 도의 가균)이면, －

균수가 감균(減均)이면서 (해당 도의 감균) ＜ (다음 도의 감균)이면, －

(해당 도의 감균) ＞ (다음 도의 감균)이면, ＋

보충자료 7 〈태양실행표〉 계산 과정의 부호

가균(加均)의 구간에서 절댓값이 증가 추세이면 ＋, 감소 추세이면 －

감균(減均)의 구간에서 절댓값이 증가 추세이면 －, 감소 추세이면 ＋

본문에서 〈태양실행표〉 계산 과정의 부호를 위와 같이 구분하였는데, 시각적으로 나타내면 [보충그림 7]과 같이 그래프가 증가 추세이면 ＋, 감소 추세이면 －인 것이 된다.

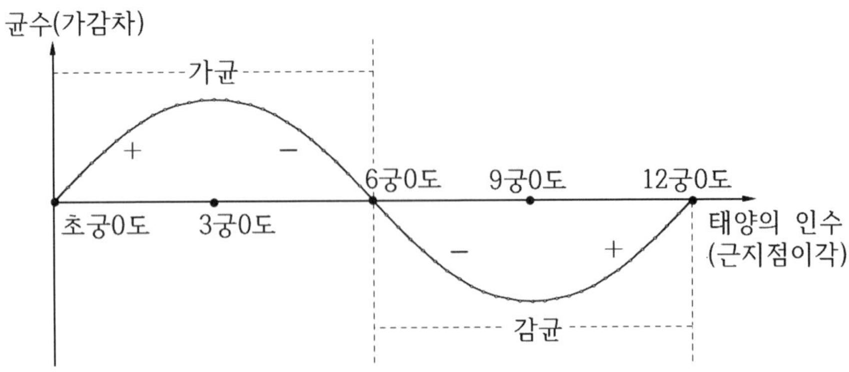

[보충그림 7] 태양실행표 계산 과정의 부호

2) 표의 사용법

(1) 인수의 궁수와 도수가 종횡으로 만나는 곳의 값이 곧 구하려는 실제운행도수 [실행]임.

(2) 예시: 태양의 인수가 1궁25도일 때 실제운행도수[실행] 구하기.

○ 표에서 1궁25도에 대한 표값 2분31초가 곧 구하려는 실제운행도수[실행]임.

(3) 인수에 분(分)수가 있는 경우는 30분 이상이면 1도로 반올림하여 사용함.

○ 비례보간[중비례법(中比例法)]을 사용하지 않는 까닭
: 매도의 실제운행도수[실행] 차가 미미하기 때문.

2. 표

○ 수록 범위: 태양의 인수가 '초궁0도(근지점) ↦ 11궁30도(근지점)'인 범위
상단에 우에서 좌로: 초궁(0도는 근지점) ↦ 5궁(30도는 원지점)
하단에 좌에서 우로: 6궁(0도는 원지점) ↦ 11궁(30도는 근지점)

○ 간격: 태양의 인수 1도

○ 표값: 초궁0도(근지점)에서 2분33초.
3궁04도(94도)~3궁14도(104도), 8궁16도(256도)~8궁26도(266도)에서 2분27초.
→ 태양의 1시간[소시] 동안 평균운행도수
11궁30도(원지점)에서 2분23초.

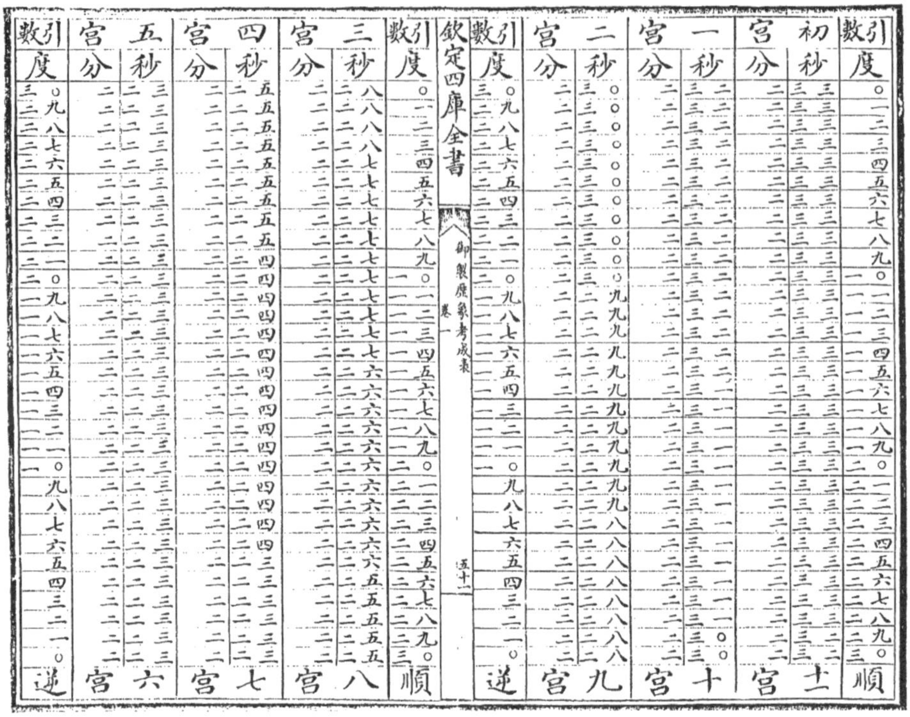

[그림 12-1] 《역상고성》 표 제1권 〈일전표〉의 〈태양실행표(太陽實行表)〉

[표 12] 근지점 이각에 따라 1시간 동안 진행하는 태양의 실제운행도수

근지점 이각	역상고성 값	계산 값		근지점 이각	역상고성 값	계산 값		근지점 이각	역상고성 값	계산 값		근지점 이각	역상고성 값	계산 값	
	분:초	분	초		분:초	분	초		분:초	분	초		분:초	분	초
1	2:33	2	33	91	2:28	2	28	181	2:23	2	23	271	2:28	2	28
2	2:33	2	33	92	2:28	2	28	182	2:23	2	23	272	2:28	2	28
3	2:33	2	33	93	2:28	2	28	183	2:23	2	23	273	2:28	2	28
4	2:33	2	33	94	2:27	2	27	184	2:23	2	23	274	2:28	2	28
5	2:33	2	33	95	2:27	2	27	185	2:23	2	23	275	2:28	2	28
6	2:33	2	33	96	2:27	2	27	186	2:23	2	23	276	2:28	2	28
7	2:33	2	33	97	2:27	2	27	187	2:23	2	23	277	2:28	2	28
8	2:33	2	33	98	2:27	2	27	188	2:23	2	23	278	2:29	2	28
9	2:33	2	33	99	2:27	2	27	189	2:23	2	23	279	2:29	2	29
10	2:33	2	33	100	2:27	2	27	190	2:23	2	23	280	2:29	2	29
11	2:33	2	33	101	2:27	2	27	191	2:23	2	23	281	2:29	2	29
12	2:33	2	33	102	2:27	2	27	192	2:23	2	23	282	2:29	2	29

근지점 이각	역상고성 값	계산 값		근지점 이각	역상고성 값	계산 값		근지점 이각	역상고성 값	계산 값		근지점 이각	역상고성 값	계산 값	
	분:초	분	초		분:초	분	초		분:초	분	초		분:초	분	초
13	2:33	2	33	103	2:27	2	27	193	2:23	2	23	283	2:29	2	29
14	2:33	2	33	104	2:27	2	27	194	2:23	2	23	284	2:29	2	29
15	2:33	2	33	105	2:26	2	26	195	2:23	2	23	285	2:29	2	29
16	2:33	2	33	106	2:26	2	26	196	2:23	2	23	286	2:29	2	29
17	2:33	2	33	107	2:26	2	26	197	2:23	2	23	287	2:29	2	29
18	2:33	2	33	108	2:26	2	26	198	2:23	2	23	288	2:29	2	29
19	2:33	2	33	109	2:26	2	26	199	2:23	2	23	289	2:29	2	29
20	2:33	2	33	110	2:26	2	26	200	2:23	2	23	290	2:30	2	30
21	2:33	2	33	111	2:26	2	26	201	2:23	2	23	291	2:30	2	30
22	2:33	2	33	112	2:26	2	26	202	2:23	2	23	292	2:30	2	30
23	2:33	2	33	113	2:26	2	26	203	2:23	2	23	293	2:30	2	30
24	2:33	2	33	114	2:26	2	26	204	2:23	2	23	294	2:30	2	30
25	2:33	2	33	115	2:26	2	26	205	2:23	2	23	295	2:30	2	30
26	2:33	2	33	116	2:25	2	26	206	2:23	2	23	296	2:30	2	30
27	2:33	2	33	117	2:25	2	25	207	2:23	2	23	297	2:30	2	30
28	2:33	2	33	118	2:25	2	25	208	2:23	2	23	298	2:30	2	30
29	2:32	2	33	119	2:25	2	25	209	2:23	2	23	299	2:30	2	30
30	2:32	2	33	120	2:25	2	25	210	2:23	2	23	300	2:30	2	30
31	2:32	2	32	121	2:25	2	25	211	2:23	2	23	301	2:30	2	30
32	2:32	2	32	122	2:25	2	25	212	2:23	2	23	302	2:31	2	31
33	2:32	2	32	123	2:25	2	25	213	2:23	2	23	303	2:31	2	31
34	2:32	2	32	124	2:25	2	25	214	2:23	2	23	304	2:31	2	31
35	2:32	2	32	125	2:25	2	25	215	2:23	2	24	305	2:31	2	31
36	2:32	2	32	126	2:25	2	25	216	2:24	2	24	306	2:31	2	31
37	2:32	2	32	127	2:25	2	25	217	2:24	2	24	307	2:31	2	31
38	2:32	2	32	128	2:25	2	25	218	2:24	2	24	308	2:31	2	31
39	2:32	2	32	129	2:24	2	25	219	2:24	2	24	309	2:31	2	31
40	2:32	2	32	130	2:24	2	24	220	2:24	2	24	310	2:31	2	31
41	2:32	2	32	131	2:24	2	24	221	2:24	2	24	311	2:31	2	31
42	2:32	2	32	132	2:24	2	24	222	2:24	2	24	312	2:31	2	31
43	2:32	2	32	133	2:24	2	24	223	2:24	2	24	313	2:31	2	31
44	2:32	2	32	134	2:24	2	24	224	2:24	2	24	314	2:31	2	31
45	2:32	2	32	135	2:24	2	24	225	2:24	2	24	315	2:32	2	32

근지점 이각	역상고성 값	계산 값		근지점 이각	역상고성 값	계산 값		근지점 이각	역상고성 값	계산 값		근지점 이각	역상고성 값	계산 값	
	분:초	분	초		분:초	분	초		분:초	분	초		분:초	분	초
46	2:31	2	32	136	2:24	2	24	226	2:24	2	24	316	2:32	2	32
47	2:31	2	31	137	2:24	2	24	227	2:24	2	24	317	2:32	2	32
48	2:31	2	31	138	2:24	2	24	228	2:24	2	24	318	2:32	2	32
49	2:31	2	31	139	2:24	2	24	229	2:24	2	24	319	2:32	2	32
50	2:31	2	31	140	2:24	2	24	230	2:24	2	24	320	2:32	2	32
51	2:31	2	31	141	2:24	2	24	231	2:24	2	24	321	2:32	2	32
52	2:31	2	31	142	2:24	2	24	232	2:25	2	25	322	2:32	2	32
53	2:31	2	31	143	2:24	2	24	233	2:25	2	25	323	2:32	2	32
54	2:31	2	31	144	2:24	2	24	234	2:25	2	25	324	2:32	2	32
55	2:31	2	31	145	2:23	2	24	235	2:25	2	25	325	2:32	2	32
56	2:31	2	31	146	2:23	2	24	236	2:25	2	25	326	2:32	2	32
57	2:31	2	31	147	2:23	2	23	237	2:25	2	25	327	2:32	2	32
58	2:31	2	31	148	2:23	2	23	238	2:25	2	25	328	2:32	2	32
59	2:30	2	31	149	2:23	2	23	239	2:25	2	25	329	2:32	2	32
60	2:30	2	30	150	2:23	2	23	240	2:25	2	25	330	2:32	2	32
61	2:30	2	30	151	2:23	2	23	241	2:25	2	25	331	2:32	2	33
62	2:30	2	30	152	2:23	2	23	242	2:25	2	25	332	2:33	2	33
63	2:30	2	30	153	2:23	2	23	243	2:25	2	25	333	2:33	2	33
64	2:30	2	30	154	2:23	2	23	244	2:25	2	25	334	2:33	2	33
65	2:30	2	30	155	2:23	2	23	245	2:26	2	26	335	2:33	2	33
66	2:30	2	30	156	2:23	2	23	246	2:26	2	26	336	2:33	2	33
67	2:30	2	30	157	2:23	2	23	247	2:26	2	26	337	2:33	2	33
68	2:30	2	30	158	2:23	2	23	248	2:26	2	26	338	2:33	2	33
69	2:30	2	30	159	2:23	2	23	249	2:26	2	26	339	2:33	2	33
70	2:30	2	30	160	2:23	2	23	250	2:26	2	26	340	2:33	2	33
71	2:29	2	30	161	2:23	2	23	251	2:26	2	26	341	2:33	2	33
72	2:29	2	29	162	2:23	2	23	252	2:26	2	26	342	2:33	2	33
73	2:29	2	29	163	2:23	2	23	253	2:26	2	26	343	2:33	2	33
74	2:29	2	29	164	2:23	2	23	254	2:26	2	26	344	2:33	2	33
75	2:29	2	29	165	2:23	2	23	255	2:26	2	26	345	2:33	2	33
76	2:29	2	29	166	2:23	2	23	256	2:27	2	26	346	2:33	2	33
77	2:29	2	29	167	2:23	2	23	257	2:27	2	27	347	2:33	2	33
78	2:29	2	29	168	2:23	2	23	258	2:27	2	27	348	2:33	2	33

근지점 이각	역상고성 값	계산 값		근지점 이각	역상고성 값	계산 값		근지점 이각	역상고성 값	계산 값		근지점 이각	역상고성 값	계산 값	
	분;초	분	초		분;초	분	초		분;초	분	초		분;초	분	초
79	2;29	2	29	169	2;23	2	23	259	2;27	2	27	349	2;33	2	33
80	2;29	2	29	170	2;23	2	23	260	2;27	2	27	350	2;33	2	33
81	2;29	2	29	171	2;23	2	23	261	2;27	2	27	351	2;33	2	33
82	2;29	2	29	172	2;23	2	23	262	2;27	2	27	352	2;33	2	33
83	2;28	2	28	173	2;23	2	23	263	2;27	2	27	353	2;33	2	33
84	2;28	2	28	174	2;23	2	23	264	2;27	2	27	354	2;33	2	33
85	2;28	2	28	175	2;23	2	23	265	2;27	2	27	355	2;33	2	33
86	2;28	2	28	176	2;23	2	23	266	2;27	2	27	356	2;33	2	33
87	2;28	2	28	177	2;23	2	23	267	2;28	2	27	357	2;33	2	33
88	2;28	2	28	178	2;23	2	23	268	2;28	2	28	358	2;32	2	33
89	2;28	2	28	179	2;23	2	23	269	2;28	2	28	359	2;33	2	33
90	2;28	2	28	180	2;23	2	23	270	2;28	2	28	360	2;33	2	33

※ [표 12]에서 근지점 이각은 평균 근점 이각 M이다. $M-1$과 M에서 가감차가 각각 $q(M-1)$, $q(M)$이라 하면 실제운행도수는 각각 $\lambda_{M-1}=M-1+q(M-1)$, $\lambda_M=M+q(M)$이다. 따라서 실제운행도수차 $\Delta\lambda=\lambda_M-\lambda_{M-1}$은 $\Delta\lambda=1+q(M)-q(M-1)$ 이 된다. 그런데 태양은 365.2421875일 동안 360도를 가기에 근지점 경도 1도를 진행하는데, (365.2421875/360)일= 1.014562일이 걸린다. 따라서 근지점 경도 M에서 한 시간 동안 실제운행도수는 분 단위로 $\dfrac{\Delta\lambda}{24^h\times 1.014562^d}\times 60^m$로 계산할 수 있다. 이 계산값을 그래프로 그리면 [그림 12-2]와 같다.

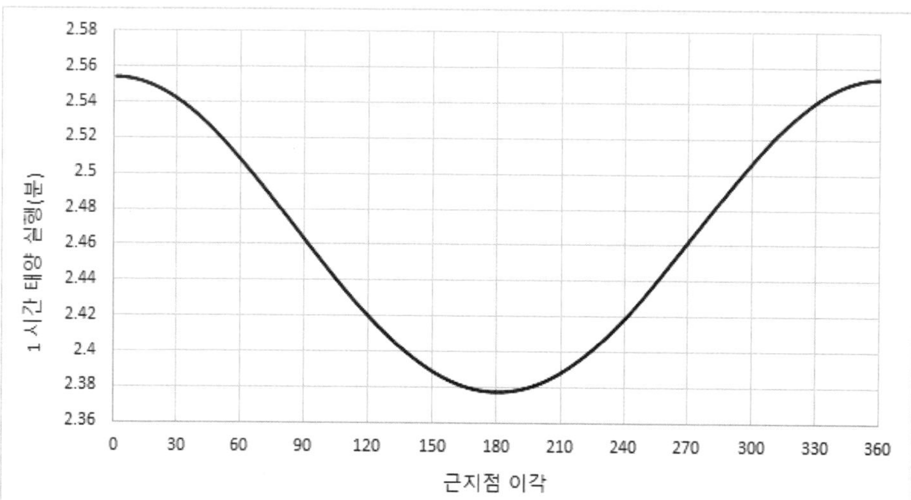

[그림 12-2] 근지점 이각에 따른 태양의 1시간 실제운행도수

보충자료 8 《역상고성》, 《숭정역서》, 《신법산서》의 〈일전표〉의 표목(表目) 대비

《역상고성》(1722년), 《숭정역서》(1631년), 《서양신법역서》(1646년)를 대체로 보존한 《신법산서》의 〈일전표〉에 어떤 표들이 실려 있는지를 대비한 결과가 아래의 [표 13]이다.[12] 'cf' 표시를 한 것은 다룬 분야가 유사하기는 하나 내용의 차이가 큼을 나타낸 것이다.

〈태양평행영표〉, 〈태양평행육십영년표〉, 〈태양주세평실이행표〉, 〈태양주일시분행표〉, 〈세행변시표〉 등은 《숭정역서》에 없던 것이 《서양신법역서》에서 첨가되었던 것인데 《역상고성》에서는 다시 배제되었다. 〈주일시대준일행표〉, 〈태양거지심표〉는 《숭정역서》로부터 《서양신법역서》에까지 유지되었으나 《역상고성》에서는 배제되었다. 이 가운데 〈태양거지심표〉는 이후의 《역상고성후편》(1742년)에 다시 실린 것으로 보아 잘못 누락된 것일 수 있고, 그밖의 표들은 그리 복잡하지 않은 계산으로 대체할 수 있기에 생략한 것으로 생각된다. 《역상고성》 〈일전역법〉의 제3장 〈표를 사용한 태양의 위치 계산법[용표추일전법(用表推日躔法)]〉의 제목에 딸린 소주(小註)에서 세 가지 경우, 곧 계산에 표를 사용하여 계산 절차를 줄이는 경우, 표를 사용할 필요가 없는 경우, 표를 사용할래야 사용할 도리가 없는 경우를 언급하였는데, 이 원칙을 적용한 것으로 생각된다.

〈황적거도표〉, 〈황적승도표〉, 〈황도적경교각표〉는 원래 다른 곳에 편제되었던 것을 《역상고성》에서 〈일전표〉로 끌어온 것이다. 그런데 이 중에 〈황도적경교각표〉는 태양이 아닌 교식(交食) 계산에 사용되는 표를 잘못 끌어온 것이다. 이 때문에 이후의 《역상고성후편》은 〈교식표(交食表)〉에 실었다. 〈승도시차표〉와 〈균수시차표〉는 원래 〈일차표〉로 통합되어 있던 균시차의 두 가지 요인을 분리한 것으로, 《서양신법역서》와 대비되는 《역상고성》의 대표적인 성과로 언급되는 것 중의 하나이다.

명칭이 변경된 것으로는, 〈역원후이백항년표〉가 〈태양연근표〉로, 〈주일시대준일행표〉가 〈태양주일평행표〉로, 〈일전가감차표〉가 〈태양균수표〉로, 〈황적도거도표〉가 〈황적거도표〉로, 〈정구승도표〉가 〈승도표〉를 거쳐 〈황적승도표〉로, 〈황도교극권내각표〉가 〈황도적경교각표〉로, 〈최고삼거지반경차표〉가 〈태양지반경차표〉로, 〈일고청몽기차표〉가 〈청몽기차표〉로 바뀐 것 등인데, 명칭 뿐만 아니라 표를 구성하는 항목명과 수치, 형식 면에서도 변화가 있다.

12) 이 같은 대비의 의의에 대해서는 본서 〈일전역법〉 편의 [보충자료 22] 참조.

[표 13] 《역상고성》, 《숭정역서》, 《신법산서》의 〈일전표〉의 표목 대비

《역상고성》	《숭정역서》	《신법산서》
1. 태양연근표 (太陽年根表)	1. 역원후이백항년표 (曆元後二百恒年表)	1. 역원후이백항년표 cf. 2. 태양평행영표 (太陽平行永表) 3. 태양평행육십영년표 (太陽平行六十零年表)
2. 태양주세평행표 (太陽周歲平行表)	2. 태양주세평행표 (太陽周歲平行表)	6. 태양주세평행표 (太陽周歲平行表) cf. 4. 태양주세평실이행표 (太陽周歲平實二行表)
3. 태양주일평행표 (太陽周日平行表)	6. 주일시대준일행표 (周日時對準日行表) cf. 5. 태양세평행변시표 (太陽細平行變時表)	7. 주일시대준일행표 (周日時對準日行表) cf. 5. 태양주일시분행표 (太陽周日時分行表)
4. 태양균수표 (太陽均數表)	3. 일전가감차표 (日躔加減差表)	8. 일전가감차표 (日躔加減差表)
5. 황적거도표 (黃赤距度表)	(별책) 황적도거도표 (黃赤道距度表)	(별권:권27) 황적도거도표 (黃赤道距度表)
6. 황적승도표 (黃赤升度表)	(별책) 정구승도표 (正球升度表)	(별권:권27) 승도표 (升度表)
7. 황도적경교각표 (黃道赤經交角表)		(별권:권27) 황도교극권내각표 (黃道交極圈內角表)
8. 승도시차표 (升度時差表)	7. 일차표(日差表)	10. 일차표(日差表)
9. 균수시차표 (均數時差表)		
10. 태양지반경차표 (太陽地半徑差表)	9. 최고삼거지반경차표 (最高三距地半徑差表)	12. 최고삼거지반경차표 (最高三距地半徑差表)
11. 청몽기차표 (淸蒙氣差表)	8. 일고청몽기차표 (日高淸蒙氣差表)	11. 일고청몽기차표 (日高淸蒙氣差表)
12. 태양실행표 (太陽實行表)	cf. 4. 태양동지자행변시표 (太陽冬至自行變時表)	cf. 4. 태양주세평실이행표 (太陽周歲平實二行表) 9. 세행변시표 (細行變時表)
	10. 태양거지심표 (太陽距地心表)	13. 태양거지심표 (太陽距地心表)

제 4 부

御製曆象考成 上編 卷四[1)]

日躔曆理

1) 여기에 정리한 원문은《문연각사고전서(文淵閣四庫全書)》제790책(臺灣商務印書館, 1983)을 저본으로 하고《중국과학기술전적통휘(中國科學技術典籍通彙)》천문권(天文卷) 제7책((河南教育出版社, 1994)에 영인된 청나라 옹정(雍正) 2년(1724) 내부간본(內府刊本)을 대교본(對校本)으로 삼았다. 제목의 "曆"이 저본에는 "歷"으로 되어 있으나 이는 사고전서의 편찬을 명한 청 고종(淸高宗 재위 1736~1795) 건륭제(乾隆帝)의 이름이 "홍력(弘曆)"이기 때문에 원래 "曆"자이던 것을 "歷"으로 바꿔 쓴 것이다. 옹정 2년 내부간본에는 "曆"으로 쓰여 있다. 이 책에서는 옹정 2년 내부간본을 따랐다. 이후의 모든 "曆"자도 이와 같다.

南北眞線

辨方定位, 曆象首務。蓋必先定南北, 然後可以候中星, 步日躔。然南北之大勢, 雖若易知, 而立線定向, 必豪釐不失, 乃得其眞。即用指南針, 亦有所偏向, 不可爲準。其所偏向, 又隨地不同。故欲得南北之眞線者, 必以測量星日爲主。

法, 於春秋分日, 植表於案令極平, 取日影。自午前至午後, 視表末影所至, 隨作點爲識。次聯諸點, 成一直線, 即東西線。取東西線之正中, 作垂線, 即南北線也。

或不拘何日, 植表取影, 自午前至午後, 視表末影所至, 隨作點爲識。次取與表心最近之一點, 爲午正表影, 乃太陽出地平最高之度。依此點, 向表心作直線, 即南北線也。

又法, 用方案令極平, 作圜數層, 植表於圜心, 以取日影。凡影圜上者, 皆作點識之。乃視午前午後兩點同在一圜上者, 作直線聯之, 即東西線。取東西線之正中, 向圜心作垂線, 即南北線也。

又法, 植表取日影, 别用儀器, 測得午前日軌高度, 作點於影末。又測得午後日軌高度與午前等, 亦作點於影末。乃以兩點作直線聯之, 即東西線。取東西線之正中, 向表作垂線, 即南北線也。

又法, 於冬至日前後, 用儀器測勾陳第五星。初昏時, 此星在北極之西。候其漸轉而西, 至不復西而止。至五更後, 此星在北極之東。候其漸轉而東, 至不復東而止。兩表視線之正中, 即南北線也。蓋勾陳第五星, 冬至日酉時在極西, 卯時在極東。他星則離極太[1]遠。故止取此星, 可以得東西之準。他時非不可測, 但或日永夜短, 卯酉二

1) 太: 저본에는 "右"로 되어 있다. 옹정 2년 내부간본에 근거하여 바로잡았다.

時, 星不可見。故必於冬至日前後測之也。

又法, 取恒星之大者, 用兩儀器測之。一測其高度, 一測其地平經度。視此星在東時, 測其高度若干, 隨測其地平經度。俟此星轉而西, 測其高度與在東時等者, 復測其地平經度。此兩經度之正中, 即南北線。此法與前同。然不拘冬至, 他日皆可用, 較前法爲簡便也。

北極高度

北極爲天之樞紐, 居其所而不移。其出地有高下者, 因人所居之地南北之不同也。是故寒暑之進退、晝夜之永短, 因之而各異焉。蓋曆法以日躔出入赤道之度, 定諸節氣。而北極出地之度, 即赤道距天頂之度。倘推測不精, 高度差至一分, 則春秋分必差一時, 而冬夏至必差一二日。日躔既差, 則月離、五星之經緯無不謬矣。故測北極出地之高下, 最宜精密, 不容或略也。

《授時曆》測得京師北極出地, 四十度七十五分。以周天三百六十度, 每度六十分約之, 爲四十度零九分五十一秒。《新法算書》京師北極出地, 三十九度五十五分。今測得暢春園北極出地, 三十九度五十九分三十秒。

法, 於冬至日前後, 用儀器, 測勾陳大星出地之度。酉時, 此星在北極之上。候其漸轉而高, 至不復高而止, 爲最高之度。卯時, 此星在北極之下。候其漸轉而低, 至不復低而止, 爲最低之度。乃以所測最高、最低之度, 折中取之, 即北極出地之度也。蓋北極無星, 其高低不可得而見。故取星之環繞北極上下者測之。惟勾陳大星, 冬至酉時在最高, 卯時在最低, 可以得高低之準也。

又法, 取恒星之大者, 測其最高爲若干度。若此星爲赤道以南之星, 則以其距赤道之緯, 與其高相加, 得若干, 即赤道之高度。若此星爲赤道以北之星, 則以其距赤道之緯, 與其高相減, 得若干, 即赤道之高度。既得赤道之高, 與一象限九十度相減, 餘若干, 即北極出地之度也。此法較之前法, 爲少煩。蓋因赤道南北之星距赤道之緯, 俱係測得北極之高度而後可得, 而恒星有歲差, 其緯度亦有增損。然存此法, 與前法參互考驗可也。

地半徑差

凡求七曜出地之高度, 必用測量。乃測量所得之數, 與推步所得之數, 往往不合。蓋推步所得者, 七曜距地心之高度, 而測量所得者, 七曜距地面之高度也。距地心之高度, 爲眞高。距地面之高度, 爲視高。人在地面, 不在地心。故視高必小於眞高, 以有地半徑之差也。【或有大於眞高者, 則清蒙氣所爲也。】蓋七曜、恒星, 雖皆麗於天, 而其高下又各不等。惟恒星天爲最高, 其距地最遠, 地半徑甚微。故無視高、眞高之差。若夫七曜諸天, 則皆有地半徑差。

今欲求太陽之眞高, 必先得地半徑差。欲求地半徑差, 必先得地半徑與日天半徑之比例。今隨時測太陽之高度, 求得地半徑與日天半徑之比例, 最高爲一與一千一百六十二, 最卑爲一與一千一百二十一。比舊定地半徑與日天半徑之比例, 最高少二十二, 最卑多二十一。蓋太陽高卑之故, 由於兩心差。然最高之高於本天半徑 最卑之卑於本天半徑者, 非兩心差之全數, 而止及其半。【詳見《本輪均輪半徑》篇。】舊表日天半徑, 乃依兩心差全數所定。故最高較實測則多, 最卑較實測必少也。

如圖, 甲爲地心, 乙爲地面, 甲乙爲地半徑, 乙丙爲地平。丁戊己爲太陽天, 庚辛壬癸爲恒星天。戊爲太陽, 人從地面乙測之, 對恒星天於壬。其視高爲壬乙丙角。若從地心甲計之, 則見太陽於戊者, 對恒星天於辛。其真高爲辛甲癸角。此兩高之差, 爲乙戊甲角, 即地半徑之差。[圖 3－1]

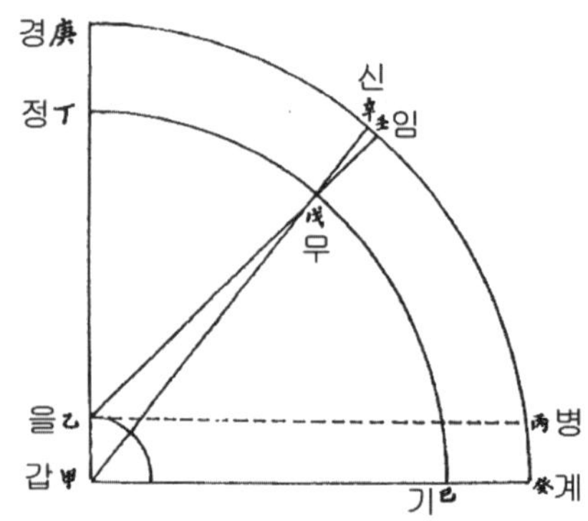

[圖 3-1]

然又時時不同者, 其故有二。一, 太陽距地平近, 其差角大, 漸高則漸小。一, 太陽在本天上, 又有高卑。高則距地心遠, 其差角小, 卑則距地心近, 其差角大。【如戊甲線, 其長短時時不同。其所以遠近之故, 詳見於後。】
[圖 3－2]

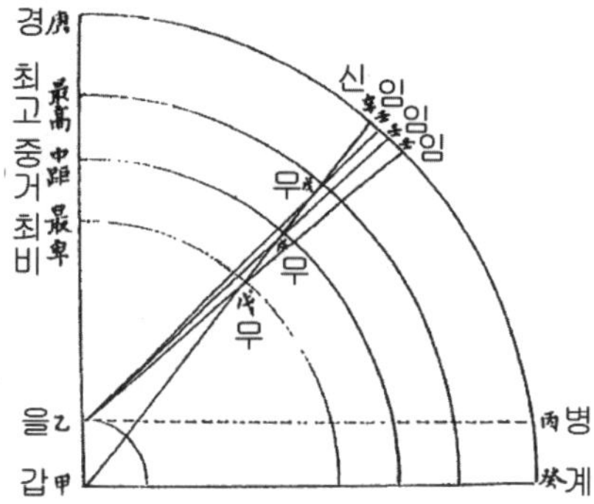

[圖 3-2]

今約爲最高與中距及最卑三限, 【太陽本天高卑, 細推之, 每日不同。然用以求差角, 所差甚微。故止用三限。】於夏至、春秋分、冬至時, 各以所測地面上太陽之高度, 求太陽距地心之戊甲線。【太陽夏至前後, 行最高限, 春秋分前後, 行中距限, 冬至前後, 行最卑限。故於三時測之。】[圖 3－3]

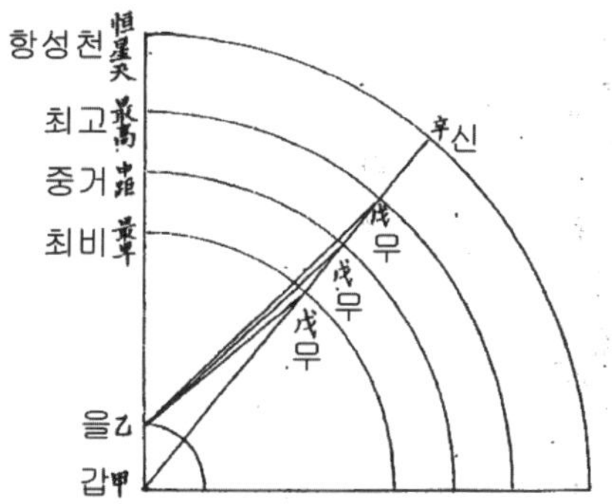

[圖 3-3]

康熙五十四年乙未五月二十九日甲子午正, 【夏至後八日也。以本日太陽躔本天之最高, 爲距地心之最遠。】在暢春園測得太陽高, 七十三度一十六分零二十三微。同時於廣東廣州府測得太陽高, 九十度零六分二十一秒四十八微。

以之立法，甲爲地心，乙爲暢春園地面，庚爲天頂。子爲廣州府地面，丑爲天頂。戊爲太陽，寅爲赤道。寅庚弧三十九度五十九分三十秒，爲暢春園赤道距天頂之度。寅丑弧二十三度一十分，爲廣州府赤道距天頂之度。【赤道距天頂數，俱係實測所得。】[圖 3－4]

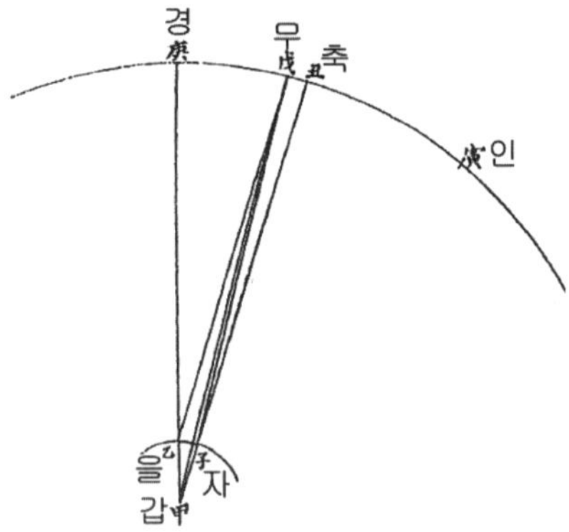

[圖 3-4]

以兩處赤道距天頂度相減，餘一十六度四十九分三十秒，爲庚丑弧，即庚甲丑角。以暢春園高度，與一象限相減，餘一十六度四十三分五十九秒三十七微，爲庚乙戊角。於廣州府高度內，減去一象限，餘六分二十一秒四十八微，即戊子丑角。【戊在天頂丑北。】

先用乙甲子三角形。此形有甲角一十六度四十九分三十秒，又有乙甲及子甲邊，俱地半徑，命爲一千萬。乃以甲角折半之正弦倍之，得二九二五九七七，爲乙子邊。又以甲角，與半周相減，餘數半之，得八十一度三十五分一十五秒，爲乙角，亦即子角。

次用乙戊子三角形。此形有乙子邊二九二五九七七，有戊乙子角八十一度四十分四十五秒二十三微[2)]，【半周內，減去甲乙子角，又減去庚乙戊角，餘即戊乙子角。】有戊子乙角九十八度一十八分二十三秒一十二微，【半周內，減去甲子乙角，又減去戊子丑角，餘即戊子乙角。】即有乙戊子角五十一秒二十五微，求得戊子邊一一六一三二二三八三九。

次用戊子甲三角形。此形有戊子邊，有子甲邊，【地半[3)]徑一千萬。】有戊子甲之外角六分二十一秒四十八微，【即戊子丑角。】求得戊甲邊一一六二二六四二五一二，爲太陽在本天最高時距地心之遠。以地半徑較之，其比例如一與一千一百六十二也。【乙甲一千萬與一一六二二六四二五一二之比，同於一與一千一百六十二有餘之比。】

2) 微: 저본에는 "秒"로 되어 있다. 옹정 2년 내부간본에 근거하여 바로잡았다.
3) 半: 저본에는 "平"으로 되어 있다. 옹정 2년 내부간본에 근거하여 바로잡았다.

末用乙戊甲三角形。乙甲邊爲一，戊甲邊爲一一六二，戊乙甲之外角一十六度四十三分五十九秒三十七微，【即庚乙戊角。】求得乙戊甲角五十一秒零五微，爲最高限太陽高七十三度一十六分之地半徑差。以加暢春園視高七十三度一十六分零二十三微，得七十三度一十六分五十一秒二十八微，爲暢春園太陽之眞高也。

於乙戊子角五十一秒二十五微內，減去乙戊甲角五十一秒零五微，餘二十微，爲甲戊子角，乃最高限太陽高九十度零六分二十一秒之地半徑差。【即八十九度五十三分三十九秒之地半徑差。】以減廣州府視高九十度零六分二十一秒四十八微，【視高過九十度，故減。】得九十度零六分二十一秒二十八微，爲廣州府太陽之眞高也。

又康熙五十五年丙申三月初五日丙申午正，【春分後八日也。以本日太陽躔本天之中距，爲距地心之適中。】在暢春園，測得太陽高五十三度零三分三十八秒一十微。同時於廣東廣州府，測得太陽高六十九度五十四分零八秒三十八微。減去緯差一十四秒，餘六十九度五十三分五十四秒三十八微。【測得廣州府子午線，在京師之西三度三十三分。其午正時，乃京師午正初刻十四分也。夫太陽距緯度，夏至時每日止差四十餘秒。其一刻所差甚微，可不論。若春分時，每日差至二十四分。則十四分時，可差一十四秒。又春分後，太陽自卑而高。緯度既差一十四秒，則午正之高度，亦多一十四秒。故必於所測之度，減去緯差，始爲與京師子午相當地面之高度也。此即東西里差，詳後《節氣時刻》篇。】

以之立法，庚爲暢春園天頂，丑爲廣州府天頂。戊爲太陽，寅爲赤道。乙甲子三角形之三邊三角，俱與前圖等。以暢春園高度，與一象限相減，餘三十六度五十六分二十一秒五十微，爲庚乙戊角。以廣州府高度，與一象限相減，餘二十度零六分零五秒二十二微，爲戊子丑角。[圖 3－5]

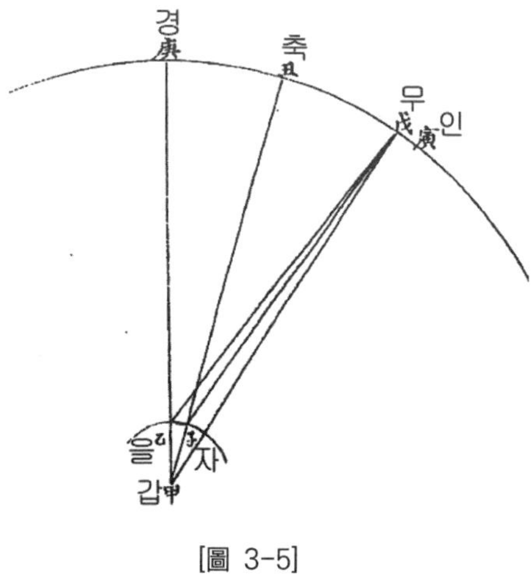

[圖 3-5]

先用乙戊子三角形。此形有乙子邊二九二五九七七，有戊乙子角六十一度二十八分二十三秒一十微,【半周内, 減去甲乙子角, 又減去庚乙戊角, 餘即戊乙子角。】有戊子乙角一百一十八度三十分五十秒二十二微,【半周内, 減去甲子乙角, 加入戊子丑角, 即戊子乙角。】即有乙戊子角四十六秒二十八微，求得戊子邊一一四一○三一○二九九。

次用戊子甲三角形。此形有戊子邊, 有子甲邊,【地半徑一千萬。】有戊子甲之外角二十度零六分零五秒二十二微,【即戊子丑角。】求得戊甲邊一一四二一八六七七三○，爲太陽在本天中距時距地心之遠。以地半徑較之, 其比例如一與一千一百四十二也。

末用乙戊甲三角形。乙甲邊爲一, 戊甲邊爲一一四二, 戊乙甲之外角三十六度五十六分二十一秒五十微,【即庚乙戊角。】求得乙戊甲角一分四十八秒三十二微，爲中距限太陽高五十三度零三分三十八秒之地半徑差。以加暢春園視高五十三度零三分三十八秒一十微，得五十三度零五分二十六秒四十二微，爲暢春園太陽之眞高也。

於乙戊甲角一分四十八秒三十二微内，減去乙戊子角四十六秒二十八微，餘一分零二秒零四微，爲子戊甲角，乃中距限太陽高六十九度五十四分零八秒之地半徑差。以加廣州府視高六十九度五十四分零八秒三十八微，得六十九度五十五分一十秒四十二微，爲廣州府太陽之眞高也。

今若以最高太陽距地心一一六二，與中距太陽距地心一一四二相減，餘二○，爲兩限距地心之較。則最卑限太陽距地心之遠，爲一一二二。然中距太陽距地心如弦，本天半徑如股，【圖見後《求盈縮差》篇。】其距最高之差應少，距最卑之差應多。故最卑限太陽距地心，當不足一一二二。[圖 3-6]

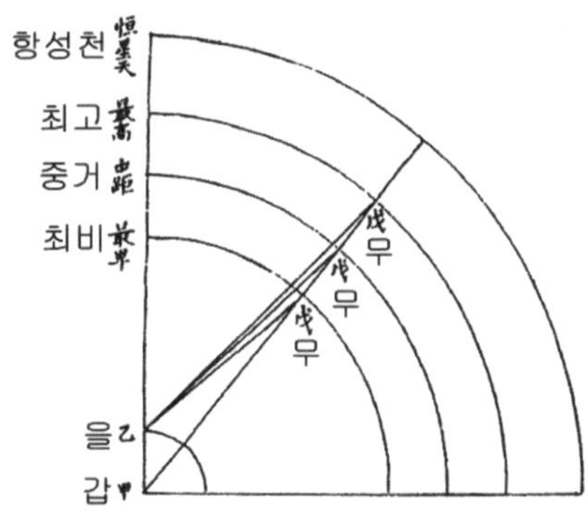

[圖 3-6]

欲以實測求之，奈冬至後太陽躔本天最卑時，高弧僅二十六度餘，蒙氣差甚大，難得其眞。今以太陽最高與本天半徑比例數一〇一七九二〇八，【見《交食曆理·求日月距地與地半徑之比例》篇。】與地半徑比例數一一六二之比，即同於太陽最卑與本天半徑比例數九八二〇七九二，與地半徑比例數一一二一之比。是爲最卑限太陽距地心之遠也。

既得三限距地心之遠，即各用爲一邉，【即戊甲。】地半徑爲一邊，【即乙甲爲一。】太陽出地逐度之高，【即戊點。】與象限相加，爲一角，【即甲乙戊角。】成戊乙甲三角形，求得乙戊甲角，爲三限太陽自地平至天頂逐度之地半徑差，以列表。

黃赤距緯

黃道斜交赤道, 而出其內外。其相距最遠之度, 即二至太陽距赤道之緯度, 古今所測不同。《授時曆》測得二十三度九十分三十秒, 以周天三百六十度, 每度六十分約之, 爲二十三度三十三分三十二秒。《新法曆書》用西人第谷所測, 爲二十三度三十一分三十秒。今自康熙五十三年以來, 於暢春園累測夏至午正太陽高度, 得視高七十三度二十九分十餘秒。加地半徑差五十秒, 得實高七十三度三十分。減去本處之赤道高五十度零三十秒, 餘二十三度二十九分三十秒, 爲黃道、赤道相距最遠之率。因用正弧三角形法, 推得日躔黃道每度每分之距緯, 以立表。

如圖, 甲乙爲黃道一象限, 甲丙爲赤道一象限。甲爲春分, 乙爲夏至。乙丙爲大距二十三度二十九分三十秒, 即甲角之度。設丁點爲立夏, 距甲春分四十五度, 求丁戊距緯若干, 則用甲丁戊正弧三角形。此形有甲角乙丙大距度二十三度二十九分三十秒, 有甲丁黃道四十五度, 有戊直角九十度。今以戊直角九十度之正弦一千萬, 與甲角乙丙大距度二十三度二十九分三十秒之正弦三九八六一五七之比, 即同於甲丁黃道四十五度之正弦七○七一○六八, 與丁戊距緯一十六度二十二分一十七秒之正弦二八一八六三九之比也。既得立夏之距緯度, 則立春、立秋、立冬之距緯度亦同。按法, 於甲乙一象限內, 逐度逐分求其距緯, 則其餘三象限之距緯度, 亦得矣。[圖 4-1]

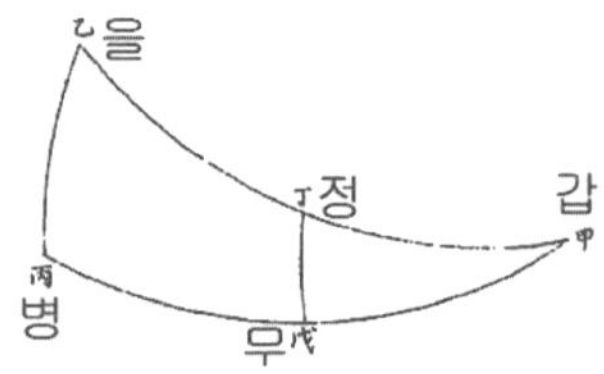

[圖 4-1]

清蒙氣差

清蒙氣差，從古未聞。明萬曆間，西人第谷始發之。其言曰，“清蒙氣者，地中遊氣，時時上騰。其質輕微，不能隔礙人目，却能映小爲大，升卑爲高。故日月在地平上，比於中天則大，星座在地平上，比於中天則廣，此映小爲大也。定望時，地在日月之間，人在地面，無兩見之理，而恒得兩見。或日未西沒，而已見月食於東，日已東出，而尚見月食於西，此升卑爲高也。”

又曰，“清蒙之氣，有厚薄，有高下。氣盛則厚而高，氣微則薄而下。而升像之高下，亦因之而殊。其所以有厚薄有高下者，地勢殊也。若海或江湖，水氣多，則清蒙氣，必厚且高也。故欲定七政之緯，宜先定本地之清蒙差。”第谷言，“其國北極出地五十五度有奇，測得地平上最大之差三十四分，自地平以上，其差漸少，至四十五度，其差五秒，更高則無差矣。”此即《新法曆書》所用之表也。

近日西人又言，“於北極出地四十八度地方，測得太陽高四十五度時蒙氣差尚有一分餘，自地平至天頂，皆有蒙氣差。”即此觀之，益見蒙氣差之隨地不同，而第谷之言爲不妄矣。今述其測量推算之法於左，使觀者知蒙氣差表之所自立云。

假如太陽高一十度三十四分四十二秒，距正午八十三度。【地平經度。】於時日躔降婁宮三度三十六分，距赤道北一度二十六分。如圖，甲爲地心，乙爲天頂。丙爲太陽，丁爲北極。乙戊爲子午規，乙丙己爲高弧。丙己爲太陽實高弧，庚己爲視高弧。今用丁乙丙斜弧三角形。此形有北極距天頂之丁乙弧五十度零三十秒，有太陽距北極之丁丙弧八十八度三十四分，【以距緯一度二十六分，減象限九十

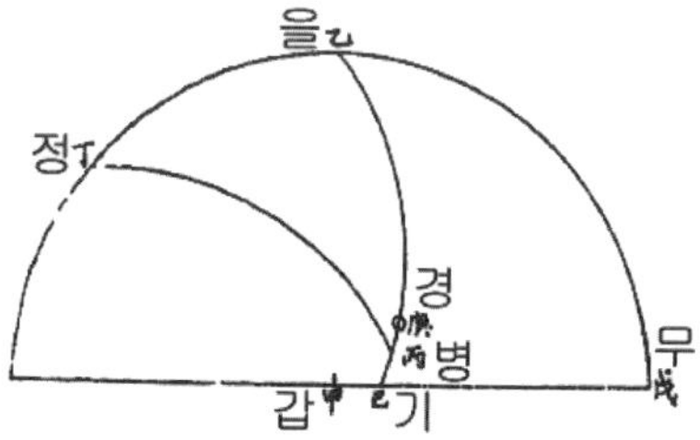

[圖 5-1]

度, 得之。】有丁乙丙角九十七度,【己乙戊角八十三度, 爲太陽距正午之度。與半周相減, 即得丁乙丙角。】求太陽實距天頂之乙丙弧。[圖 5－1]

法, 以乙丙弧引長, 從丁作丁辛垂弧。兩弧相交於辛[4], 爲直角, 遂成丁辛乙、丁辛丙兩正弧三角形。先用丁辛乙正弧三角形。以半徑一千萬, 與乙角八十三度之正弦九九二五四六二之比, 同於乙丁弧五十度零三十秒之正弦七六六一三七九, 與丁辛弧之正弦七六○四二七三之比, 得丁辛弧四十九度三十分零七秒。又以半徑一千萬, 與乙角八十三度之餘弦一二一八六九三之比, 同於乙丁弧五十度零三十秒之正切一一九二一○五六, 與乙辛弧之正切一四五二八一一之比, 得乙辛弧八度一十五分五十八秒。[圖 5－2]

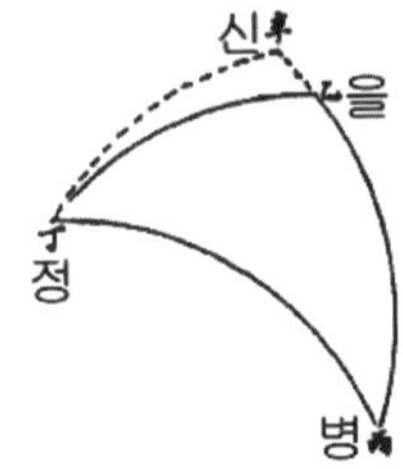

[圖 5-2]

次用丁辛丙正弧三角形。以丁丙弧八十八度三十四分之正弦九九九六八七一, 與丁辛弧四十九度三十分零七秒之正弦七六○四二七三之比, 同於半徑一千萬, 與丙角正弦七六○六六五三之比, 得丙角四十九度三十一分二十二秒。又以丙角四十九度三十一分二十二秒之正切一一七一七九二七, 與半徑一千萬之比, 同於丁辛弧四十九度三十分零七秒之正切一一七○九三○二, 與辛丙弧之正弦九九九二六三九之比, 得辛丙弧八十七度四十八分零五秒。

於辛丙弧内, 減去乙辛弧八度一十五分五十八秒, 餘乙丙弧七十九度三十二分零七秒, 爲太陽實距天頂之度。以乙丙弧, 與乙己弧九十度相減, 餘丙己弧一十度二十七分五十三秒, 爲太陽之實高。乃以實高, 與視高一十度三十四分四十二秒相減, 餘六分四十九秒。加地半徑差二分五十七秒, 得九分四十六秒, 爲地平上一十度三十五分之蒙氣差。按法求得逐度之差數, 以立表。

4) 辛: 저본에는 “心”으로 되어 있다. 옹정 2년 내부간본에 근거하여 수정하였다.

測歲實以定平行

太陽之實行, 每日不同。步日躔者, 必以平行爲根。而求平行之法, 則在於定歲實。歲實者, 太陽循黃道, 右旋一周, 而復於原界之日時也。【或自今年冬至, 至明年冬至。或自今年春分, 至明年春分。】

古曆定太陽每日所行爲一度, 故周天爲三百六十五度四分度之一。其後漸覺後天, 以爲歲實太强。自漢以来, 每次修曆, 必有所減, 以合當時實測。故每日之平行, 雖定爲一度, 而天周與歲實, 訖無定率也。今法定天周爲三百六十度, 故太陽每日之行不及一度。其分秒之進退, 視歲實之消長。得歲實, 即得每日之平行矣。

數歲以来, 於二分、二至, 遣人各省分測, 得歲實爲三百六十五日五時三刻三分四十五秒。【即三百六十五日十分日之二分四二一八七五。】乃置天周三百六十度爲實, 以歲實三百六十五日五時三刻三分四十五秒爲法, 實如法而一, 得太陽每日平行五十九分零八秒一十九微四十九纖五十一[5]忽三十九芒。【即十分度之九分八五六四七三六五八。】既得太陽每日之平行, 遞加之, 得十日、百日之平行, 遞析之, 得每時、每分之平行, 以立表。【每日二十四時, 每時六十分。】

測歲實之法, 古人皆測冬至。然冬至之時刻難定, 不如用春秋分時, 得數爲眞。葢冬至時, 黃道與赤道平行。其緯度一日所差, 不過數十秒, 儀器無從分別。春秋分, 黃道與赤道斜交。其緯度一日差, 二十四分, 其差易見。且求平行, 須用平行歲實, 而測量止能得視行。惟二分時, 去中距不遠, 其平行、實行之差甚微, 可以不計。况冬至時, 太陽之地平緯度少, 淸蒙之氣甚大。古来歲實難得確準, 此其故也。

---

5) 一: 저본에는 "九"로 되어 있다. 옹정 2년 내부간본에 근거하여 바로잡았다.

康熙五十四年乙未二月十六日癸未午正, 於暢春園, 測得太陽高五十度零三十二秒三十五微。 加地半徑差一分五十六秒零五微, 得實高五十度零二分二十八秒四十微。 與赤道高五十度零三十秒相減, 餘一分五十八秒四十微, 爲太陽在赤道北之緯度。 即知春分時刻在午正前也。[圖 6-1]

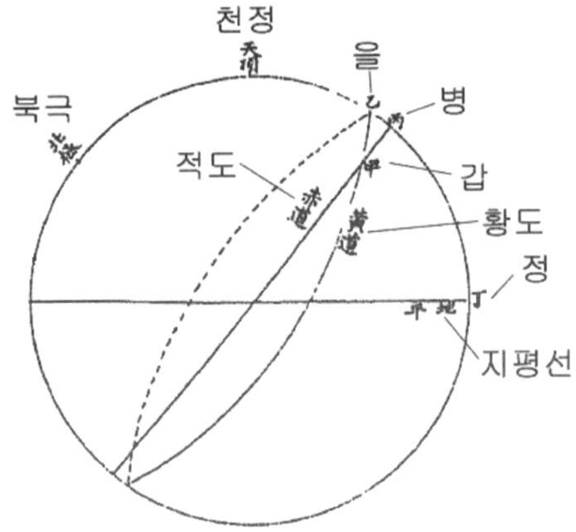

[圖 6-1]

如圖, 甲爲春分, 乙爲太陽, 丙爲赤道。乙丁爲午正太陽實高, 丙丁爲赤道高, 乙丙爲太陽距赤道北緯度。 用甲乙丙正弧三角形。 此形有甲角大距度二十三度二十九分三十秒, 有丙直角, 有乙丙緯度一分五十八秒四十微, 求甲乙弧, 爲太陽過春分之經度。 法, 用甲角正弦三九八六一五七, 與丙直角正弦一千萬之比, 同於乙丙弧正弦五七五三, 與甲乙弧正弦一四四三三之比, 得甲乙弧四分五十七秒四十三微。用變時法, 以一日之平行五十九分零八秒二十微爲一率,【二分時, 太陽之實行, 與平行相近。故即用平行爲一率。若他節氣, 須用本日之實行爲一率。】二十四時, 化爲一千四百四十分爲二率, 甲乙弧四分五十七秒四十三微爲三率, 得四率一百二十分四十九秒一十二微。以每時六十分收之, 得二時零四十九秒一十二微, 爲春分距午正前之時。即巳初三刻一十四分一十秒四十八微, 春分也。[圖 6-2]

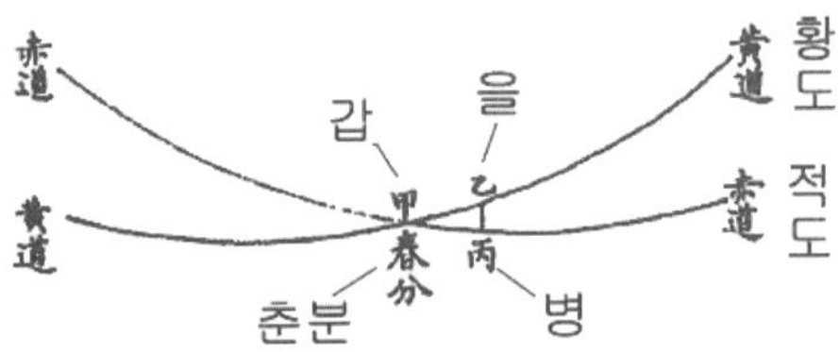

[圖 6-2]

康熙五十五年丙申二月二十七日戊子午正，於暢春園，測得太陽高四十九度五十四分四十九秒五十一微。加地半徑差一分五十六秒一十七微，得實高四十九度五十六分四十六秒零八微。與赤道高五十度零三十秒相減，餘三分四十三秒五十二微，爲太陽在赤道南之緯度。即知春分時刻在午正後也。[圖 6－3]

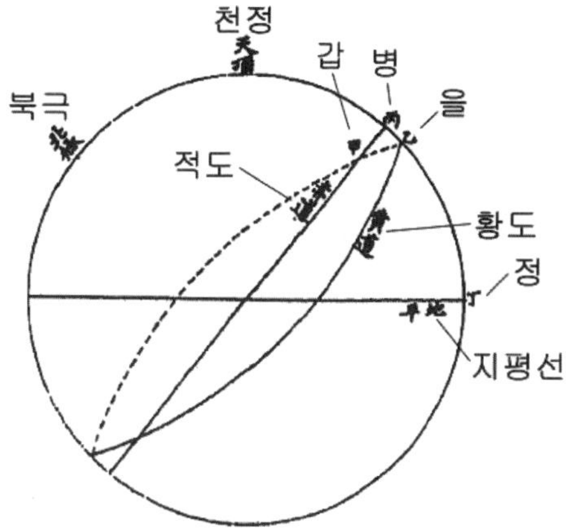

[圖 6-3]

依法用甲乙丙正弧三角形，求得乙甲弧九分二十一秒三十九微，爲太陽未到春分之經度。變時, 得三時四十七分五十五秒四十八微, 爲春分距午正後之時。即申初三刻二分五十五秒四十八微, 春分也。乃總計兩春分相距, 得三百六十五日五時三刻三分四十五秒, 即爲歲實。[圖 6－4]

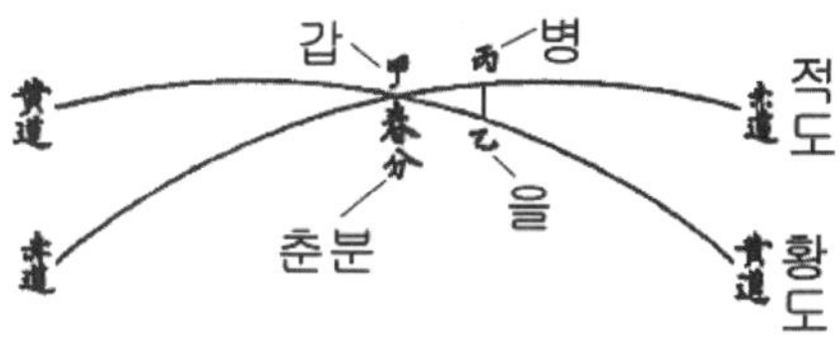

[圖 6-4]

本天高卑爲盈縮之原

太陽行天, 每歲一周, 萬古不忒, 宜其每日平行, 而無有盈縮。乃徵之目下實測, 則春分至秋分, 行天半周而歷日多, 秋分至春分, 行天半周而歷日少。其在本天所行之度原均, 而人居地上所見時日不同。今即其不平行之數, 求其所以然之故, 則惟有本天高卑之說能盡之。本天高卑之法有二, 一爲不同心天, 一爲本輪。立名雖異, 而理則同。故高卑之距、盈縮之度, 皆不謀而合焉。

不同心天之法, 蓋以天包地外, 以地爲心。太陽本天, 亦包乎地外, 而不以地爲心。因其有兩心之差, 而高卑判焉。

如圖, 甲爲地心, 乙丙丁戊爲黃道。己爲太陽本天心, 庚辛壬癸爲太陽本天。其癸庚辛大半周, 遠於地爲高。辛壬癸小半周, 近於地爲卑。戊爲春分, 丙爲秋分。乙爲夏至, 丁爲冬至。自春分歷夏至, 以至秋分, 太陽自癸歷庚, 以至辛, 行本天之大半周。故歷日多。而自地心甲立算, 其自戊歷乙, 以至丙, 止行黃道之半周。故爲行縮。自秋分歷冬至, 以至春分, 太陽自辛歷壬, 以至癸, 行本天之小半周。故歷日少。而自地心甲立算, 其自丙歷丁, 以至戊, 亦行黃道之半周。故爲行盈。夫日在本天, 原自平行。因自地心甲立算, 而不以太陽本天心己立算, 遂有高卑、盈縮之異。故高卑爲盈縮之原, 而兩心之差, 又高卑之所由生也。[圖 7-1]

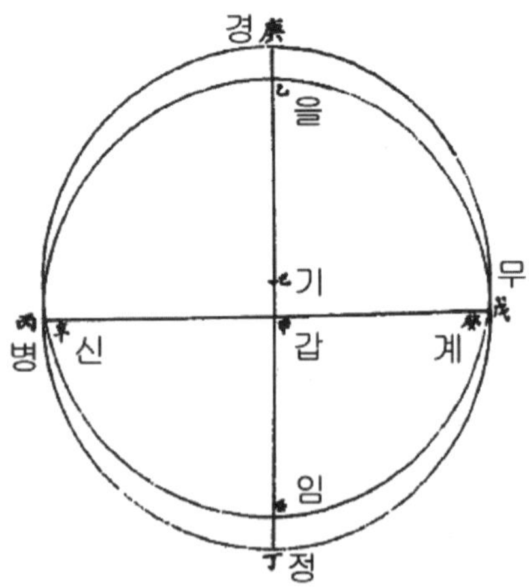

[圖 7-1]

本輪之法, 蓋以本天與地同心, 而本天之周, 又有一本輪。本輪心循本天周, 向東而行。日在本輪之周, 向西而行。兩行之度相等。【輪心東行, 太陽西行, 二者亦有微差。然積至周歲, 纔差一分。雖謂相等可也。】太陽在本輪之下半周, 去地近爲卑, 則順輪心行。故見其速於平行。在本輪之上半周, 去地遠爲高, 則背輪心行。故見其遲於平行。在本輪之左右, 去地不遠不近, 爲高卑適中。故名中距, 其行與平行等。

如圖, 甲爲地心, 即本天心, 乙丙丁戊爲本天。其本輪循本天東行, 由丁向戊, 而乙而丙, 而復於丁, 爲平行度。【即經度。】太陽循本輪西行, 由下而左, 而上而右, 而復於下,【本輪以近地心爲下, 遠地心爲上。】爲自行度。【名引數。】[圖 7－2]

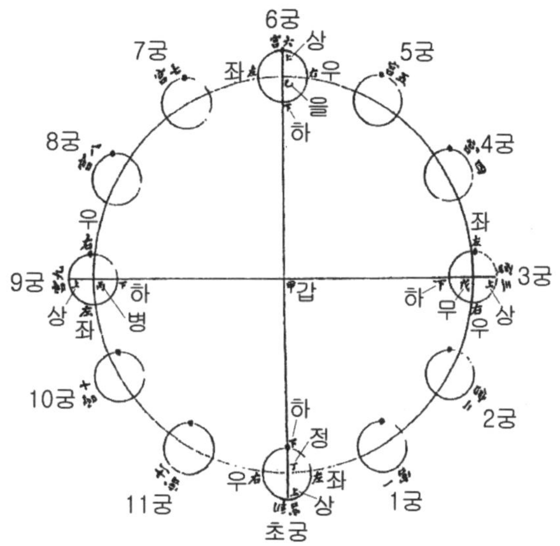

[圖 7-2]

如本輪心在丁，則太陽在本輪之下如辛， 去地心甲最近。是爲最卑。本輪心在乙，則太陽在本輪之上如己，去地心甲最遠。是爲最高。最高、最卑之點，皆對本輪心與地心，成一直線。 其平行、 實行同度，故爲盈縮起算之端。[圖 7－3]

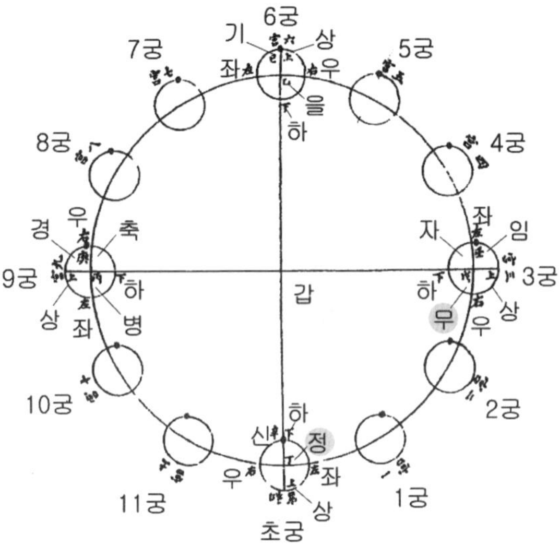

[圖 7-3]

如本輪心由丁向戊，太陽由本輪下向左，順輪心行，能益東行之度。故較平行度爲盈。至半象限後，所益漸少。迨輪心行一象限至戊，太陽亦行輪周一象限至壬，即無所益，而復於平行。是爲中距。然而積盈之多，正在中距。蓋平行至戊，而太陽在壬，從地心甲立算，則太陽當本天之子。子戊弧，以本輪之半徑爲正切，爲盈差之極大也。從中距而後， 太陽行本輪之上半周，背輪心行。故實行漸縮。然因有積盈之度，方以次漸消，其實行仍在平行前。迨行滿一象限至最高，爲極縮，而積盈之度，始消盡無餘。其實行與平行，乃合爲一線。故自最卑至最高半周，俱爲盈曆也。[圖 7－4]

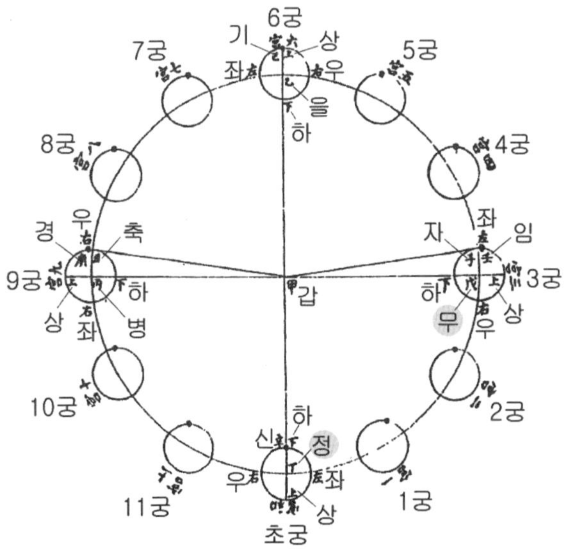

[圖 7-4]

如本輪心由乙向丙, 太陽由本輪上向右, 背輪心行, 能損東行之度。故較平行度爲縮。至半象限後, 所損漸少。迨輪心行一象限至丙, 太陽亦行輪周一象限至庚, 即無所損, 而復於平行。是爲中距。然而積縮之多, 亦在中距。蓋平行至丙, 而太陽在庚, 從地心甲立算, 則太陽當本天之丑。丑丙弧, 亦以本輪之半徑爲正切, 爲縮差之極大也。從中距而後, 太陽行本輪之下半周, 順輪心行。故實行漸盈。然因有積縮之度, 方以次相補, 其實行仍在平行後。迨行滿一象限至最卑, 爲極盈, 而積縮之度, 始補足無缺。其實行與平行, 乃合爲一線。故自最高至最卑半周, 俱爲縮曆也。

此本輪之法, 於盈縮之理, 最爲顯著。然謂與不同心天之理同, 何也。試於本輪上己庚辛壬諸點, 聯爲一圜, 此圜必不以甲爲心, 而以癸爲心, 遂成不同心天之形。其癸甲兩心之差, 即本輪之半徑。故求得兩心之差, 而本輪之徑自見。明於本輪之故, 而盈縮之理益彰。然則其理相通, 其用相輔。並存其說, 實可以參稽而互證也。

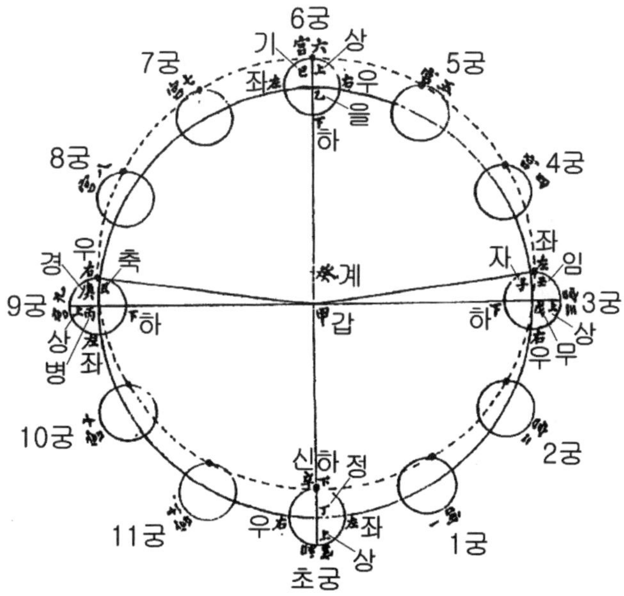

[圖 7-5]

[圖 7－5]

求兩心差及最高

《新法曆書》用春分、秋分、立夏三節氣相距日時, 推得兩心差爲三五八四一六, 最高在夏至後五度三十分。然而未詳何年月日。《永年表》載康熙丁酉年最卑在冬至後七度四十三分四十九秒。今以丁酉年實測節氣時刻, 依法推算, 得兩心差爲三五八九七七, 最卑在冬至後八度三十八分二十五秒五十五微, 皆與原數不合。

葢今之春分、秋分、立夏, 皆不正當最高、最卑、中距之度。用兩心差, 以推其時刻, 與實測不合。則用實測之時刻, 以推兩心差, 亦必與原數不合, 而最高、最卑所在, 亦必不合矣。因思太陽在最高、最卑二點, 平行與實行, 合爲一線, 本天與黃道, 皆平分爲兩半周。太陽歴半周歲, 而適行半周天, 其度分即高卑所在。自最卑, 歴周歲四分之一, 至中距, 應行九十度。其實行之過於九十度者, 即積盈之度。自最高, 歴周歲四分之一, 至中距, 亦應行九十度。其實行之不及九十度者, 即積縮之度。檢其正切, 即兩心差之數也。

今以丁酉年逐日實測日躔度分, 求得最高過夏至、最卑過冬至, 各七度四十四分三十六秒四十八微。又自太陽過最高之日分, 加周歲四分之一, 求其時刻之實行, 不及中距二度零三分零九秒四十微。檢其正切, 得三五八四一六。皆與曆書所載相合。是故用兩心差之全數, 以推盈縮, 維中距與實測合, 最高前後兩象限則失之小, 最卑前後兩象限則失之大。所以又用均輪, 以消息其數, 方與實測相符。今於其相合者, 得最高及兩心差所自来。於其不相合者, 得本輪、均輪所由設。推算之法, 并述於左。

用實測最高、最卑、中距, 求兩心差及最高所在。如康熙五十六年丁酉二至後, 暢春園, 逐日測午正太陽高度, 求其經度。用實行, 推得五月二十一日甲戌辰正一刻零四十秒四十五微, 交未宮七度。五月二十二日乙亥巳初一刻一十四分五十七秒二十七微, 交未宮八度。十一月二十七日丁丑子正一刻一十二分五十七秒四十一微, 交丑宮七度。本日夜子初三刻一十二分二十七秒四十七微, 交丑宮八度。夫未宮七度至丑宮七度, 歷一百八十二日一十六時一十二分一十六秒五十六微, 大於半周歲一時一十七分五十四秒二十六微。而未宮八度至丑宮八度, 歷一百八十二日一十四時二十七分三十秒二十微, 小於半周歲二十六分五十二秒一十微。乃以此兩數立法, 以求最高所在。

如圖, 甲爲地心, 即宗動天心。乙丙丁戊爲黃道, 與宗動天相應。【同以甲爲心也。】乙爲夏至, 丙爲秋分, 丁爲冬至, 戊爲春分。又設己點爲心, 作庚辛壬癸圈, 爲不同心天。庚爲最高, 當黃道之子。壬爲最卑, 當黃道之丑。則寅卯爲其中距。【距最高子、最卑丑, 各九十度。】過己、甲兩心, 作庚丑線, 則平分本天與黃道, 各爲兩半周。故歷半周歲一百八十二日一十四時五十四分二十二秒三十微, 適行半周天一百八十度。若夫夏至乙則在最高前, 有加差, 時刻早。冬至丁則在最卑前, 有減差, 時刻遲。故夏至至冬至, 大於半周歲。而秋分丙在最高後, 有減差, 時刻遲。春分戊在最卑後, 有加差, 時刻早。故秋分至春分, 小於半周歲。[圖 8－1]

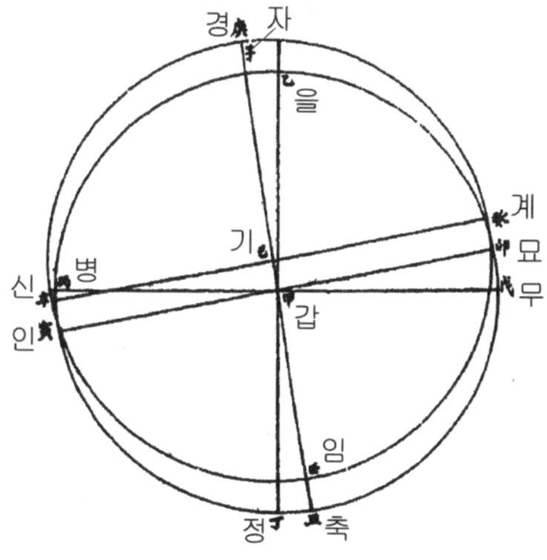

[圖 8-1]

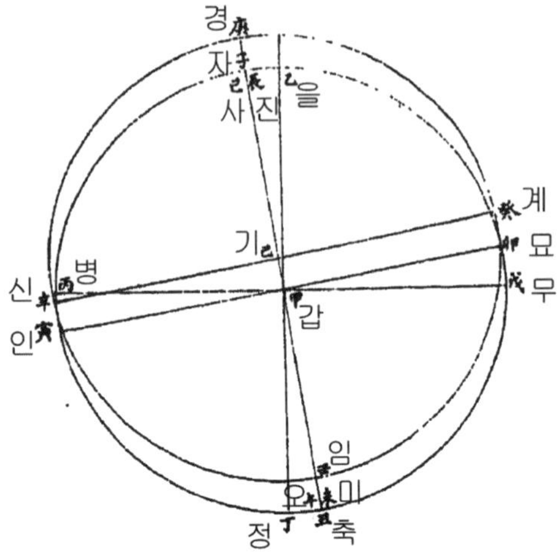

[圖 8-2]

今未宮七度至丑宮七度，大於半周歲，未宮八度至丑宮八度，小於半周歲。即知未宮七度在最高前如辰，未宮八度在最高後如巳，丑宮七度在最卑前如午，　丑宮八度在最卑後如未。今以大於半周歲之一時一十七分五十四秒二十六微，與小於半周歲之二十六分五十二秒一十微相併，得一時四十四分四十六秒三十六微。與辰巳或午未一度之比，同於大於半周歲之一時一十七分五十四秒二十六微。與辰子或午丑四十四分三十六秒四十八微之比，而得辰子或午丑。與乙辰或丁午之七度相加，得乙子或丁丑七度四十四分三十六秒四十八微，即最高過夏至、最卑過冬至之度，亦即中距過春秋分之度也。【丙寅弧、卯戊弧，皆與乙子弧相等。】[圖 8－2]

此所得之數，比《永年表》丁酉年前冬至最卑度，多四十七秒，比戊戌年前冬至最卑度，少一十五秒。葢最高每歲行六十一秒。今合最高、最卑，取數立算，則其所得爲中距過秋分之度。較之丁酉年前冬至，固應差四分之三，較之戊戌年前冬至，固應差四分之一。是所測與《永年表》合矣。

又用比例法，求得本年五月二十二日乙亥寅初初刻一分三十七秒四十五微，過最高。加周歲四分之一九十一日七時二十七分一十一秒一十五微，得秋分後丙午日巳正一刻一十三分四十九秒，過中距。在黃道，應從最高子，行九十度，至寅，爲辰宮七度四十四分三十六秒四十八微。而在本天，則從最高庚，行九十度，至辛，當黃道之申。今以實測，求其經度，在辰宮五度四十一分二十七秒零八微。【即申點之度。】不及中距二度零三分零九秒四十微，即申寅弧，當辛甲寅角，與甲辛己角等。檢其正切，得三五八四一六，爲己甲兩心差，【亦即本輪半徑。】與曆書所載同。[圖 8－3]

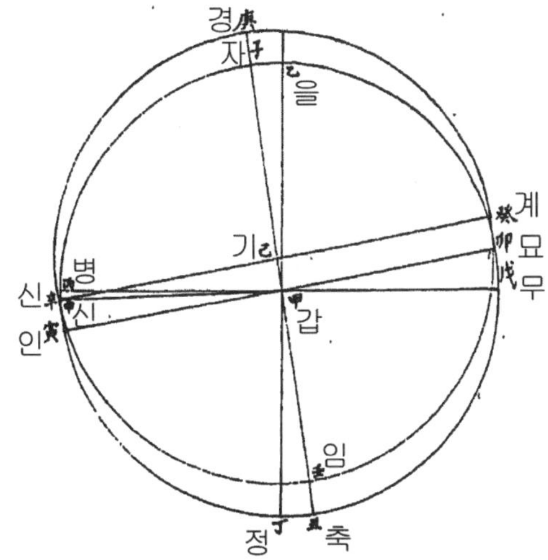

[圖 8-3]

用實測春分、秋分、立夏，求兩心差及最高所在。如康熙五十六年丁酉，暢春園，測得春分爲二月初八日癸巳亥初二刻六分四十七秒，立夏爲三月二十四日己卯亥正二刻一分三十六秒，秋分爲八月十九日庚子申初二刻四分零三秒。則春分距立夏，得四十六日三刻九分四十九秒。以每日平行五十九分零八秒二十微乘之，得平行度四十五度二十二分三十八秒一十六微。春分距秋分，得一百八十六日七十一刻一十二分一十六秒。以每日平行五十九分零八秒二十微乘之，得平行度一百八十四度零四分零三秒五十八微。

如圖, 甲爲地心, 乙丙丁戊爲黃道。戊爲春分, 己爲夏至, 丙爲秋分, 庚爲冬至。辛爲立夏, 戊辛弧四十五度。又以壬點爲心, 作子丑寅卯圈, 爲不同心天。春分時太陽在子, 實度在戊。立夏時太陽在癸, 實度在辛。子癸弧四十五度二十二分三十八秒一十六微, 爲平行度。秋分時太陽在寅, 實度在丙。子癸丑寅弧一百八十四度零四分零三秒五十八微, 爲平行度。於是過壬、甲兩心, 作丑丁線, 則丑爲最高, 當黃道之乙, 卯爲最卑, 當黃道之丁。[圖 8－4]

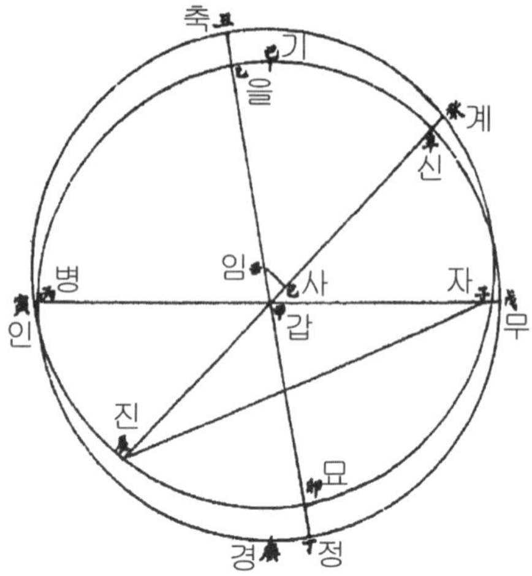

[圖 8-4]

今命丑壬半徑爲一千萬, 求壬甲兩心差, 得丑壬半徑之若干分。並求辛甲乙角, 爲最高距立夏之度。乃以子癸丑寅弧一百八十四度零四分零三秒五十八微, 與全周相減, 餘一百七十五度五十五分五十六秒零二微, 爲寅辰卯子弧。又甲辰子三角形, 其子甲辛外角爲四十五度,【當辛戊弧也。】則子甲辰角必一百三十五度。而辰角爲癸子弧相對界角, 必爲癸子弧之一半, 得二十二度四十一分一十九秒零八微。則子角必爲二十二度一十八分四十秒五十二微。倍之, 得四十四度三十七分二十一秒四十四微, 爲寅辰弧。【因與子界角相當故。】與寅辰卯子弧相減, 餘一百三十一度一十八分三十四秒一十八微, 爲子卯辰弧。檢其通弦, 得一八二二一五六二, 爲子辰邊。

用三角形邊角相求法, 求得甲辰邊九七八二九九八。又以癸子弧, 與子卯辰弧相加, 得一百七十六度四十一分一十二秒三十四微, 爲癸子卯辰弧。半之, 得八十八度二十分三十六秒一十七微。檢其餘弦, 得二八九○八九, 即壬巳, 其正弦, 得九九九五八二○, 即辰巳。內減甲辰, 餘二一二八二二, 即巳甲。乃用壬巳甲勾股形, 求得壬甲弦三五八九七七, 爲兩心差。比曆書所載, 多一千萬分之五百六十一。又用邊角相求法, 求得甲角五十三度三十八分二十五秒五十五微, 爲最高乙距立夏辛之度。內減立夏距夏至四十五度，得最高過夏至後八度三十八分二十五秒五十五微。比《永年表》，多五十四分三十六秒五十五微。

葢自今春分、秋分、立夏，皆不正當最高、最卑、中距之度。故太陽之自最卑至中距、自中距至最高，其行度必有不同。所以用實測節氣，推兩心差及最高所在，皆不相合。是故曆家於本輪半徑，【即兩心差。】分設一均輪，以消息四象限之行分，而後與實測相符。此均輪之法所由立也。

最高行及本輪、均輪半徑

太陽之行, 因去地有高卑, 遂生盈縮。故最高、最卑之點, 即極盈、極縮之度, 而爲起算之端。但此高卑之點, 不定在冬夏至, 而有行分。且最高之高於本天半徑、最卑之卑於本天半徑者, 非兩心差之全數, 而止及其半。曆家殫精推測, 因悟太陽本天之周有本輪, 而本輪之周又有均輪。乃以兩心差三十五萬八千四百一十六, 四分之, 取其三分, 得二十六萬八千八百一十二, 爲本輪半徑。取其一分, 得八萬九千六百零四, 爲均輪半徑。而後高卑之數、盈縮之行, 始與實測相符焉。

然高卑之所以有行分者, 何也。蓋緣本輪心之行, 微速於均輪心之行, 本輪心循本天東行, 已滿一周, 而均輪心循本輪西轉, 尚未滿一周。其本輪心與均輪心兩行之差, 即最高之行分也。但其行分甚微, 積久始著。康熙《永年表》戊午年測得最高在夏至後七度零四分零四秒, 至丁酉年則最高在夏至後七度四十三分四十九秒, 約每年東行一分一秒一十微。【即本輪心每歲之行, 速於均輪心每歲之行一分一秒一十微也。】

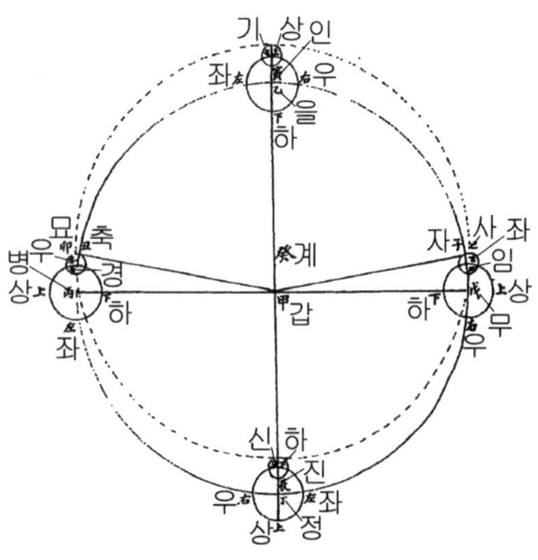

[圖 9-1]

如圖, 甲爲地心, 即本天心, 乙丙丁戊爲本天。本天之周, 載本輪心。本輪之周, 又載均輪心。本輪心, 循本天東行, 由丁而戊, 而乙而丙, 而復於丁, 爲經度。【每日平行五十九分零八秒二十微。】 均輪心, 循本輪西行, 由下而左, 而上而右, 而復於下。其行度微不及於本輪, 名日引數。【每日行五十九分零八秒零九微有餘。】太陽則循均輪周東行, 由最近而最遠【遠近皆以距本輪心言。】而復於最近，其行倍於均輪心。【均輪心行一度，太陽在輪周行二度。】癸甲爲兩心差，本輪半徑，爲癸甲四分之三，均輪半徑，爲癸甲四分之一。[圖 9－1]

最卑時，本輪心在本天之丁，均輪心在本輪之辛。【本輪下點。】太陽則在均輪之辰，【均輪近點。】居兩輪心之間，從地心甲計之，成一直線。故無平行、實行之差。辰丁爲兩心差之半，辰甲爲太陽距地心之遠。其卑於甲丁本天半徑者，即辰丁兩心差之半也。

本輪心由丁，行九十度至戊，爲中距。均輪心由本輪之下點，行九十度至壬。【本輪左點。】太陽則由均輪之近點，行一百八十度至巳。【均輪遠點。】從地心甲立算，則太陽當本天之子。子戊弧爲積盈之度。【即子甲戊角。】其正切巳戊，爲本輪與均輪兩半徑相併之數，與癸甲兩心差等。

最高時，本輪心在本天之乙，【由戊，行九十度至乙。】均輪心在本輪之己。【由本輪左點，行九十度至上點。】太陽則在均輪之寅，【由均輪之遠點，行一百八十度至近點。】居兩輪心之間，從地心甲計之，成一直線。故亦無平行、實行之差。【中距時所積之盈度，至此消盡，而合於平行。】寅乙爲兩心差之半，寅甲爲太陽距地心之遠。其高於乙甲本天半徑者，即寅乙兩心差之半也。

本輪心由乙，行九十度至丙，爲中距。均輪心由本輪之上點，行九十度至庚。【本輪右點。】太陽則由均輪之近點，行一百八十度至卯。【均輪遠點。】從地心甲立算，則太陽當本天之丑。丑丙弧爲積縮之度。【即丑甲丙角。】其正切卯丙，爲本輪與均輪兩半徑相併之數，與癸甲兩心差等。

夫子戊弧與丑丙弧，既皆以兩心差爲正切。故其度等。但子戊爲積盈之度，【在最卑至最高之半周故也。】其平行戊在後，實行子在前。故子戊弧爲加差，以加於平行，而得實行也。【由最卑至最高之半周，皆平行在後，實行在前。故皆爲加差也。】丑丙弧爲積縮之度，【在最高至最卑之半周故也。】其平行丙在前，實行丑在後。故丑丙弧爲減差，以減於平行，而得實行也。【由最高至最卑之半周，皆平行在前，實行在後。故皆爲減差也。】

本輪心復由丙, 行九十度至丁, 則均輪心復至辛, 太陽復至辰。其積縮之度, 俱已補足, 而平行、實行復合爲一線矣。然使兩輪心之行度, 皆等而無秒忽之不同, 則最高卑必常與冬夏至同度。【據今最高所在, 而上溯之, 得元世祖至元初年, 最高卑正與冬夏至同度。其前此, 則在至前也。】因兩輪心之行, 每年相差一分餘, 積久至今, 已差七度四十餘分。而最高即在夏至後七度四十餘分矣。

如圖, 未爲冬至, 午爲夏至。本輪心由冬至未, 行一百七十九度餘, 将至午, 而均輪心纔至本輪之申, 未至上點, 七度有餘。【均輪行每年不及本輪行一分餘, 積之遂差七度餘也。】而太陽必尚在均輪近點之東十四度餘。然從地心甲計之, 則太陽已當本天之午, 爲夏至矣。迨均輪心行至上點時, 本輪心復行七度餘至乙, 而兩輪心始與地心參直。太陽亦至寅點, 在兩輪心之間。其距地最遠, 是爲最高。而以日躔計之, 已在夏至後七度餘。最卑之在冬至後, 理亦如之。故日"兩輪心行度之差, 即最高卑之行分"也。[圖 9－2]

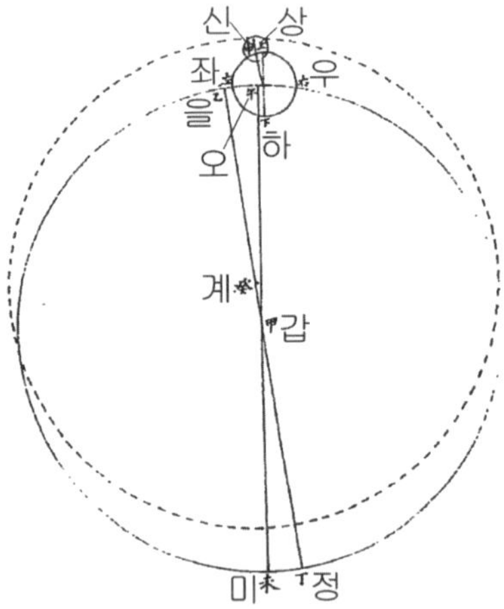

[圖 9-2]

求盈縮差

盈縮差，即今所用之均數。自最卑至最高六宮，爲盈曆，爲加差。自最高至最卑六宮，爲縮曆，爲減差。最卑前三宮，與後三宮相當。最高前三宮，亦與後三宮相當。其差數皆相等。故止求得最卑後六宮之差數，而最高後六宮之差數視此，但加減不同耳。【如最卑前三十度，與最卑後三十度，其差數必等。但在最卑前者爲減差，在最卑後者爲加差也。】《授時曆》最大之盈縮差，爲二度四○一四。以周天三百六十度，每度六十分約之，得二度二十二分。今推得最大之差，爲二度零三分一十一秒。【即二度零百分度之五分三一。】

如圖，甲爲地心，即本天心，乙丙爲本天之一弧。今命乙甲半徑爲一千萬，丁戊己爲本輪，則丁乙半徑爲二十六萬八千八百一十二。丁爲上點，己爲下點。【距地心近，爲下點。距地心遠，爲上點。】庚辛壬爲均輪，而庚己半徑爲八萬九千六百零四。庚爲最近，壬爲最遠。【遠近皆以距本輪心言。】假如本輪心乙在本天之最卑，則均輪心在本輪之下點己，而太陽在均輪之近點庚。是爲初宮初度。從地心甲計之，太陽在兩輪心之間，成一直線，無平行、實行之差，無均數也。[圖 10－1]

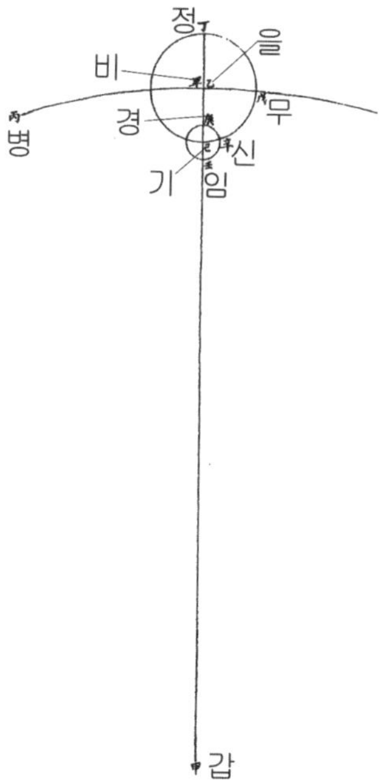

[圖 10-1]

如本輪心乙在本天之最高，則均輪心在本輪之上點丁，而太陽在均輪之近點庚。是爲六宮初度。從地心甲計之，太陽亦在兩輪心之間，成一直線，無平行、實行之差，亦無均數也。[圖 10－2]

如本輪心乙距最卑後一象限，爲三宮初度，則均輪心從本輪下點己，行一象限至癸，而太陽則從均輪近點庚，行半周至遠點壬。從地心甲計之，太陽當本天之子。乙子弧爲實行盈於平行之度。乃用乙甲壬直角三角形。乙爲直角，乙壬爲兩輪半徑相併之數三十五萬八千四百一十六，乙甲爲本天半徑一千萬。則乙子弧即甲角之度，而乙壬爲其正切。檢表得二度零三分零九秒四十微，爲甲角，即乙子弧，乃太陽中距時之均數。是爲加差，以加於平行，而得實行。【實行者，太陽實在之行度。】[圖 10－3]

若本輪心乙距最卑前一象限，爲九宮初度，則均輪心從本輪下點己，行三象限至丑，而太陽從均輪近點庚行一周，復自庚行半周，至遠點壬。從地心甲計之，太陽當本天之寅。寅乙弧與乙子弧等，亦爲太陽中距時之均數。但爲實行縮於平行之度，是爲減差，以減於平行，而得實行也。[圖 10－4]

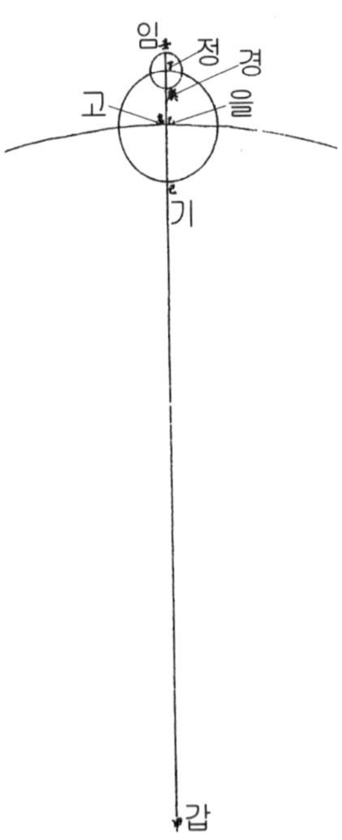

[圖 10-2]

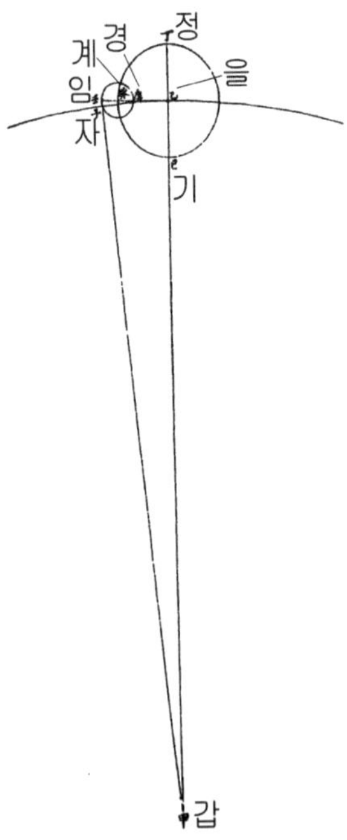

[圖 10-3]

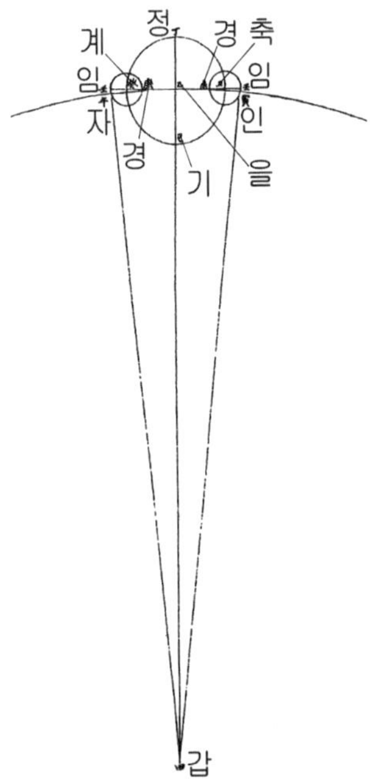

[圖 10-4]

如本輪心乙距最卑後三十度，爲一宮初度，則均輪心從本輪下點己，行三十度至卯，而太陽則從均輪近點庚，行六十度至辰。從地心甲計之，太陽當本天之巳。乙巳弧爲實行盈於平行之度。乃先用乙午庚直角三角形。此形有午直角，有乙角三十度，【即己卯弧。】則庚角必六十度。有乙庚邊一七九二○八，【即乙卯半徑之三分之二。】求得午庚邊八九六○四、乙午邊一五五一九九。乃置乙甲本天半徑一千萬，減去乙午一五五一九九，得午甲九八四四八○一。又倍午庚，得午辰一七九二○八。【庚辰壬三角形與乙午庚三角形之邊角俱相等。蓋庚爲交角，辰角立於圜界之一半，爲直角，與午角等，則壬角必與乙角等。是三角俱等也。庚壬爲均輪全徑，與乙庚等，則辰庚必與午庚等。故倍午庚，即得午辰也。】於是用午甲辰直角三角形，求得甲角一度零二分三十四秒一十八微，即乙巳弧。是爲加差，以加於平行，而得實行。[圖 10－5]

若本輪心乙在最卑前三十度，是爲十一宮初度。則均輪心從本輪下點己，行三百三十度至未，而太陽則從均輪近點庚行一周，復行三百度至申。從地心甲計之，太陽當本天之酉。酉乙弧與乙巳弧等，但爲實行縮於平行之度。是爲減差，以減於平行，而得實行也。用此法，求得最卑後一象限之加差，即得最卑前一象限之減差。[圖 10－6]

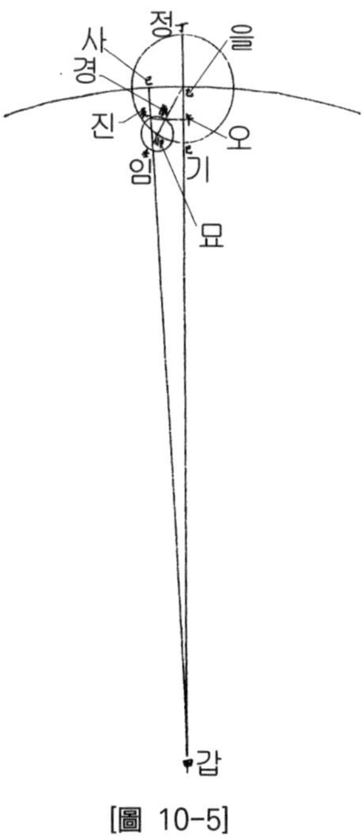

[圖 10-5]

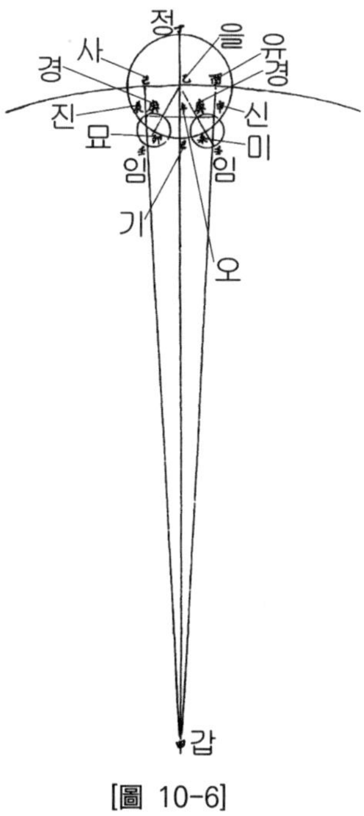

[圖 10-6]

如本輪心乙距最高前四十度, 爲四宮二十度, 則均輪心從本輪下點已, 行一百四十度至戌, 而太陽則從均輪近點庚, 行二百八十度至亥。從地心甲計之, 太陽當本天之子, 乙子弧爲實行盈於平行之度。乃先用乙丑庚直角三角形。此行形有丑直角[6], 有乙角四十度,【即丁戌弧。】則庚角必五十度。有乙庚邊一七九二〇八,【即乙戌半徑之三分之二。】求得丑庚邊一一五一九三、丑乙邊一三七二八一。乃置乙甲本天半徑一千萬, 加丑乙一三七二八一, 得丑甲一〇一三七二八一。又倍丑庚, 得丑亥二三〇三八六。於是用丑甲亥直角三角形, 求得甲角一度一十八分零六秒五十三微, 即乙子弧。是爲加差, 以加於平行, 而得實行。[圖 10－7]

若本輪心乙距最高後四十度, 是爲七宮一十度。則均輪心從本輪下點已, 行二百二十度至寅, 而太陽則從均輪近點庚行一周, 復行八十度至卯。從地心甲計之, 太陽當本天之辰。辰乙弧與乙子弧等, 但爲實行縮於平行之度。是爲減差, 以減於平行, 而得實行也。用此法, 求得最高前一象限之加差, 即得最高後一象限之減差。[圖 10－8]

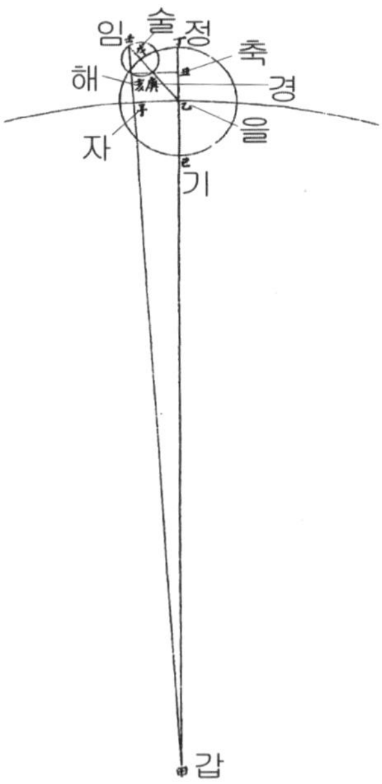

[圖 10-7]

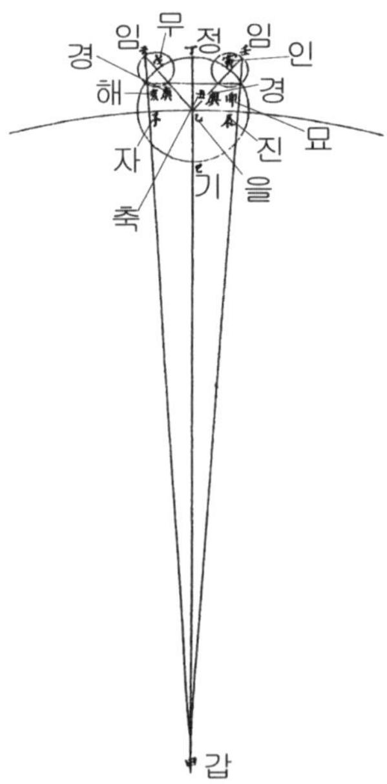

[圖 10-8]

6) 此形有丑直角: 저본에는 "此行形丑直角"으로 되어 있으나 문맥이 통하지 않으므로, 직각삼각형을 이용한 도해에서 이미 알고 있는 요소들을 열거하는 유사 용례들에 근거하여 "行"을 삭제하고 "有"를 보충하였다.

時差【原名日差】

時差者, 平時與用時相較之時分也。推步所得者爲平時, 測量所得者爲用時。【用時即視時也。】二者常不相合, 其故有二。一因太陽之實行, 而時刻爲之進退, 蓋以高卑爲加減之限也。一因赤道之升度, 而時刻爲之消長, 蓋以分至爲加減之限也。《新法曆書》合二者以立表, 名曰"日差"。然高卑每年有行分, 則宮度引數必不能相同。若合立一表, 歲久即不可用。今仍分作二表, 加減兩次, 庶於法爲密也。

如圖, 甲爲地心, 乙爲本輪心。冬至後, 本輪心平行一百一十八度餘, 至乙。太陽從本輪最卑, 自行一百一十一度餘, 至丙。從地心甲, 作實行線至丙, 割黃道於丁, 丁乙弧即平行、實行之差。設推得某日申正, 太陽平行乙未到酉宮尚一度餘, 因行盈曆, 實行大於平行。故平行乙雖未至酉宮, 而實行丁已交酉宮。若以平行乙所臨之時刻爲交宮之時刻, 則爲申正太陽入酉宮, 是爲平時。然平行乙雖臨於申正, 而太陽丙實在其東一度餘。【即丁乙弧。】故必以此一度餘變時, 約得五分, 爲時差。以減申正, 得申初三刻十分, 太[7]陽入酉宮, 是爲用時也。[圖 11－1]

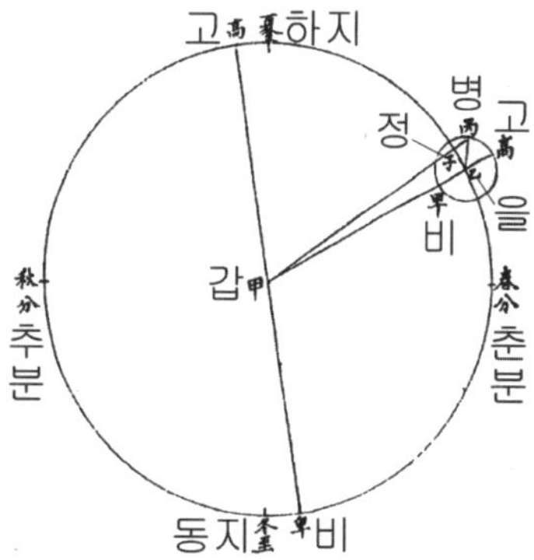

[圖 11-1]

7) 太: 저본에는 "大"로 되어 있다. 옹정 2년 내부간본에 근거하여 바로잡았다.

又如夏至後, 本輪心平行六十一度餘, 至乙。太陽從本輪最高, 自行五十四度餘, 至丙。從地心甲, 作實行線至丙, 割黃道於丁, 丁乙弧爲平行、實行之差。設推得某日辰正, 太陽平行乙已入巳宮一度餘, 因行縮曆, 實行小於平行。故平行乙雖入巳宮一度餘, 而實行丁方交巳宮初度。若以平行乙所臨之時刻爲交宮之時刻, 則爲辰正太陽入巳宮, 是爲平時。然平行乙雖臨於辰正, 而太陽丙實在其西一度餘。故必以此一度餘變時, 約得五分, 爲時差。以加辰正, 得辰正初刻五分, 太陽入巳宮, 是爲用時也。[圖 11－2]

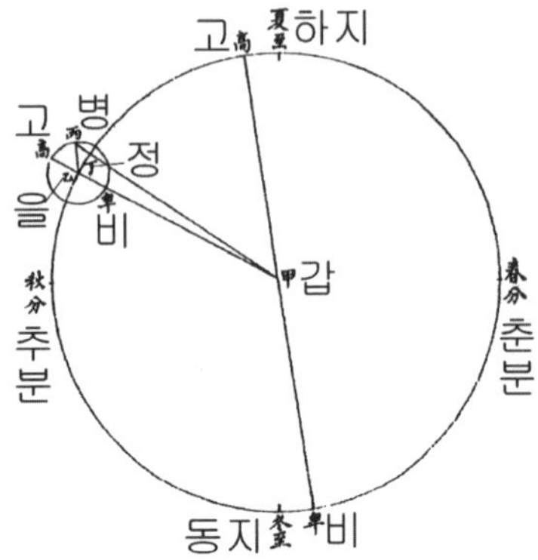

[圖 11-2]

準此論之, 凡最卑後半周, 實行皆大於平行, 則用時在平時東, 其時差宜減。最高後半周, 實行皆小於平行, 則用時在平時西, 其時差宜加。此以最高卑爲時差加減之限, 黃道上事也。[圖 11－3]

[圖 11-3]

然時刻以赤道爲主, 黃道上之用時, 猶非赤道上之用時。何也。黃道與赤道斜交, 二分之後, 黃道如弦, 赤道如股。【從赤極出線, 至赤道, 成直角勾股形。】故黃道一度, 赤道一度不足。赤道度少, 則時刻增矣。【右旋度少, 則左旋度多。故時刻增。】二至之後, 黃道以腰圍大圈之度, 當赤道距等小圈之度。故黃道一度, 赤道一度有餘。赤道度多, 則時刻減矣。【右旋度多, 則左旋度少。故時刻減。】

如圖，甲爲北極，乙戊丙爲赤道，乙丁丙爲黃道。乙爲春分，丙爲秋分，丁爲夏至。春分後，太陽實行四十五度，至己。赤道上與己相等之度爲庚，庚距乙亦四十五度。與己相當之度爲辛，辛庚弧爲赤道少於黃道之度，得二度二十九分，是爲升度差。如推得太陽本日實行距春分四十五度，而即以四十五度之點當某位爲某時者，是以赤道之庚點命時也。【如庚點當午位，即爲午時。】而實度之辛點，實在其西。故必以辛庚升度差變時，爲時差，以加於平時，得用時。【如庚點當午正末，即午正末爲平時。以時差加之，得辛點在未初，爲用時。秋分後與春分後同。】[圖 11－4]

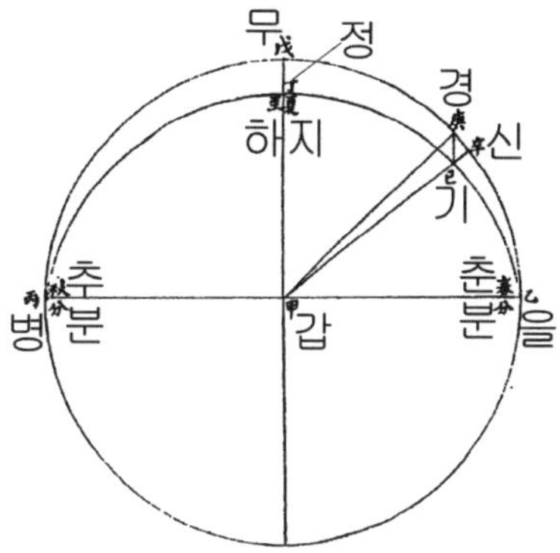

[圖 11-4]

又如夏至後，太陽實行四十五度至己。赤道上與己相等之度爲庚，庚距戊爲四十五度。與己相當之度爲辛，庚辛弧爲赤道多於黃道之度，得二度二十九分，是爲升度差。如推得太陽本日實行距夏至四十五度，而即以四十五度之點當某位爲某時者，是以赤道之庚點命時也。【如庚點當午位，即爲午時。】而實度之辛點，實在其東。故必以庚辛升度差變時，爲時差，以減於平時，得用時。【如庚點當午初，即午初爲平時。以時差減之，得辛點在巳正，爲用時。冬至後與夏至後同。】[圖 11－5]

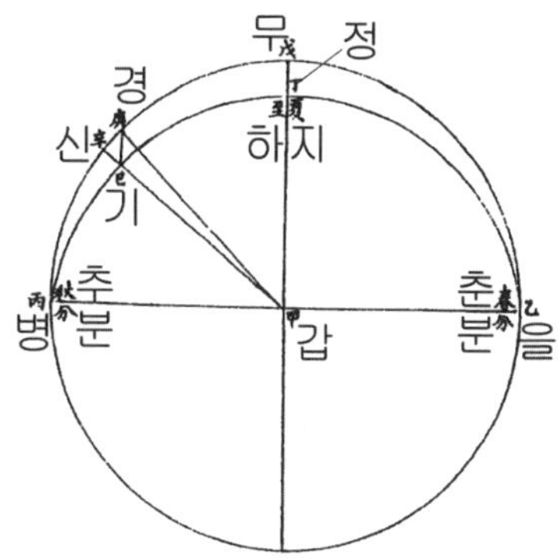

[圖 11-5]

準此論之, 凡分後兩象限用時, 皆在平時西, 其時差宜加。至後兩象限, 用時皆在平時東, 其時差宜減。 此以分至爲時差加減之限, 赤道上事也。[圖 11－6]

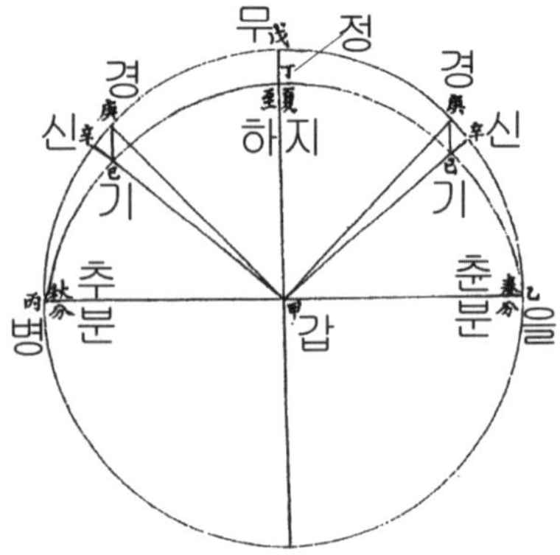

[圖 11-6]

是二者, 一以高卑爲加減之限, 一以分至爲加減之限。若以太陽實行宮度, 求得赤道同升度, 與平行宮度相減, 餘度變時, 爲時差, 逐度立表, 以加減平時, 而得用時, 是合兩次加減, 爲一次加減。然而宮度引數, 又因逐年最高卑有行分, 不能相同。合立一表, 慮歲久不可用, 故仍分作二表。一以太陽均數變時, 用引數查之。一以升度差變時, 用實行查之。依法加減兩次, 庶平時與用時相較之分, 可得其眞數也。

矇影刻分

矇影者，古所謂晨昏分也。太陽未出之先、已入之後，距地平一十八度，皆有光。故以一十八度爲矇影限。然北極出地有高下，太陽距赤道有南北。故矇影刻分，隨時隨地不同。其隨時不同者，二分之刻分少，二至之刻分多也。隨地不同者，愈北則刻分愈多，愈南則刻分愈少也。若夫北極出地五十度，則夏至之夜半猶有光，愈高則漸不夜矣。南至赤道下，則二分之刻分極少，而二至之刻分相等。赤道以南反是。

如圖，甲爲天頂，乙丙爲地平，丁戊爲地平下一十八度矇影限。【乙丁及丙戊，皆一十八度。】己爲北極，庚爲南極。辛壬爲赤道，癸子爲夏至距等圈，丑寅爲冬至距等圈。二分時日行辛壬赤道，出入於卯，交矇影限於辰。則日在卯辰弧，地平上皆有光。故以卯辰爲矇影[8]之刻分也。[圖 12－1]

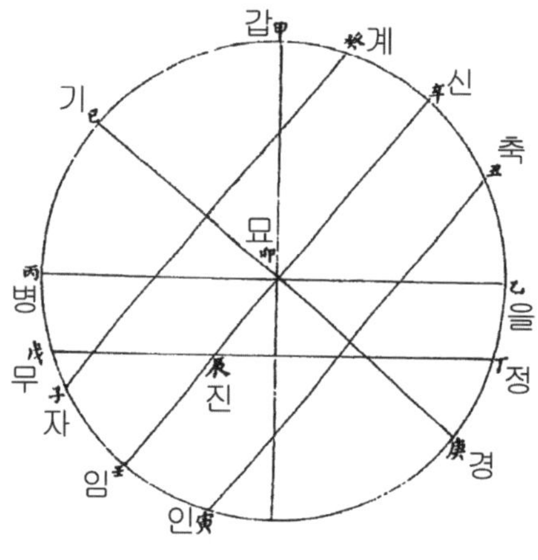

[圖 12-1]

8) 影: 저본에는 "引"으로 되어 있다. 옹정 2년 내부간본에 근거하여 "影"으로 바로잡았다.

若冬至時，日行丑寅距等圈，出入於巳，交曚影[9]限於午。則日在巳午弧，地平上皆有光。故以巳午爲曚影之刻分。而巳午與赤道相當之弧爲未申，其度多於卯辰。故冬至之刻分，多於二分也。[圖 12－2]

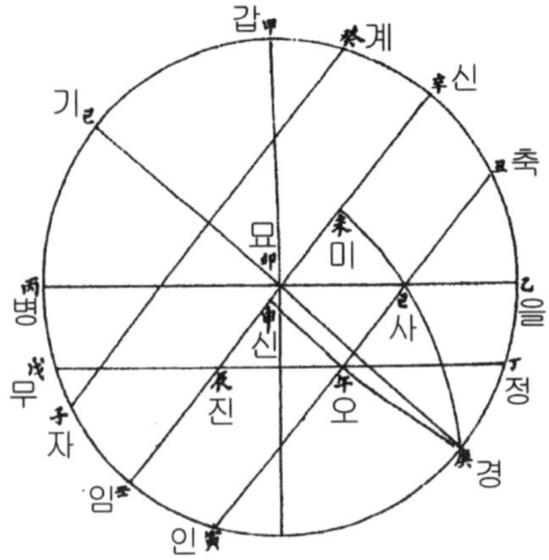

[圖 12-2]

夏至時，日行癸子距等圈，出入於酉，交曚影限於戌。則日在酉戌弧，地平上皆有光。故以酉戌爲曚影之刻分。而酉戌與赤道相當之弧爲亥乾，其度更多於未申。故夏至之刻分不惟多於二分，而更多於冬至也。夫冬至相當之未申弧度，多於二分相當之卯辰弧度，其故易知。若夏至相當之亥乾弧度，多於冬至相當之未申弧度，其故則難知。葢未申、亥乾二分，皆係與赤道相當之正弦，非弧度也。正弦之數，近圜心則疎，疎則所當之度少。近圜周則密，密則所當之度多。[圖 12－3]

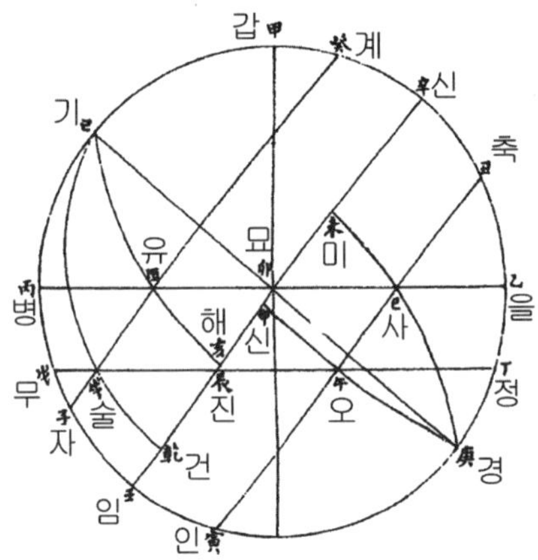

[圖 12-3]

9) 影: 저본에는 "暦"으로 되어 있다. 옹정 2년 내부간본에 근거하여 "影"으로 바로잡았다.

試於赤道上之未、申、亥、乾四點，各作垂線，引至圜周，其割圜周之點，爲坎、艮、震、巽。而坎艮弧爲未申弧相當之度，【未卯爲坎己弧之正弦，卯申爲己艮弧之正弦。以未卯與卯申相加，成未申。以坎己與己艮相加，成坎艮。故坎艮弧爲未申相當之度。】震巽弧爲亥乾弧相當之度。【卯乾爲己巽弧之正弦，卯亥爲己震弧之正弦。以卯乾與卯亥相減，餘亥乾。以己巽與己震相減，餘震巽。故震巽弧爲亥乾相當之度。】以震巽弧，與坎艮弧相較，則度之多少自見矣。[圖 12－4]

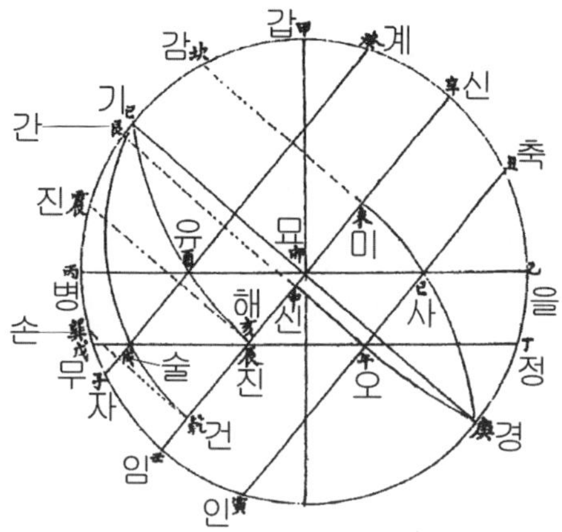

[圖 12-4]

如求二分之曚影刻分，則用甲己辰斜弧三角形，求己角，爲赤道之辛卯辰弧。此形有甲己邊五十度零五分，爲北極距天頂之度，【以京師北極出地三十九度五十五分立法。】有己辰邊九十度，有甲辰邊一百零八度。用三邊求角法，求得己角一百一十三度四十五分三十六秒，即辛卯辰弧。變時，得六時六刻五分。【每度，變時之四分。】內減去半晝分辛卯六時，【即日出卯，至午正辛，或午正辛，至日入卯之時刻也。】餘卯辰六刻五分，爲二分時之曚影刻分也。[圖 12－5]

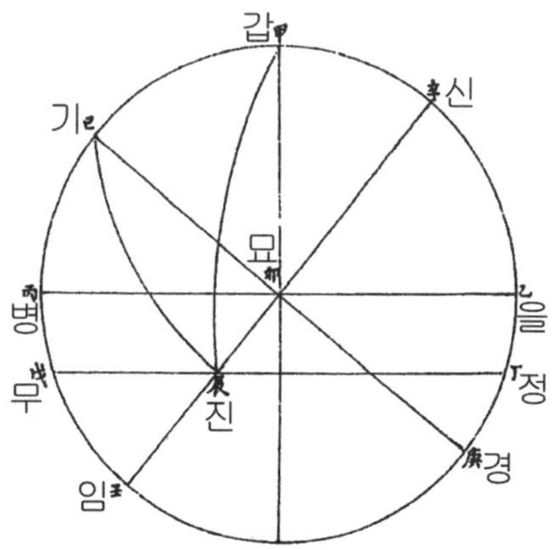

[圖 12-5]

如求冬至之曚影刻分，則用甲己午斜弧三角形，求己角，爲赤道之辛未申弧。此形有甲己邊五十度零五分，爲北極距天頂之度，有己午邊一百一十三度二十九分三十秒，【己申象限九十度，加申午距緯二十三度二十九分三十秒。】 有甲午邊一百零八度。用三邊求角法，求得己角九十四度二十分零六秒，即辛未申弧。變時，得六時一刻二分。 內減去半晝分辛未四時二刻五分，【即日出巳，至午正丑，或午正丑，至日入巳之時刻也。】餘未申六刻一十二分，爲冬至時之曚影刻分也。[圖 12－6]

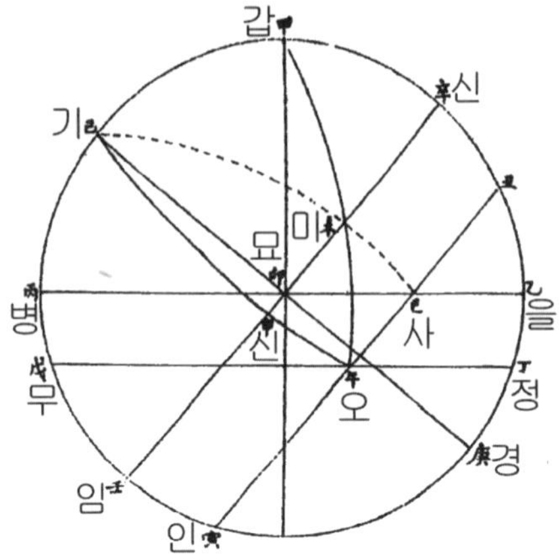

[圖 12-6]

如求夏至之曚影刻分，則用甲己戌斜弧三角形，求己角，爲赤道之辛亥乾弧。此形有甲己邊五十度零五分， 爲北極距天頂之度，有己戌邊六十六度三十分三十秒，【己乾象限九十度內，減去戌乾距緯二十三度二十九分三十秒。】有甲戌弧一百零八度。用三邊求角法， 求得己角一百四十三度二十三分零五秒，即辛亥乾弧。變時，得九時二刻五分。 內減去半晝分辛亥七時一刻一十分，【即日出酉，至午正癸，或午正癸，至日入酉之時刻也。】 餘亥乾八刻九分，爲夏至時之曚影刻分也。其餘各節氣，皆倣此推之。[圖 12－7]

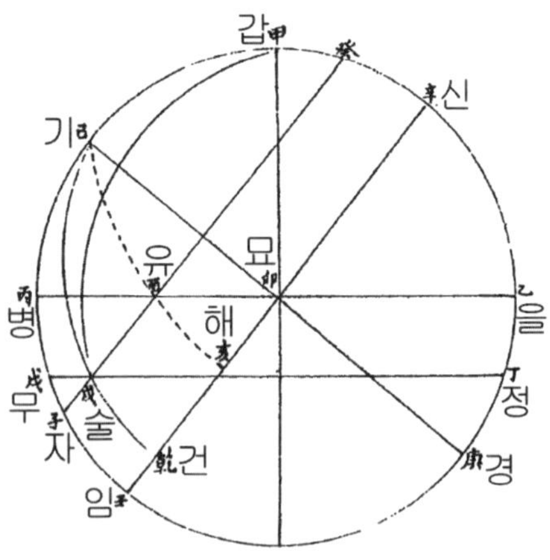

[圖 12-7]

晝夜永短

晝夜由於日之出入。因人所居有南北，故見日之出入早晚，隨時各異，而晝夜之永短生焉。中土居赤道之北，赤道斜倚於天頂之南，南極入地，北極出地。故惟春秋分，見日出入於卯酉，而晝夜平分。若秋分以後，則出入於卯酉之南，隨天左旋之度，地平上者少，地平下者多，故晝短夜永。春分以後，則出入於卯酉之北，隨天左旋之度，地平上者多，地平下者少，故晝永夜短。

所居之地愈北，則永短之差愈多。【廣州府北極出地二十三度一十分，夏晝、冬夜各五十三刻一十一分，夏夜、冬晝各四十二刻零四分，其較一十一刻零七分。京師北極出地三十九度五十五分，夏晝、冬夜各五十九刻零五分，夏夜、冬晝各三十六刻一十分，其較二十二刻一十分。北極愈高，其較愈多。】及至北極之下，則赤道當地平，夏則有晝而無夜，冬則有夜而無晝。葢以半年爲晝，半年爲夜矣。所居之地愈南，則永短之差漸少。以至於赤道之下，則兩極當地平，而晝夜常均，並無永短。蓋一歲中，爲四時者各二矣。【以日當天頂爲夏，日去天頂遠爲冬。赤道既當天頂，而太陽一歲必兩躔赤道，是兩夏也。一躔天頂南二十三度餘，一躔天頂北二十三度餘，是兩冬也。春秋亦如之。】

晝夜永短，以南北而異。若東西，雖相去千萬里，苟南北極之高度同，則晝夜之永短亦同。故謂之南北里差，亦名地平緯差。其推步之法，以本地北極出地高度爲主，求得各節氣日出入時刻，即得晝夜時刻也。

如圖, 甲乙丙爲子午規, 甲丙爲地平, 丁爲北極。丁丙三十九度五十五分, 爲京師北極之高。戊爲卯正、酉正之位, 己戊庚爲赤道。春秋分, 太陽正當赤道, 日出於戊爲卯正, 中於己爲午正, 復入於戊爲酉正。地平上戊己之度, 與地平下戊庚之度等, 故晝夜平分各四十八刻。辛爲夏至, 辛壬癸爲赤道距等圈,【古名"晝長規"。】即夏至太陽隨天西轉一周之軌。壬當卯正、酉正之位。子爲冬至, 子丑寅爲赤道距等圈,【古名"晝短規"。】即冬至太陽隨天西轉一周之軌。丑當卯正、酉正之位。[圖 13－1]

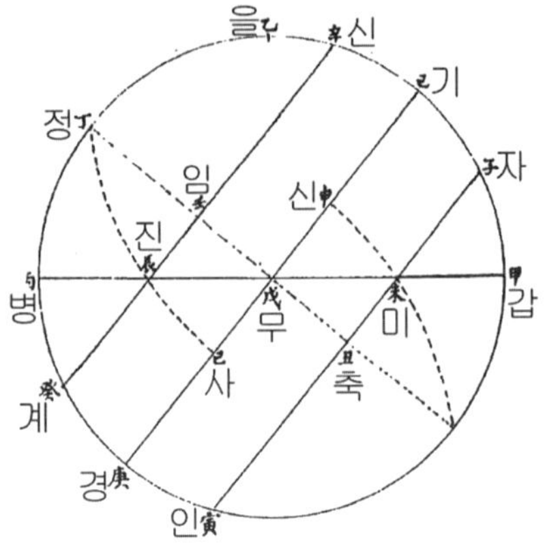

[圖 13-1]

夏至, 日出於辰在卯正前。壬辰爲日出距卯正之弧, 與赤道巳之戊巳度等。中於辛爲午正, 復入於辰在酉正後。地平上辰辛之度, 多於地平下辰癸之度, 故晝永夜短。冬至, 日出於未在卯正後。未丑爲日出距卯正之弧, 與赤道之申戊度等, 亦即與夏至日出距卯正之戊巳度等。中於子爲午正, 復入於未在酉正前。地平上未子之度, 少於地平下未寅之度, 故晝短夜永。冬至時地平上未子之度, 與夏至時地平下辰癸之度等。冬至時地平下未寅之度, 與夏至時地平上辰辛之度等。故冬之夜同於夏之晝, 冬之晝同於夏之夜也。

今求戊巳之度。以丁戊半徑一千萬，與丁丙北極高三十九度五十五分之正切丁戊八三六六二四二之比，即同於辰巳距緯弧二十三度二十九分三十秒之正切巳亥四三四六三九五，與戊巳弧之正弦三六三六二九九之比，【渾圓從外視之，則弧與正弦，俱合爲一線。】得戊巳二十一度一十九分二十四秒。【戊丁戊三角形與亥巳戊三角形，爲同式形。其巳角與丁角，同爲直角。戊角與戊角，爲平行線上交錯之角，必等。故相當之邊，皆可爲比例。】[圖 13－2]

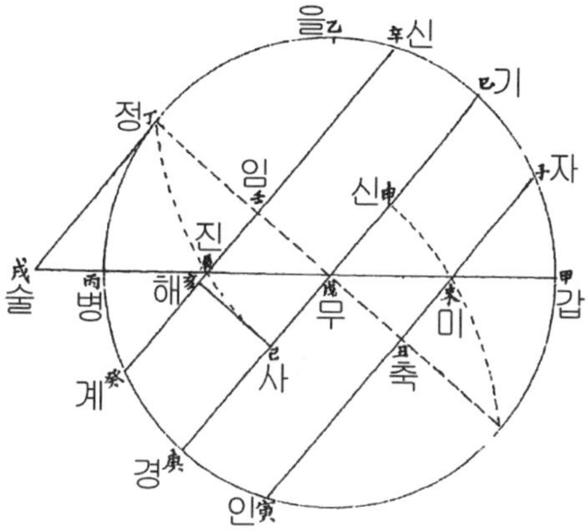

[圖 13-2]

變時，得五刻一十分。在夏至時，爲卯前酉後分。以減卯正，得日出寅正二刻五分。以加酉正，得日入戌初一刻一十分。復倍卯前分，得一十一刻五分。與四十八刻相加，得五十九刻五分，爲晝刻。與四十八刻相減，得三十六刻一十分，爲夜刻也。在冬至時，爲卯後酉前分。以加卯正，得日出辰初一刻一十分。以減酉正，得日入申正二刻五分。復倍卯後分，得一十一刻五分。與四十八刻相減，得三十六刻一十分，爲晝刻。與四十八刻相加，得五十九刻五分，爲夜刻也。

其餘節氣，各用其距緯之正切，爲比例，即得日出入距卯酉之弧。但自春分至秋分半歲，日出皆在卯前，日入皆在酉後，其變時加減，並與夏至同。自秋分至春分半歲，日出皆在卯後，日入皆在酉前，其變時加減，並與冬至同。各省各國，並依此法推之。

節氣時刻

古曆節氣之日時有二。其一取周歲之日,【三百六十五日有奇。】二十四分之, 得一十五日有餘, 爲節爲氣。其日相等, 以之頒曆授時, 置閏成歲。【置閏之法, 以無中氣者爲閏月。】名爲“恒氣”, 言其各節氣之日, 皆一定而不易, 且歲歲有常也。其一取周天之度,【古三百六十五度四分度之一。】二十四分之, 得一十五度有餘, 爲節爲氣。其度相等, 以步躔離, 推朓朒。名爲“定氣”, 言以日躔之度爲定, 而不問日時之多寡也。【因日行有盈縮, 故各節氣度數雖等, 而日時不等。】

今頒曆亦用定氣。【以日躔右旋一十五度爲一氣。】故冬至至小寒, 止一十四日有餘。夏至至小暑, 則一十六日不足。且每年不同。蓋有加減可推, 務求密合於天行也。然一歲之中同一節氣而京師各省時刻不同者, 此則東西之里差, 亦名“地平經差”, 而非天行之故。

蓋地體渾圓, 與天相應, 而人居地面, 各以所見日中爲午正。今以京師爲主, 在京師東者, 見日出入皆早, 其日中必在京師午正之前。在京師西者, 見日出入皆遲, 其日中必在京師午正之後。故東方節氣遲者, 非日躔之縮, 乃其見日早也。西方節氣早者, 非日躔之盈, 乃其見日遲也。其時刻之差, 視偏度之多寡, 每偏一度, 得時之四分。偏東者加, 偏西者減, 要以京師[10]之節氣時刻加減之, 即得各省之節氣時刻。

10) 師: 저본에는 이 뒤에 “西” 1자가 더 있다. 옹정 2년 내부간본에 근거하여 삭제하였다.

제 5 부

御製曆象考成 下編 卷一
日躔曆法

推日躔用數
推日躔法
用表推日躔法
推節氣時刻法
推節氣用時法
推各省節氣時刻法
推日出入晝夜時刻法
定氣推平氣法
平氣推定氣法
平氣日率

推日躔用數

康熙二十三年甲子天正冬至, 爲曆元。【天正冬至者, 歲前冬至, 即癸亥年十一月冬至也。】

周天, 三百六十度。【入算, 化作一百二十九萬六千秒。葢七政諸行, 自度以下, 皆以六十遞析, 須將度分, 皆化爲秒數。微、纖、忽、芒, 則以六十與一百爲比例, 收爲秒之小餘, 然後便於入算。故周天度數, 亦化爲秒數, 則諸曜之行, 方與天行相應也。】

周日, 一萬分。【一日二十四時, 刻則爲九十六, 分則爲一千四百四十, 秒則爲八萬六千四百, 法各不同。故將一日, 命爲一萬分, 然後便於入算。如有時刻, 欲通爲分數, 則以一千四百四十分爲一率, 所有時刻, 化分爲二率, 一萬分爲三率, 求得四率, 即所通之分數。如有分數, 求時刻, 則以一萬分爲一率, 所有之分數爲二率, 一千四百四十分爲三率, 求得四率, 即時刻之分數。乃以六十分收爲一時, 十五分收爲一刻, 不滿十五者爲分。自單位以下, 則以一百與六十爲比例, 得秒。再比例, 得微。命時之法, 初時爲子正, 一時爲丑初, 二時爲丑正, 三時爲寅初, 四時爲寅正, 以次順數, 二十三時爲夜子初。滿二十四時, 則去之, 復爲次日子正也。】

周歲, 三百六十五日二四二一八七五。【周歲三百六十五日五時三刻三分四十五秒, 將時、刻、分、秒, 用周日一萬分通之, 得二千四百二十一分小餘八七五。即歲實也。】

紀法, 六十。【紀法者, 自甲子至癸亥之日數。其法初日起甲子, 一日爲乙丑, 二日爲丙寅, 以次順數, 十日爲甲戌, 二十日爲甲申, 三十日爲甲午, 四十日爲甲辰, 五十日爲甲寅, 至五十九日爲癸亥。滿六十日, 則去之, 復爲甲子。即旬周也。】

宿法, 二十八。【宿法者, 自角至軫之宿數。其法初日起角, 一日爲亢, 以次順數, 至二十七日爲軫。滿二十八日. 則去之, 復爲角也。】

太陽[1]每日平行，三千五百四十八秒小餘三三○五一六九。【太陽每日平行五十九分零八秒一十九微四十九纖五十一忽三十九芒，以秒法通之，即得。】

最卑每歲平行，六十一秒小餘一六六六六。【最卑每歲平行一分零二秒一十微，以秒法通之，即得。】

最卑每日平行，十分秒之一又六七四六九。【最卑每歲平行六十一秒小餘一六六六六，以周[2]歲三百六十五日二四二一八七五除之，即得。如以微、纖命之，則爲一十微零二纖五十三忽一十八芒。】

太陽本天半徑，一千萬。

太陽本輪半徑，二十六萬八千八百一十二。

太陽均輪半徑，八萬九千六百零四。

氣應，七日六五六三七四九二六。【氣應者，曆元甲子年天正平冬至，距甲子日子正初刻之日分，乃辛未日申初三刻也。蓋自甲子日子正初刻起算，至庚午日夜子初三刻末，共得七日。又自辛未日子正初刻，至申初三刻，以周日一萬分計之，得六千五百六十三分小餘七四九二六，乃當時平氣之應。上考往古則減，下推將來則加，皆以此爲根也。○按康熙五十六年丁酉二月乙未夜子初初刻一分零七秒零三微，太陽本輪心交戌宮初度，爲平春分。以紀法，初日起甲子，周日一萬分命之，得三十一日九千五百九十一分小餘○九三○一。加六十日，減周歲四分之一九十一日三千一百零五分小餘四六八七五，得初日六千四百八十五分小餘六二四二六，爲丁酉年天正平冬至。自丁酉年，上溯[3]至甲子年，共三十四年。減一年，餘三十三年，爲積年。與周歲三百六十五日二四二一八七五相乘，得一萬二千零五十二日九九二一八七五，爲中積分。減丁酉年天正平冬至初日六四八五六二四二六，餘一萬二千零五十二日三四三六二五○[4]七四，爲通積分。其日，滿紀法六十去

1) 陽: 저본에는 "陰"으로 되어 있다. 옹정 2년 내부간본에 근거하여 "陽"으로 바로잡았다.
2) 周: 저본에는 "用"으로 되어 있다. 옹정 2년 내부간본에 근거하여 "周"로 바로잡았다.
3) 溯: 저본에는 "朔"으로 되어 있다. 옹정 2년 내부간본에 근거하여 "溯"로 바로잡았다.
4) ○: 저본에는 빈난으로 되어 있다. 옹정 2년 내부간본에 근거하여 "○"을 보충하였다.

之, 餘五十二日三四三六二五〇七四。轉與紀法六十相減, 餘七日六五六三七四九二六, 卽甲子年天正平冬至氣應也。】

宿應, 五日六五六三七四九二六。【宿應者, 曆元甲子年天正平冬至, 距角宿値日子正初刻之日分, 乃尾宿値日申初三刻也。宿止論日, 不論分。今並帶分數者, 蓋子正爲二日之交, 前後雖差數分, 卽差一日, 亦必差一宿。故宿應亦帶分數, 從子正起算也。】

最卑應, 七度一十分一十一秒一十微。【最卑應者, 曆元甲子年天正平冬至次日子正初刻, 最卑過冬至之度分也。蓋曆元甲子年天正平冬至, 太陽本輪心正躔丑宮初度, 而均輪心未及本輪最卑點七度餘, 太陽未及均輪最近點一十四度餘。必待本輪心行過冬至七度餘, 而均輪心方行到本輪最卑點, 太陽方行到均輪最近點, 平行與[5]實行乃合爲一線, 而爲盈縮起算之端。故此七度餘, 爲當時最卑過冬至之應。上考往古, 則減最卑每歲之行, 下推將來, 則加最卑每歲之行, 推本年, 則加最卑每日之行, 皆以此爲根也。 〇按康熙五十六年丁酉, 測得中距過秋分七度四十四分三十六秒四十八微。其年秋分後丙午日己正一刻一十三分四十九秒, 太陽過中距。距天正冬至次日乙丑子正初刻, 計二百八十一日四千三百六十六分小餘七八。以此日分, 與最卑每日行十分秒之一又六七四六九相乘, 得四十七秒零八微, 爲自冬至次日子正初刻, 至過中距之最卑行度。與中距過秋分之度相減, 餘七度四十三分四十九秒四十微, 爲丁酉年天正冬至次日子正初刻, 最卑過冬至之度。又丁酉距曆元甲子, 積三十三年。以三十三年, 與最卑每歲平行六十一秒小餘一六六六六相乘, 得三十三分三十八秒三十微, 爲自甲子年至丁酉年之最卑行度。與丁酉年最卑過冬至七度四十三分四十九秒四十微相減, 餘七度一十分一十一秒一十微, 卽甲子年天正冬至次日子正初刻, 最卑過冬至之度分也。】

5) 與: 저본에는 “以”로 되어 있다. 옹정 2년 내부간본에 근거하여 “與”로 바로잡았다.

推日躔法

求積年

自曆元康熙二十三年甲子, 距所求之年, 共若干年, 減一年, 得積年。【積年者, 乃所求本年天正冬至, 距曆元甲子年天正冬至之年數。因本年初交天正冬至尚在歲前, 故減一年。如甲子至癸亥, 計六十年, 而癸亥初交天正冬至, 止五十九年也。下推將來則順推, 上考往古則逆溯, 其法皆同。】

求中積分

以積年, 與周歲三百六十五日二四二一八七五相乘, 得中積分。【中積分者, 乃所求本年天正冬至, 距曆元甲子年天正冬至之日分。故以積年, 與周歲日分相乘, 即得也。】

求通積分

置中積分, 加氣應七日六五六三七四九二六, 得通積分。上考往古, 則置中積分, 減氣應, 得通積分。【通積分者, 乃所求本年天正冬至, 距曆元甲子年天正冬至前甲子日子正初刻之日分。故下推將來, 則置中積分, 加氣應。上考往古, 則置中積分, 減氣應也。】

求天正冬至

置通積分, 其日, 滿紀法六十去之, 餘爲天正冬至日分。上考往古, 則以所餘, 轉與紀法六十相減, 餘爲天正冬至日分。自初日甲子起算, 得天正冬至干支。以一千四百四十分, 通其小餘, 得天正冬至時分秒。【天正冬至者, 乃所求本年天正冬至, 距冬至前甲子日子正初刻之日分。故置通積分, 滿紀法去之, 餘爲天正冬至日分。若上考往古, 則其所餘爲距冬至後甲子日子正初刻之日分。故轉與紀法六十相減, 方爲天正冬至日分也。】

求年根

以周日一萬分爲一率，　太陽每日平行三千五百四十八秒三三〇五一六九爲二率，以天正冬至分，【不用日。】與周日一萬分相減，餘爲三率，求得四率，爲秒。以分收，之得年根。【年根者，乃所求本年天正冬至次日子正初刻，太陽距冬至之平行經度也。天正冬至分，乃冬至距本日子正初刻後之分數。與周日一萬分相減，餘爲冬至距次日子正初刻前之分數。故與每日之平行爲比例，得次日子正初刻，太陽距冬至之平行經度也。】

求紀日

以天正冬至干支，加一日，得紀日。【紀日者，乃所求本年天正冬至次日之干支也。既有天正冬至干支，可以不用紀日，因用表推算，起於年根，而不用天正冬至，若無紀日，則無以定干支。且日數，自紀日干支，起初日。故並用之。】

求值宿

置中積分，加宿應五日六五六三七四九二六，爲通積宿其日。滿宿法二十八去之，外加一日，爲值宿日分。上考往古，則置中積分，減宿應，爲通積宿其日。滿宿法二十八去之，餘數轉與宿法二十八相減，外加一日，爲值宿日分。自初日，角宿起算，得值宿。【求值宿，與求天正冬至之理同。但天正冬至，乃冬至本日之干支，而值宿乃冬至次日之宿，故外加一日。】

求日數

自天正冬至次日距所求本日共若干日，與太陽每日平行三千五百四十八秒三三〇五一六九相乘，得數爲秒。以宮[6]度分收之，得日數。【日數者，乃所求本日子正初刻，距天正冬至次日子正初刻之平行經度也。年根，從天正冬至次日子正初刻起算，故從天正冬至次日起初日，至所求本日，得若干日。與每日太陽平行相乘，得若干日之平行經度也。】

6) 宮: 저본에는 "官"으로 되어 있다. 옹정 2년 내부간본에 근거하여 "宮"으로 바로잡았다.

求平行

以年根, 與日數相加, 得平行。【平行者, 乃所求本日子正初刻, 太陽距冬至之平行經度也。年根, 爲天正冬至次日子正初刻, 距冬至之行度。日數, 爲本日子正初刻, 距冬至次日子正初刻之行度。故相加, 得本日子正初刻, 距冬至之行度也。】

求最卑平行

以積年, 與最卑每歲平行六十一秒一六六六六相乘, 得積年之行。又以日數, 與最卑每日平行十分秒之一又六七四六六相乘, 得日數之行。兩數相併, 與最卑應七度一十分一十一秒一十微相加, 得最卑平行。上考往古, 則置最卑應, 減積年之行, 加日數之行, 得最卑平行。【最卑平行者, 乃所求本日子正初刻, 最卑距冬至之行度也。下推將來, 置最卑應, 加積年之行, 上考往古, 置最卑應, 減積年之行, 則得本年天正冬至次日子正初刻, 最卑距冬至之行度。而所求本日, 又距天正冬至後若干日。故下推將來, 上考往古, 皆加日數之行, 得本日子正初,刻, 最卑距冬至之行度也。】

求引數

置平行, 減最卑平行, 得引數。【引數者, 乃所求本日子正初刻, 均輪心過本輪最卑之行度也。平行乃本輪心之行度, 自冬至起初宮。引數乃均輪心之行度, 自最卑起初宮。故置本日平行, 減本日最卑平行, 得引數也。】

求均數

均輪心自本輪最卑左旋, 【自東而西。】 行引數度。太陽自均輪最近點右旋, 【自西而東。】 行倍引數度。用兩三角形法, 求得地心之角, 爲均數。【法詳《日躔曆理·盈縮差》篇。】 引數初宮至五宮, 爲加, 六宮至十一宮, 爲減。【均數者, 平行與實行之差也。引數初宮至五宮, 在最後, 實行過於平行, 故加。六宮至十一宮, 在最高後, 實行不及平行, 故減。】

求實行

置平行, 加減均數, 得實行。【實行者, 乃所求本日子正初刻, 太陽實在之行度也。平行乃本輪心之行度, 而太陽實在均輪之周, 其加減差即均數。故以均數加減平行, 得實行也。】

求宿度

以積年, 與歲差五十一秒相乘, 得數。與曆元甲子年黃道宿鈐相加, 得所求本年黃道宿鈐。察實行, 足減本年黃道宿鈐內某宿度分, 則減之, 餘爲某宿度分。【宿度者, 乃所求本日子正初刻, 太陽所躔之黃道宿度也。實行自冬至起算, 宿度自各宿初度起算。故於實行內, 減本年黃道宿鈐某宿度, 餘爲太陽躔某宿之度也。】

用表推日躔法

【用表推日躔法, 年根、紀日、值宿、日數、最卑、均數, 各檢本表, 其餘與前法同。蓋用乘除而得者, 則用表以省算。若用加減而得者, 則已無可省, 如平行、引數、實行是也。有必不能用表者, 如宿鈐歲歲不同, 難以預爲立表, 須隨時加歲差, 以立算是也。今並逐條開列, 以便於用。月離、交食、五星並倣此。】

求年根

用日躔《太陽年根表》, 察本年距冬至分秒, 【三十微進一秒。下倣此。】得年根。察本年最卑度分秒, 得本年最卑行。并察紀日、值宿。【紀日、值宿, 今推日躔, 俱不逐日開載。蓋一歲之日躔, 推算既畢, 然後以紀日起干支, 以值宿值日。若設某節某干支, 求日躔, 則自紀日干支, 起初日, 以定日數。日數既定, 不復用紀日, 故不必逐日開載也。然爲作曆所必需, 故並詳於此。】

求日數

用日躔《太陽周歲平行表》, 察本日平行宮度分秒, 得日數。并察本日最卑行分秒, 得日數最卑行。

求平行

以年根, 與日數相加, 得平行[7]。

求最卑平行

以本年最卑行, 與日數最卑行相加, 得最卑平行。

7) 行; 저본에는 “得”으로 되어 있다. 옹정 2년 내부간본에 근거하여 “行”으로 바로잡았다.

求引數

置平行, 減最卑平行, 得引數。

求均數

用日躔《太陽均數表》, 以引數宮度分, 察其所對之度分秒, 得均數, 并記加減號。

求實行

置平行, 加減均數, 得實行。

求宿度

以積年, 與歲差五十一秒相乘, 得數。與曆元甲子年黃道宿鈐相加, 得本年黃道宿鈐。察實行, 足減本年黃道宿鈐内某宿度分, 則減之, 餘爲某宿度分。

推節氣時刻法

日躔丑宮初度爲冬至，丑宮一十五度爲小寒。子宮初度爲大寒，子宮一十五度爲立春。亥宮初度爲雨水，亥宮一十五度爲驚蟄。戌宮初度爲春分，戌宮一十五度爲淸明。酉宮初度爲穀雨，酉宮一十五度爲立夏。申宮初度爲小滿，申宮一十五度爲芒種。未宮初度爲夏至，未宮一十五度爲小暑。午宮初度爲大暑，午宮一十五度爲立秋。巳宮初度爲處暑，巳宮一十五度爲白露。辰宮初度爲秋分，辰宮一十五度爲寒露。卯宮初度爲霜降，卯宮一十五度爲立冬。寅宮初度爲小雪，寅宮一十五度爲大雪。皆以子正日躔未交節氣宮度者，爲交節氣本日，已過節氣宮度者，爲交節氣次日。【本日子正未交，次日子正已過，則交節氣必在本日子正後、次日子正前。故未交爲本日，已過爲次日。】推時刻之法，以本日實行，與次日實行相減，爲一率。一千四百四十分爲二率，本日實行，與節氣宮度相減，餘爲三率。【如推立春，則以本日實行，與一宮一十五度相減。餘倣此。】求得四率，爲距子正後之分數。葢以一日之行度與一日之分數爲比，同於距節氣之度與距子正之分數爲比也。乃以六十分收，爲一小時，十五分收，爲一刻，得節氣時刻。如本日實行適當節氣宮度，而無餘分，則交節氣即爲本日子正初刻。

推節氣用時法

以交節氣本日均數變時,【一度變爲四分, 十五分變爲一分, 十五秒變爲一秒。】得均數時差。均數爲減者, 則時差爲加, 均數爲加者, 則時差爲減。【天左旋, 日右旋, 故加減相反。】又以半徑一千萬爲一率, 黃赤大距二十三度二十九分三十秒之餘弦爲二率, 本節氣黃道度之正切線爲三率, 求得四率, 爲赤道之正切線。檢表, 得赤道度。與黃道度相減, 餘數變時, 得升度時差。二分後爲加, 二至後爲減。【二分後, 黃道度多, 赤道度少, 故加。二至後, 黃道度少, 赤道度多, 故減。】乃以兩時差, 加減節氣時刻, 得節氣用時。【詳《日躔曆理 · 時差》篇。】如用表, 則以引數宮度, 察日躔《均數時差表》, 得均數時差。以節氣宮度, 察日躔《升度時差表》, 得升度時差。依兩時差加減號, 加減節氣時刻, 得節氣用時。

推各省節氣時刻法

各省節氣時刻, 皆以京師爲主, 視各省東西之偏度, 加減之。【詳《日躔曆理·節氣時刻》篇。】盛京偏東七度一十五分, 則加二十九分。【每一度, 當四分。】浙江偏東三度四十一分二十四秒, 則加一十四分四十六秒。福建偏東二度五十九分, 則加一十一分五十六秒。江南偏東二度一十八分, 則加九分一十二秒。山東偏東二度一十五分, 則加九分。江西偏西三十七分, 則減二分二十八秒。河南偏西一度五十六分, 則減七分四十四秒。湖廣偏西二度一十七分, 則減九分零八秒。廣東偏西三度三十三分一十五秒, 則減一十四分一十三秒。山西偏西三度五十七分四十二秒, 則減一十五分五十一秒。廣西偏西六度一十四分四十秒, 則減二十四分五十九秒。陝西偏西七度三十三分四十秒, 則減三十分一十五秒。貴州偏西九度五十二分四十秒, 則減三十九分三十一秒。四川偏西一十二度一十六分, 則減四十九分零四秒。雲南偏西一十三度三十七分, 則減五十四分二十八秒。朝鮮偏東一十度三十分, 則加四十二分。【各省偏度, 俱依地圖經度所定。今測日影, 以求其節氣時刻及月食早晚, 驗之, 皆與地圖合。】

推日出入晝夜時刻法

推日出入晝夜時刻法，以半徑一千萬爲一率，北極高度之正切線爲二率，本日距緯度之正切線爲三率，求得四率，爲卯酉前後赤道度之正弦。檢表，得日出入在卯酉前後赤道度。乃以一度變爲四分，十五分變爲一分。春分前、秋分後，爲卯後酉前分。以加卯正，爲日出時刻，以減酉正，爲日入時刻。春分後、秋分前，爲卯前酉後分。以減卯正，爲日出時刻，以加酉正，爲日入時刻。自日出至日入，爲晝刻。與九十六刻相減，餘爲夜刻。【冬至前，與冬至後之距緯同，則晝夜時刻亦同。夏至前後，與冬至前後之距緯亦同，而南北各異，則晝夜時刻相反。故求得冬至後一象限之時刻，即得餘三象限之時刻。】各省日出入晝夜時刻，俱以本處之北極高度立算。京師北極高三十九度五十五分，盛京北極高四十一度五十一分，山西北極高三十七度五十三分三十秒，朝鮮北極高三十七度三十九分一十五秒，山東北極高三十六度四十五分二十四秒，河南北極高三十四度五十二分二十六秒，陝西北極高三十四度一十六分，江南北極高三十二度零四分，四川北極高三十度四十一分，湖廣北極高三十度三十四分四十八秒，浙江北極高三十度一十八分二十秒，江西北極高二十八度三十七分一十二秒，貴州北極高二十六度三十分二十秒，福建北極高二十六度零二分二十四秒，廣西北極高二十五度一十三分零七秒，雲南北極高二十五度零六分，廣東北極高二十三度一十分。【各省北極高度，俱係實測所得。】

定氣推平氣法

康熙五十六年丁酉二月初八日癸己亥初一刻一十三分二十九秒四十一微，日躔戌宮初度，爲定春分用時。【測法見《日躔曆理·測歲實以定平行》篇。】求平春分日時，先以本年天正冬至次日子正初刻，最卑過冬至七度四十三分四十九秒四十微，與平春分距冬至九十一日之最卑行一十五秒一十四微相加，【平春分距冬至，爲周歲四分之一。因最卑每日之行甚微，故止用九十一日。】得七度四十四分零四秒五十四微，爲平春分之最卑行。與平春分之平行九十度相減，餘八十二度一十五分五十五秒零六微，爲平春分之引數。求其均數，得二度零二分二十秒。與平春分之平行九十度相加，【春分時實行，在平行前，故加。】得九十二度零二分二十秒，爲平春分之實行。又以所得均數，與平春分之平行九十度相減，餘八十七度五十七分四十秒，爲平春分前虛設之平行。【定春分在平春分前，故設於平春分前，求之。】減平春分之最卑行七度四十四分零四秒五十四微，【春分時近中距，均數逐度之差甚微。故雖在平春分前，仍可用平春分之最卑行。】餘八十度一十三分三十五秒零六微，爲平春分前虛設之引數。求其均數，得二度零一分四十四秒四十四微。與平春分前虛設之平行相加，得八十九度五十九分二十四秒四十四微，爲平春分前虛設之實行。乃以兩實行相減，餘二度零二分五十五秒一十六微，爲一率°兩平行相距之二度零二分二十秒爲二率，又爲三率，【兩平行相距，即平春分之均數，亦即定春分距平春分之實行度。】求得四率二度零一分四十四秒五十四微，爲平春分距定春分之平行，即定春分之均數。又以太陽每日之平行三千五百四十八秒三三〇五一六九爲一率，周日一萬分爲二率。平春分距定春分之平行二度零一分四十四秒五十四微，化秒爲三率，求得四率二日五百八十六分八四七七一，爲平春分距定春分之日分。於是以所測定春分用時亥初一刻一十三分二十九秒四十一微，　加均數時差八分七秒，【即定春分之均數，變時也。春分時，用時在平時東，以平時求用時，則減均數時差。今以用時求平時，故加均數時差。無升度時差者，春分日當赤道故也。】得亥初二刻六分三十六秒四十一微，爲定春分平時。以紀法，初日起甲子，周日一萬分計之，得二十九日【癸巳日也。】九千零四分二四五三，爲定春分之日分。加平春分距定春分之二日五百八十六分八四七七一, 得三十一日九千五百九十一分○九三○一, 爲平春分之日分。以紀法, 初日起甲子, 周日二十四時計之, 得乙未日夜子初初刻一分零七秒零三微, 即平春分日時也。

[圖 17]

如圖, 甲乙爲本天之一弧。定春分平行在丙, 實行在丁。平春分平行在丁, 實行在戊。今測得平行在丙點之日時, 而求平行在丁點之日時, 必求得丙丁之分, 然後可以入算。但丙丁之度, 無由而知。故先於平行在丁點時, 求其均數, 爲丁戊, 則戊點即爲平春分之實行。又設己丁與丁戊等, 己點爲平春分前虛設之平行, 求其均數, 得己庚, 則庚點即爲平春分前虛設之實行。兩實行相距, 爲庚戊。夫兩實行相距如庚戊, 則兩平行相距, 如己丁。今定春分與平春分, 兩實行相距, 如丁戊。則兩平行相距, 如丙丁。故以庚戊與己丁之比, 同於丁戊與丙丁之比,【丁戊與己丁等。】而得丙丁之分。既得丙丁之分, 則以太陽一日之平行與一日之比, 即同於丙丁之分與平春分距定春分日分之比。與所測平行在丙點之日分相加, 即得平行在丁點之日分矣。

平氣推定氣法

以本年天正冬至日分, 各加平氣日率, 減一日, 各得平氣距天正冬至次日子正初刻日分。又置平氣宮度, 減本日最卑行, 餘爲本日引數, 按法求得本日均數。乃以太陽每日平行三千五百四十八秒三三〇五一六九爲一率, 周日一萬分爲二率, 本日均數爲三率, 求得四率。與平氣距天正冬至次日子正初刻之日分相加減,【均數爲加者則減, 均數爲減者則加。】又加本年紀日之數, 滿紀法六十去之, 各得定氣干支。以一千四百四十分通其小餘, 各得定氣時分秒。如推月日, 則用日食推實朔法, 推得逐月實朔。乃自本月實朔干支計之, 各得定氣月日。【平氣推定氣, 即古曆步氣朔求次氣之法。蓋平氣者, 乃平行交節氣日分。因有加減之差, 故定氣有進退也。其加減與均數相反者, 實行爲加, 則交節早, 故減。實行爲[8]減, 則交節遲, 故加。】

8) 爲: 저본에는 "相"으로 되어 있다. 옹정 2년 내부간본에 근거하여 "爲"로 바로잡았다.

平氣日率

小寒，一十五日二一八四二四四。

大寒，三十日四三六八四八九。

立春，四十五日六五五二七三四。

雨水，六十日八七三六九七九。

驚蟄，七十六日○九二一二二三。

春分，九十一日三一○五四六八。

淸明，一百零六日五二八九七一三。

穀雨，一百二十一日七四七三九五八。

立夏，一百三十六日九六五八二○三。

小滿，一百五十二日一八四二四四七。

芒種，一百六十七日四○二六六九二。

夏至，一百八十二日六二一○九三七。

小暑，一百九十七日八三九五一八二。

大暑，二百一十三日○五七九四二七。

立秋，二百二十八日二七六三六七一。

處暑，二百四十三日四九四七九一六。

白露，二百五十八日七一三二一六一。

秋分[9]，二百七十三日九三一六四○六。

寒露，二百八十九日一五○○六五一。

霜降，三百零四日三六八四八九五。

立冬，三百一十九日五八六九一四○。

小雪，三百三十四日八○五三三八五。

大雪，三百五十日○二三七六三○。

冬至，三百六十五日二四二一八七五。

---

9) 秋分: 저본에는 "立秋"로 되어 있다. 옹정 2년 내부간본에 근거하여 "秋分"으로 바로잡았다.

제 6 부

御製曆象考成 表 卷一

日躔表

太陽年根表

《太陽年根表》，以距冬至及最卑，逐年列之。前用紀年者，乃曆元後逐年之干支也。表名距冬至者，乃逐年天正冬至次日子正，太陽平行距丑宮初度之分秒也。【求逐年距冬至法，以周日一萬分爲一率，太陽每日平行三千五百四十八秒小餘三三〇五一六九爲二率。以曆元甲子年天正冬至氣應分數六千五百六十三分小餘七四九二六，與周日一萬分相減，餘三千四百三十六分小餘二五〇七四，爲三率，求得四率一千二百一十九秒小餘二九五三三六四。收作二十分一十九秒一十七微四十三纖一十二忽四十芒，爲曆元甲子年距冬至之數。此後用加法。以本年距冬至之數，加三百六十五日之太陽平行三百五十九度四十五分四十秒三十八微一十九纖一十二忽二十四芒，滿三百六十度減之，餘爲次年距冬至之數。而本年即爲三百六十五日，是爲平年。如相加，不滿三百六十度，則再加一日之太陽平行五十九分零八秒一十九微四十九纖五十一忽三十九芒，然後減三百六十度，餘爲次年距冬至之數。而本年即爲三百六十六日，是爲閏年。又捷法，以本年距冬至之數，減三百六十五日之太陽平行度與全周之較一十四分一十九秒二十一微四十纖四十七忽三十六芒，即得次年距冬至之數，而本年即爲平年。若不足減，則以本年距冬至之數，加三百六十六日之太陽平行度與全周之較四十四分四十八秒五十八微零九纖零四忽零三芒，即得次年距冬至之數，而本年即爲閏年。按法求得逐年距冬至之數，滿三十纖以上者，進作一微，不足三十纖者，可以去之。後倣此。】最卑者，乃逐年天正冬至次日子正，最卑過丑宮初度之度分也。【求逐年最卑法，曆元甲子年天正冬至最卑應七度一十分一十一秒一十微，即曆元甲子年最卑過冬至之數。此後用加法。如本年爲平年，則加三百六十五日之最卑行一分零一秒零七微三十四纖一十五忽五十八芒，即得次年最卑過冬至之數。如本年爲閏年，則加三百六十六日之最卑行一分零一秒一十七微三十七纖零九忽一十六芒，　即得次年最卑過冬至之數。】後列紀日、值宿者，乃逐年天正冬至次日之干支并所值之宿也。【求逐年紀日及值宿法，曆元甲子年天正冬至氣應七日爲辛未，次日爲壬申，即曆元甲子年紀日。此後用加法。如本年爲平年，則自本年紀日干支，順數加五日，即得次年紀日干支。如本年爲閏年，則自本年紀日干支，順數加六日，即得次年紀日干支。蓋紀法以六十爲率，三百六十日則紀法滿六周。故平年加五日，閏年加六日也。又曆元甲子年天正冬至宿應五日爲尾宿，次日爲箕宿，即曆元甲子年值宿。此後用加法。如本年爲平年，則自本年值宿，順數加一宿，即得次年值宿。本年爲閏年，則自本年值宿，順數加二宿，即得次年值宿。蓋宿法以二十八爲率，三百六十四日則宿法滿一十三周。故平年加一宿，閏年加二宿也。】

用表之法。如求康熙六十一年壬寅之年根, 則察本表紀年, 自曆元甲子年後第一壬寅, 爲所求之年。乃視壬寅所對各數, 錄之。其距冬至爲八分一十八秒三十二微, 其最卑爲七度四十八分五十五秒二十八微, 其紀日爲辛卯, 其值宿爲張宿也。

太陽周歲平行表

《太陽周歲平行表》, 以太陽平行及最卑行, 逐日列之。其前用日數者, 自一日至三百六十六日之日數也。表名平行者, 乃太陽本輪自一日至三百六十六日之平行各數也。【太陽每日平行五十九分零八秒一十九微四十九纖五十一忽三十九芒, 累加之, 即得逐日平行之各數。】最卑行者, 乃太陽本天自一日至三百六十六日之最卑行各數也。【最卑每日行一十微零二纖五十三忽一十八芒, 累加之, 即得逐日最卑行之各數。】

用表之法。如求冬至後九十二日之太陽平行及最卑行, 則察本表日數九十二所對各數, 錄之。其平行爲三宮零四十分四十六秒二十四微, 即九十二日太陽平行之共數。其最卑行爲一十五秒二十四微, 即九十二日最卑行之共數也。

太陽周日平行表

《太陽周日平行表》，以一日內之時分秒，遞降列之。蓋時刻之分秒與度數之分秒，皆以六十遞析。【一日二十四時，每時六十分，每分六十秒。】故太陽一時之平行與一分或一秒之平行皆同數，不過遞降一位耳。如太陽一時行二分有餘，一分行二秒有餘，一秒行二微有餘。其平行之數同爲二，而爲分爲秒爲微則遞降也。表分兩段。第一段自一至三十者，一時至三十時，一分至三十分，一秒至三十秒。第二段三十一至六十者，三十一時至六十時，三十一分至六十分，三十一秒至六十秒。其所對之數，則太陽逐時逐分逐秒之平行數也。【太陽每日之平行，用二十四時除之，得二分二十七秒五十微四十九纖三十四忽四十芒，是爲一時之平行。累加之，爲逐時之平行。逐分逐秒之平行皆同數，而遞降一位。時之平行，爲度分秒微。分之平行，爲分秒微纖。秒之平行，爲秒微纖忽。】至於最卑，每日止行一十微有餘，則時分所行甚少。故《周日平行表》不列最卑行。

用表之法，如求一十二時四十二分五十一秒之太陽平行，則察本表一十二時所對之數，爲二十九分三十四秒一十微，四十二分所對之數，爲一分四十三秒二十九微三十四纖，五十一秒所對之數，爲二秒零五微四十纖一十二忽。合計三數，得三十一分一十九秒四十五微一十四纖一十二忽，即所求之太陽平行也。

太陽均數表

《太陽均數表》, 按最卑、最高, 分順逆列之。引數初宮至五宮, 爲最卑後, 列於上。引數六宮至十一宮, 爲最高後, 列於下。前後列引數度分, 分順逆, 以別加減。中列逐宮逐度之均數。太陽引數在上六宮者, 用順度, 其號爲加。太陽引數在下六宮者, 用逆度, 其號爲減。

用表之法, 以引數之宮, 對引數之度分, 其縱橫相遇, 即所求之均數也。表以十分爲率, 若引數有零分者, 按中比例法求之。設太陽引數爲二宮五度一十二分, 求其均數, 則以二宮五度一十分所對之數一度五十二分三十七秒, 與下層五度二十分所對之數一度五十二分四十六秒相減, 餘九秒, 爲一十分之較。乃以引數一十分爲一率, 較數九秒爲二率, 設數二分爲三率, 求得四率一秒小餘八, 收作二秒。與二宮五度一十分之均數一度五十二分三十七秒相加,【因二十分之均數, 大於一十分之均數, 故相加。反是, 則相減也。】得一度五十二分三十九秒, 爲所求之均數。其號爲加, 即爲加均也。

黃赤距度表

《黃赤距度表》, 按二分、二至, 分順逆列之。二分後之各宫, 列於上。降婁、大梁、實沈三宫, 係春分後, 爲北緯。壽星、大火、析木三宫, 係秋分後, 爲南緯。其數同。二至後之各宫, 列於下。鶉首、鶉火、鶉尾三宫, 係夏至後, 爲北緯。星紀、玄[1]枵、娵訾三宫, 係冬至後, 爲南緯。其數同。太陽實行在上六宫者, 用順度, 太陽實行在下六宫者, 用逆度。

用表之法, 以實行之宫, 對實行之度分, 其縱横相遇, 即所求之距度也。表以十分爲率, 若實行有零分者, 按中比例法求之。設太陽實行在黃道大火宫二十一度一十五分, 求黃赤距度, 則以大火宫二十一度一十分所對之數一十八度零五分二十四秒, 與下層二十一度二十分所對之數一十八度零八分零二秒相減, 餘二分三十八秒, 爲一十分之較。乃以一十分爲一率, 較數二分三十八秒, 化作一百五十八秒, 爲二率。設數五分爲三率, 求得四率七十九秒, 收作一分一十九秒。與大火宫二十一度一十分之距度一十八度零五分二十四秒相加,【因二十分之距度, 大於一十分之距度, 故相加。反是, 則相減也。】得一十八度零六分四十三秒, 爲所求之距度也。

1) 玄: 저본에는 "元"으로 되어 있으나 이는 清 聖祖 康熙帝(1654~1722)의 이름인 即愛新覺羅·玄燁의 글자를 쓰지 않기 위해 바꾼 것이므로 원래의 글자인 "玄"으로 되돌렸다. 이후에도 "玄枵"는 모두 저본의 "元枵"를 되돌린 것이다.

黃赤升度表

《黃赤升度表》, 黃道宮度與赤道宮度, 並列之, 皆自冬至星紀宮起初宮, 【即○宮。】玄枵[2]宮爲一宮, 以太陽經度爲次。用宮數, 不用宮名者, 太陽當交宮之際, 惟二分、二至, 黃赤同度, 其餘恒不同宮。故用宮數, 以便列表。

用表之法, 以太陽實行, 察黃道宮度, 其所對之赤道宮度, 即所求之赤道升度也。表以逐度爲率, 若實行有零分者, 按中比例法求之。設太陽實行在黃道降婁宮五度二十四分, 求赤道升度, 自星紀宮起初宮計之, 爲三宮五度二十四分。則以黃道三宮五度所對之數三宮四度三十五分一十五秒, 與下層三宮六度所對之數三宮五度三十分二十一秒相減, 餘五十五分零六秒, 爲一度之較。乃以一度, 化作六十分, 爲一率。較數五十五分零六秒, 化作三千三百零六秒, 爲二率。設數二十四分爲三率, 求得四率一千三百二十二秒, 收作二十二分零二秒。與三宮五度之赤道度三宮四度三十五分一十五秒相加, 得三宮四度五十七分一十七秒, 爲所求之赤道升度也。

2) 玄枵: 앞의 교감주 22)와 같다.

黃道赤經交角表

《黃道赤經交角表》,【黃道赤經交角, 乃黃道與過赤極經圈相交之角, 即正弧三角形所謂"黃道交極圈角"也。】亦按二分、二至, 分順逆列之。二分後之各宮, 列於上。二至後之各宮, 列於下。太陽實行在上六宮者, 用順度。太陽實行在下六宮者, 用逆度。

用表之法, 以實行之宮, 對實行之度, 其縱橫相遇, 即所求之交角也。設太陽實行在黃道實沈宮五度, 求黃道赤經交角, 則察實沈宮五度所對之數爲七十九度三十五分三十秒, 即所求之交角也。【實沈宮在上, 故用順度。】若實行有零分者, 亦按中比例法求之。

升度時差表

《升度時差表》, 亦按二分、二至, 分順逆列之。二分後六宮, 列於上。二至後六宮, 列於下。前後列黃道度, 分順逆, 以別加減。中列逐宮逐度之升度時差, 即赤道升度與黃道度[3]相差度分所變時刻之分秒。【每一度變時之四分, 每十五分變時之一分, 每十五秒變時之一秒。】太陽實行在上六宮者, 用順度, 其號爲加。太陽實行在下六宮者, 用逆度, 其號爲減。

用表之法, 以實行之宮, 對實行之度, 其縱橫相遇, 即所求之升度時差也。設太陽實行在黃道大梁宮八度, 求升度時差, 則察大梁宮八度所對之數爲九分三十一秒, 即所求之升度時差。其號爲加, 即爲加差也。【大梁宮在上, 故用順度。】若實行有零分者, 亦按中比例法求之。

3) 度: 저본에는 이 글자가 없으나 문맥이 통하려면 반드시 필요한 글자이므로 脫字로 판단하여 보충하였다.

均數時差表

《均數時差表》, 亦按最卑、最高, 分順逆列之。最卑後六宮, 列於上。最高後六宮, 列於下。前後列引數度, 分順逆, 以別加減。中列逐宮逐度之均數時差, 即均數度分所變時刻之分秒。【每一度變時之四分, 每一十五分變時之一分, 每一十五秒變時之一秒。】太陽引數在上六宮者, 用順度, 其號爲減。太陽引數在下六宮者, 用逆度, 其號爲加。

用表之法, 以引數之宮, 對引數之度, 其縱橫相遇, 即所求之均數時差也。設太陽引數爲十一宮二十五度, 求均數時差, 則察十一宮二十五度所對之數爲四十四秒, 即所求之均數時差。其號爲加, 即爲加差也。【十一宮在下, 故用逆度。】若引數有零分者, 亦按中比例法求之。

太陽地半徑差表

《太陽地半徑差表》，分最高、中距、最卑三限列之。其前列實高度。【太陽引數自四宮一十五度至七宮一十五度，爲最高限。自一宮一十五度至四宮一十五度、自七宮一十五度至十宮一十五度，皆爲中距限。自十宮一十五度至一宮一十五度，爲最卑限。】表內分秒，即三限實高度所生之地半徑差也。

用表之法，如夏至後太陽引數當最高限，推得午正太陽實高七十三度，求地半徑差，則察最高限實高七十三度所對之數爲五十一秒，即所求之地半徑差。與實高七十三度相減，餘七十二度五十九分零九秒，爲本日午正太陽之視高也。如先測得午正太陽視高七十二度五十九分零九秒，則以地半徑差五十一秒，與視高相加，得七十三度，爲本日午正太陽之實高也。蓋實高乃地心之度，視高乃地面之度。實高所生之地半徑差，與視高所生之地半徑差，應有不同。然所差甚微，故本表雖以實高求視高，而視高求實高，亦可同用。高度有零分者，亦按中比例法求之。

淸蒙氣差表

《淸蒙氣差表》, 分兩段列之。第一段自初度至二十二度, 第二段自二十三度至四十五度, 皆地平之高度。其所對之數, 則逐度之蒙氣差也。

用表之法, 如測得七政或恒星高四十度, 求蒙氣差, 則察四十度所對之數爲一十秒, 即所求之蒙氣差。與視高四十度相減, 餘三十九度五十九分五十秒, 爲實高。如先推得實高三十九度五十九分五十秒, 則以蒙氣差一十秒, 與實高相加, 得四十度, 爲視高也。高度有零分者, 亦按中比例法求之。

太陽實行表

《太陽實行表》, 亦按最卑、最高, 分順逆列之。最卑後六宮, 列於上。最高後六宮, 列於下。前後列引數度, 中列逐宮逐度之太陽實行。【太陽實行者, 太陽一小時之實行也。本輪心之行度, 爲平行, 一小時, 恒爲二分二十七秒五十一微, 而實行則有盈縮。蓋因均數時時不同, 故實行亦不同也。求法, 以一度爲一率, 逐度均數之較爲二率, 太陽一小時之引數爲三率, 求得四率, 爲一小時均數之較。與太陽一小時之平行相加減, 即得太陽逐宮逐度一小時之實行。其加減之法, 均數爲加者, 本度加均小, 次度加均大, 則加。本度加均大, 次度加均小, 則減。均數爲減者, 本度減均小, 次度減均大, 則減。本度減均大, 次度減均小, 則加。】太陽引數在上六宮者, 用順度。太陽引數在下六宮者, 用逆度。

用表之法, 以引數之宮, 對引數之度, 縱橫相遇, 即所求之實行也。設太陽引數爲一宮二十五度, 求實行, 則察一宮二十五度所對之數爲二分三十一秒, 即所求之實行也。【一宮在上, 故用順度。】引數有零分者, 滿三十分以上, 則進作一度。不用中比例, 因逐度實行所差甚微故也。

공저자 소개

강민정 서울대학교 지구과학교육과와 (구)민족문화추진회 국역연수원 상임연구부를 졸업한 후 성균관대학교 한문고전번역협동과정에서 『구장술해(九章術解)의 연구와 역주』로 박사학위를 받았다. 한국고전번역원 연구원, 성균관대학교 대동문화연구원 수석연구원을 지냈으며, 지금은 천문산법류(天文算法類) 한문고전의 전문번역가로 활동하고 있다. 『승정원일기』, 『무명자집』, 『칠정산내편』 등의 번역에 참여하였다.

김슬기 충북대학교 천문우주학과를 졸업한 후 서울대학교 과학사 및 과학철학 협동과정에서 조선후기 천문학사를 전공하고 있다. 석사 논문으로 「숙종 대 관상감의 시헌력 학습: 을유년 역서 사건과 그에 대한 관상감의 대응을 중심으로」를 작성하였고, 현재는 18세기 후반 서호수의 천문학 프로젝트를 분석하는 박사논문을 준비하고 있다. 최근 출판한 논문으로는 「18세기 중반 조선 일월식 계산의 새로운 기준으로서 청나라 일월식 자문」, 「18세기 중·후반 관상감 관원의 정치적 지위 변화: 안국빈의 활동을 중심으로」 등이 있다.

이면우 서울대학교 지구과학교육과를 졸업한 후 동 대학원에서 지구과학교육의 역사로 박사학위를 받았다. 서울 자양고, 경동고, 한성과학고 교사를 거쳐 춘천교육대학교 교수 및 총장, 한국일본교육학회장, 에너지기후변화교육학회장, 한국과학사학회장을 역임하였으며, 지금은 춘천교육대학교 과학교육과 교수이다. 저서로는 『천문학 탐구자들』, 역서로는 『서운관지』(공역) 등이 있다.

최승언 서울대학교 천문학과를 졸업한 후 미국 미네소타대학교 대학원에서 천체물리학으로 박사학위를 받았다. 서울대학교 지구과학교육과 교수, 한국지구과학회장을 역임하였으며, 지금은 서울대학교 명예교수, (사)동서지행포럼 이사장이다. 저서로는 『천문학의 이해』, 『천체물리학의 이해』, 『최승언 교수의 천체지구과학 강의』 등이 있다.
(홈페이지: http://suchoe.snu.ac.kr)

역사천문학 시리즈 2

시헌력의 발전
역상고성에 기술된 태양의 운동

2023년 1월 10일 1판 1쇄 인쇄
2023년 1월 15일 1판 1쇄 발행

공저자 : 강민정 · 김슬기
이면우 · 최승언
발행인 : 한 정 주
발행처 : 교 육 과 학 사

공저자와 협의하에 인지생략

경기도 파주시 광인사길 71
전화 (031) 955-6956~8 / 팩스 (031) 955-6037
Home-page : www.kyoyookbook.co.kr
E-mail : kyoyook@chol.com
등록 : 1970년 5월 18일 제2-73호

잘못된 책은 바꾸어 드립니다.
Printed in Korea.

정가 24,000 원
ISBN 978-89-254-1748-6
978-89-254-1500-0(세트)